건축, BIM에게 길을 묻다

신동철 저

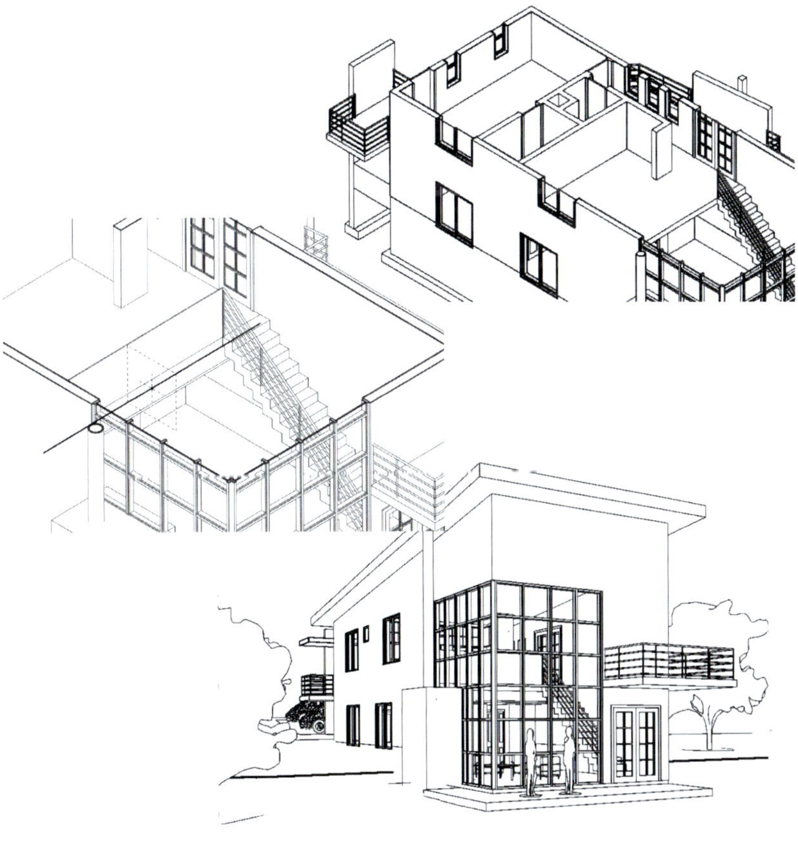

기문당

| 들어가면서

2006년 11월 23일. BIM 응용프로그램에 관한 한 회사의 판촉행사에 우연히 참석했습니다. BIM이 무엇인지 생소했던 시기였습니다. 사전신청 조차도 절친한 친구가 먼저 해놓고 '뭔지 잘 모르겠지만... 가서 잠깐 보고 식사나 하자'고 제안했던 것입니다. 별다른 선입견이나 상식 없이 마주친 거대한 스크린의 응용프로그램 시연은 충격 그 자체였습니다. 건축과에 들어가면서부터 받았던 도면표현에 대한 압박과 설움이 단박에 해결되는 듯했습니다. 순간 말로 표현할 수 없는 많은 장면들이 뇌리를 스치고 지나갔습니다.

11월 26일. 출근 하자마자 BIM 응용프로그램 회사의 직원에게서 받은 명함을 찾아 연락을 했습니다. 판촉행사 끝에 두 카피의 응용프로그램을 추첨으로 제공했는데 당첨되지 못했기 때문이었습니다. 고맙게도 교육자를 위해 2년간 응용프로그램을 무상제공한다면서 이메일로 패스워드와 영문매뉴얼을 보내주었습니다. 기대와 절망의 야누스와 함께 다음 해 개학할 때까지 대부분의 시간을 매뉴얼과 씨름하고, 자료를 찾고, 생면부지의 응용프로그램 교육회사의 대표와 직원을 만나서 묻고 배웠습니다. BIM을 실무에 적용한다는 설계사무소 소장과의 대화는 외계인의 언어로 소통하는 것과 같았습니다. 그로부터 수많은 BIM 관련 교육, 행사와 학술발표에 참석했습니다.

2012년은 내 삶의 마지막 연구년이었습니다. 3월부터 분주하게 여행을 준비하여 4월과 5월은 건축여행을 다녀왔습니다. 여행 중 롱샹성당을 찾아갔습니다. 17년 전 방문에 이은 두 번째 방문이었습니다. 조그만 건축적 시(詩)로 평가되는 르 코르뷔지에의 대표작을 디지털로 구현하고 싶은 열망이 생겼습니다. 이전에도 디지털 모델링을 하려고 시도했다가 성공하지 못했기에 새롭게 도전하고 싶었습니다.

유튜브의 동영상 강의를 보고 공부하면서 응용프로그램 라이노로 롱샹성당을 모델링하기 시작했습니다. 잘 알려진 롱샹성당도 모델링하는데 필요한 구체적인 정보나 도면은 부족했습니다. 그림에 가까운 도면과 사진을 가지고 세 차례의 모델링을 하는데 한 달이 흘렀습니다. 롱샹성당을 모델링하면서 그래스하퍼의 필요성을 느끼고 공부하는데 2개월이 훌쩍 지나버렸습니다.

필자가 BIM이라는 새로운 건축 패러다임을 알게 된 지 만 7년이 지났습니다. 그 동안 말로 표현할 수 없는 시행착오를 겪고 건강을 해쳐가며 시도했던 경험을 나누고 싶어서 교재를 쓰기 시작했습니다. 그러나 집필하는 과정 또한 녹록치 않았습니다. 본인이 배워서 아는 것보다 다른 사람이 알도록 만드는 것은 더더욱 어려운 일이었습니다. 한편으로 내가 정말 아는 것이 무엇인지 회의가 들 때도 있었고, 다른 한편으로는 많은 사람에게 빚을 지고 있다는 감사의 마음이 우러나오기도 했습니다. 필자가 삼십여 년 동안 건축설계를 가르치면서, 설계제도를 제대로 하지 못해 고민하다 중도에 학업을 포기한 학생들과 날밤을 새워 설계과제를 진행하고도 자신의 계획을 표현 못하여 좌절하던 수많은 학생들의 얼굴이 떠오르기도 했습니다.

이 책을 쓰면서 필자가 진심으로 바라는 것은 건축설계가 많은 건축인들에게 단지 고통스러운 육체노동이 아니라 스마트한 창조활동으로 거듭나는 것입니다. 이를 위해 건축표현의 새로운 도구로써 BIM 응용프로그램 중 하나인 Revit이 갖는 건축적 표현과 학습 및 창작도구로서의 가능성을 모색하는 발판을 마련하고자 하였습니다. 하지만 이 과정은 시도에 불과하며 수많은 담금질이 필요합니다. 고백하건데, 필자 또한 원고를 쓰는 도중에 더 많은 것을 배우고 깨달았습니다. 무엇보다 BIM 응용프로그램의 활용이 건축설계의 무한한 가능성을 열어준다는 사실을 더욱 체감하였습니다. 그리고 책이 가지고 있는 오류는 오로지 저자의 역량 부족임을 인정할 수밖에 없어 독자들의 이해를 바랍니다.

마지막으로 감사해야 할 사람이 너무 많아 모두 열거할 수 없지만 원고를 따라 프로젝트를 진행하며 학습자의 입장에서 많은 질문과 통찰력 있는 의견을 주고 퇴고를 해준 아내 김 건축사와 첫 외손이 백일도 되기 전에 틈틈이 퇴고를 도와준 큰 딸 재원이에게 고마움을 전합니다. 무엇보다 감사한 것은 부족한 원고를 책으로 탄생시켜주신 기문당 편집부의 노력이라 할 수 있습니다.

저자

C O N T E N T S

SECTION 4 가려운 데 긁어주기

SECTION

1

건축과 표현

SECTION | DIGITAL DESIGN

1 건축과 표현

Chapter 01
건축은 개념인가 표현인가

2012년 한국이 낳은 세계적인 스타는 단연 싸이일 것입니다. 그렇다면 싸이의 인기는 노래를 잘 부르기 때문인가요? 춤을 잘 추기 때문인가요? 싸이가 국제가수로 등장한 가장 큰 이유 중 하나는 무엇보다도 세계가 디지털 매체로 소통하고 있기 때문일 것입니다. 즉 시대의 흐름에 따른 디지털 매체 수용은 대중문화 확산에 완전히 다른 차원의 기회를 제공합니다. 그렇다면 건축 분야의 정교한 디지털 매체이자 방법론인 BIM(Building Information Modeling)은 무엇인지? 알아보기 전에 '건축은 개념인가 표현인가'하는 문제를 짚어보고자 합니다. 이렇듯 근본적인 질문을 던지는 것이야말로 앞으로 BIM을 어떻게 받아들일지, 그리고 어떻게 활용할지에 대한 중요한 단초를 제공한다고 믿기 때문입니다.

1.1 건축적 표현의 비중

건축 설계 스튜디오에서 많은 학생들은 개념에 매달립니다. 개념은 설계의 도를 언어로 표현한 것입니다. 즉 작가의 건축적 사고를 언어로 표현한 것입니다. 하지만 개념에 옷을 입히는 과정은 표현이라고 할 수 있습니다. 설계심사나 스튜디오 발표장에서 심사위원과 교수들은 0.5초에 판단을 내린다고 합니다. 온갖 미사여구로 당선작의 선정의도를 설명하더라도 평가의 근거가 실상은 표현능력에 따라 좌우되는 경우가 적지 않습니다. 작품이 설령 좋은 설계개념을 가지고 있더라도 빈약한 표현이 구원해주기는 쉽지 않습니다. '보기 좋은 떡이 먹기도 좋다'고 대체로 표현력이 내용을 한 단계 높여준다는 사실은 간과하기 어려울 것입니다.

1.2 건축표현 교육이 미흡한 우리나라의 실정

이렇듯 건축적 표현이 중요하게 된 것은 언제부터일까요? 아마도 시대를 초월하는 것으로 보입니다. 동서고금을 통해서 도형으로 정보를 올바르게 표현한다는 것은 쉬운 일이 아니었습니다. 로마시대에 발견된 유물에는 석판에 새겨진 건축평면도가 있으나 중세 이전의 도면표현에 관한 자료는 그림 수준에 머물고 있습니다. 르네상스시대부터 건축투시도와 도법이 정리되기 시작한 것으로 알려져 있습니다. 특히 프랑스의 에꼴 데 보자르 교육은 르네상스의 도면표현 기법을 굳건하게 만들었고, 바우하우스 교육은 도면표현을 체계화한 것으로 평가됩니다. 하지만 우리나라는 전통건축의 생산방식이 분야별 장인들의 체험적 학습에 의존하고 있었기 때문에 건축적 표현이 부족했다고 볼 수 있습니다. 특히 일제강점기에 수동적으로 시작되었던 건축교육과 해방 이후 빈약한 건축교육환경에서 건축표현을 체계적으로 정착시키고 교육하는 데 많은 어려움이 있었을 것입니다.

1.3 건축교육의 문제점이 불러온 건축적 개념과 표현의 혼돈

이렇게 충분한 건축적 표현 능력이 뒷받침되지 않은 건축교육은 자연스럽게 건축적 개념을 중요시하는 엘리트주의를 지향하게 되었습니다. 그 결과 건축도면을 작성하고 표현하는 작업의 중요성은 그다지 부각되지 않았습니다. 스케치와 도면을 작성하는 일은 중요하다고 생각하면서도 대부분은 1회용 과제에 머물러 성숙한 표현기술을 습득하지 못한 경우가 대부분이었습니다. 따라서 표현능력을 기르는 수고를 회피하고, 멋있어 보이는 건축적 담론에 귀기울이는 경우가 많은 것으로 보입니다. 건축적 표현을 익힐 수 있는 체계화된 교재가 없기 때문에 파편화된 다양한 체험이 혼재되어 충돌하면서 창의성이라는 굴레에 갇혀 자신이 제시한 건축적 개념을 구체적으로 표현할 방향조차 찾지 못한 경우도 흔히 볼 수 있습니다.

1.4 건축적 사고와 건축적 표현의 관계

건축적 사고와 건축적 표현에서 어느 쪽에 중요성이 있을까요? 간단히 말할 수 없는 난제이지만, "손이 생각을 좇아가지 못하면 불행이 시작된다"는 레오나르도 다빈치의 말에서 실마리를 얻을 수 있습니다. '구슬이 서 말이라도 꿰어야 보배'라는 속담이 있습니다. 현대의 개념미술 분야에서는 제작방법보다 아이디어가 중요하다고도 하지만, 건축적 표현은 건축생산과 유지관리환경에서 주된 소통수단이 되므로 중요하다고 볼 수 있습니다. 피아노를 치지 않고 피아니스트가 될 수 없듯이 건축적 표현능력을 갖추지 않고는 건축가나 건축 관련 전문가가 되는 것은 어렵지 않을까요? 이런 관점에서 건축적 표현은 학습과정에서 꼭 필요한 것이라고 할 수 있습니다. 또한 건축설계는 독창성이 생명이므로 끊임 없는 새로운 건축해석에 대한 개념도 필요합니다. 결국 건축적 사고와 건축적 표현은 건축가로 비행하기 위한 양 날개일 수밖에 없습니다.

1.5 건축적 사고와 건축적 표현의 교육 방향

건축을 공부하는 학생이라면 저학년에는 건축표현력을 기르는데 중점을 두고, 고학년으로 올라가면 건축적 아이디어를 발전시켜나가는 방법을 추천하고 싶습니다. 무엇보다 건축지식과 건축표현의 균형을 이루면서 점진적으로 성장하는 방법을 찾아야 합니다.

Chapter 02

무엇을 할 수 있는가?

앞 장에서는 건축적 개념과 건축적 표현의 관계 및 교육방향에 대해 살펴보았습니다. 그렇다면 건축에서 BIM으로 무엇을 할 수 있을까요? 꿈꾸는 것은 무엇이나 이룰 수 있다고 할 수 있습니다. 하지만 저절로 꿈은 꾸어지지 않습니다. 잠을 자야 하고 깊은 갈망이 있어야 합니다.

BIM이라는 디지털 매체를 잘 활용하면 건축설계 진행 단계마다 원하는 것은 무엇이든지 거의 대부분 구현할 수 있습니다. 보다 구체적으로 살펴보면,

첫째, 건물의 형태를 구체적인 창호를 생략하고 물리적 덩어리로 파악할 수 있는 개념 매스 모델링이 가능합니다.

둘째, 기초, 바닥, 벽, 지붕, 계단, 창호, 대지 및 대지요소 등 다양한 형상 모델을 작성할 수 있습니다.

셋째, 건축기본도면, 부분상세도면, 일람표 작성 외에 투시도 작성, 렌더링작성, 동영상 작성 등 모델 데이터의 문서화·시각화 작업을 할 수 있습니다.

넷째, 일조 분석, 건축면적 분석 등 건축계획의 객관적인 분석 작업을 할 수 있습니다.

그 밖에도 다른 응용프로그램과 연결하여 새로운 창조적 설계 프로세스를 개발할 수 있습니다. BIM 응용프로그램을 활용하여 새로운 설계 프로젝트를 진행할 수 있고, 학생이라면 벤치마킹한 건축가의 프로젝트를 모델링하고 다양한 공간적 분석을 시도할 수도 있습니다.

Chapter 03
어떻게 시작할 것인가?

3.1 디지털 시대의 건축 패러다임

이 시대의 혁신적인 디지털 매체인 BIM을 어떻게 시작하는 것이 좋을까요? '백문이 불여일견'이라는 말이 있습니다. 무조건 시작해보는 것입니다. 여기에는 BIM을 새로운 건축의 창작도구로써 알아보려는 지적 호기심이 가장 큰 밑천이 됩니다. 무엇보다도 디지털 시대의 패러다임을 이해하고 그에 걸맞은 도구를 써서 새로운 시대의 새로운 건축을 창조하겠다는 정신적 요구가 우선되어야 응용프로그램을 학습할 때 만나는 장애를 극복할 수 있습니다. 더불어 BIM을 시작하는데 방해가 될 수 있는 요인들을 점검하고 디지털 도구에 대해 열린 마음을 갖는 것이 필요하다고 하겠습니다.

먼저, BIM을 수용하는데 걸림돌이 되는 것은 선입견이라고 생각합니다. 건축가가 흔히 저지르는 오류 가운데 하나는 건축적 창조에 있어서 스케치나 수작업만이 순수하고 인간적 표현수단이며 CAD는 순수하지 못하고 경직되어 있으며 획일화된 기계적 표현도구라는 생각을 갖는다는 것입니다. 특히 우리나라의 중견 교육자 중에는 아직도 컴퓨터 활용에 대한 거부감을 나타내는 경우가 적지 않은 것이 현실입니다. 현대건축에서 주도적이고 혁신적인 디자인을 이끌어내는데 디지털 매체가 핵심적인 역할을 해온 것이 명백한 사실임에도 불구하고 말입니다.

또 하나의 문제는 BIM을 활용한 건축 설계과정이 건축학도가 미처 경험하지 못한 다양하고 난해한 건축 구성 요소들과 정보를 포함하고 있는 점입니다. 대충 손으로 그릴 때는 몰라도 지나칠 수 있던 것들이 캐드과정에서는 정확히 표현되어야 하기 때문에 사용자의 건축적 지식수준에 따라 결과물의 정확도가 달라집니다. 이는 학습과정에서 피할 수 없는 문제이고 극복해야 할 개인 차이라고 생각합니다. 건축적 지식 함양과 더불어 응용프로그램 활용능력을 점진적으로 발전시키도록 끊임없는 연습과 학습이 필요하다는 말이겠지요. 건축설계는 순수미술의 조각처럼 3차원의 형태를 구현하는 것과 더불어 인간생활과 관련된 복잡하고 실용적인 내용들도 동시에 다루는 차원 높은 작업이기 때문입니다.

3.2 BIM 도구의 학습 전략

필자는 BIM 응용프로그램을 보다 효과적으로 수용하기 위하여 다음과 같이 BIM 학습방법을 제안합니다.
만약 건축 분야에 오랫동안 종사한 경력자라면, 3편의 무작정 따라하는 BIM을 선입견이나 부담 없이 수행하기를 바랍니다. 그러면 왜 이러한 프로그램이 개발되었는지를 깨닫고 감탄할 것입니다. 그러나 건축을 전공하는 학생들은 건축설계 프로세스의 선행경험이 없어서 왜 이렇게 어려운 공부를 해야 하는지 의문을 제기할 수도 있습니다. 학생들의 경우에도 3편의 무작정 따라하는 BIM을 시작하되 건축구성요소들과 설계방법을 이해하기 위해서는 본인 스스로가 건축적 지식 및 관련 자료를 찾아보는 등의 추가적인 노력도 필요합니다.

BIM을 공부할 때에는 먼저 건축적 표현인 응용프로그램에 어느 정도 숙달되기까지는 건축적 개념을 구현하려는 창의적 설계 작업과 프로그램 학습을 병행하지 않는 것을 권합니다. 제한된 표현능력이 개념 전달을 가로막는 등 건축적 표현과 개념 사이에 간섭현상이 일어나 양쪽 모두의 발전에 방해가 될 수 있습니다. 피아노를 처음 배울 때 바이엘이나 체르니를 반복 연습하듯이 3편의 무작정 따라하는 BIM은 묻지도 따지지도 말고 익숙해질 때까지 되풀이해서 연습하기를 바랍니다. 연습만큼 좋은 스승은 없다고 하지 않습니까?

3.3 본 교재의 구성 전략

이 책을 기획하면서 중요하게 고려한 사항은 기계적 학습을 지양하고, 모델링 수행목표에 다양한 방법으로 접근함으로써 응용프로그램의 전반적인 설계의도를 자연스럽게 체득하는 것입니다.
모델링 요소의 작성 방식은 Step으로 진행합니다. Step은 단지 순서의 개념이 아니라 BIM 응용프로그램 활용에 있어서 특징적이고 핵심적인 모델링 과정의 단계적 개념을 의미합니다. 따라서 독자들이 다음의 Step을 반복하면서 자연스럽게 BIM의 개념과 응용프로그램의 활용법을 수용하도록 체계화하였습니다.

Step 01 모델링 준비단계

모델링의 주된 작업공간과 작성 방법을 큰 틀에서 선택합니다.

Step 02 패밀리 설정단계

패밀리 유형을 선택하거나 로드하고 필요한 패밀리의 편집을 진행합니다.

Step 03 구속조건 설정단계

모델링 요소가 공간에서 차지하는 구속조건을 설정하는 단계입니다.

Step 04 모델링단계

모델링 객체를 작성하는 단계로써 작업목적을 성취하는 단계입니다.

Step 05 수정 · 검토단계

작성된 모델링의 결과를 검토하고, 요구되는 형태적 · 기능적 수정을 진행하는 단계입니다.

예외가 있을 수 있지만 기본적으로는 위와 같은 작성 프로세스를 따르고 있습니다. 이러한 체계를 지키다보니 유사한 모델링 과정에서도 이어지는 과정의 설명 위계가 한 단계씩 낮아지는 경우도 있습니다.

제 2 편에는 레빗 프로그램의 인터페이스 구성과 단축키에 대해 비교적 체계적으로 정리합니다. 컴퓨터와 원활하게 소통하고 효율적으로 작업을 진행하기 위해서는 인터페이스의 구조적 특성과 단축키에 대한 숙지가 필요합니다. 그러나 처음부터 단축키를 쓰려고 일부러 애쓸 필요는 없습니다. 도구의 기능을 알게되면 자연스럽게 단축키를 사용하게 될 것입니다. 4편에서 단축키를 만들거나 삭제하는 방법을 익히면 자신만의 인터페이스를 갖출 수 있습니다.

제 3 편의 BIM, New Way Project는 '무조건 따라하는 BIM'으로 선입견을 갖지 않고 따라함으로써 응용프로그램의 구조를 이해하고 체득할 수 있도록 기획하였습니다. 프로그램을 공부하는데 집중할 수 있도록 프로그램 사용방법을 구체적으로 설명하지 않았습니다. 때로는 궁금하고 불편한 일이 있을 수 있습니다.

제 4 편은 이러한 궁금증을 풀어줄 수 있도록 기본적인 10가지 주제를 정리하였습니다. 건축디지털모델을 만드는 과정에서 빈번하게 사용하는 것이 수정 도구입니다. 그리고 뷰를 작성하고 조절하는 작업입니다. 무작정 따라하는 BIM을 진행하면서 가려운데를 긁어줄 수 있는 공간이 될 것입니다.

본 교재는 BIM을 처음 접하는 사람이 쉽게 따라 할 수 있도록 입문편으로 만들어진 것입니다. 함께 기획한 『건축가를 위한 Building Modeling Process』에서는 건축설계를 전공하는 학생이 BIM도구를 통해서 건축물을 학습하고 설계하는 방법을 다다오의 4×4 House의 Case Study로 구성하였습니다. 과거와는 완전 차별화된 새로운 도구를 통해 건축을 표현하는 놀라운 기회를 갖게 되리라고 믿습니다. 사람을 생각하고, 건축을 만드는 일이 즐겁고 행복한 미래의 건축가가 되기를 진심으로 바랍니다.

SECTION 2

프로그램 설치/인터페이스

SECTION | DIGITAL DESIGN

2 프로그램 설치/인터페이스

Chapter 01 프로그램 설치

응용 프로그램을 설치하는 방법은 Autodesk사의 홈페이지를 방문해서 무료 체험판을 다운받는 방법과 구입한 응용프로그램을 DVD로 설치하는 방법이 있습니다.

1.1 홈페이지에서 다운로드하기

Step 01 오토데스크 코리아(한국 www.Autodesk.co.kr)의 홈페이지에 접속합니다.

Step 02 주요제품에서 Autodesk Revit을 클릭합니다.

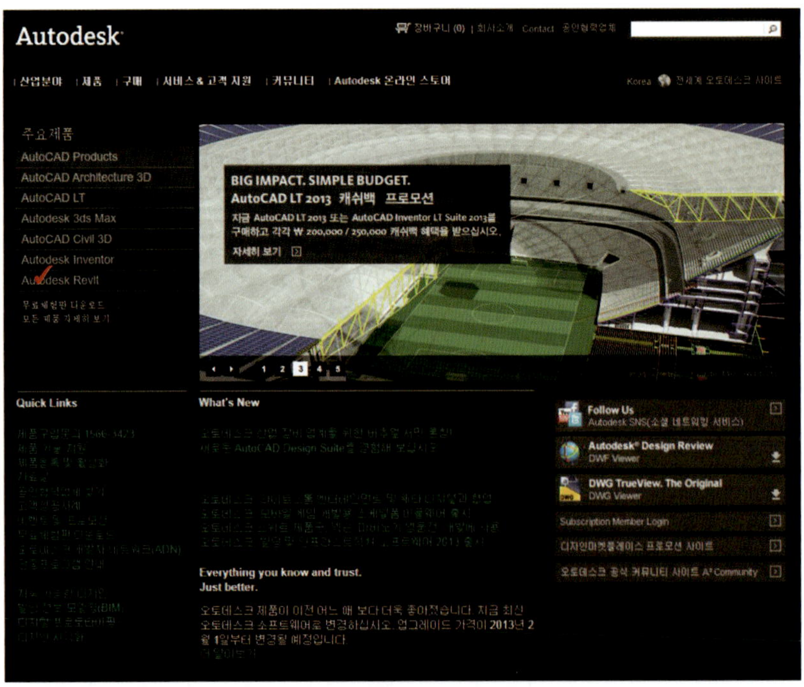

Step 03 제품정보화면이 나타나면, 무료 체험판 다운로드를 선택합니다.

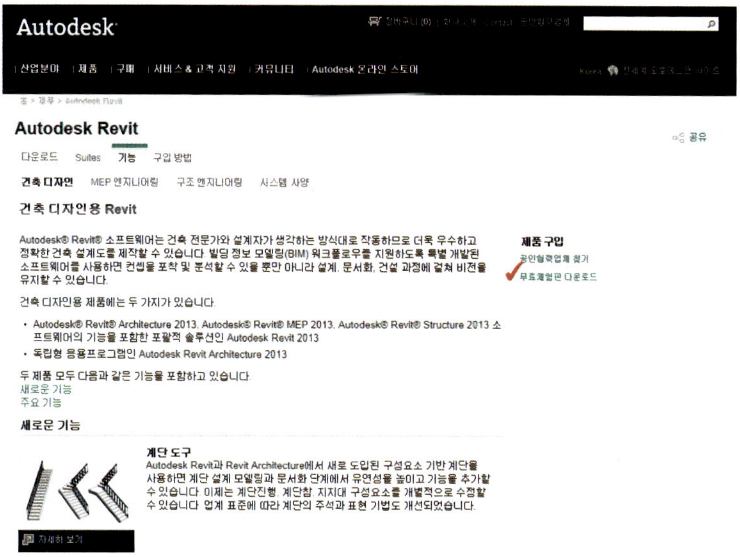

Step 04 사용자 정보를 기입합니다.

Step 05 다운로드 설치매니저 설치

❶ Akamai NetSession Interface 설치안내화면이 나타납니다.

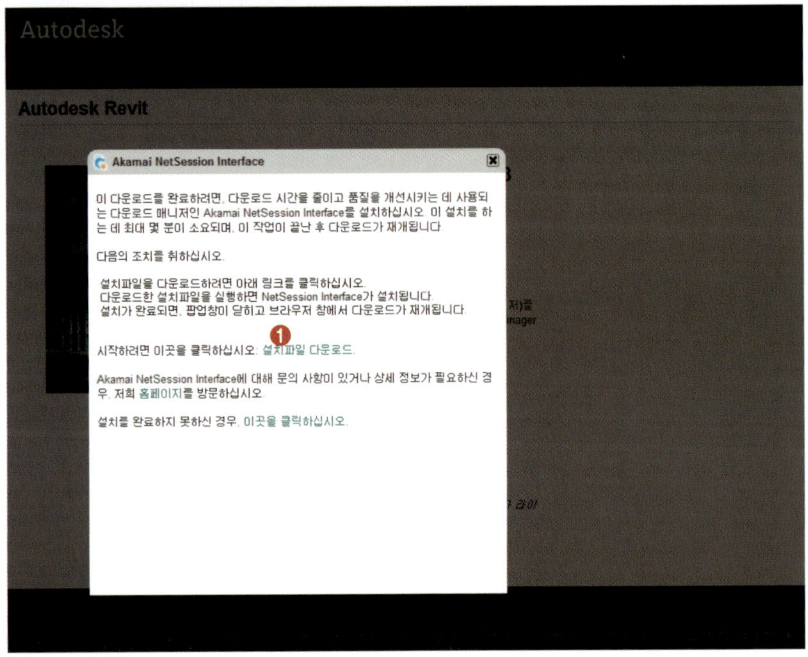

❷ Akamai NetSession Interface 실행 여부의 대화상자에 실행(또는 저장)을 클릭합니다.

❸ Akamai NetSession Interface의 다운로드가 진행됩니다.

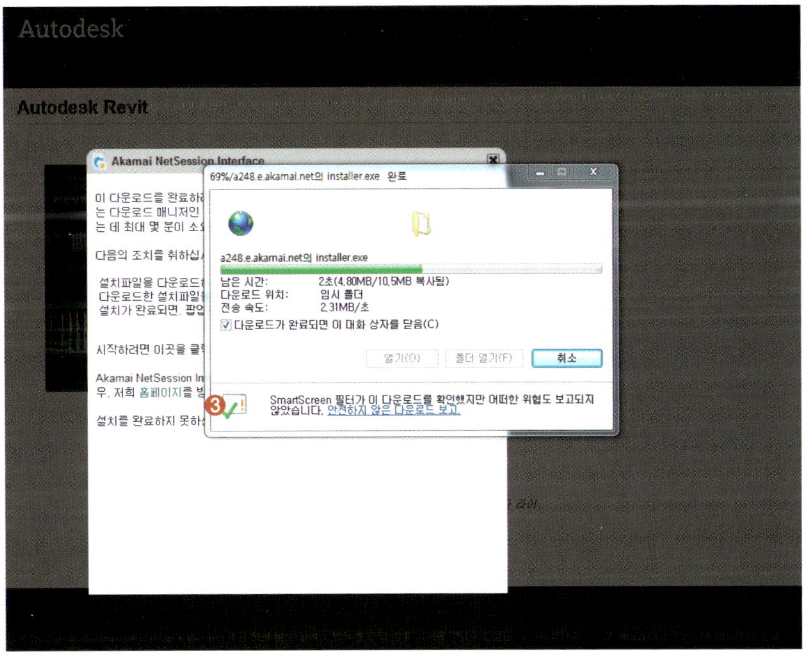

❹ Akamai NetSession Interface의 실행 여부를 묻는 대화상자에서 실행을 클릭합니다.

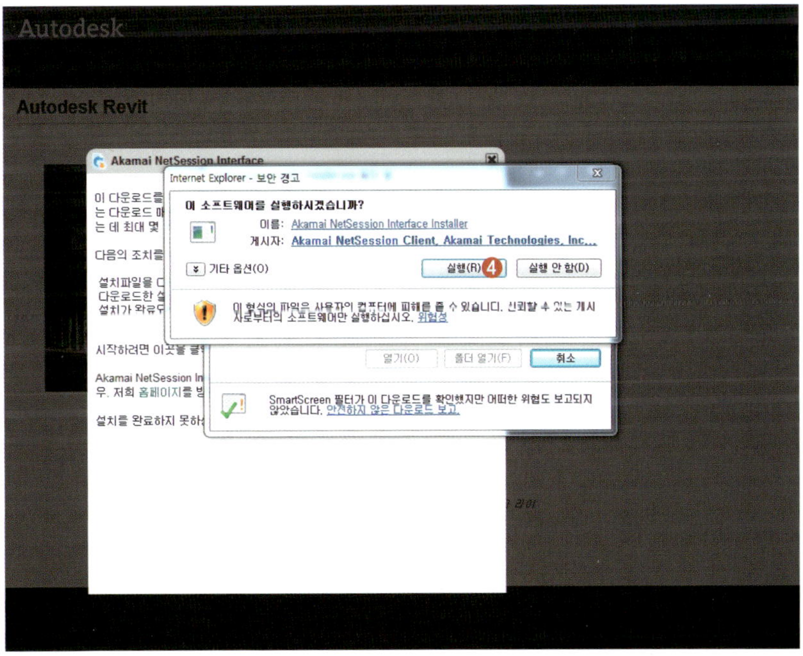

❺ 사용권 계약에 동의함을 체크하고 다음을 클릭합니다.

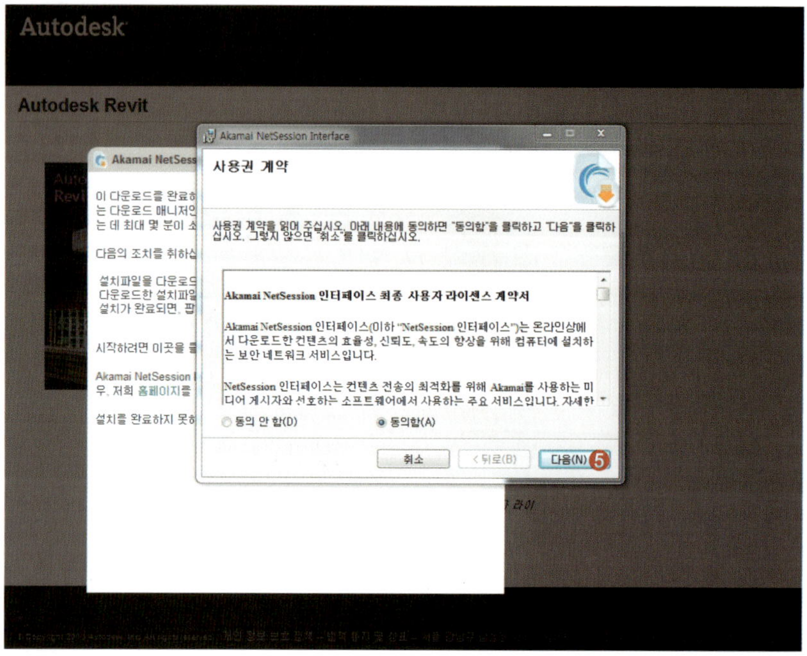

❻ Akamai NetSession Interface가 설치됩니다.

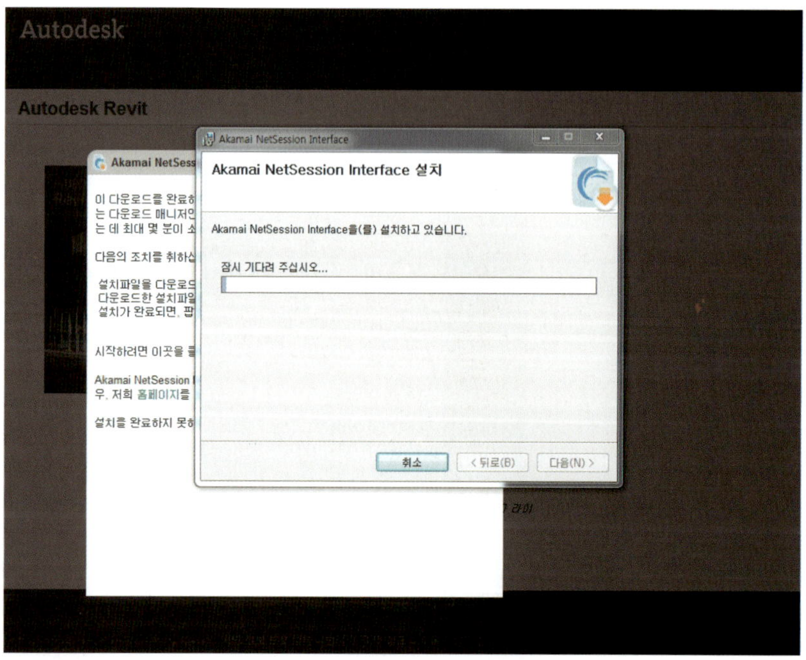

❼ Akamai NetSession Interface의 설치가 이루어지면, Revit Architecture 2013의 다운로드가 시작됩니다.

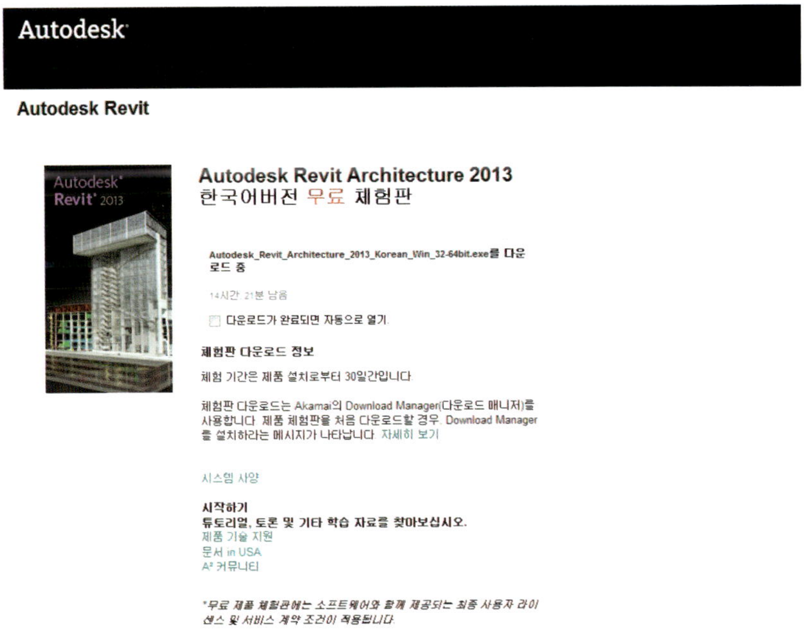

1.2 응용프로그램 설치

Step 01 다운로드된 프로그램을 더블클릭하고 설치(install)을 클릭합니다.

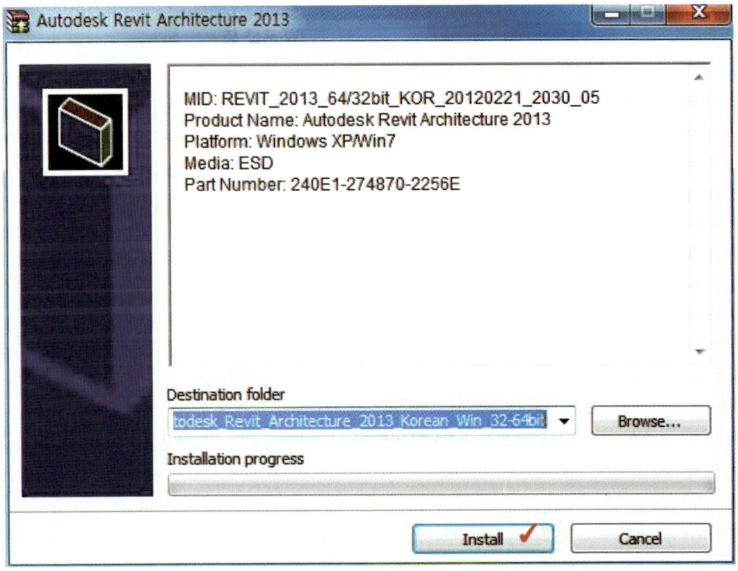

Step 02 압축이 풀리면서 설치가 진행됩니다.

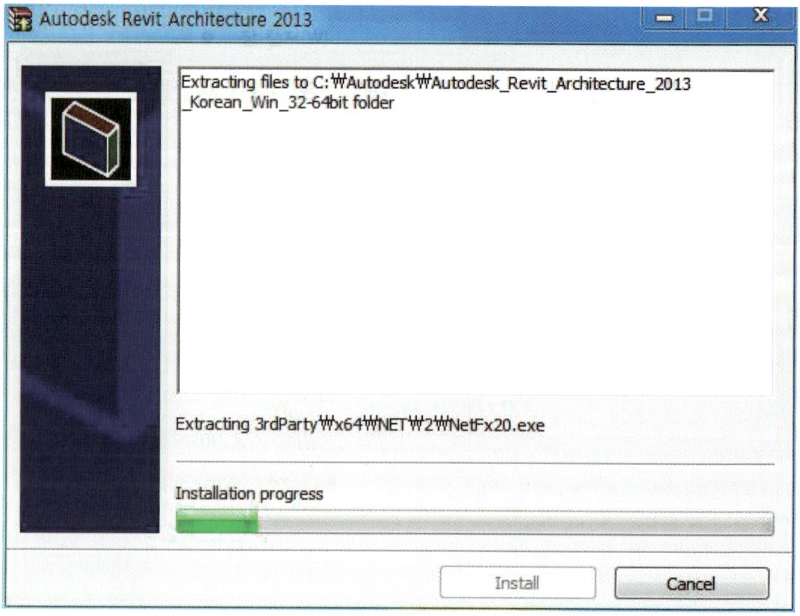

Step 03 프로그램 설치 여부의 승인을 묻는 대화상자에 확인합니다.

Step 04 프로그램 설치

❶ Revit Architecture 2013 설치초기화면에서 설치를 클릭합니다.

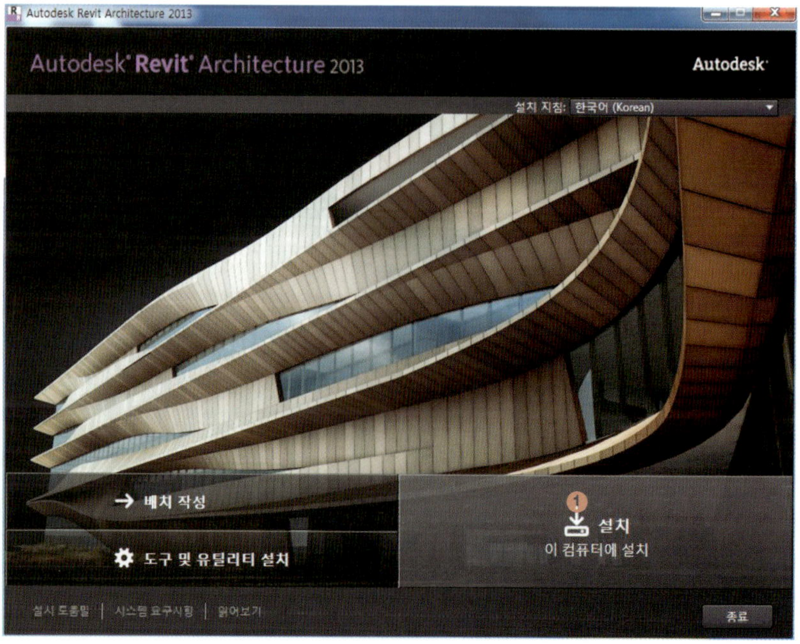

❷ 라이센스 및 서비스 계약에 동의함을 선택하고, 다음을 클릭합니다.

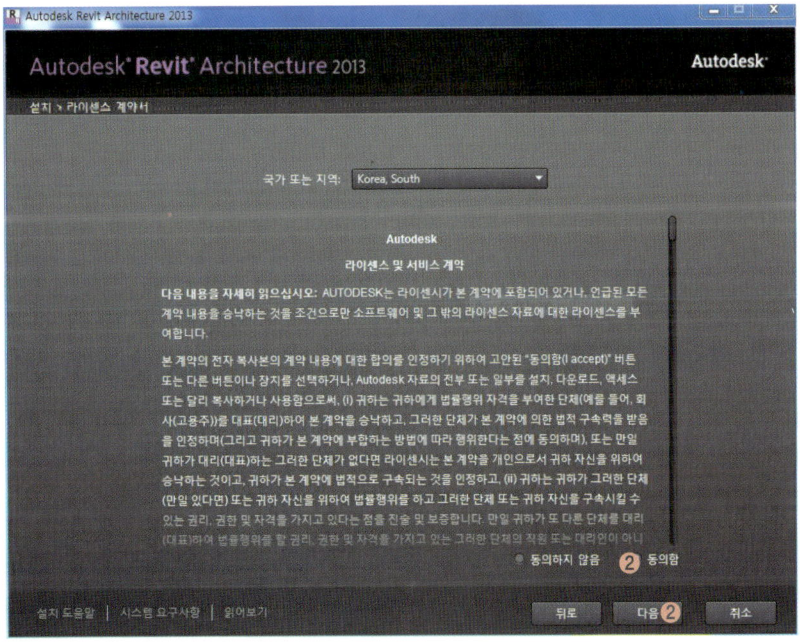

❸ 제품정보를 기입합니다. 제품정보가 있으면 기입하고, 무료 체험판을 사용할 때는 "30일 동안 이 제품을 시험 사용합니다."를 클릭합니다.

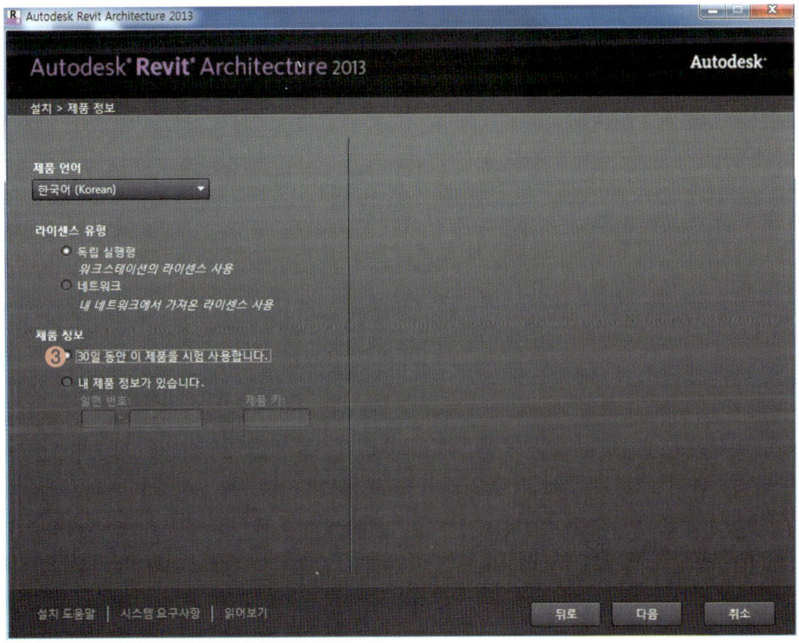

❹ 설치경로를 지정하고, 설치합니다. 특별한 경우가 아니면 자동(default)으로 진행하면 됩니다.

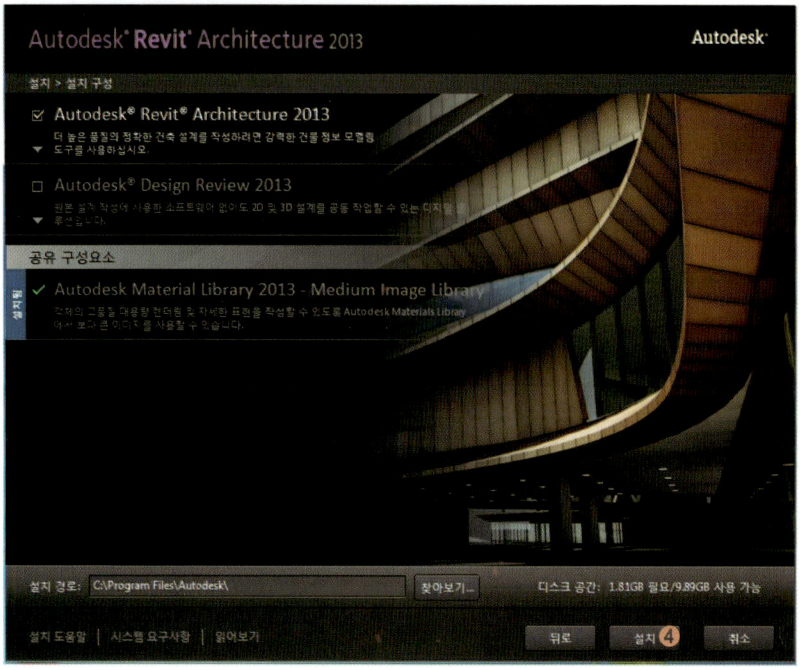

❺ 응용프로그램 설치가 진행됩니다.

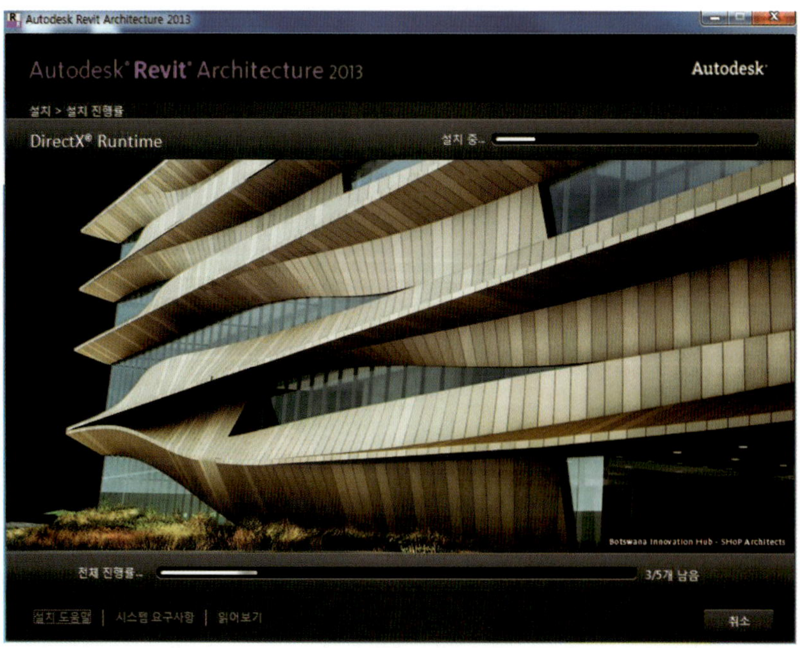

⑥ 설치가 완료되면 마침을 클릭합니다.

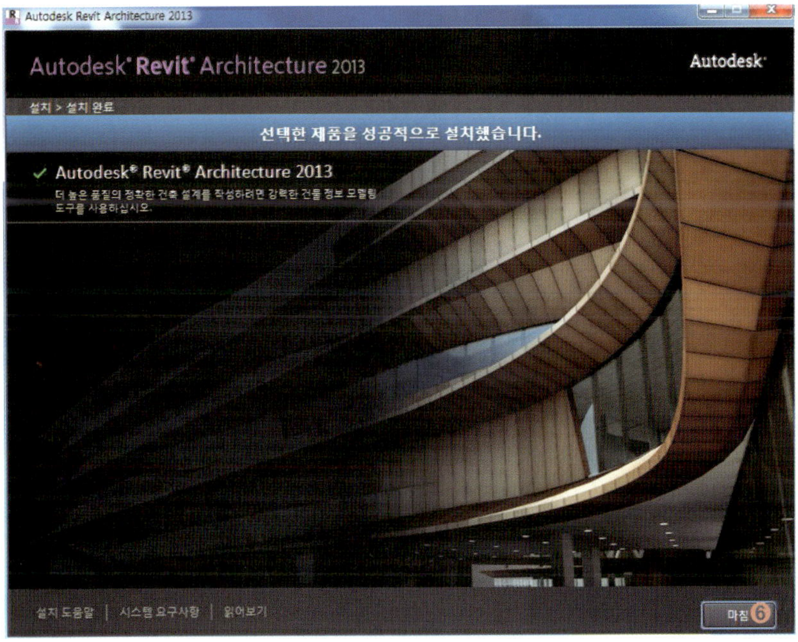

Step 05 바탕화면에 응용프로그램 아이콘이 나타납니다. 클릭하면 응용프로그램이 시작됩니다.

Chapter 02
프로젝트 시작과 저장

프로젝트를 시작하는 방법은 응용프로그램 아이콘 을 클릭하거나 Revit 파일을 선택하는 방법이 있습니다.

2.1 새로운 파일 시작

Step 01 바탕화면에서 레빗 2013 응용프로그램 아이콘 을 클릭합니다.

Step 02 새로운 프로젝트 시작

❶ 프로젝트 시작화면에서 새로 작성을 클릭합니다.(단축키 Ctrl+N)

❷ 응용프로그램 아이콘 을 클릭하고, 새로 만들기 → 프로젝트 를 클릭합니다.

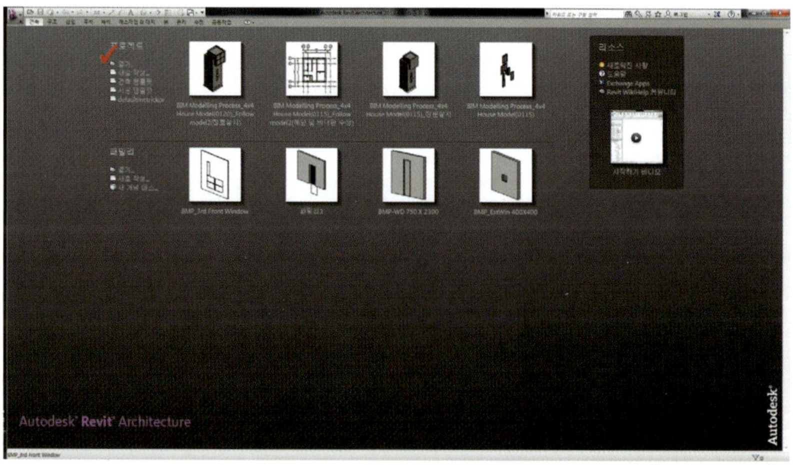

Step 03 새 프로젝트창에서 템플릿(templete) 파일을 선택합니다.

❶ 등록된 프로젝트 템플릿 파일이 있으면 템플릿 파일 창에서 선택합니다.

❷ 등록된 프로젝트 템플릿 파일이 없으면 찾아보기(B)를 클릭합니다.

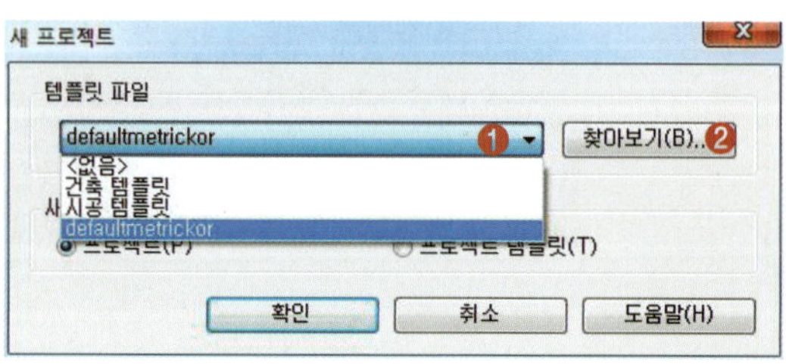

❸ 템플릿 파일을 찾은 위치에서 선택합니다.

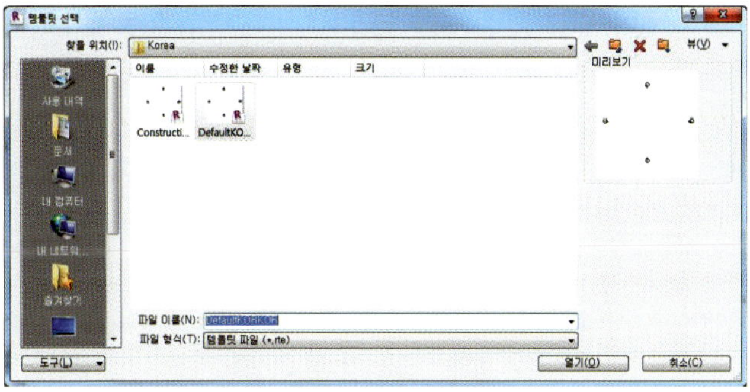

❹ 확인을 클릭하면 새 프로젝트가 시작됩니다.

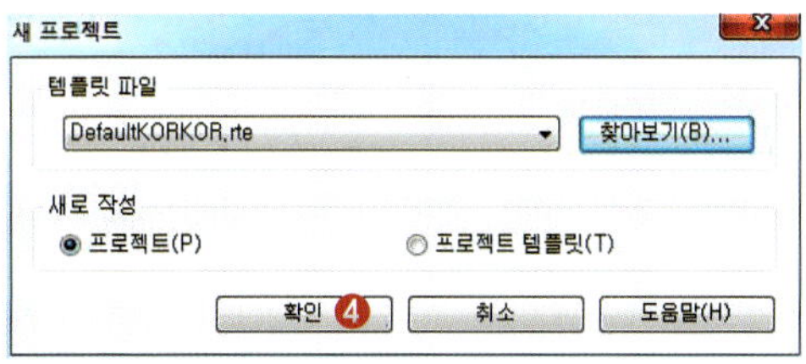

2.2 프로젝트 저장

프로젝트를 새 템플릿 파일에서 시작했으면 우선적으로 다른 이름으로 저장해야 불의의 상황에서 정보를 잃지 않습니다.

Step 01 프로젝트 파일 저장

❶ 응용프로그램 아이콘 → 다른 이름으로 저장 → 프로젝트 를 클릭합니다.

❷ 단축키는 Ctrl+S를 입력합니다.

❸ 프로젝트 저장 위치를 지정하고, 파일이름을 부여합니다.

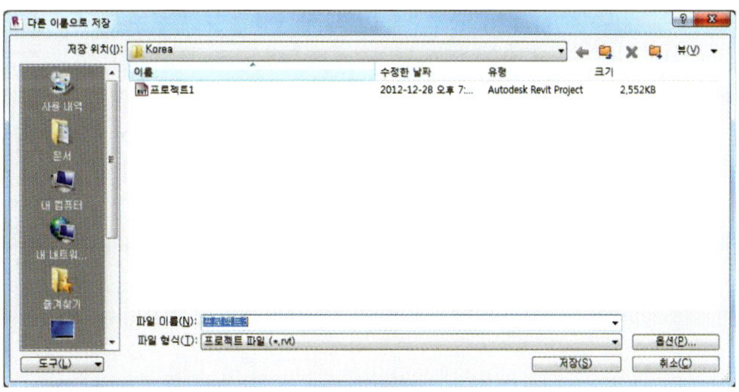

2.3 기존 파일 열기

Step 01 응용프로그램이 닫혀 있는 경우는 저장 위치에서 열어야 할 프로그램을 더블클릭(double click)합니다.

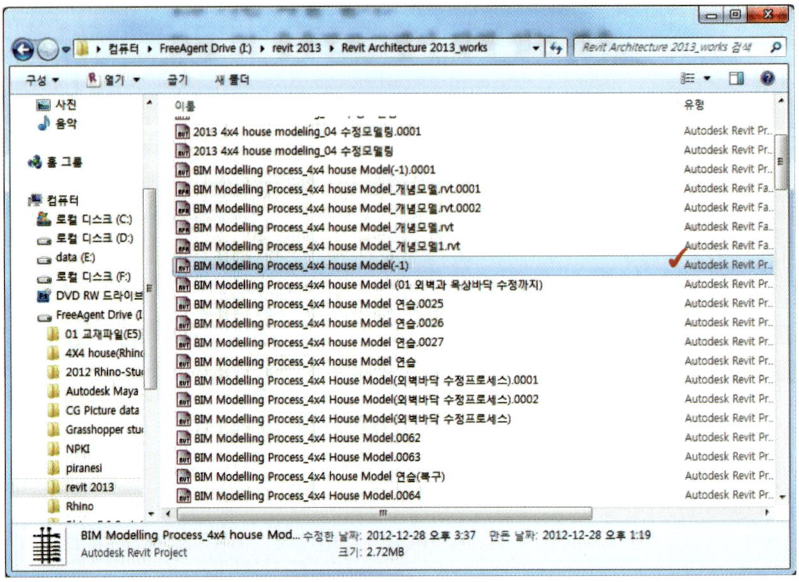

Step 02 응용프로그램이 열려 있는 경우

1. 시작화면의 '열기…'로 파일열기

❶ 프로젝트 시작화면의 '열기…'를 선택합니다.

❷ 찾을 위치(I)의 경로에서 파일을 선택합니다.

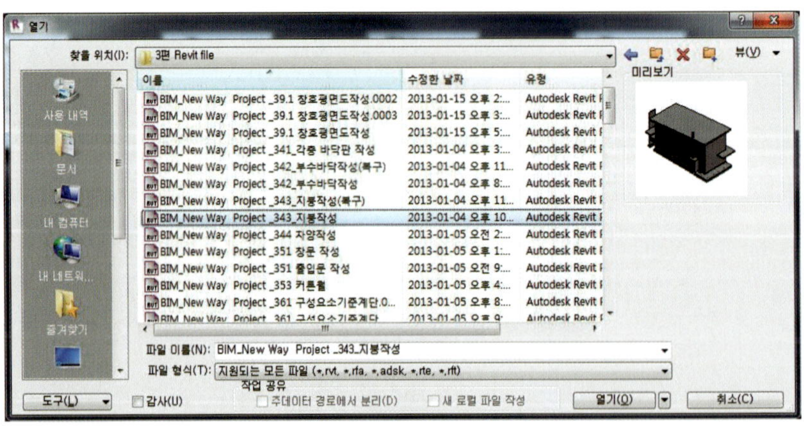

2. 최근 작업파일에서 열기는 프로젝트 시작화면의 작은 그림(썸네일)을 선택합니다.

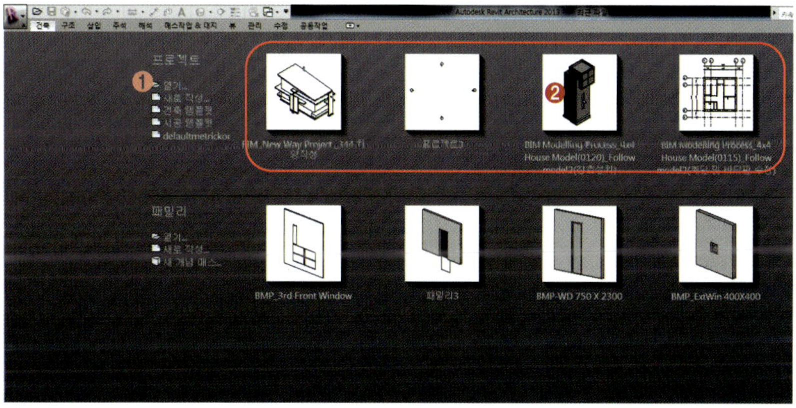

3. 응용프로그램 아이콘 → 열기 → 프로젝트 를 클릭합니다.

4. 단축키는 Ctrl+O를 입력합니다.

5. 응용프로그램 아이콘 의 최근문서에서 선택합니다.

6. 신속접근막대에서 열기 아이콘을 클릭합니다.

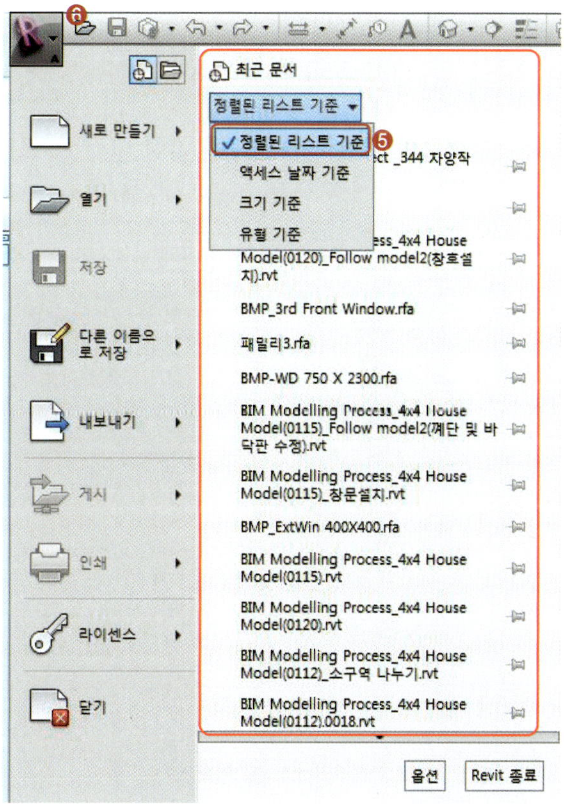

Chapter 03

인터페이스

인터페이스(Interface)는 사용자가 응용프로그램 아이콘 과 소통할 수 있는 수단입니다. 인터페이스는 키보드, 마우스, 디지타이저 및 3D 마우

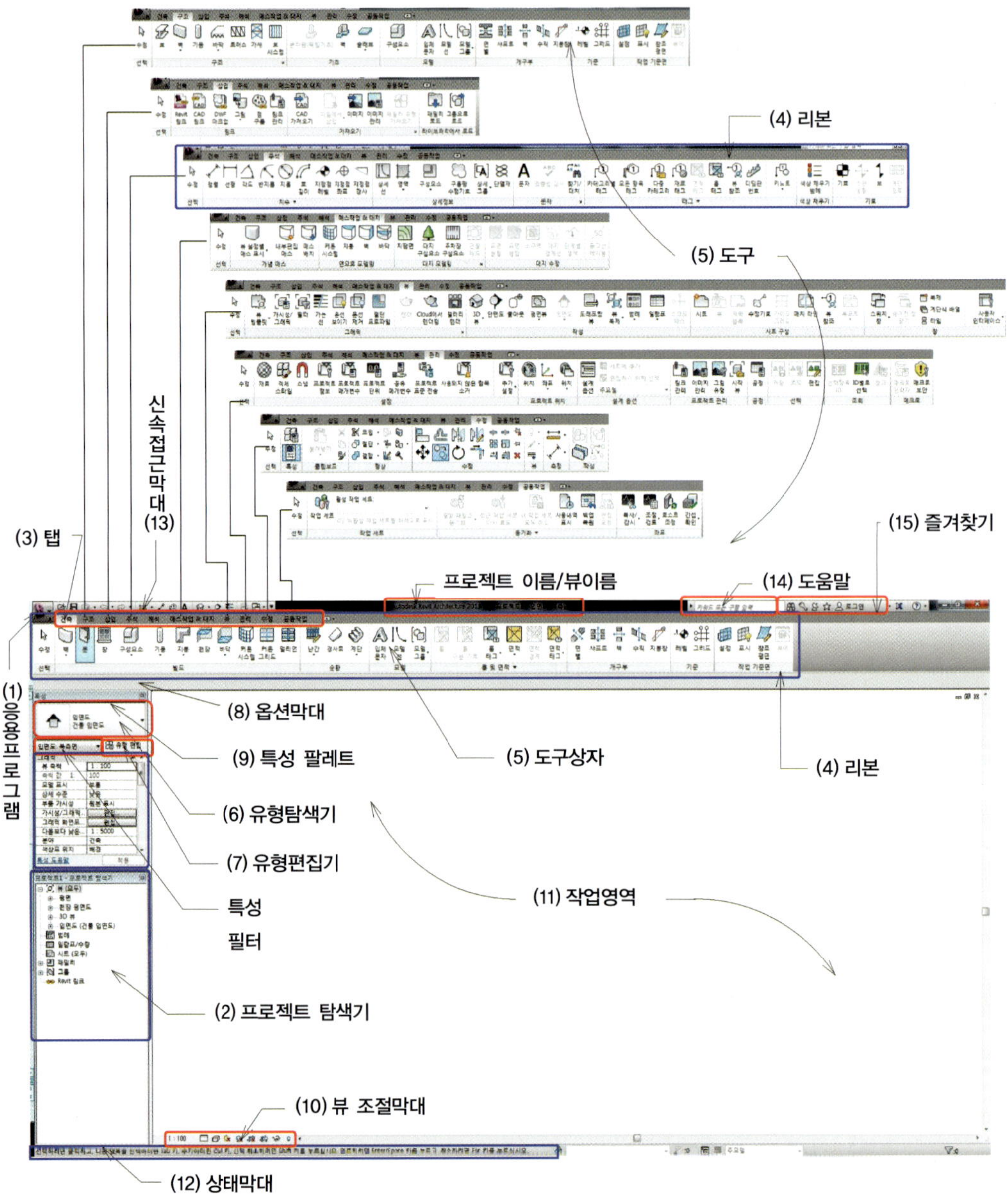

스 등 장치로서 작동됩니다. 인터페이스의 이해와 활용방법을 익히는 것이 중요합니다. 주요 학습내용은 인터페이스의 구성과 기능입니다.

3.2 인터페이스의 구성

기본적인 인터페이스는 작업영역을 중심으로 효율적으로 모델링을 진행하도록 최적화되어 있습니다. 숙련된 사용자는 자신에 맞게 배치할 수도 있지만 처음에는 기본적으로 설정된 인터페이스를 사용합니다.

인터페이스 구성을 자세히 살펴보면,

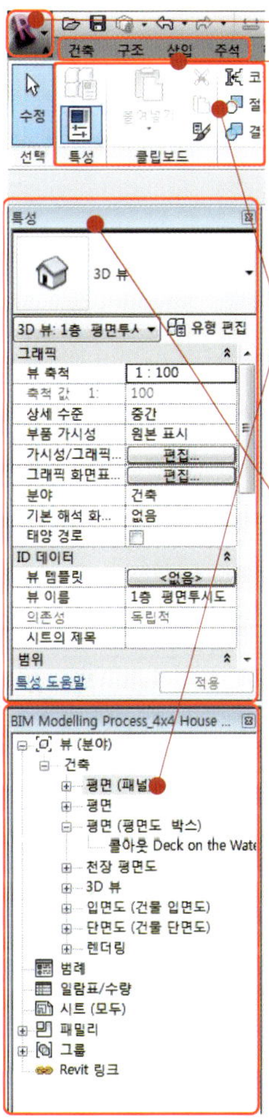

첫째, 관제탑(Control tower)에 해당하는 응용프로그램 버튼 에서 파일에 대한 전반적인 생성과 저장 및 내보내기 등의 핵심적인 역할을 합니다.

둘째, 프로젝트 탐색기는 비행기의 조종간과 같은 역할로 모델링작업에서 생성되는 평면뷰, 입면뷰 등으로부터 패밀리에 이르기까지 화면 및 객체 구성요소를 찾아가는 역할을 합니다.

셋째, 탭(Tap)은 건축모델링 및 관리에 대한 작업의 대분류로써 탭 아래에 구체적인 작업도구를 담고 있습니다.

넷째, 이러한 탭과 도구를 아우르는 패널은 리본처럼 띠를 형성하고 있어서 시각적으로 도구접근을 쉽게 합니다.

다섯째, 탭에 포함된 도구를 선택하면, 이를 수행하는데 필요한 유형선택 및 편집도구와 구속조건을 포함한 특성 팔레트, 그리고 중요한 구속조건을 선택사항으로 묶어둔 옵션막대가 있습니다.

여섯째, 뷰조절막대는 특성 팔레트에 포함된 뷰조절 내용으로 접근하기 쉽게 도구화되어 있습니다.

마지막으로, 모든 모델링은 작업영역에서 일어나며, 작업과정에 진행되는 행위에 대한 설명이 상태막대(Status bar)에 나타납니다. 상태막대를 세심히 살펴보면 모델링의 작업에서의 실수를 최소화할 수 있습니다.

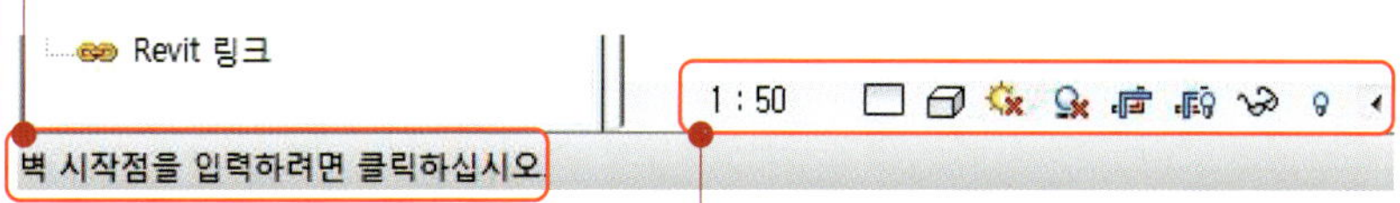

3.2 인터페이스의 주요내용

3.2.1 응용프로그램 버튼(Application Program Button)

이미 살펴본 대로 파일을 새로 만들고(Ctrl+N), 저장하고(Ctrl+S), 불러오고(Ctrl+O), 내보내고, 게시하고, 인쇄((Ctrl+P)하는 중요한 기능을 담당하는 관제탑입니다.

옵션을 클릭하면, 파일의 저장간격과 사용자 정보, 사용자 인터페이스의 설정, 그래픽환경 및 파일의 저장위치관리 등 다양한 설정을 수행할 수 있습니다.

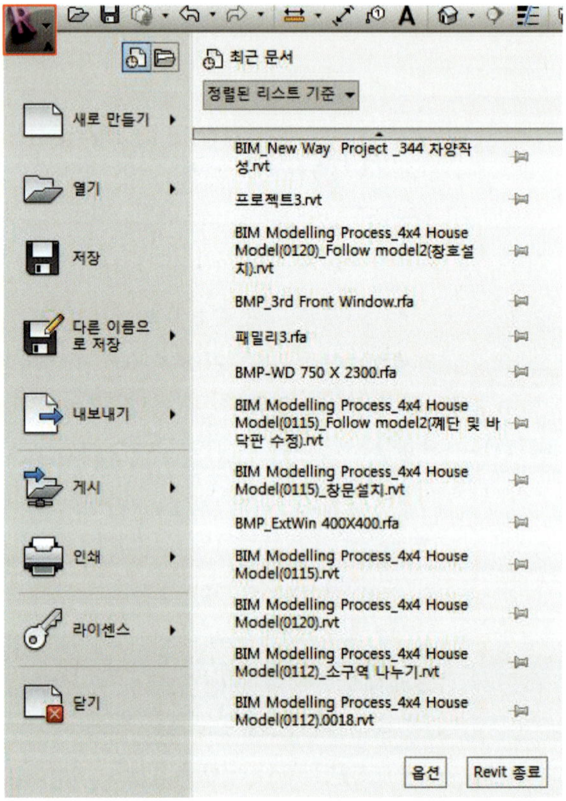

3.2.2 프로젝트 탐색기(Project Browser)

프로젝트 파일에 포함되어 있는 다양한 작업공간과 모델링 관련 객체의 목록에 쉽게 접근할 수 있는 도구입니다. 평면도 뷰, 입면도 뷰, 단면도 뷰 및 3D뷰 외에 시트, 패밀리 등과 같은 사항을 포함합니다.

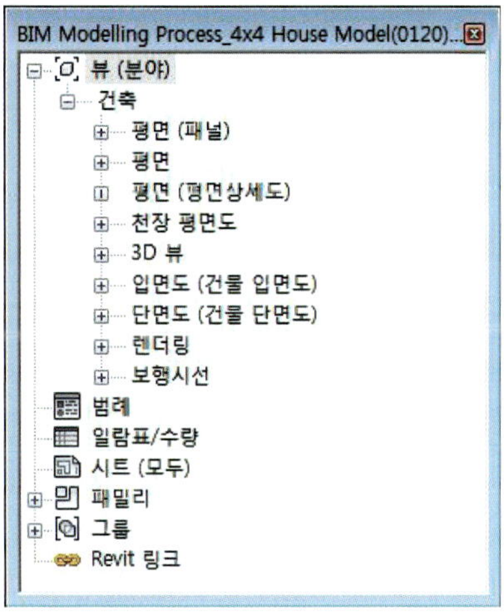

3.2.3 메뉴막대(Tap)

메뉴막대는 건축, 구조 및 매스작업과 대지의 모델링, 외부 정보의 삽입, 주석 작성, 뷰, 관리, 수정 및 협업 등에 관한 주요한 업무영역을 대분류한 것입니다. 전체적인 작업방향을 결정하는 기능을 하며 구체적인 작업을 수행하는 여러 가지 도구(Tool)를 갖추고 있습니다.

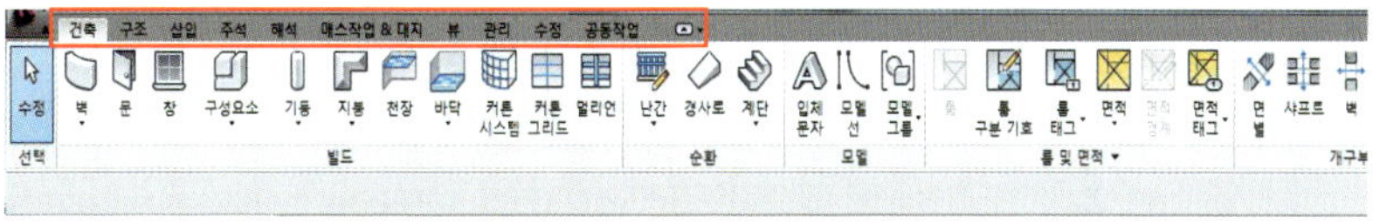

3.2.4 도구상자(Panel)

대분류 속에서 구체적인 작업을 수행하는 생성도구를 아이콘과 함께 정리해서 리본처럼 펼친 것입니다. 생성도구는 기능에 따라 그룹을 이루고 있습니다. 초심자가 작업도구를 형태로 쉽게 파악할 수 있도록 디자인한 것으로 보입니다. 다음은 건축 탭의 리본입니다. 빌드, 순환, 모형, 룸 및 면적, 개구부 절단 등 중분류를 갖추고 있습니다.

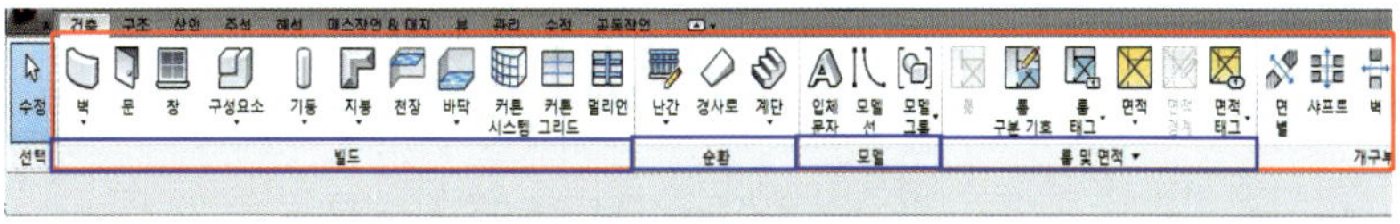

3.2.5 유형탐색기(Type Browser)

본격적으로 객체를 작성하기 전에 작업에 알맞은 재료(Family type)를 찾는 도구가 유형탐색기입니다. 유형탐색기의 작은 삼각형을 클릭해서 펼치

Hot Tip
패밀리는 캐드의 블록과 유사한 개념입니다. 미리 제작된 패밀리를 사용하면 모델링의 노력과 시간이 절감됩니다.

면 다양한 유형을 볼 수 있습니다.

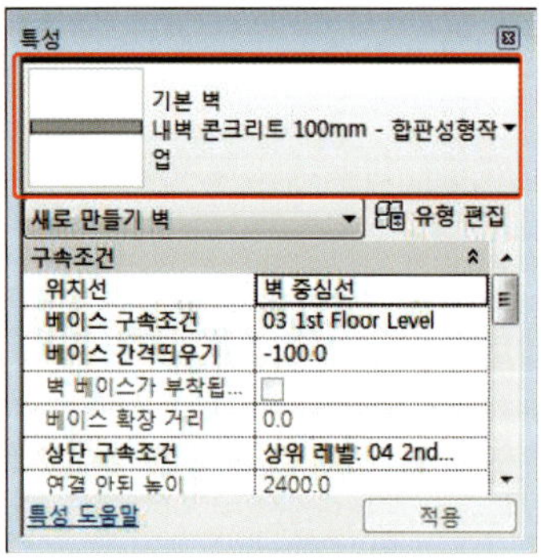

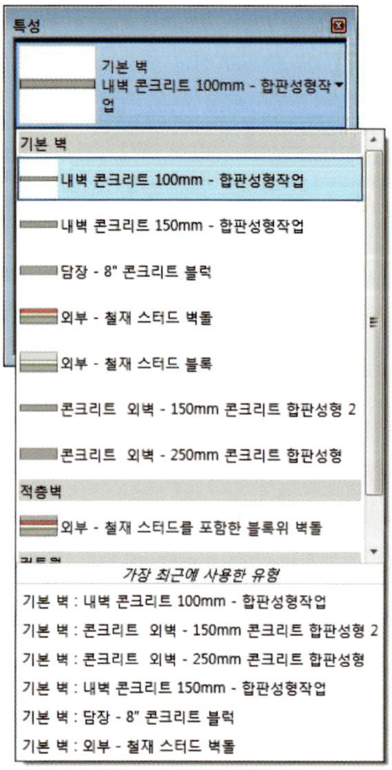

3.2.6 유형편집기(Type Editor)

유형탐색기에서 적합한 패밀리 유형을 찾지 못했을 때, 유형편집기를 선택하고 유형 특성 대화상자를 엽니다. 유형편집기는 유형 특성 대화상자에서 매개변수의 변경을 통해 새로운 유형을 복제해 낼 수 있습니다. 또한 구조 방식이나 재료를 변경할 수 있습니다. 외부에서 작성된 패밀리 유형을 가져오려면 로드를 클릭합니다.

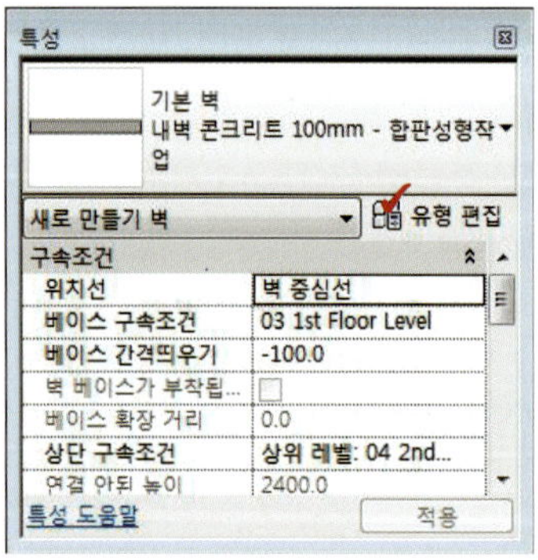

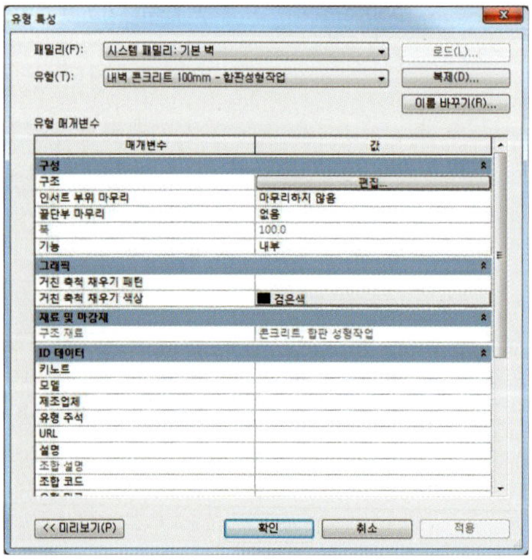

3.2.7 특성 팔레트(Property Pallette)

모델링 재료로써 패밀리 유형이 결정되면, 다른 객체나 공간과의 관계를 규정하는 구속조건을 설정합니다. 모델링 객체마다 필요한 구속조건이나 정보를 포함하는 창이 특성 팔레트입니다. 벽체의 사례를 살펴보면, 구속조건, 구조, 치수 및 ID 데이터 등을 포함하고 있습니다.

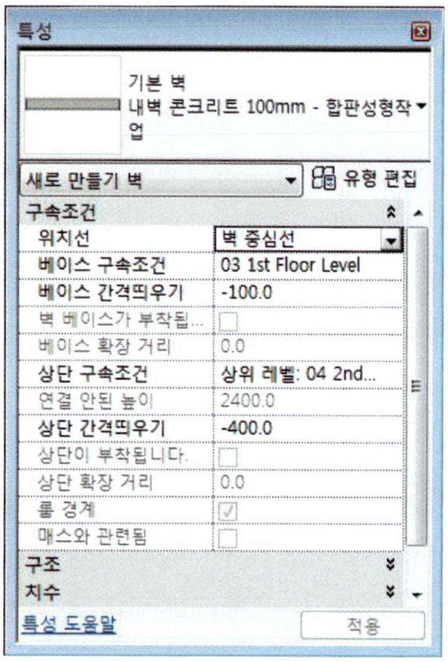

3.2.8 옵션막대(Option Bar)

특성 팔레트의 구속조건에서 중요한 설정 값과 이후 작성과정에 꼭 필요한 체인, 간격띄우기 등을 리본 하부에 배치한 것이 옵션막대입니다. 아마도 모델링할 때 치명적인 실수를 피할 수 있도록 구성한 것으로 생각됩니다.

Hot Tip
체인(Chain)은 연결을 의미하고, 작성하는 객체가 연속됩니다. 간격띄우기(offset)는 기존 객체로부터 일정거리를 띄울 때 편리합니다.

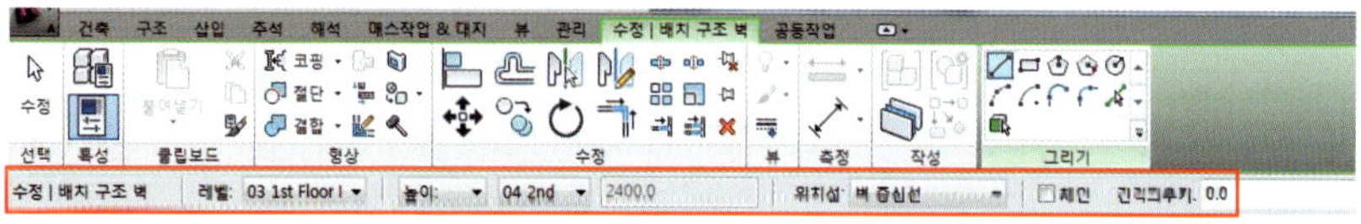

3.2.9 도구상자(Panel)

이상의 작업과정은 모델링 준비과정입니다. 본격적으로 객체를 작성하는 작업이 이루어지는 도구가 작성도구입니다. 예를 들어 건축 탭 ➜ 벽 : 구조 벽을 클릭하면, 탭 분류에 수정 | 배치 구조 벽의 탭이 생기고, 벽 작성에 필요한 소분류 도구상자와 도구들의 리본이 나타납니다. 그리기 도구를 선택해서 작성하고, 수정도구로 정리하거나 변형하고 클립보드에 복사하고 붙여 넣는 등 매우 구체적인 모델링 작업을 수행합니다.

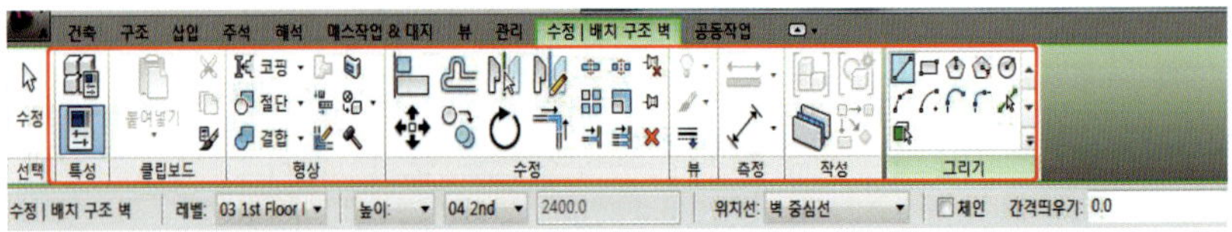

3.2.10 특성 필터(Property Filter)

모델링을 수행할 때 마치 단일 작업영역에서 이루어지고 있는 것처럼 보이지만, 도면 뷰와 모델링의 특성 팔레트를 이동할 필요가 있는 경우도 있습니다. 작업에 관련된 특성 팔레트의 이동을 선택할 수 있는 창이 특성 필터입니다.

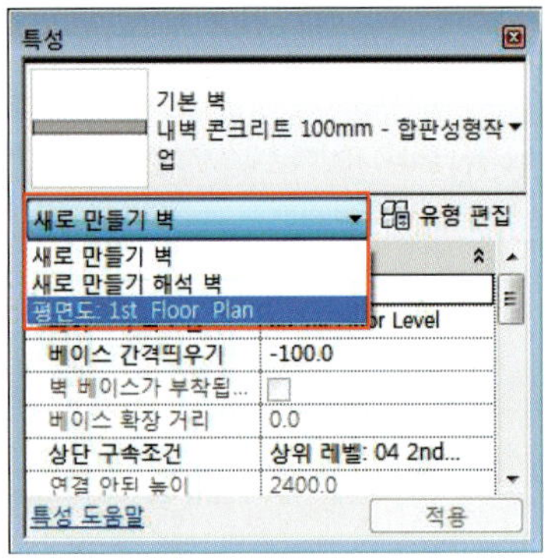

3.2.11 뷰 조절막대(View Control Bar)

프로그램에 포함된 시각적 조절요소를 집합시켜 아이콘으로 정리해둔 막대를 뷰 조절막대라고 합니다. 특성 팔레트의 그래픽 화면 표시 옵션과 범위에 포함된 뷰 자르기, 자르기 영역보기를 비롯해서, 축척조정, 상세수준 조정, 태양경로설정, 그림자 켜기/끄기, 임시숨기기/분리설정 및 재설정, 숨겨진 요소 표시/표시 닫기 등을 포함하고 있습니다.

3.2.12 상태막대(Status bar)

뷰 조절막대의 바로 아래 위치하고 있으면서 수행되는 모델링과정마다 진행정보를 중계합니다. 주의 깊게 살피면 모델링을 효과적으로 오류 없이 진행할 수 있습니다.

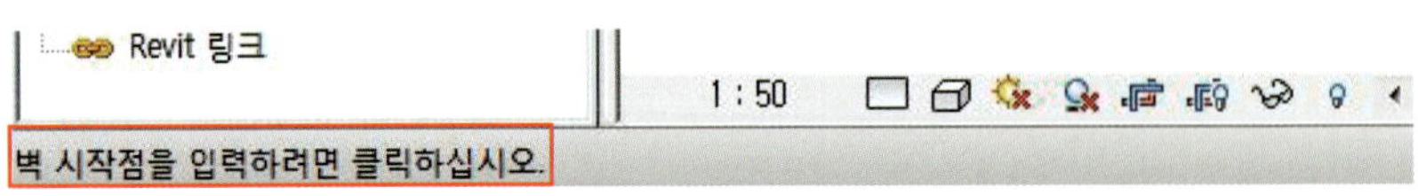

3.2.13 신속접근막대

응용프로그램의 인터페이스에 익숙해지면 필요한 도구를 모아서 신속하게 접근할 수 있도록 모아둔 띠입니다. 탭 상부에 위치하고 있으며 모델링과 관리를 효율적으로 진행할 수 있습니다.

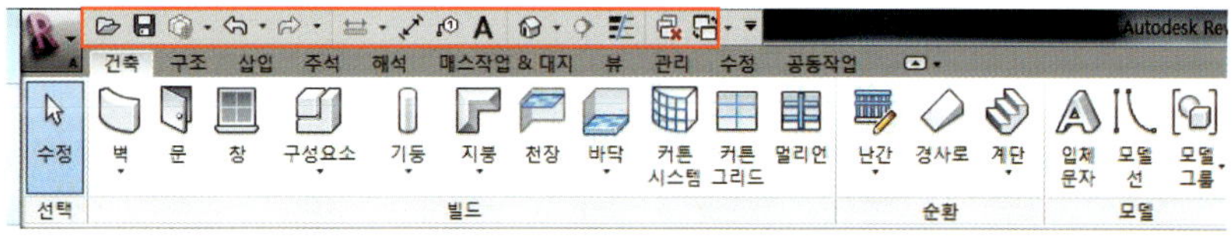

3.2.14 버전/파일정보

응용프로그램의 버전정보와 현재 진행하는 프로젝트 이름 및 뷰 이름을 표시합니다.

3.2.15 도움말/즐겨찾기

온라인 도움말(단축키 : F1 키)을 색인검색할 수 있으며, 관련사이트에 접속할 수 있습니다.

Chapter 04

단축키(Shortcuts)

응용프로그램의 인터페이스에 익숙해지면, 마우스를 클릭하는 오른손 부하가 많습니다. 사용빈도가 많은 작성명령은 적절히 왼손을 사용하여 키보드로 명령을 입력하면 모델 작성속도와 효율을 높일 수 있고 오른손의 부

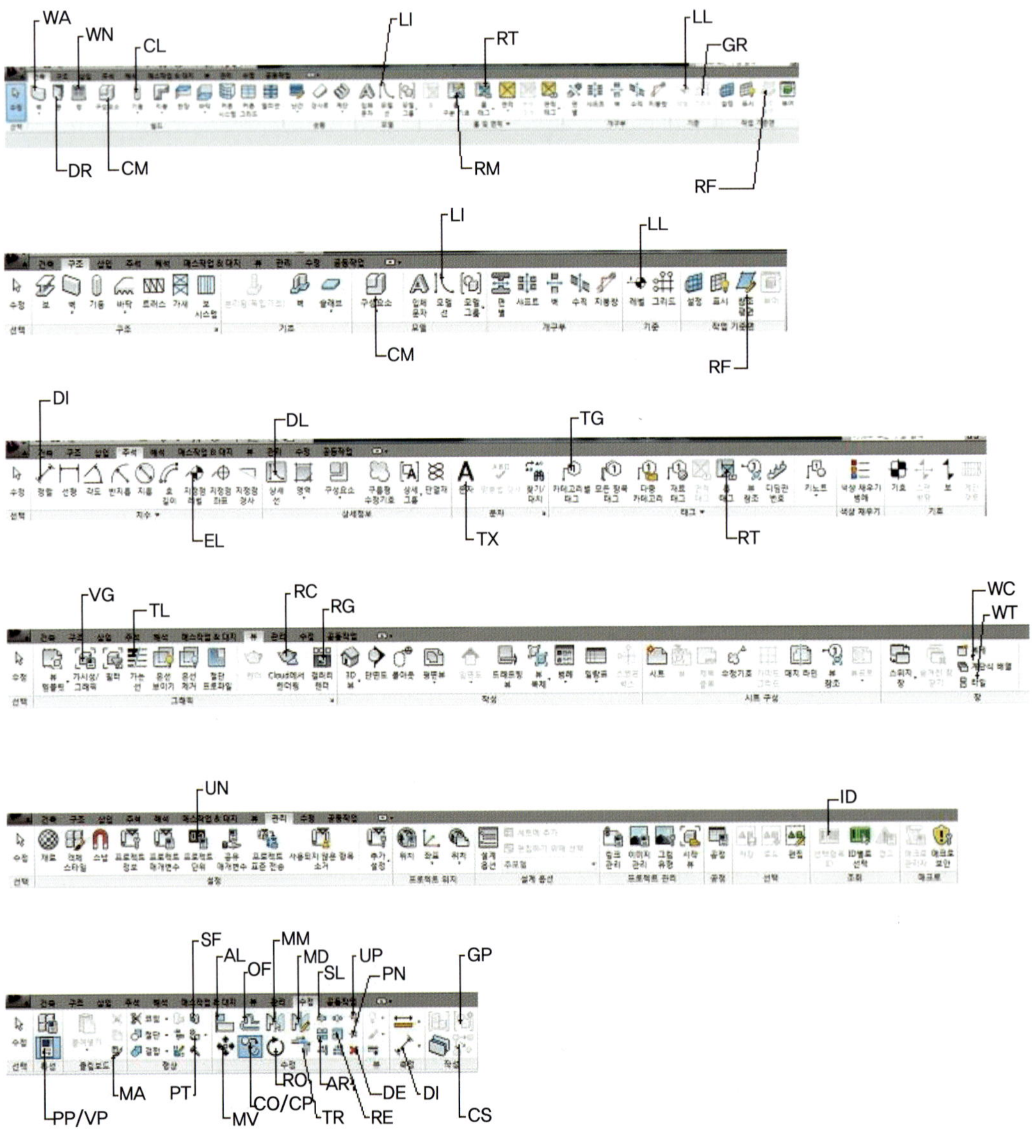

하도 경감될 것입니다. 본 교재는 초심자에게 친근하게 다가갈 수 있는 리본의 도구메뉴를 써서 진행합니다. 그러나 컴퓨터 활용능력이 뛰어난 사용자를 위해 기본적인 단축키를 살펴보고, 4편에서 단축키 관리방법을 설명합니다.

4.1 단축키 구성

기본적으로 설정된 단축키의 맵을 그려보면 건축과 뷰에 많고, 수정도구에 집중되어 있습니다. 단축키의 구성은 사용빈도를 고려하고 있습니다.

4.2 뷰 조절 단축키

모델링 요소나 카테고리가 뷰에 나타나는 형태를 조절하는 단축키가 비교적 많이 지정되어 있습니다. 이는 모델링 과정에서 각 객체의 가시성을 적절히 조정하면 작업효율을 보다 높일 수 있기 때문입니다.

유형	단축키	명령어 설명
비주얼 스타일	GD	그래픽 디스플레이 옵션
	WF	와이어 프레임
	SD	은선
	RY	레이 트레이싱
	VG/VV	가시성/그래픽 재지정
일조분석	SU	태양 설정
렌더링	RR	렌더
뷰 조절	EH	뷰에서 요소 숨기기
	EU	숨겨진 요소 보이기
	HR	숨기기/분리 재설정
	RH	숨긴 요소 보이기 토글모드
	HI	요소 분리
	HH	요소 숨기기
	VU	카테고리 보이기
	IC	카테고리 분리
	HC	뷰나 카테고리에서 숨기기
	VH	카테고리 숨기기

4.3 화면 조절 단축키

작업영역에서 화면에 나타나는 객체의 크기 및 위치를 제어하는 단축키는 다음과 같습니다.

유형	단축키	명령어 설명
줌(Zoom)	ZA	창에 맞게 줌
	ZS	도면 크기에 맞춤
	ZP/ZC	이전 팬/줌
	ZR/ZZ	영역 확대
	ZO/ZV	1/2배 축소
	ZE/ZF/ZX	창에 맞게 줌

Chapter 05

작성명령 입력/명령 종료

Revit 2013의 사용방법은 기본적으로 대부분의 애플리케이션과 같습니다. 주요 학습 내용은 명령을 입력하는 방법, 사용명령 종료 또는 취소하는 방법입니다.

Hot Tip

명령어를 입력하고 확인을 클릭하는 일은 본문에서는 대부분 생략되어 있습니다. 명령어를 선택했으면 꼭 확인이나 스페이스 바를 누릅니다.

5.1 명령 입력 방법

명령을 입력하는 방법은 키보드 입력, 아이콘 입력 및 자동 입력이 있습니다. 명령 입력은 명령어를 입력하거나 아이콘을 마우스 좌측버튼(Left Mouse of Button Click : LMC)으로 클릭하거나 입력 키(Enter key) 또는 스페이스 바(Space bar)를 눌러서 확인해야만 진행됩니다.

키보드 입력(Keyboard inputs)은 응용프로그램을 능숙하게 활용할 수 있는 단계에서 유용합니다. 키보드로 명령어를 영문으로 입력하면, 첫 자를 입력할 때부터 그 글자를 포함하는 명령들이 상태막대(Status bar)에 나타납니다. 단축키 형태로 구성되어 있습니다.
예를 들어 'DR(door의 단축키)'을 입력하면, 상태막대는 다음과 같은 메시지를 나타냅니다.

문 (스페이스바를 눌러 인스턴스(instance)를 왼쪽/오른쪽으로 반전)을(를) 배치하려면 벽을(를) 클릭하십시오.

아이콘 입력(Icon inputs)은 리본에서 도구 모양의 아이콘을 선택하는 방법입니다. 명령을 직관적으로 인식할 수 있어 프로그램의 학습 초기에 친근하게 접근할 수 있는 장점이 있습니다. DR(문)의 단축키를 아이콘으로 입력하려면, 건축 탭 → 문을 클릭합니다.

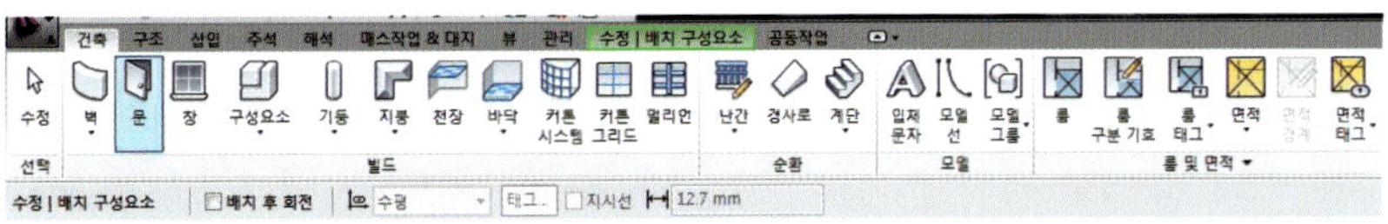

자동 입력(Default)은 프로그램을 개발할 때, 명령마다 필요한 최적요소를 미리 설정해 놓은 것입니다. 건축 탭 → 벽 → 벽 : 구조를 선택하면 이미 그리기 도구상자에서 선이 자동으로 설정되어 있습니다. 선을 작성하기 위해 선택하는 수고를 하지 않아도 됩니다. 또한 옵션막대에는 벽의 작성방향은 높이로, 상단구속조건은 미연결, 8000으로 작성 기준을 나타내는 위치선은 벽 중심선으로 설정되어 있습니다.

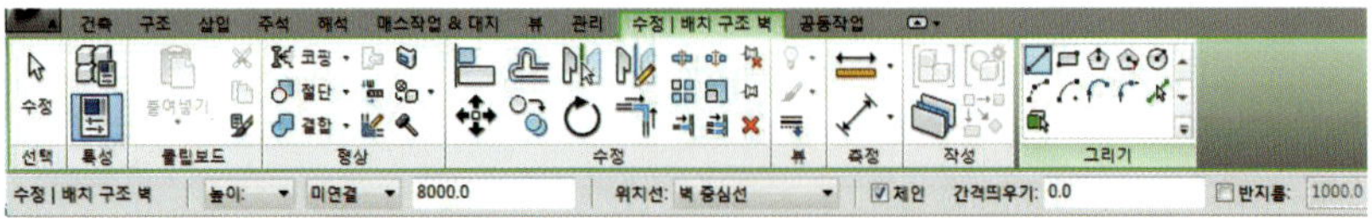

체인(Chain)도 체크 되어 있는데 체인을 체크하면 연속적으로 벽이 이어져서 작성된다는 의미입니다. 간격띄우기는 0으로 반지름은 체크되어 있지 않습니다. 자동입력은 특별히 변경할 사항이 없는 경우에는 유지한다는 표현을 사용했습니다.

5.2 명령 종료 방법

> **Hot Tip**
> 작성 도중에 화면이 흐리게 변하고 다음 명령이 입력되지 않을 때는 아직 이전 명령을 진행 중에 있다는 의미입니다. 반드시 명령을 종료한 후 다음 명령을 진행해야 합니다.

명령을 입력했으면 반드시 종료해야 다음 단계로 진행할 수 있습니다. 명령을 종료하는 방법도 키보드 종료 방법, 아이콘 종료 방법이 있습니다. 마우스 우측버튼을 클릭하고 취소를 선택하는 방법도 있습니다.

키보드 입력으로 작성 명령을 끝내는 방법은 C를 입력하고, 엔터키를 치거나 키보드의 ESC키를 더블클릭하는 방법입니다.

마우스 입력에 의해 종료하는 방법은 리본의 가장 왼쪽에 있는 수정 아이콘(Modify panel)을 더블클릭합니다.

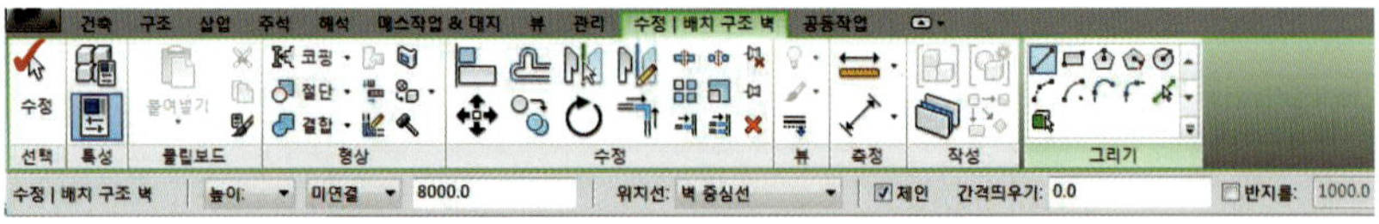

그리고 마우스 우측버튼을 클릭(Right Button of Mouse Click)하고 C를 입력하거나 취소(C)를 선택합니다.

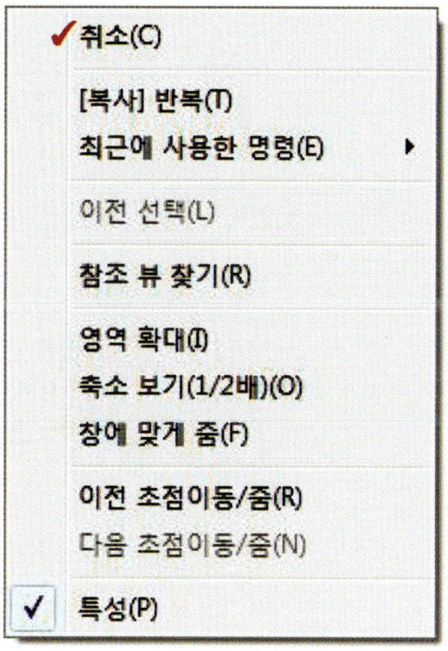

특히 여러 단계의 모델링과정을 거치는 내부편집 모델링 과 같은 도구는 작성 방법, 경로작성 및 프로파일 스케치 등 단계별 명령을 선택해야 할 뿐 아니라 반대로 명령을 끝낼 때도 단계별로 스케치 편집모드 완료, 경로작성모드 완료 및 모델 완료 등을 선택해야 하므로 주의가 필요합니다.

SECTION

3

BIM_New Way Project

(무작정 따라하는 BIM)

SECTION | DIGITAL DESIGN

3 BIM_New Way Project

Chapter 01
프로젝트 준비사항

1.1 프로젝트 개요

본 프로젝트의 건물모델은 Autodesk REVIT 2013 버전의 Getting started의 경골구조를 우리나라 실정에 맞도록 평면계획과 구조방식, 재료를 고려하여 수정 · 보완한 것입니다. REVIT 입문자들이 단순한 형태의 건물을 모델링함으로써 공간을 보다 쉽게 이해할 수 있고, 다양한 건축구성요소를 폭넓게 표현할 수 있는 건축적 가능성을 발견하게 될 것입니다.

1.2 프로젝트 시작하기

주요내용은 (1) 프로그램 열고, (2) 다른 이름으로 저장하는 과정입니다.

Hot Tip
레빗 프로젝트 파일을 클릭하여 레빗 응용프로그램을 시작할 수도 있습니다.

Step 01 바탕화면에서 레빗 2013 응용프로그램 아이콘을 더블클릭합니다.

Hot Tip
애플리케이션 → 새로 작성하기 → 새 프로젝트를 선택해도 되며, 단축키는 Ctrl+N입니다.

Step 02 새 프로젝트 시작

❶ 프로젝트 항목에서 새로 작성…을 선택합니다.

❷ 새 프로젝트 대화상자에서 찾아보기(B)를 클릭합니다.

❸ 템플릿 파일이 저장된 경로를 찾아 "defaultmetrickor"을 엽니다.

❹ 새 프로젝트 대화상자를 닫습니다.

Hot Tip
다른 이름으로 저장하기의 단축키는 Ctrl+S입니다.

Step 03 프로젝트의 다른 이름 저장

❶ 애플리케이션 → 다른 이름으로 저장하기 → 프로젝트를 선택합니다.

❷ 저장 경로를 선택하고, 이름은 BIM_New Way Project로 저장(S)합니다.

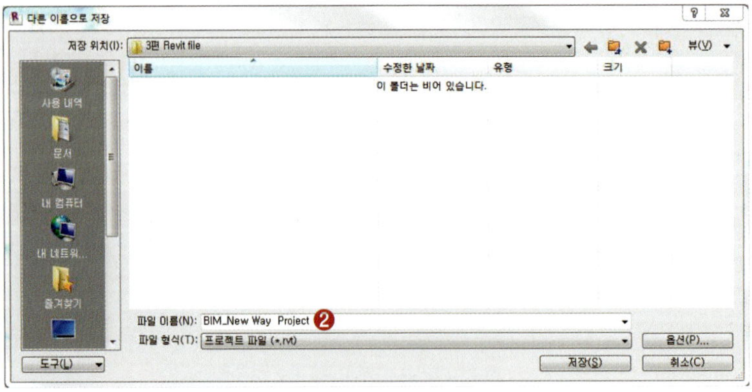

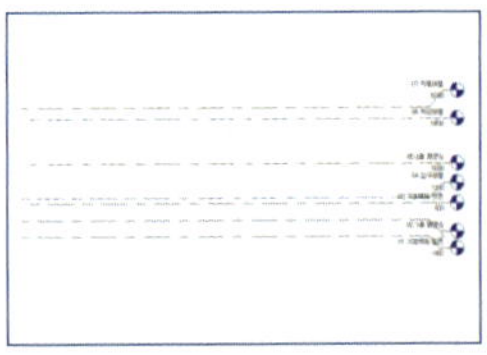

레벨 수행목표

1.3 레벨(입면높이 기준선) 작성

건축구성요소를 설치할 때, 입면높이의 기준이 되는 레벨(Level)을 작성합니다. 레벨은 건물의 높이 방향 기준이 되는 평면을 의미할 뿐이며, 일반적으로 말하는 몇 층이라는 개념과는 다릅니다. 본 프로젝트에서 수행목표는 좌측의 그림과 같습니다.

Step 01 레벨 작성 방법 설정

❶ 프로젝트 탐색기 입면도 → 남측면(남측면도)을 활성화합니다.

❷ 건축 탭 → 레벨 을 클릭합니다.

Hot Tip
레벨의 단축키는 LL입니다.

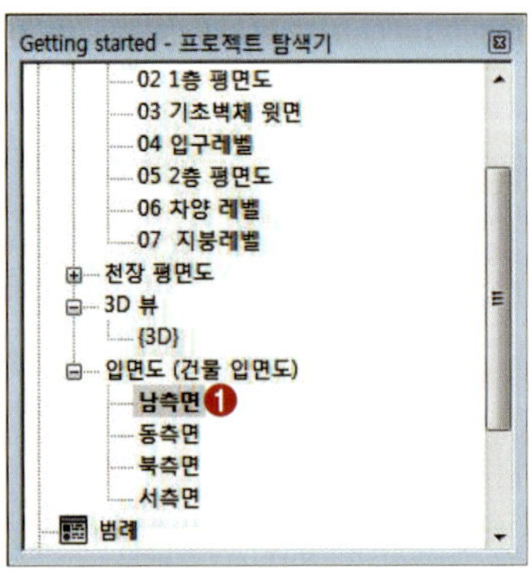

Hot Tip
반복 작성할 때, 참조선 방향을 살펴서 원하는 쪽으로 작성될 수 있도록 주의합니다.

Step 02 레벨의 구속조건 설정

❶ 옵션막대에서 '간격띄우기'는 1000으로 설정합니다.

❷ 이후에 레벨 이름과 높이는 편집되므로 알맞은 값을 기입합니다.

Hot Tip

레벨 작성 방법은 '선'과 '선 선택' 방법이 있습니다. '선'은 처음 시작할 때 쓰이며, '선 선택'은 캐드의 옵셋(offset)처럼 참조 객체가 있을 때 편리합니다.

Step 03 레벨(Level) 작성

❶ 그리기 도구상자에서 선 선택 을 클릭합니다.

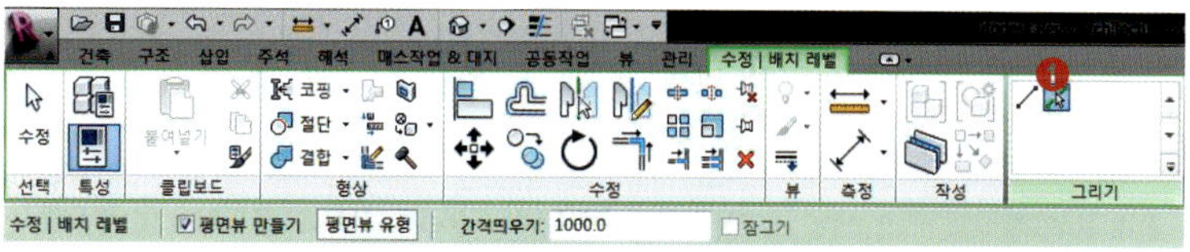

❷ 레벨 2(L1) 위로 마우스 커서를 이동하면 점선의 참조선이 나타납니다.

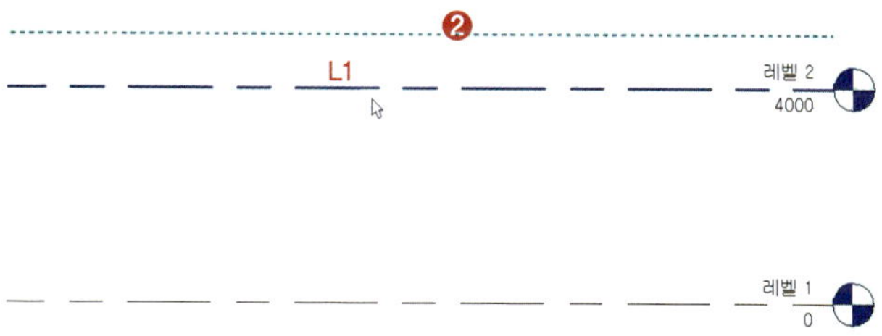

❸ 레벨 3(L2)은 참조선이 위에 나타날 때 클릭합니다.

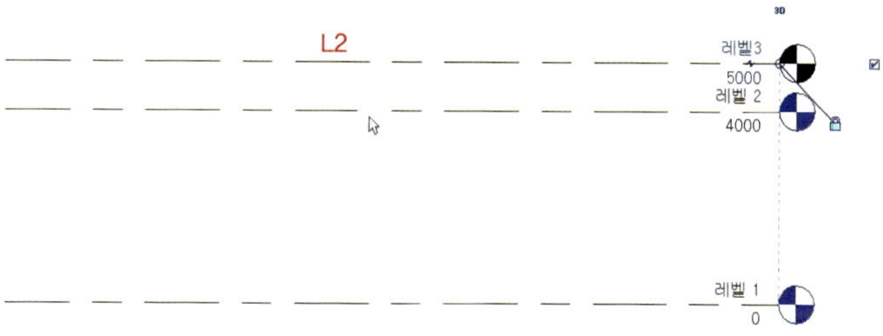

❹ 레벨 3부터 같은 방법으로 레벨 4(L3), 5(L4) 및 레벨 6(L5)까지 4개의 레벨을 작성합니다.

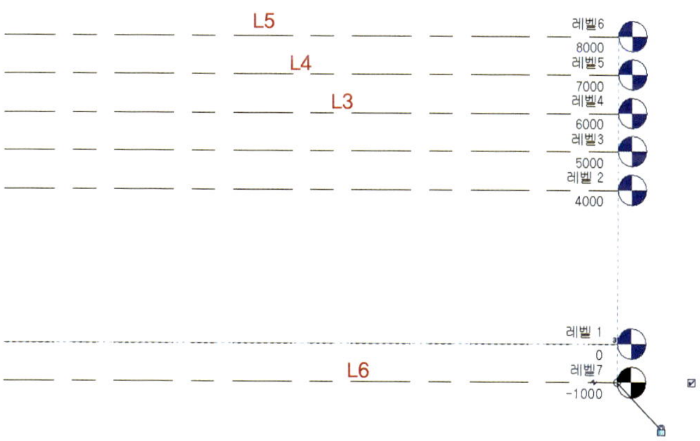

❺ 레벨 1 아래로 레벨 7(L6)을 작성합니다.

Step 04 레벨 이름과 레벨 높이 값 수정

❶ 레벨 7의 이름 위에 마우스 커서를 두고, 마우스 왼쪽 버튼을 한 번 클릭해서 이름 변경 상태로 바꿉니다.

❷ 새 이름을 01 기초벽 밑면으로 바꾸고 클릭합니다.

Hot Tip
이름과 높이의 수정을 끝낼 때는 상자 바깥 부분을 클릭합니다.

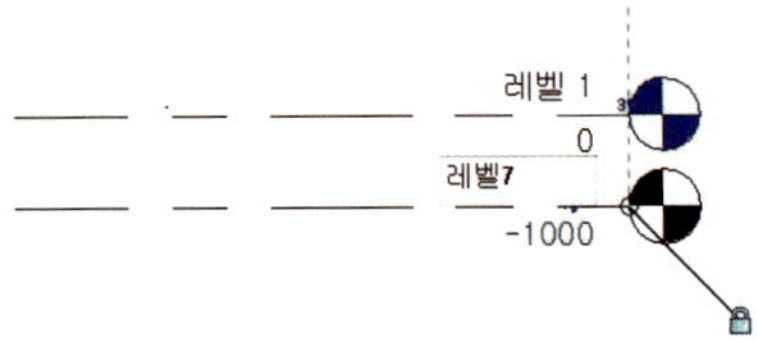

〈Before〉

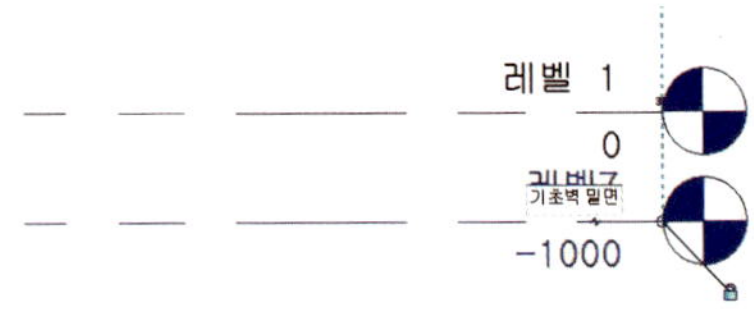

〈After〉

❸ "해당 뷰의 이름을 바꾸시겠습니까?"라는 대화상자가 나타나면 예(Y)를 선택합니다.

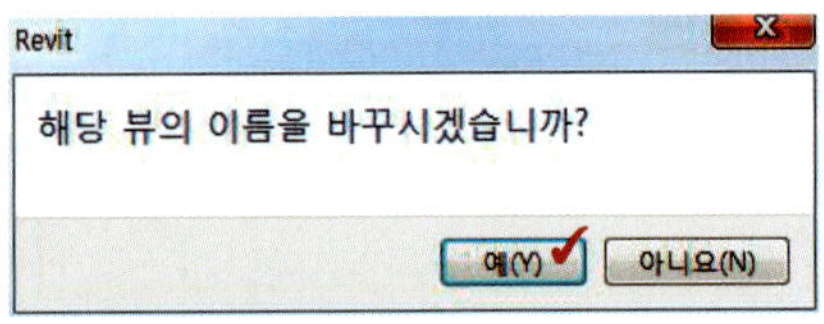

❹ 동일한 방법으로 레벨의 이름을 수정합니다.

❺ 동일한 방법으로 레벨의 높이 값을 수정합니다.

레벨 이름		레벨 높이	
Before	After	Before	After
레벨 7	01 기초벽 밑면	-1000	-900
레벨 1	02 1층 평면도	0	0
레벨 2	03 기초벽 윗면	4000	900
레벨 3	04 입구 레벨	5000	1200
레벨 4	05 2층 평면도	6000	3000
레벨 5	06 차양 레벨	7000	5400
레벨 6	07 지붕 레벨	8000	6000

Step 05 레벨 작성결과 검토

❶ 레벨 작성결과를 살펴보면 명칭과 높이의 문자가 서로 겹쳐진 부분이 있습니다.

❷ 레벨을 선택하고 절곡점을 끌어서 간격을 조정합니다.

❸ 레벨 이름과 높이를 조정한 결과입니다.

Hot Tip

마우스 **우측버튼**을 클릭하면, '긴급도구상자'가 나타납니다. 작성도구로의 접근시간을 단축합니다.

❹ 프로젝트 탐색기의 평면에서 대지를 선택하고, 마우스 우측버튼을 클릭하여 이름을 00대지로 수정합니다.

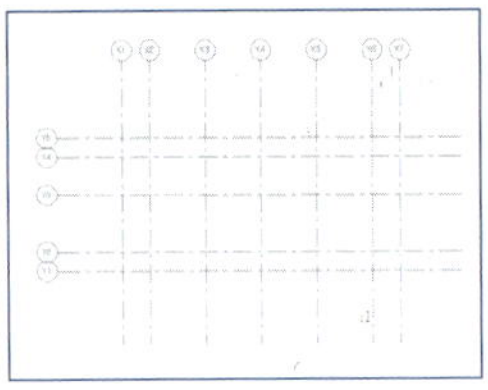

그리드 수행목표

그리드의 단축키는 GR입니다.

1.4 그리드(grid) 작성

그리드(조립기준선)는 건축구성요소를 설치하는 평면도에서 조립기준이 됩니다. 또한 주요구조 부분과 공간계획에서 참조기준이 됩니다.

Step 01 그리드 작성 방법 선택

❶ 프로젝트 탐색기의 평면도 분기에서 02 1층 평면도를 활성화합니다.

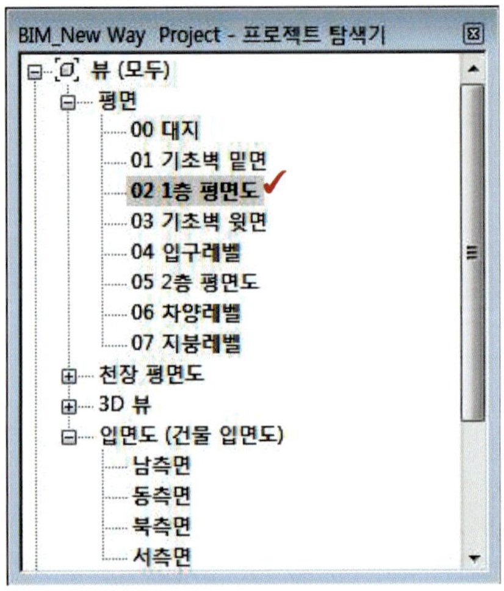

Hot Tip

레빗에서 작성되는 **객체는 대부분의 단계에서 수정이 가능**합니다. 오류에 대한 염려를 하지 않아도 됩니다.

❷ 건축 탭 → 그리드 를 클릭합니다.(자동으로 선 ⁄ 도구가 선택됩니다.)

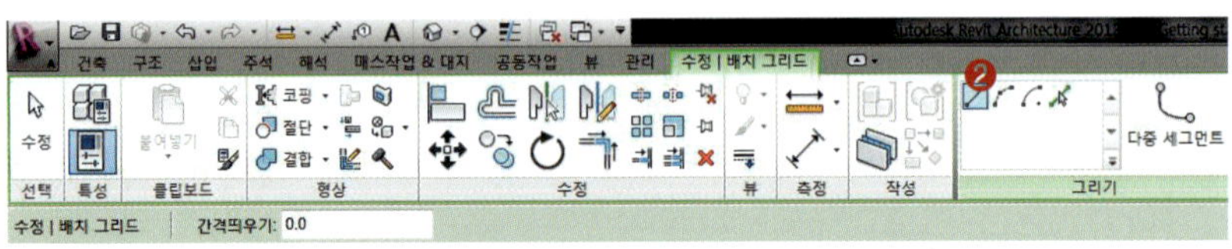

Step 02 X축 그리드 작성

❶ 첫 번째 그리드는 입면기호 영역 안에서 좌측 하부의 적당한 점 P1점을 클릭하고 수직으로 P2점까지 그립니다.

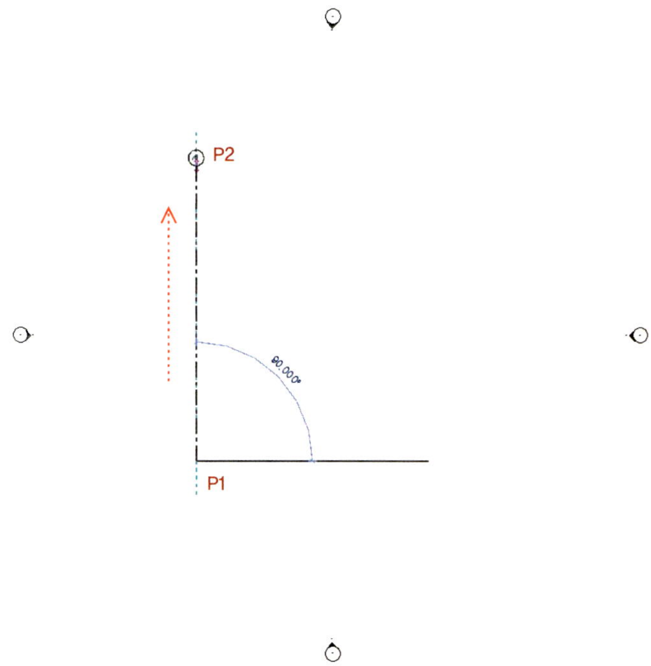

❷ 그리드 자동이름 1을 클릭하고 X1으로 변경합니다.

〈Before〉 〈After〉

❸ 마우스 우측버튼을 눌러 신속접근 도구상자의 [그리드] 반복(T)을 클릭합니다.

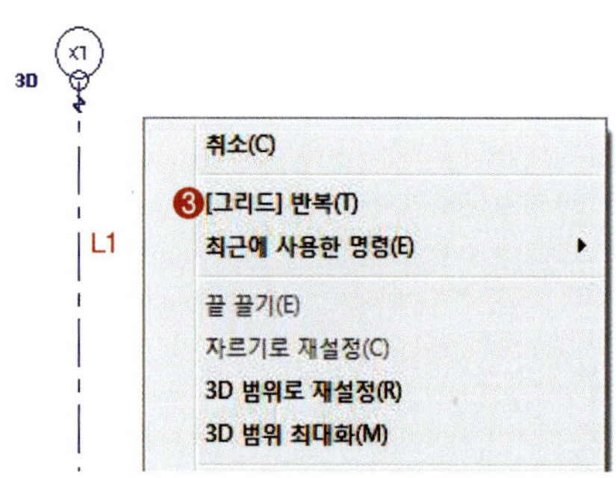

❹ 옵션막대에서 '간격띄우기'를 1800으로 바꿉니다.

❺ 그리기 도구상자에서 선 선택 을 클릭합니다.

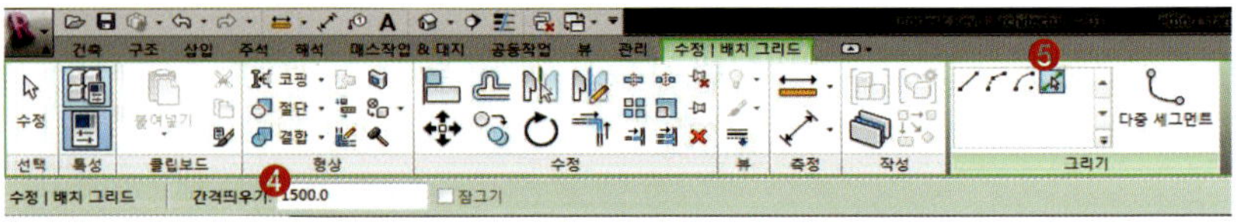

❻ 그리드 X1 위에 커서를 놓고 참조선이 오른쪽에 생길 때, 클릭하면 그리드 X2(L2)가 작성됩니다.

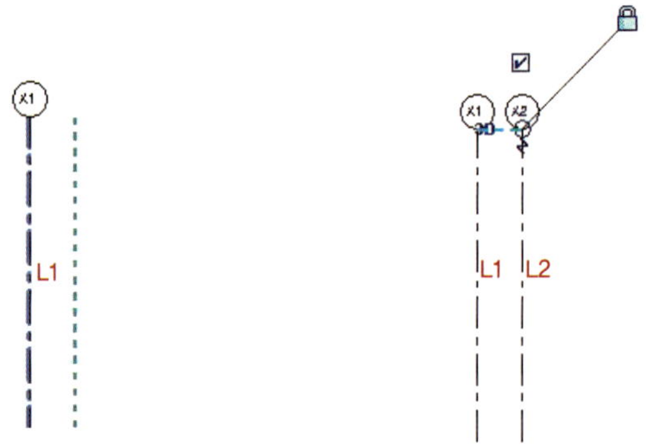

〈Before〉 〈After〉

❼ 옵션막대의 '간격띄우기'를 3600으로 변경하고, 그리드 X3(L3)부터 X6(L6)까지 이어서 4번을 작성합니다.

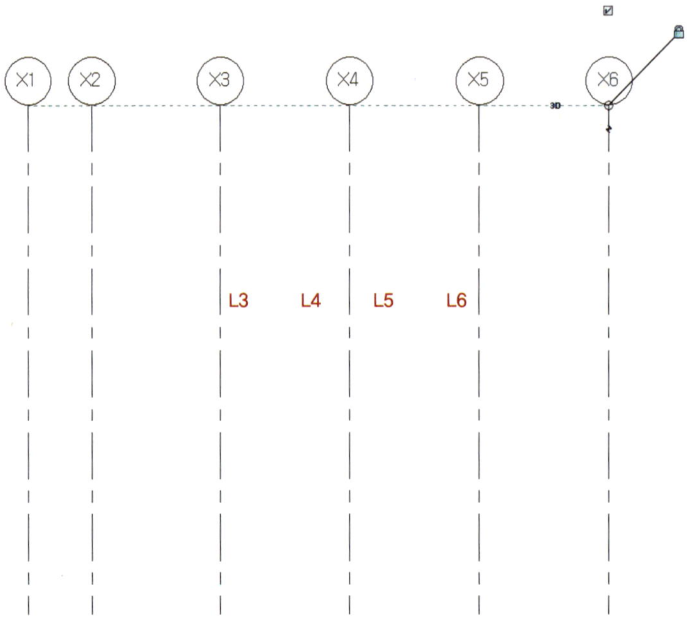

❽ 옵션막대의 '간격띄우기'를 1800으로 바꾸고, 그리드 X7을 작성합니다.

Step 03 Y축 그리드 작성

❶ 옵션막대에서 간격띄우기를 0으로 변경합니다.

❷ 그리기 도구상자에서 선 도구를 클릭합니다.

❸ X7 그리드의 우측 하부에서 P1점에서 수평으로 왼쪽 P2점까지 수평선(L7)을 그립니다.

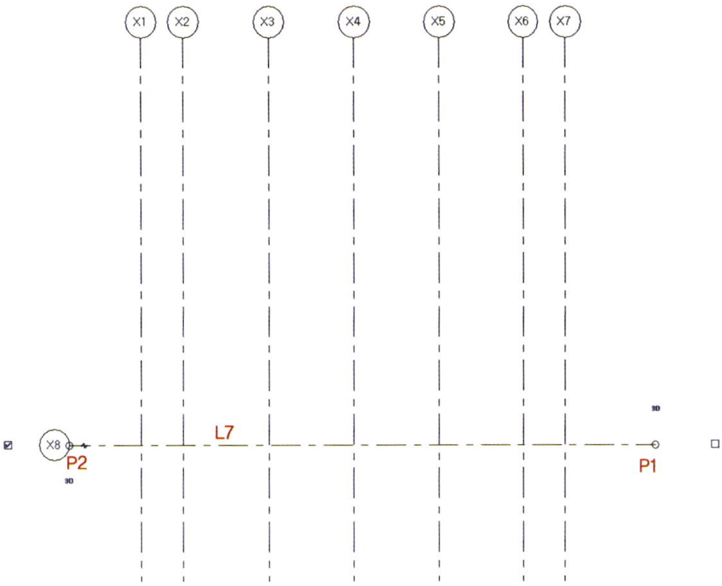

❹ 작성된 그리드의 기호 내부를 클릭하고, 그리드 이름 X8을 Y1로 변경합니다.

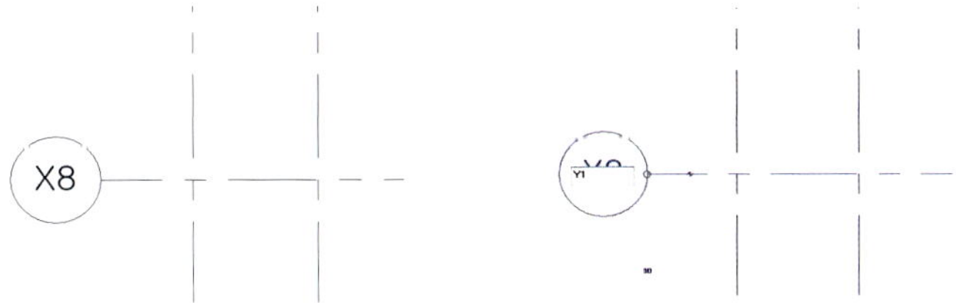

❺ 마우스 우측버튼을 클릭하고 [그리드] 반복(T)을 클릭합니다.

❻ 옵션막대의 '간격띄우기'를 1200으로 바꾸고, 선 선택 을 클릭합니다.

❼ 그리드 Y1 위에 커서를 두어 위쪽 방향으로 참고선이 생길 때, 클릭해서 그리드 Y2(L8)를 작성합니다.

❽ 옵션막대의 '간격띄우기'를 3600으로 변경하고, 그리드 Y3(L9)을 작성합니다.

Hot Tip

그리드 또는 레벨선의 길이를 알맞게 조정하는 일은 프로젝트를 진행하면서 필요할 때마다 수행할 수 있습니다.

⑨ 옵션막대의 '간격띄우기'를 2400으로 바꾸고, 그리드 Y4(L10)를 작성합니다.

⑩ 옵션막대의 '간격띄우기'를 1200으로 변경하고, 그리드 Y5(L11)를 작성합니다.

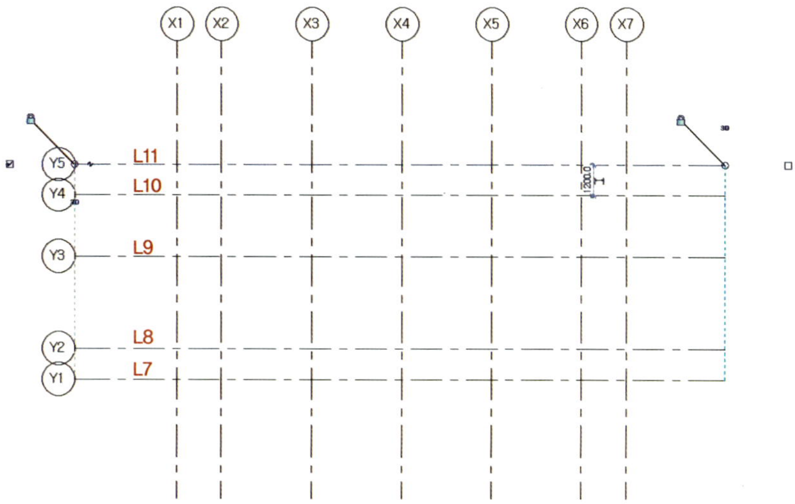

Step 04 그리드 선/레벨선의 길이조정

❶ 프로젝트 탐색기의 입면도 분기에서 남측면도를 활성화합니다.

❷ 임의의 그리드 한 개를 선택하면, 상하에 조절선과 조절점이 생깁니다.

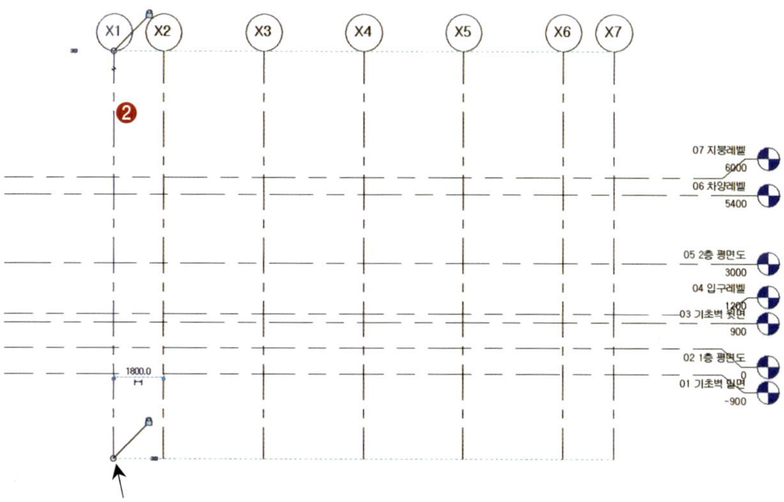

❸ 하부 조절점의 원을 클릭하고 끌어서 알맞게 조정합니다.

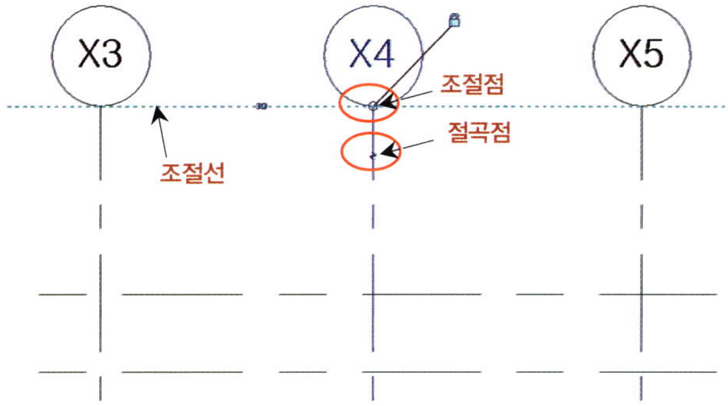

❹ 동측면도에서도 같은 요령으로 그리드와 레벨의 길이를 알맞게 조절합니다.

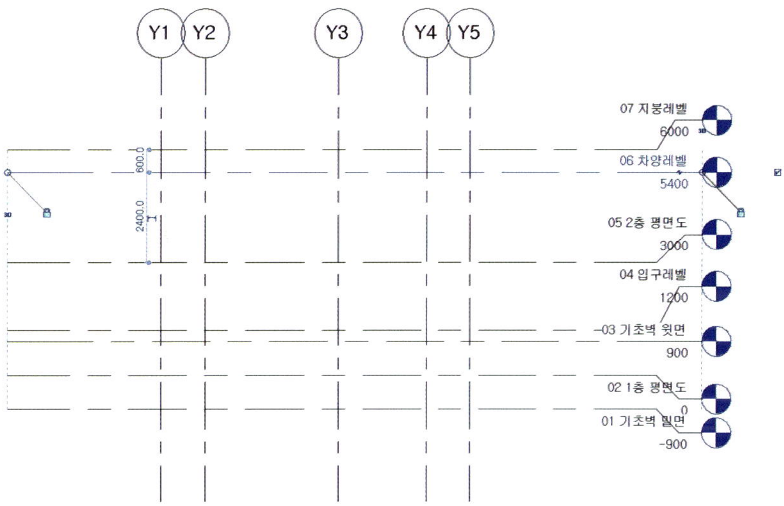

Chapter 02

기초벽 · 기초판 작성

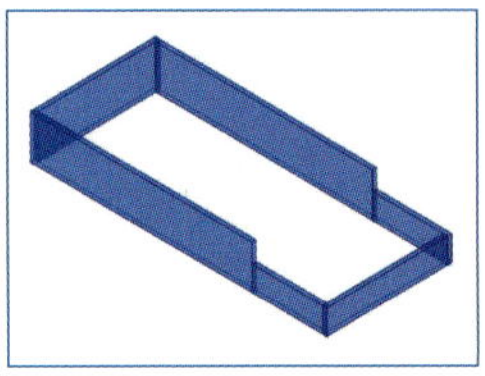

기초벽체 모델링 목표

2.1 기초벽 작성

기초벽은 작성기준면의 깊이방향으로 작성됩니다. 작성에 사용되는 패밀리는 '기초벽'입니다.

Step 01 기초벽 작성 방법

❶ 프로젝트 탐색기에서 평면도 분기(folder)의 03 기초벽 윗면을 활성화합니다.

Hot Tip

프로젝트 탐색기는 프로젝트 진행과정에 필요한 평면도, 천장평면도, 3D뷰, 입면도, 단면도, 렌더링, 시트, 패밀리 등을 찾는 중요한 대화상자입니다. 혹시 사라지면 뷰탭 → 사용자 인터페이스 → 프로젝트 탐색기를 선택 ☑ 합니다.

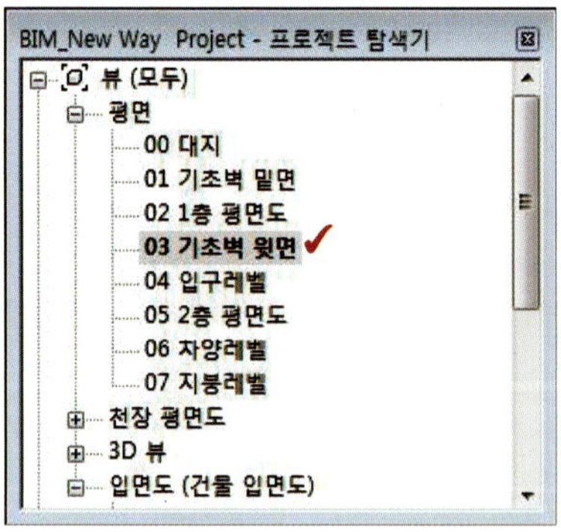

❷ 리본 메뉴에서 건축 탭 → 벽 → 벽 : 구조 를 차례로 클릭합니다.

Hot Tip

벽체의 단축키는 WA입니다.

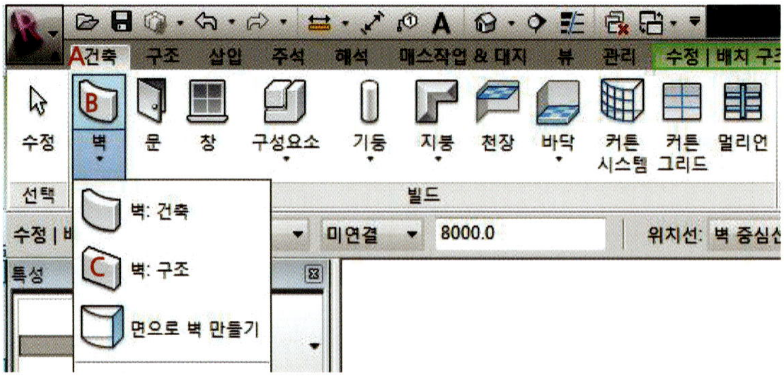

Step 02 기초벽 패밀리 선정

1. 유형탐색기의 드롭다운 (Drop dowm)을 펼쳐서 기초-300㎜ 콘크리트를 선택합니다.

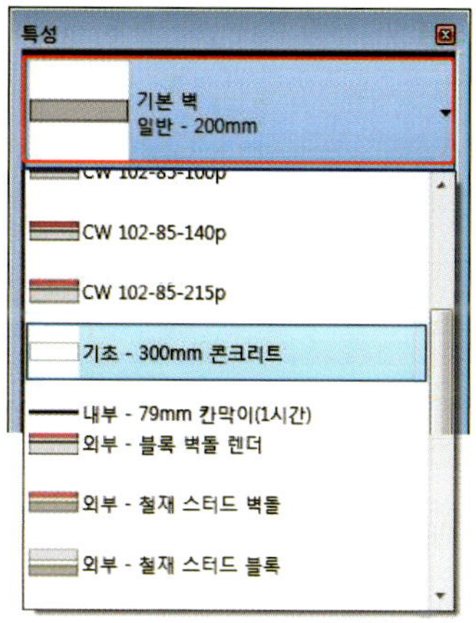

Hot Tip

특성 팔레트는 패밀리마다 갖는 매개변수를 조정할 수 있는 대화상자로 전문건축기술을 요구하는 부분입니다. 설계자의 수준에 따라 이해 수준을 높여가는 편이 효과적입니다. 작업도중 특성상자가 사라지면, 마우스 우측버튼을 누르고, 맨 아래의 특성을 설정합니다.

2. 기초벽 패밀리 유형편집

❶ 유형탐색기 아래에 있는 유형편집기를 클릭합니다.

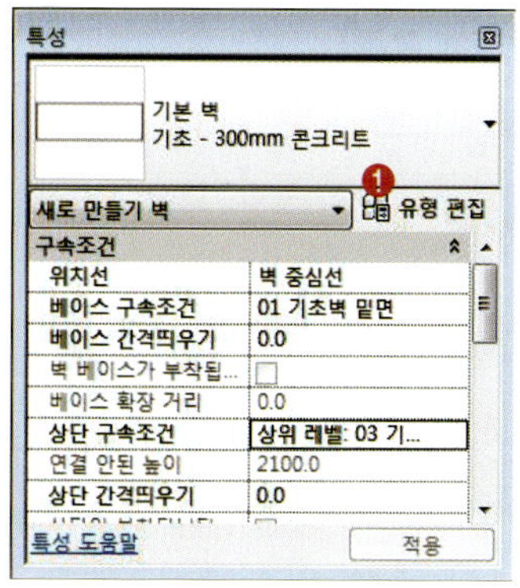

Hot Tip

유형탐색기는 사용 가능한 패밀리를 보여줍니다. 적합한 유형이 없으면 설계자의 의도대로 편집할 수 있습니다.

❷ 유형특성 대화상자에서 복제를 클릭합니다.

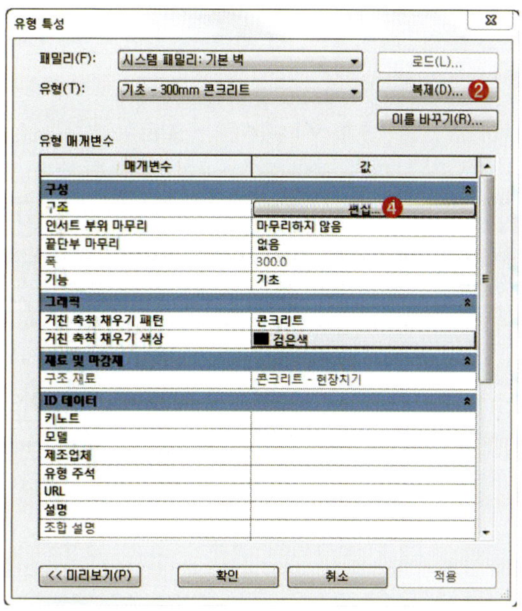

❸ 패밀리유형의 새 이름을 '기초-200㎜ 콘크리트'로 변경합니다.

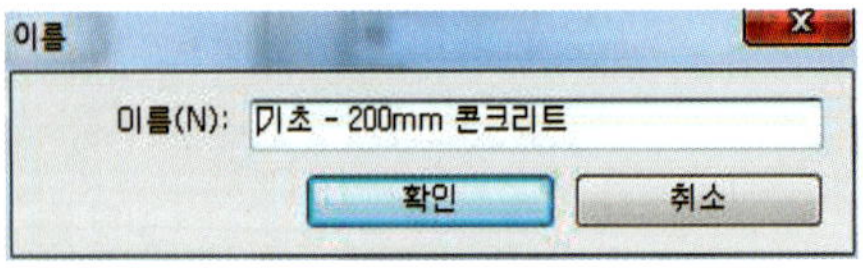

❹ 유형특성 대화상자에서 유형 매개변수의 구성요소 가운데 구조의 편집을 선택합니다.

❺ 조합편집 대화상자에서 레이어의 구조 [1]을 두께 200으로 변경합니다.

❻ 조합편집 대화상자의 확인을 클릭하고, 유형편집 대화상자도 닫습니다.

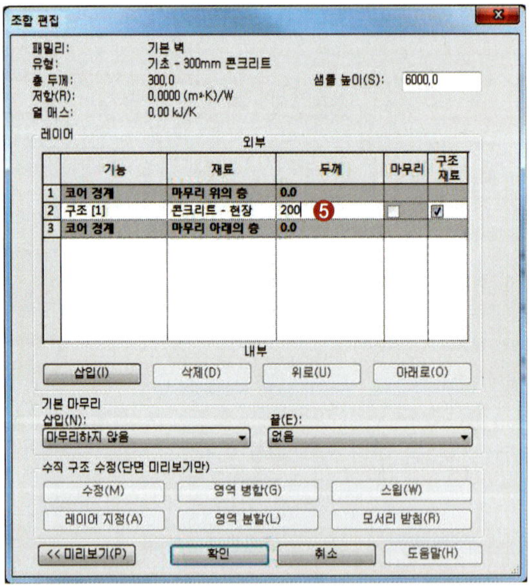

Step 03 기초벽의 구속조건 설정

Hot Tip
각 도구마다 필요한 선택조건을 자동으로 선택(Default)하도록 프로그램되어 있습니다. 사용자가 달리 설정하지 않아도 되는 경우를 '**유지**'라고 하겠습니다.

❶ 옵션막대의 '미연결'을 펼쳐 '01 기초벽 밑면'으로 설정합니다.

❷ 위치선은 '벽 중심선'을 유지합니다.

❸ '체인'의 체크를 유지합니다.(체크하면 벽체가 연속으로 작성됩니다.)

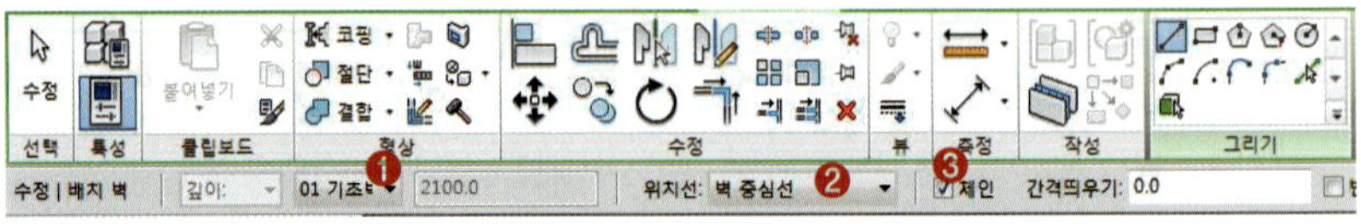

Step 04 기초벽 작성

1. 서측면의 높은 기초벽 작성

❶ 그리드 X5와 Y2의 교차점(P1)에서 커서가 보라색의 교차점 객체스냅×

으로 바뀔 때 클릭합니다.

❷ 그리드 Y2 위의 왼쪽으로 커서를 수평으로 옮기다가 그리드 X2와의 교차점(P2)에서 클릭합니다.

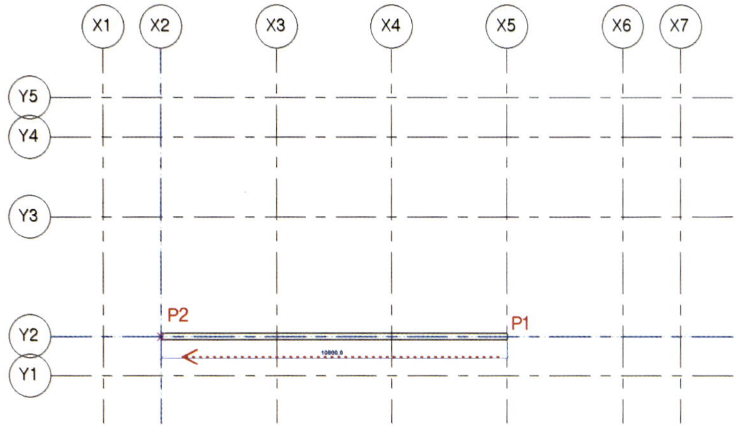

❸ 이어서, 그리드 X2와 Y4의 교차점(P3)을 클릭하고, X5와 Y4의 교차점(P4)을 차례로 선택하면 기초벽이 작성됩니다.

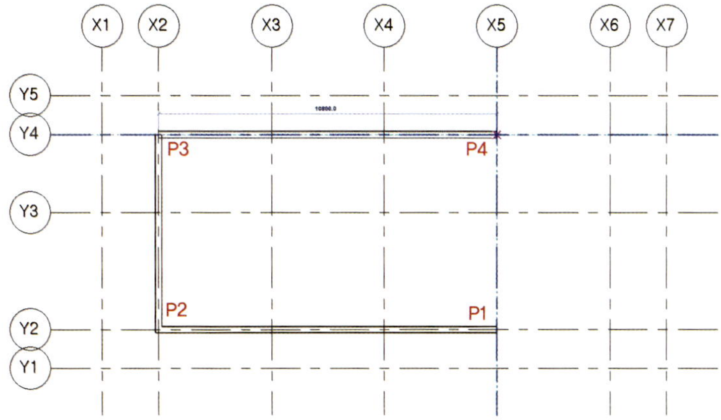

Hot Tip

작성 **종료 방법**은 (1) **ESC키**를 누르거나, (2) **마우스 우측 버튼**을 클릭하고 **취소**를 선택하거나, (3) **리본의 수정** 을 더블클릭하는 세 가지에서 선택합니다.(p.48 참조)

❹ 벽 작성 명령을 종료합니다.

2. 동측면 낮은 기초벽 작성

❶ 프로젝트 탐색기의 평면도 분기에서 '02 1층 평면도'를 엽니다.

❷ 도면영역에서 마우스 우측버튼을 클릭하고, [벽 : 구조] 반복(T)을 선택합니다.

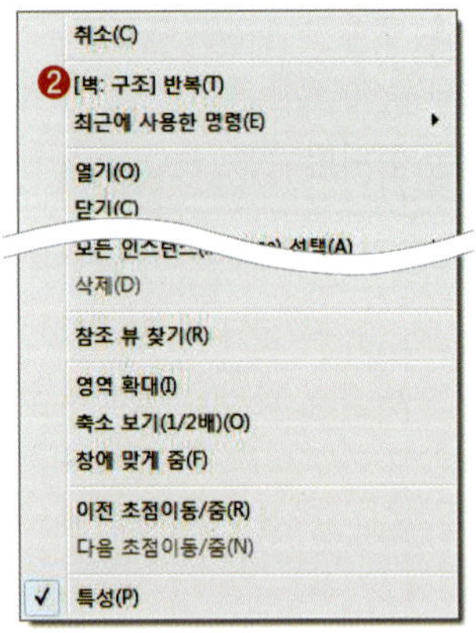

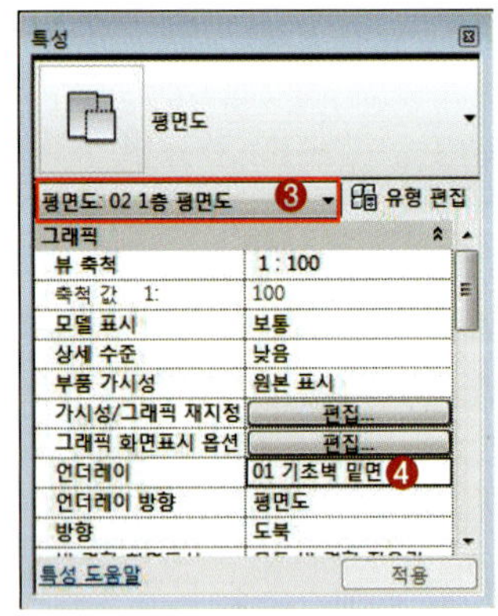

❸ 특성 팔레트의 유형탐색기 왼쪽 아래에 있는 특성 필터를 클릭하고, 02 1층 평면도를 클릭합니다.

❹ 특성 팔레트의 그래픽에서 '언더레이'를 클릭하고, 01 기초벽 밑면을 선택합니다.

❺ 다시 특성 필터를 열고, '새로 만들기 벽'을 선택합니다.

❻ 그리드 X5와 Y4 교차점(P4)에 커서를 가져가면 기초벽의 끝점□객체스냅이 표시될 때 작성을 시작합니다.

❼ P5, P6 및 P1점을 클릭하고, 작성명령을 종료합니다.

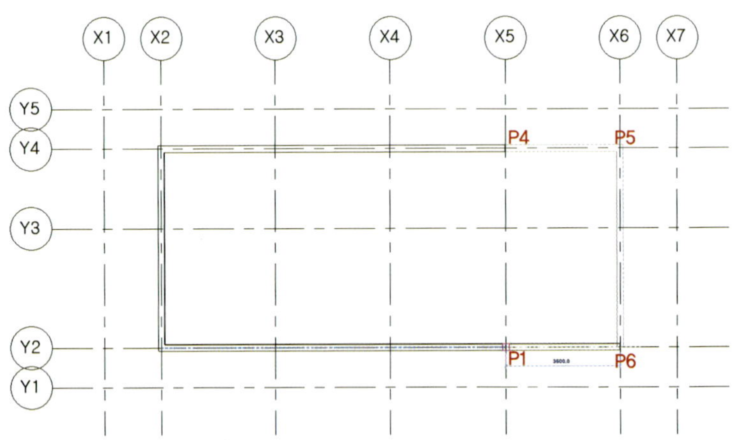

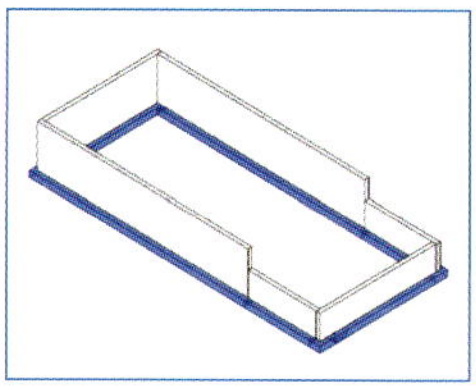

기초판 작성목표

2.2 기초판 작성

Step 01 기초판 작성 방법

❶ 프로젝트 탐색기에서 3D뷰의 {3D}를 활성화합니다.

❷ 구조 탭 → 기초 도구상자의 벽을 클릭합니다.

Step 02 기초판 패밀리 유형 결정

❶ 유형탐색기에서 '내력기초−900×300'을 선택합니다.

❷ 유형편집을 클릭하고, 복제를 선택합니다.

❸ 새 이름을 '내력기초−600×300'로 기입합니다.

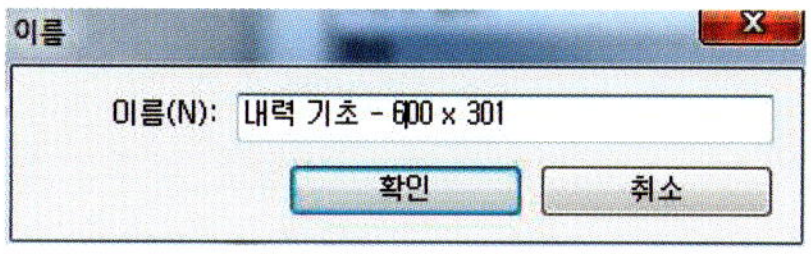

❹ 유형특성 대화상자의 유형매개변수에서 치수의 폭을 600으로 변경합니다.

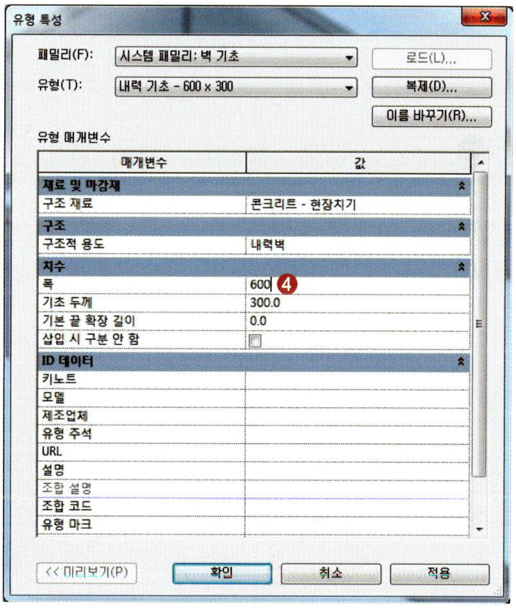

Step 03 기초판은 기초벽을 기반으로 작성되므로 설정할 구속조건은 없습니다.

Step 04 기초판 작성

❶ 기초벽을 임의로 클릭하면 기초판이 작성됩니다.

❷ 기초판 작성을 마치면 명령을 종료합니다.

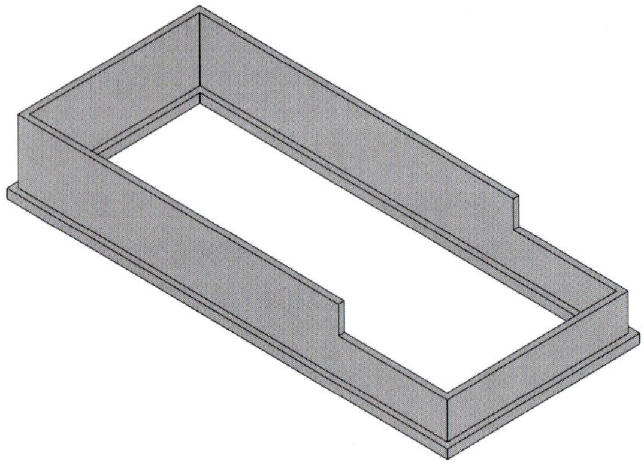

Chapter 03

내 · 외벽과 기둥 작성

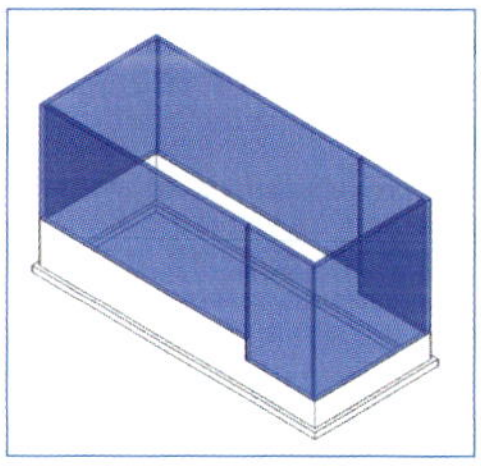

외벽 작성목표

Hot Tip

본 프로젝트는 서고동저의 대지이므로 서쪽은 토압을 받도록 콘크리트 기초벽이 높습니다. 그래서 서쪽은 작성기준면이 '03 기초벽 윗면'이고, 동쪽은 '02 1층 평면도'입니다.

3.1 외벽 작성

외벽은 작성기준면으로부터 높이방향으로 작성됩니다.

Step 01 외벽 작성 방법

❶ 프로젝트 탐색기에서 평면도 분기(folder)의 '03 기초벽 윗면'을 활성화합니다.

❷ 건축 탭 → 벽 → 벽 : 구조 를 선택합니다.

Step 02 벽 패밀리 선정

1. 유형탐색기를 펼치고, '일반-200㎜'을 클릭합니다.

2. 벽 패밀리 유형편집

❶ 유형편집을 열고 복제를 선택합니다.

❷ 패밀리 이름을 '붉은 벽돌-200㎜ 내부 플라스터 마감'으로 변경합니다.

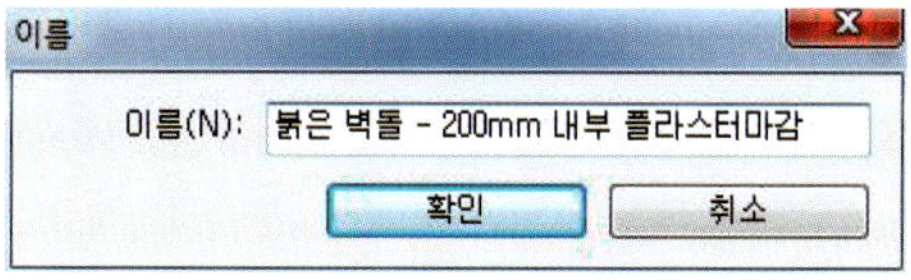

❸ 유형특성 대화상자에서 유형 매개변수 항목 구성의 구조를 선택하고, 편집을 누릅니다.

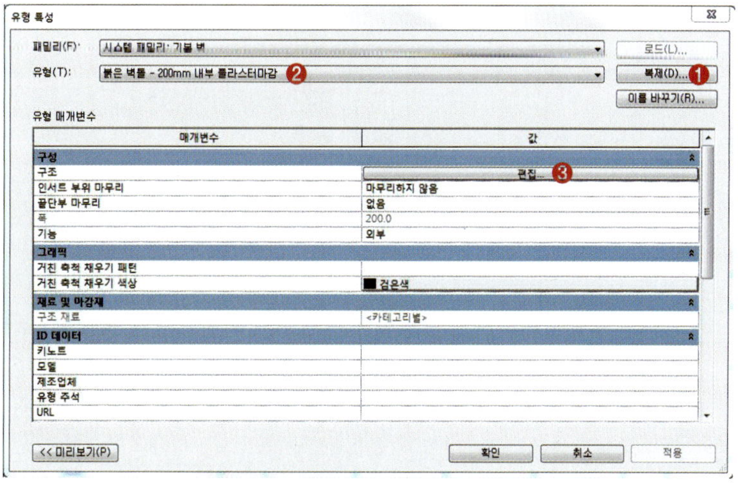

Hot Tip
조합편집의 레이어에서 실내 쪽은 아래에 배치됩니다. 플라스터는 실내마감이므로 아래로 보냅니다.

❹ 조합편집 대화상자를 열고 레이어 삽입을 클릭합니다.

❺ 삽입된 레이어를 구조 [1]의 아래로 이동합니다.

❻ 이동한 구조 [1]란의 내부를 클릭하면 구성재의 기능들이 나타나는데, 마감재 2[5]를 선택합니다.

❼ 마감재 2[5]의 두께는 20으로 설정합니다.

❽ 구조 [1]의 재료에서 <카테고리 별>을 클릭하고 재료선택기를 엽니다.

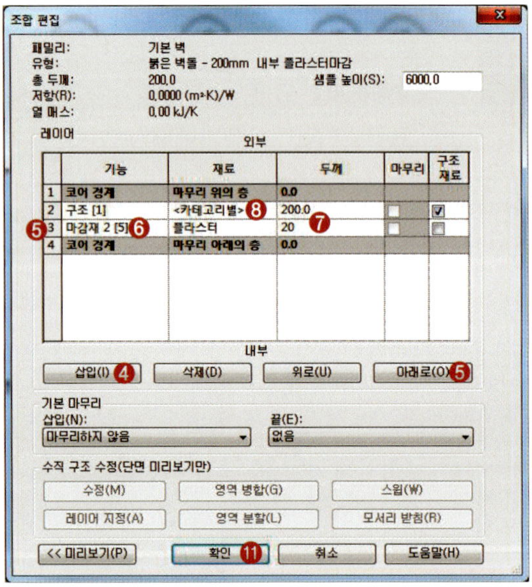

❾ 재료탐색기에서 조적의 벽돌 공통-빨간색을 선택합니다.

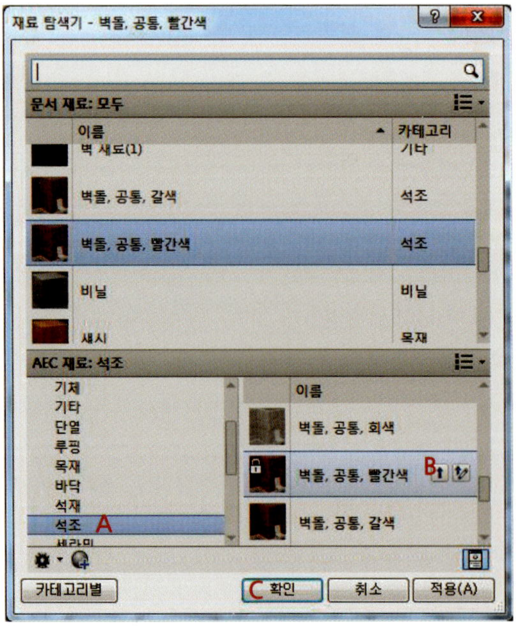

⑩ 마감재 2의 재료탐색기를 열고, 플라스터를 설정합니다.

⑪ 조합편집 대화상자를 닫습니다.

Step 03 외벽의 구속조건 설정

❶ 옵션막대의 '미연결'을 펼쳐 '07 지붕레벨'을 설정합니다.

❷ 위치선은 '벽 중심선'을 유지합니다.

❸ 체인은 '체크'를 유지합니다.

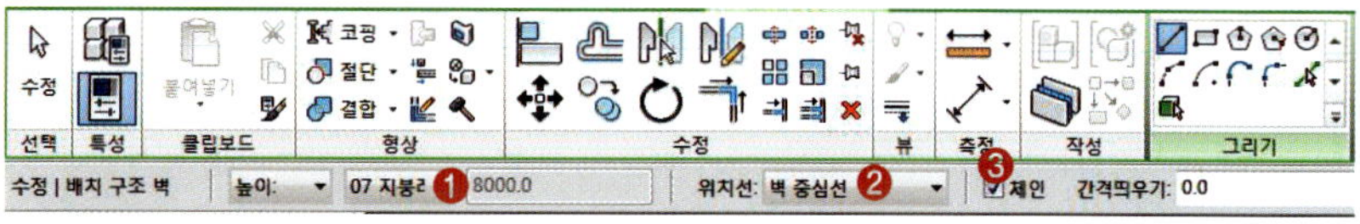

Step 04 서측 외벽 작성

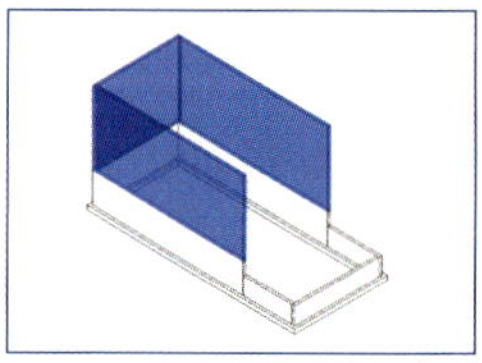

서측 외벽 작성목표

1. 기초벽 윗면 레벨에서 외벽 작성

❶ 그리드 X5와 Y2의 교차점(P1)을 클릭해서 외벽작성을 시작합니다.

❷ 그리드 X2, Y2점의 교차점(P2)을 클릭합니다.

❸ 수직이동해서 X2, Y4의 교차점(P3)을 클릭합니다.

❹ 우측으로 수평이동해서 X5, Y4 교차점(P4)을 클릭합니다.

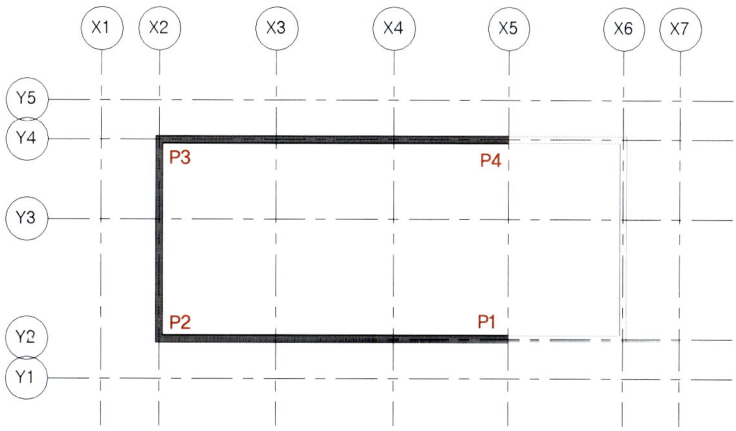

❺ 작성명령을 종료합니다.

❻ 프로젝트 탐색기에서 3D뷰의 {3D}에서 확인합니다.

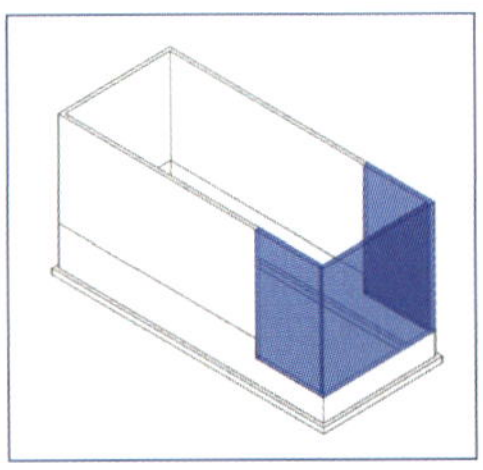

동측 외벽 작성목표

Step 05 동측 외벽 작성

1. 프로젝트 탐색기의 평면도 분기에서 '02 1층 평면도'를 활성화합니다.
2. 작업영역에서 마우스 우측버튼을 클릭하고, [벽 : 구조] 반복(T)을 선택합니다.

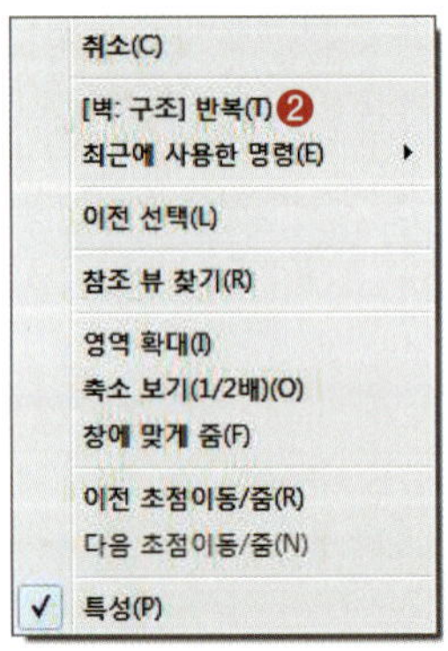

Hot Tip

마우스 우측버튼을 클릭했을 때 만약 [벽 : 구조](반복(T)가 뜨지 않는다면 그 사이에 다른 작업이 있었던 것입니다. 이때는 최근 사용한 명령(E)에서 [벽 : 구조] 반복(T)를 클릭합니다.

3. 옵션막대에서 '높이'는 07 지붕레벨을 클릭합니다.
4. 동측 외벽 작성

❶ 그리드 X5, Y4의 교차점(P4)에서 외벽 작성을 시작합니다.
❷ 그리드 X6, Y4의 교차점(P5)을 클릭합니다.
❸ 그리드 X6, Y2의 교차점(P6)을 클릭합니다.
❹ 그리드 X5, Y2의 교차점(P1)을 클릭합니다.
❺ 작성명령을 종료합니다.

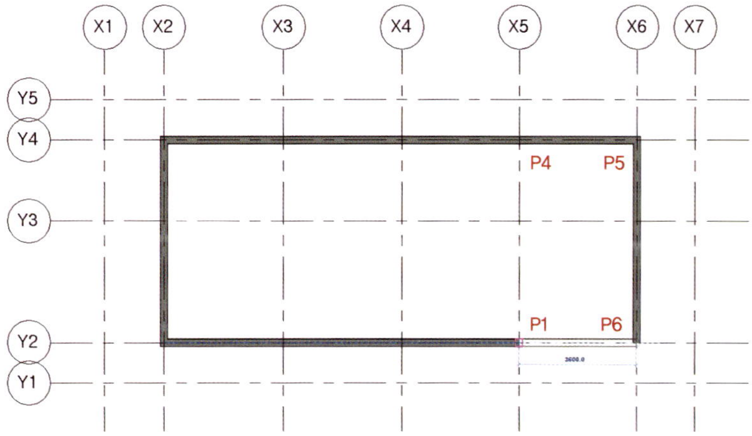

5. 프로젝트 탐색기에서 3D뷰의 {3D}를 열어서 모델링결과를 확인합니다.

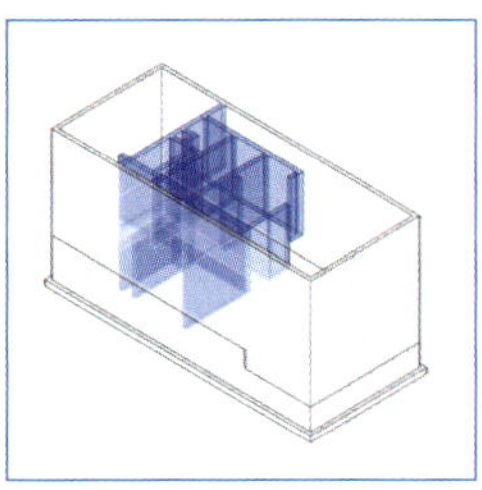

내벽 작성 목표

3.2 내벽 작성

Step 01 내벽 작성 방법

❶ 프로젝트 탐색기에서 평면도 분기의 '02 1층 평면도'를 활성화합니다.

❷ 건축 탭 → 벽 → 벽 : 구조 를 선택합니다.

❸ 또는 마우스 우측버튼을 클릭하고 [구조벽] 반복(T)을 선택합니다.

Step 02 내벽 패밀리 선정 : 유형탐색기에서 일반-200㎜을 선택합니다.

Step 03 내벽 구속조건 설정

❶ 옵션막대에서 높이를 05 2층 평면도로 설정합니다.

❷ 위치선은 벽 중심선을 유지합니다.

❸ 체인은 체크를 해지 ☐ 합니다.

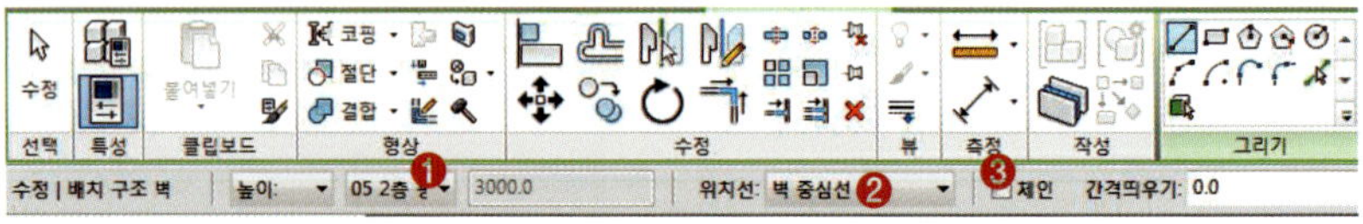

Step 04 내벽 작성

1. 1층 평면도의 내벽 작성

❶ 그리드 선 위에 위치하는 내벽 W1, W2 및 W3을 작성합니다.

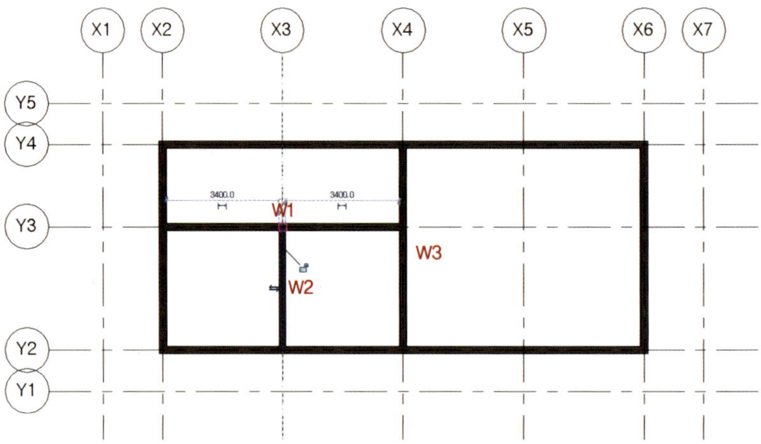

❷ 그리드 X2와 Y4의 교차점에서 우편으로 커서를 옮겨 임시치수가 나타나면 1700을 입력합니다.

❸ 수직으로 내려와서 내벽과 만날 때 클릭해서 벽 W4를 작성합니다.

❹ 작성된 벽(W4)의 중간점에 스냅할 때 클릭해서 수평으로 거실벽과 만나는 벽 W5를 작성합니다.

❺ 벽 W5의 중간 정도에서 수직으로 외벽과 연결되는 벽 W6를 작성합니다.

❻ W6을 작성하고, 임시치수를 2,500으로 입력합니다.

❼ 수정 도구상자에서 간격띄우기 를 클릭합니다.

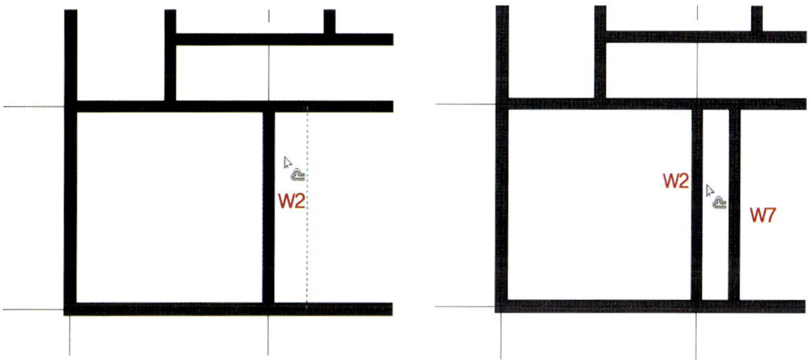

〈Before〉 〈After〉

❽ 옵션막대에서 간격띄우기를 700으로 바꿉니다.

❾ 벽 W2를 선택해서 우측으로 W7을 작성합니다.

❿ 벽 W1을 선택해서 하측으로 간격을 띄어 W8을 작성합니다.

⓫ 단일요소 자르기/연장 도구로써 W7을 클릭하고, W8을 선택하면 반침과 파이프샤프트 사이의 벽만 남습니다.

Hot Tip

단일요소 자르기/연장은 기준이 되는 객체를 먼저 선택하고 잘려서 남은 부분을 클릭합니다.

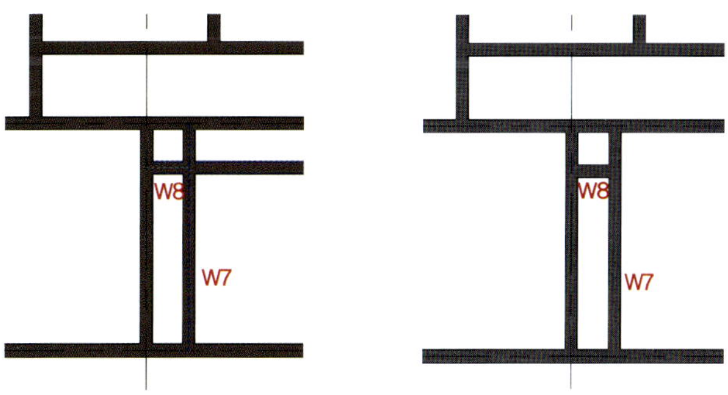

〈Before〉 〈After〉

2. 2층 평면도의 내벽 작성

❶ 프로젝트 탐색기에서 평면도의 05 2층 평면도를 활성화합니다.

❷ 특성 팔레트의 그래픽 조건에서 언더레이를 02 1층 평면도로 설정합니다.

❸ 마우스 우측버튼을 클릭하고, 명령반복이나 최근 사용명령에서 [벽 : 구조] 반복(T)을 클릭합니다.

❹ 옵션막대에서 높이는 07 지붕레벨로 설정합니다.

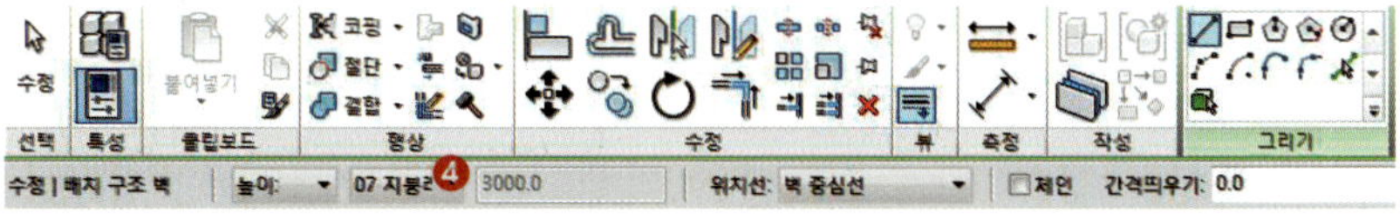

❺ 그리드 X3 위의 P1과 P2 간에 벽 W9를 작성합니다.

❻ 1층 평면도의 언더레이(밑그림)를 따라 W10을 작성합니다.

❼ W9와 W10의 교차점에서 임시치수 1700을 타이핑하고, 수직으로 W11을 작성합니다.

❽ 욕실과 화장실의 칸막이벽은 언더레이를 따라 작성합니다.

❾ W10의 우측 단부의 수직벽은 벽 끝에서 클릭하고, 임시치수 600으로 작성합니다.

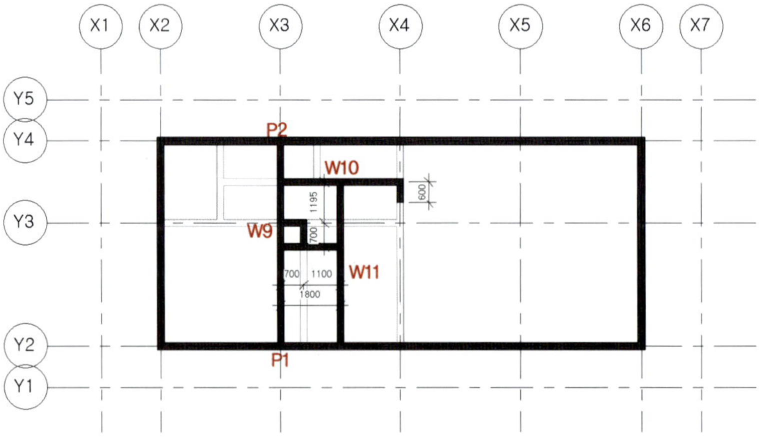

❿ 프로젝트 탐색기에서 3D뷰의 {3D}를 열어서 확인합니다.

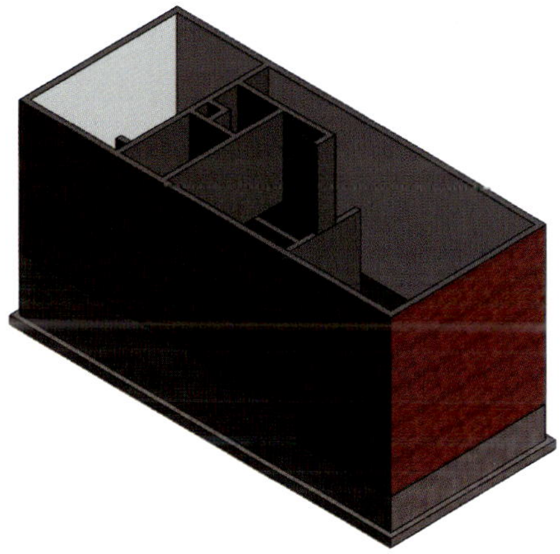

Step 05 1층 평면도의 내벽 수정

❶ 프로젝트 탐색기의 평면도에서 02 1층 평면도를 활성화합니다.

❷ 수정도구 상자의 요소절단 을 클릭합니다.

❸ 거실과 복도 사이의 막힌 벽 W3의 임의의 점을 절단합니다.

❹ 코너로 자르기/연장 도구로써 벽 W3을 선택하고, 벽 W5에서 남겨질 부분을 클릭합니다.

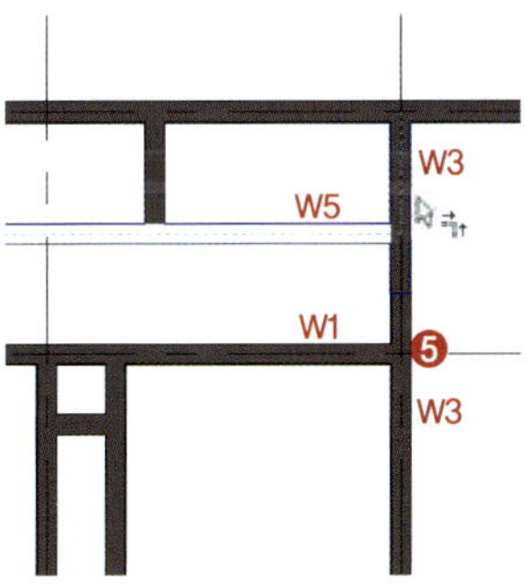

〈Before〉

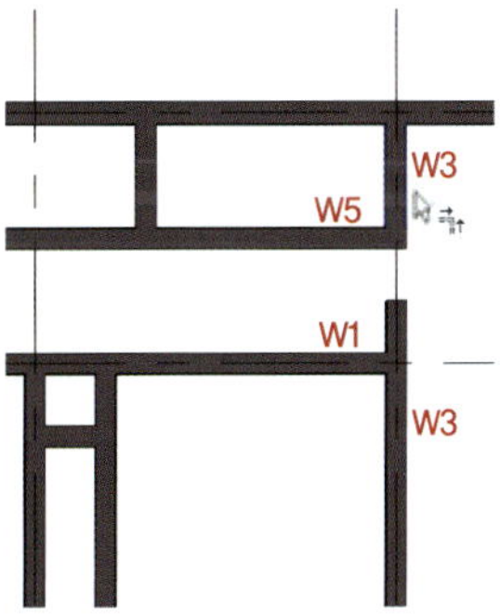

〈After〉

❺ 벽 W1과 W3가 이루는 모서리도 자릅니다.

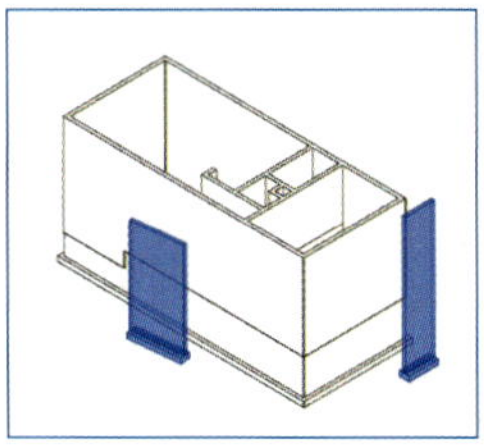

가벽 작성목표

3.3 가벽(screen wall) 작성

Step 01 가벽 작성 준비

1. 프로젝트 탐색기에서 평면도 분기의 '01 기초벽 밑면'을 활성화합니다.
2. 현관 가벽용 그리드 작성

❶ 건축 탭 → 그리드를 클릭합니다.

❷ 그리드 X3과 Y5의 교차점에서 6도 경사진 그리드를 작성합니다.

❸ 작성된 그리드 Y6을 클릭하여 조절점을 끌어 길이를 연장합니다.

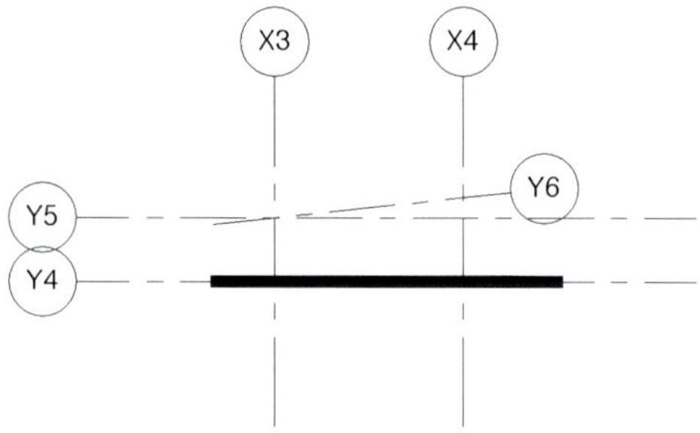

3. 건축 탭 → 벽 → 벽 : 구조를 선택합니다.

Step 02 가벽 패밀리 유형 선정

1. 유형탐색기에서 옹벽-300mm 콘크리트를 선택합니다.
2. 가벽 패밀리 유형편집

❶ 유형편집 → 복제를 클릭합니다.

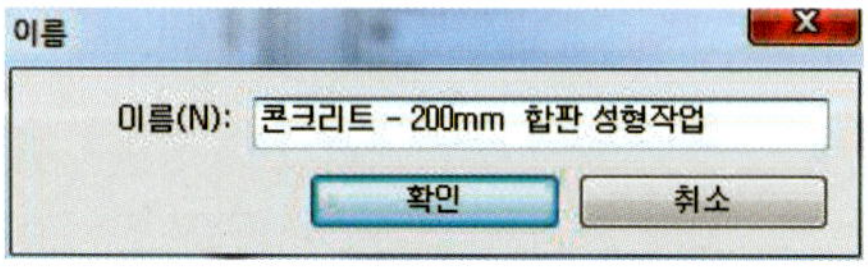

❷ 가벽 패밀리 유형의 이름은 콘크리트-200mm 합판 성형작업으로 합니다.

3. 유형특성 조합편집

❶ 유형특성 대화상자에서 유형매개변수의 구조편집을 엽니다.

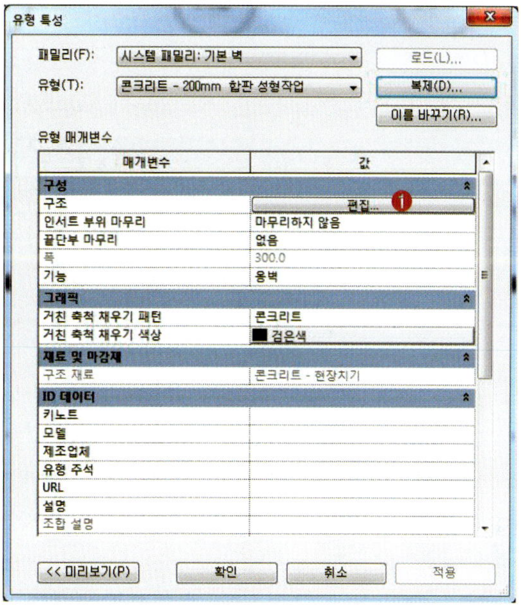

❷ 조합편집 대화상자에서 구조 [1]의 두께를 200으로 변경합니다.

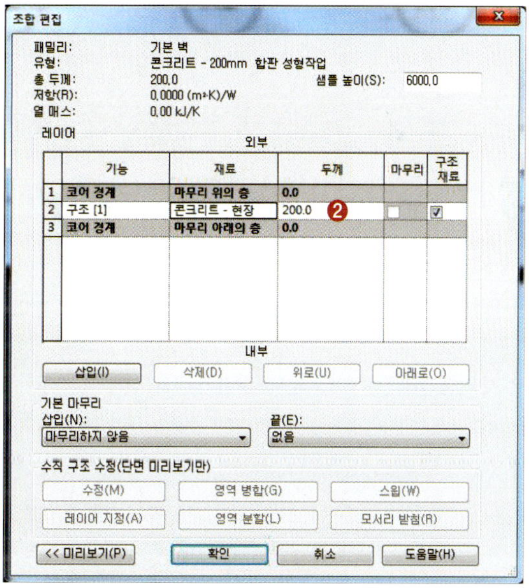

❸ 구조 [1]의 재료에서 카테고리를 클릭하고, 재료탐색기를 엽니다.

4. 재료탐색기의 재료 선정

❶ AEC 재료 : 콘크리트를 클릭합니다.

❷ 재료 이름에서 '콘크리트 합판 성형작업'을 선택합니다.

❸ 선택재료에 커서를 가져가면 목록에 추가 화살표가 나타날 때 클릭합니다.

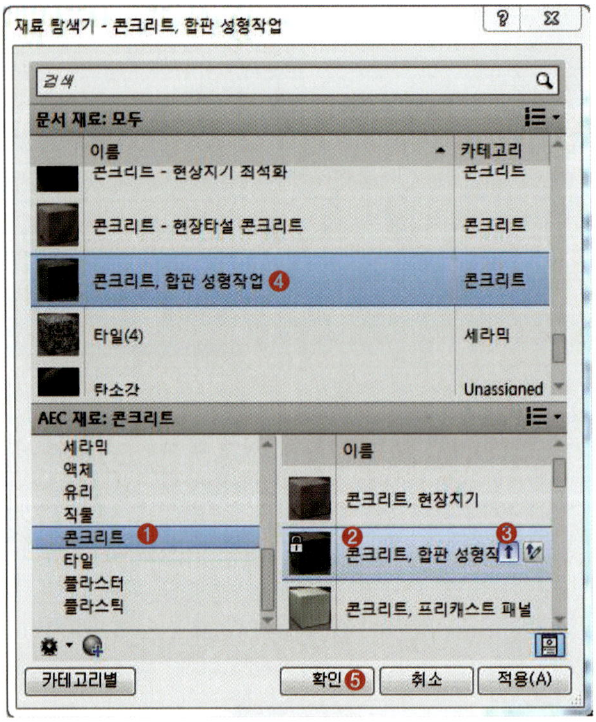

❹ 문서재료 창에 선택한 재료가 추가됩니다.

❺ 확인을 클릭하면 재료탐색기가 닫힙니다.

Step 03 가벽의 구속조건 설정

1. 옵션막대에서 체인의 체크는 해지☐합니다.

2. 특성 팔레트의 구속조건 설정

❶ 위치선은 구조체 면 : 내부를 클릭합니다.

❷ 상단 구속조건은 상위레벨 : 05 2층 평면도를 선택합니다.

❸ 상단 간격띄우기는 1500으로 설정합니다.

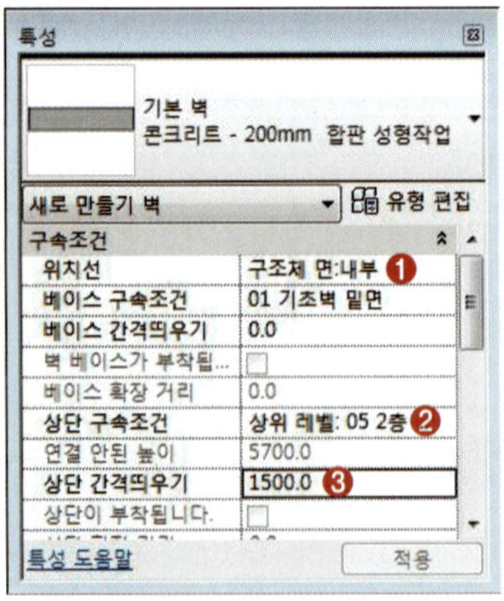

Step 04 가벽(Screen wall) 작성

1. 현관입구의 가벽 작성

❶ 마우스 우측버튼을 클릭하고 [벽 : 구조] 반복(T)을 선택합니다.

❷ 그리드 X4와 Y6의 교차점에서 좌우로 적당하게 가벽을 작성합니다.

❸ 주석 탭 → 정렬치수 를 선택합니다.

❹ 가벽 좌측 단부 · 그리드 교차점 · 가벽 우측 단부에 치수를 기입합니다.

❺ 가벽 좌측 단부와 우측 단부의 전체치수를 기입합니다.

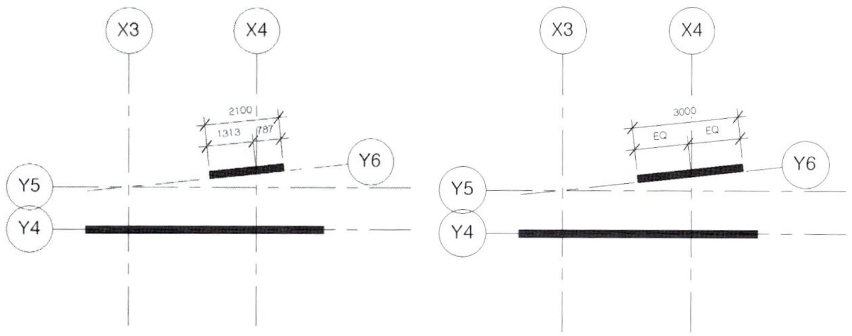

〈불균등한 치수〉 〈균등한 치수〉

❻ 불균등거리기호 EQ를 클릭하여 같은 길이로 만듭니다.

❼ 가벽을 선택하고 가벽 전체의 임시치수를 3000으로 변경합니다.

2. 부부침실의 발코니 가벽

❶ 마우스 우측버튼을 클릭하고 [벽 : 구조] 반복(T)을 선택합니다.

❷ 베이스 구속조건은 01 기초벽 밑면을 선택합니다.

❸ 특성 팔레트의 구속조건에서 상단 구속조건을 07 지붕레벨을 선택합니다.

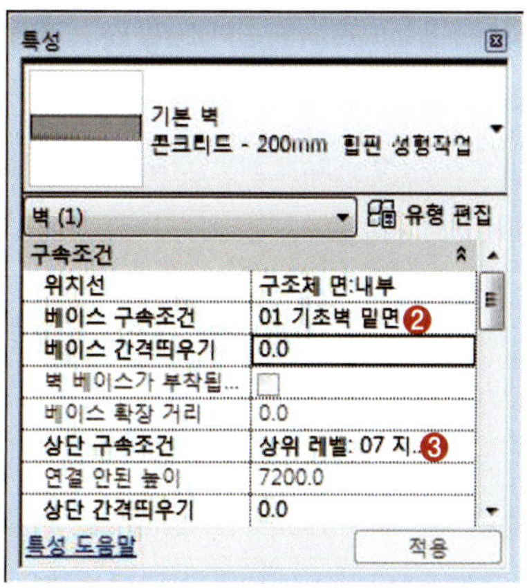

❹ 상단간격띄우기는 0으로 변경합니다.

❺ 그리드 X1과 Y2의 교차점을 클릭하고, 커서를 수직으로 끌다가 임시치수 1800을 입력합니다.

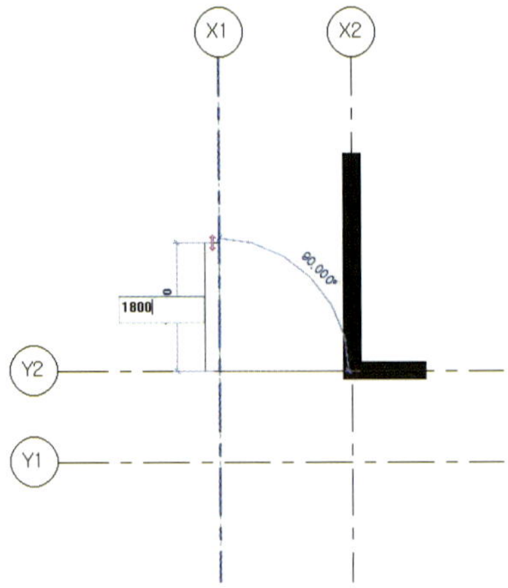

〈임시치수 기입〉

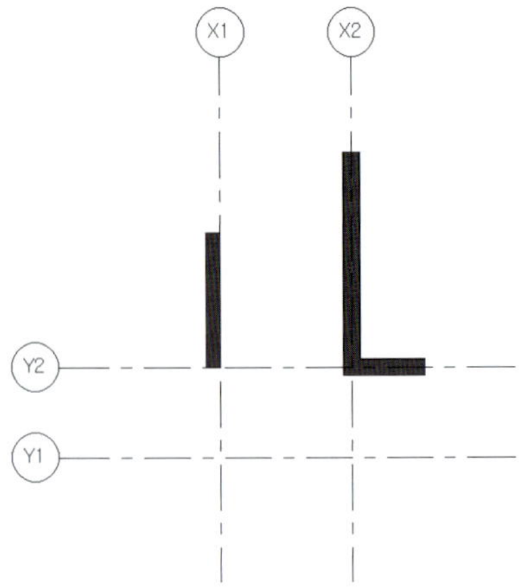

〈가벽 작성〉

❻ 프로젝트 탐색기에서 3D 분기의 {3D}뷰를 열어서 확인합니다.

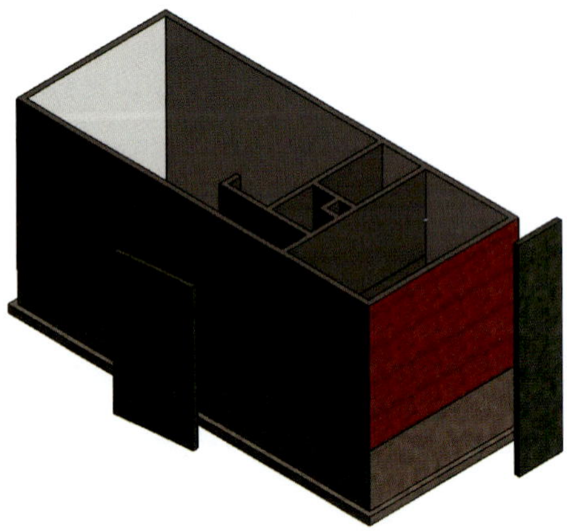

Step 05 가벽 기초판 작성

❶ 프로젝트 탐색기에서 3D뷰의 {3D}를 활성화합니다.

❷ 기초벽의 기초판 가운데 한 개를 선택합니다.

❸ 마우스 우측버튼을 클릭하고, 유사작성(S)을 클릭합니다.

❹ 가벽을 각각 선택하면 기초판이 작성됩니다.

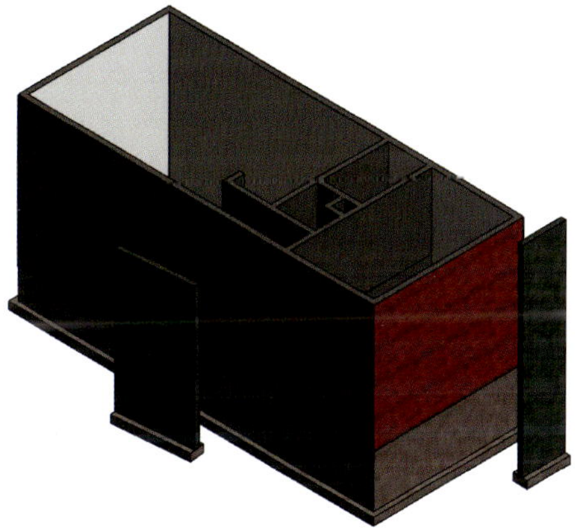

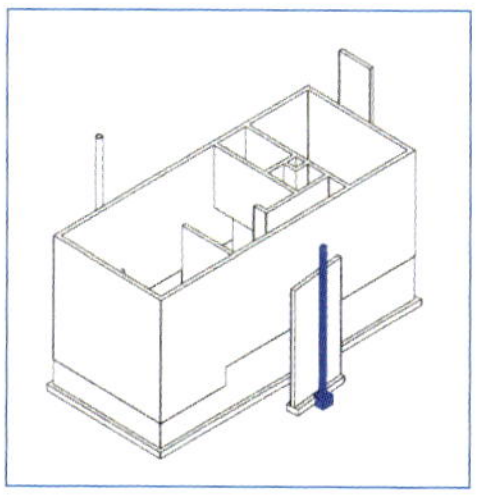

기둥과 기초판 작성목표

3.4 독립 기둥과 기초판 작성

현관 가벽 앞에 설치되는 캐노피를 지지하는 독립기둥을 작성하고 독립기둥의 기초판을 작성합니다.

3.4.1 독립 기둥 작성

Step 01 기둥 작성 방법

1. 프로젝트 탐색기에서 평면도 분기의 '01 기초벽 밑면'을 활성화합니다.

2. 그리드 Y7 작성

❶ 건축 탭 → 그리드 를 클릭합니다.

❷ 옵션막대의 간격띄우기를 900으로 설정합니다.

❸ 선 선택 도구를 클릭하고, 그리드 Y5에서 위로 간격을 띄워 그리드 Y7을 작성합니다.

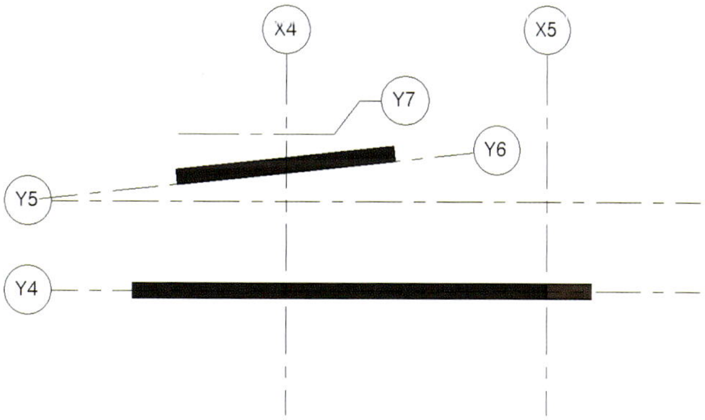

3. 구조 탭 → 기둥 을 클릭합니다.

Step 02 기둥 패밀리 선정

1. 유형편집 ➜ 로드 ➜ 구조 ➜ 기둥 ➜ 콘크리트를 클릭합니다.
2. 패밀리 유형으로 콘크리트-정사각형-기둥을 선택하고, 열기를 클릭합니다.
3. 기둥패밀리 유형편집

❶ 유형특성 대화상자에서 복제를 클릭합니다.

❷ 유형 이름은 콘크리트 기둥-200×200으로 변경합니다.

❸ 유형 매개변수의 치수를 200으로 변경하고 확인을 클릭합니다.

Step 03 기둥의 구속조건 설정

1. 옵션막대의 구속조건 설정

❶ 배치 후 회전의 체크를 해지 ☐ 합니다.

❷ 높이는 07 지붕 레벨을 설정합니다.

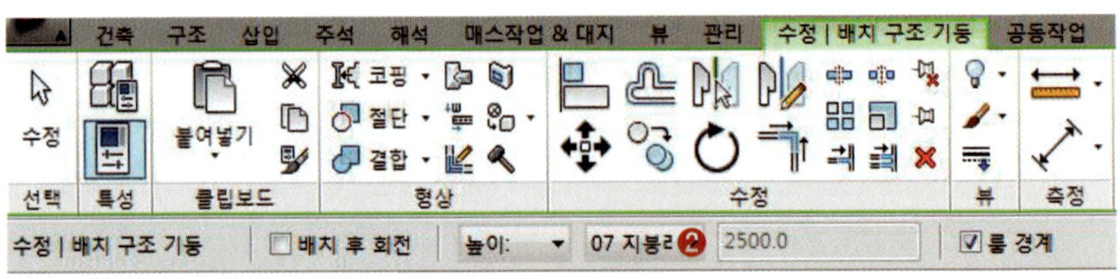

2. 기둥 패밀리 구속조건 설정

❶ 특성 팔레트에서 구속조건의 그리드와 함께 이동을 체크합니다.

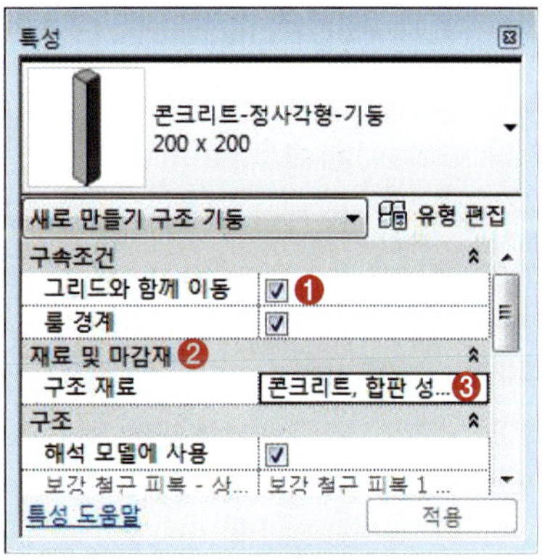

❷ 재료 및 마감재의 구조재료를 클릭합니다.

❸ 재료탐색기에서 콘크리트-합판 성형작업을 선택합니다.

Step 04 기둥 작성

❶ 그리드 X4와 Y7 교차점에 커서를 가져가면 양쪽 그리드가 탐색될 때 클릭합니다.

❷ 작성명령을 종료합니다.

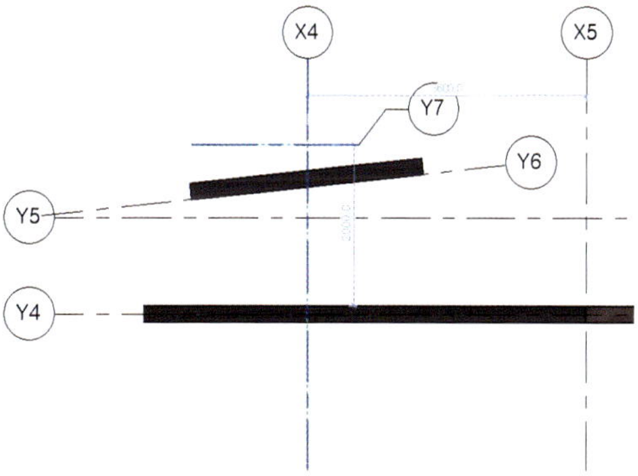

〈기둥작성 이전〉

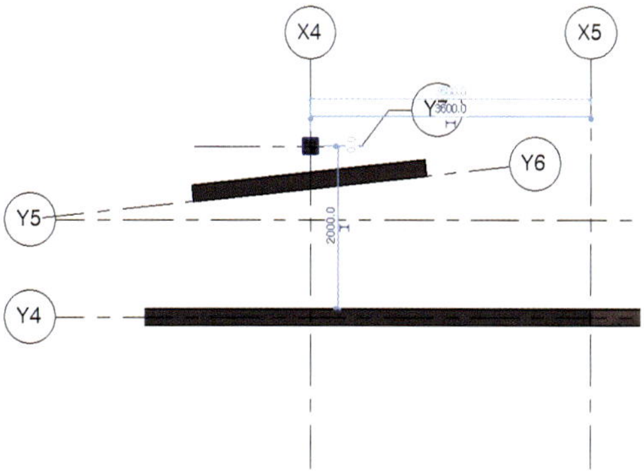

〈기둥작성 이후〉

Step 05 프로젝트 탐색기에서 3D뷰의 {3D}를 열어서 확인합니다.

3.4.2 기초판 작성

Step 01 기초판 작성 방법

❶ 프로젝트 탐색기에서 평면도 분기의 01 기초벽 밑면을 활성화합니다.

❷ 구조 탭 → 분리됨(독립기초) 을 설정합니다.

Hot Tip
뷰 범위 때문에 기초판이 보이지 않습니다. 보 범위 설정에 대한 항목에서 살펴봅니다.

Step 02 기초판 패밀리 선정

❶ 유형편집 → 로드 → 구조 → 기초를 열고 직사각형 기초를 선택합니다.

❷ 복제를 클릭하고, 이름을 독립기초-600×600×450㎜를 입력합니다.

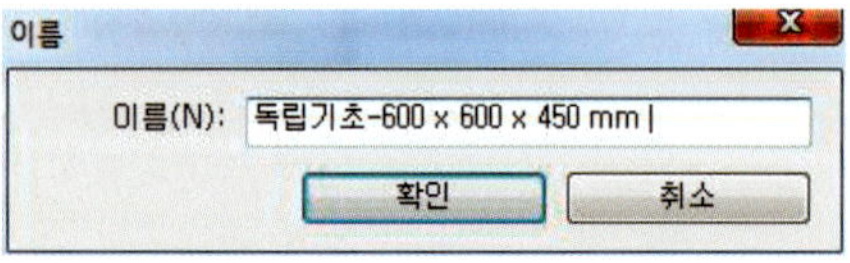

❸ 유형특성 대화상자에서 두께를 450으로 변경합니다.

Step 03 옵션막대에서 배치 후 회전은 체크하지 않습니다.

Step 04 기초판 작성

❶ 그리드 X4와 Y7이 선택될 때 클릭합니다.

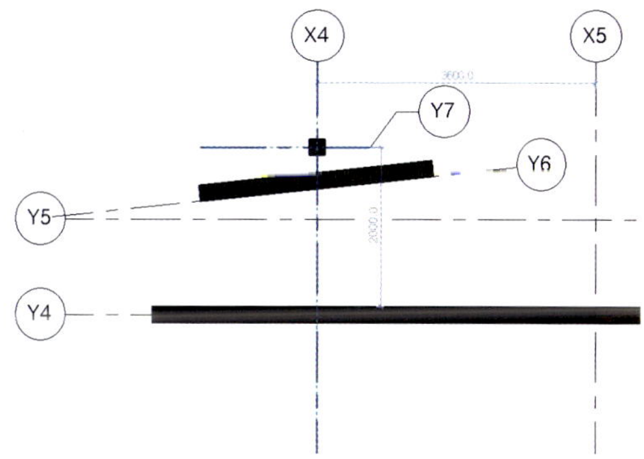

〈기초판 작성 이전〉

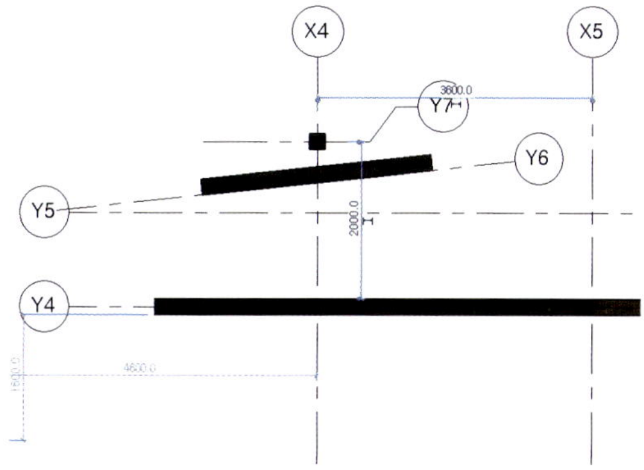

〈기초판 작성 이후〉

❷ 가시성 경고창이 나타나면 무시하고 닫습니다.

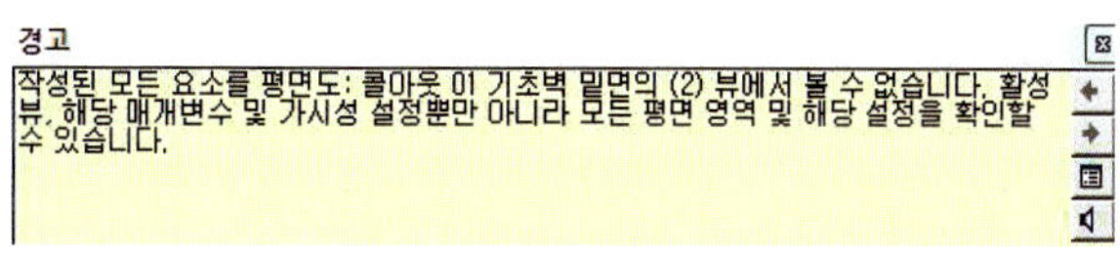

Step 05 프로젝트 탐색기에서 3D뷰의 {3D}를 클릭하고 작성결과를 확인합니다.

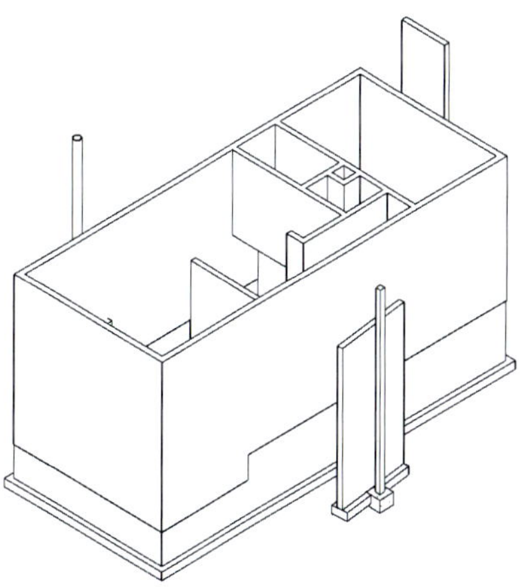

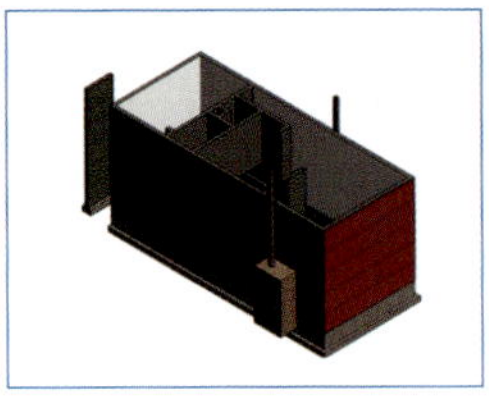

벽난로 작성목표

3.5 벽난로 작성

벽난로는 시스템 패밀리를 수정 · 편집하는 방식이 아니라 내부편집 모델링이라고 부르는 매스모델링기법으로 작성합니다. 주요내용은 솔리드 모델, 보이드 모델 및 작업 기준면의 개념을 이해하고 적용하는 것입니다.

Step 01 벽난로 작성준비

1. 프로젝트 탐색기에서 작성기준면으로 평면도의 02 1층 평면도을 활성화합니다.
2. 굴뚝 위치의 참조선 작성

❶ 건축 탭 ➜ 모델선 ➜ 선 스타일 을 클릭하고, 〈중심선〉을 선택합니다.

❷ 옵션막대에서 간격띄우기는 600으로 설정합니다.

❸ 체인의 체크를 해지 합니다.

❹ 그리기 도구에서 선 선택 을 클릭합니다.

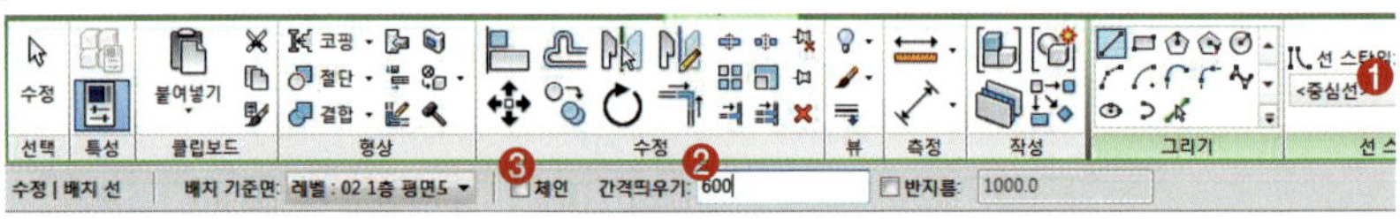

❺ 그리드 X5의 우측으로 참조선(L1)을 작성합니다.

❻ 그리드 Y1의 위로 참조선(L2)을 작성합니다.

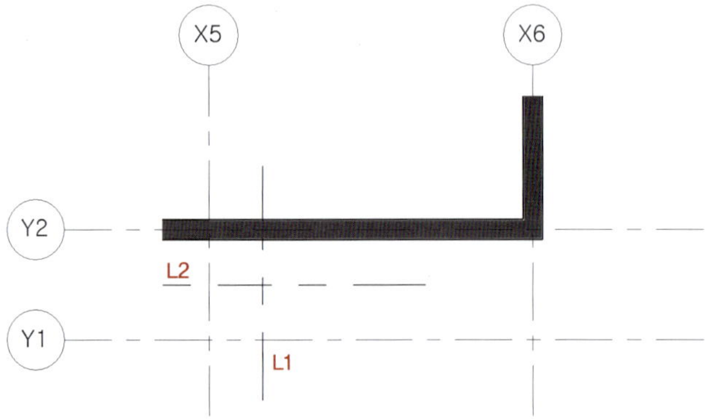

Step 02 벽난로 작성 방법 선택

❶ 건축 탭 ➜ 구성요소 ➜ 내부편집 모델링 을 클릭해서 작성 방법을 결정합니다.

Step 03 패밀리 유형 선택

❶ 패밀리 카테고리 및 매개변수 대화상자에서 카테고리는 벽을 선택합니다.

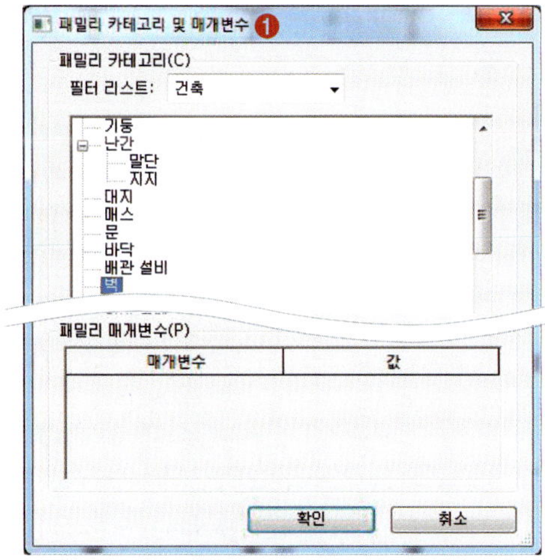

❷ 패밀리 유형의 이름은 벽난로라고 입력합니다.

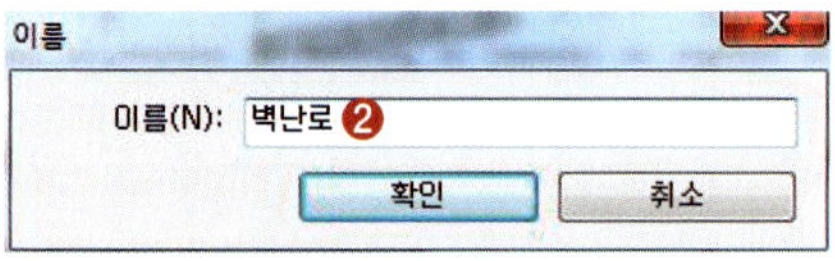

Step 04 벽난로 벽체 부분 작성

1. 작성 → 돌출 을 클릭합니다.
2. 돌출 구속조건 설정

❶ 특성 팔레트에서 돌출 끝은 2700으로 설정합니다.

❷ 돌출시작의 구속조건은 −600으로 설정합니다.

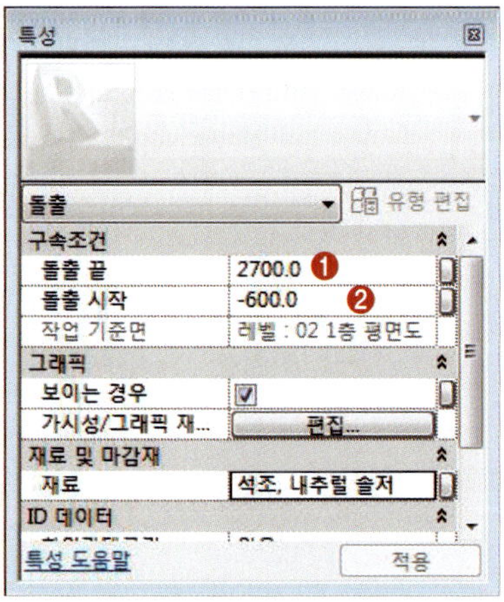

3. 재료 및 마감재 선택

❶ 특성 팔레트에서 재료의 〈카테고리별〉을 클릭하여, 재료탐색기의 대화상자를 엽니다.

❷ 재료탐색기에서 AEC재료 : 석조 → 석조 내추럴 솔저 → 확인을 클릭합니다.

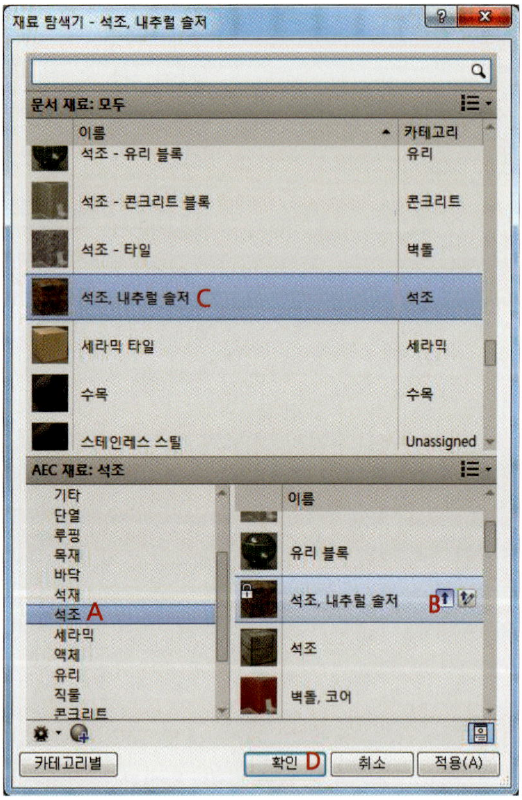

4. 평면 프로파일(profile) 스케치

❶ 그리기 도구상자의 직사각형 ▭을 클릭합니다.

❷ 그리드 X5와 Y1의 교차점(P1)에서 P2까지 1800×1500의 평면 프로파일을 그립니다.

Hot Tip
스케치도구는 사용자에게 익숙한 것을 선택하면 됩니다. 직사각형이 사각형 작성에 가장 편한 도구입니다.

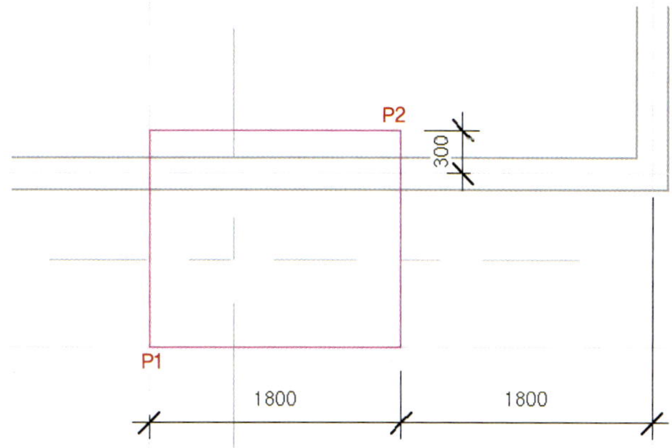

5. 프로파일 스케치의 편집모드 완료✔를 클릭합니다.

Step 05 아궁이의 보이드(Void) 작성

1. 작성 ➜ 보이드 양식 ➜ 보이드 돌출 을 선택합니다.

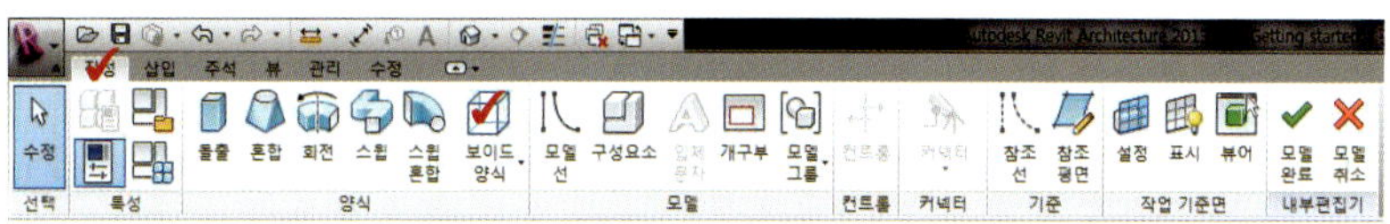

2. 돌출구속조건 설정

❶ 옵션막대의 '간격띄우기'는 −300으로 합니다.

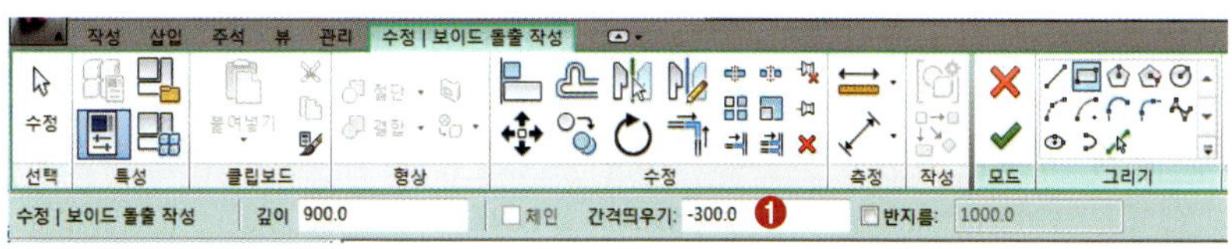

❷ 특성 팔레트에서 돌출 끝은 1200으로 설정합니다.

❸ 돌출 시작은 300으로 설정합니다.

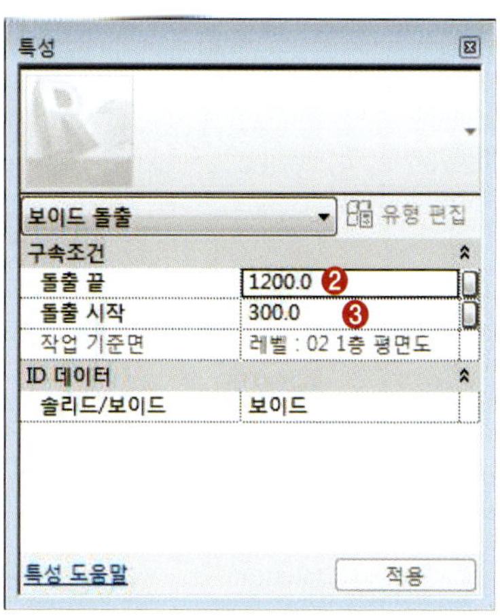

3. 보이드 프로파일 스케치

❶ 그리기도구 상자에서 직사각형을 클릭합니다.

❷ 벽난로 모서리 P1과 P2에 직사각형을 그립니다.

❸ 프로파일 윗변을 끌어 벽난로 윗변에 맞춥니다.

❹ 편집모드 완료✔를 클릭하여 보이드 작성을 끝냅니다.

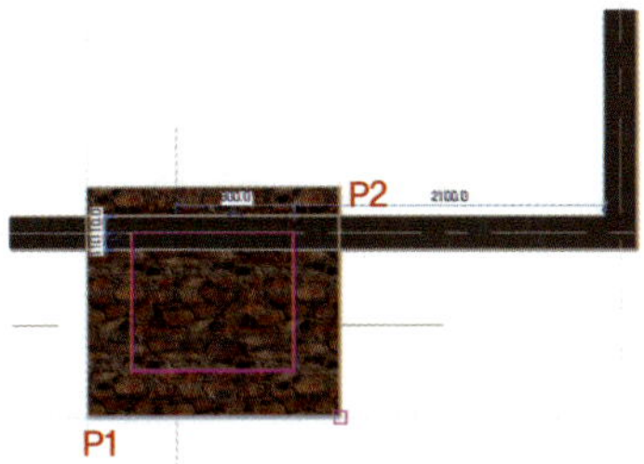

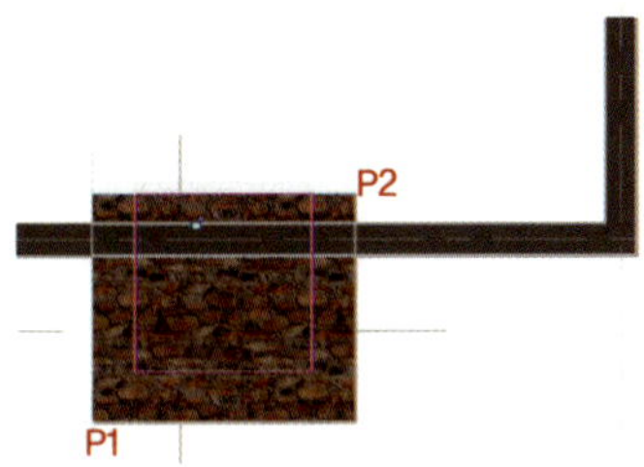

Step 06 굴뚝 작성

1. 작성 탭 ➔ 돌출 을 클릭합니다.

2. 돌출구속조건 설정

❶ 특성 팔레트에서 돌출 끝은 8400으로 설정합니다.

❷ 돌출 시작은 1200으로 설정합니다.

3. 재료 및 마감재 선택

❶ 특성 팔레트에서 재료 및 마감재의 재료를 클릭합니다.

❷ 재료편집기에서 스테인리스 스틸-광택을 선택합니다.

4. 굴뚝 프로파일 작성

❶ 그리기 도구의 원을 클릭하고, 참조선 교차점에 반경 150의 원을 그립니다.

❷ 중심 객체 스냅이 뜰 때, 반경 130의 원을 그립니다.

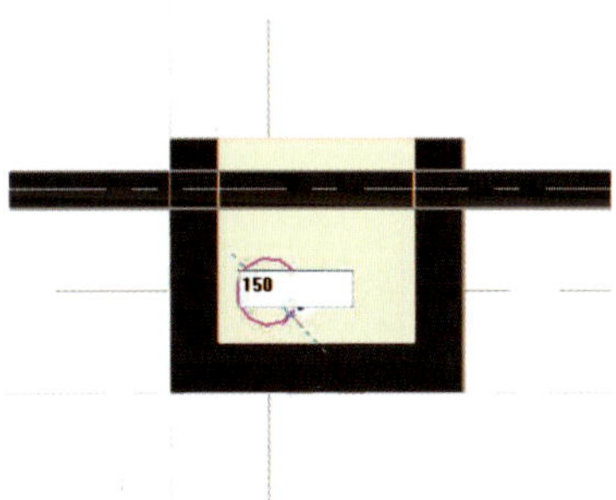

〈반경 150의 원〉

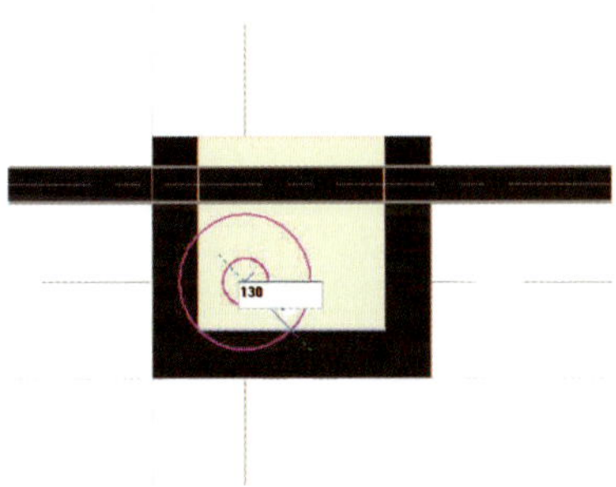

〈반경 130의 원〉

5. 프로파일 스케치의 편집모드 완료✔를 클릭해서 굴뚝작성을 끝냅니다.

6. 모델 완료✔를 선택해서 벽난로 작성을 종료합니다.

Step 07 벽난로 작성결과 확인

프로젝트 탐색기에서 3D뷰의 {3D}를 열어서 확인합니다.

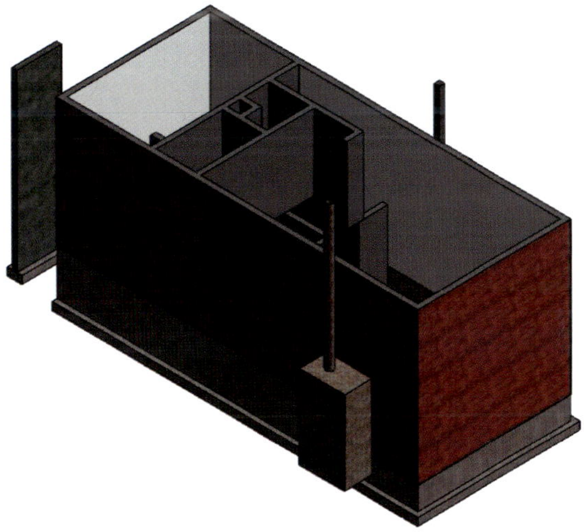

Chapter 04

바닥판과 지붕 작성

건축구성요소 중 바닥과 지붕을 작성합니다. 바닥판은 1층과 2층의 바닥판, 입구 바닥, 현관입구 바닥 및 발코니 바닥을 작성하며, 지붕은 평지붕인 차양과 경사지붕을 작성합니다. 주요내용은 바닥판의 스케치 및 프로파일 편집 방법을 익히고, 지붕의 경사도(물매)를 이해하고 작성하는 것입니다.

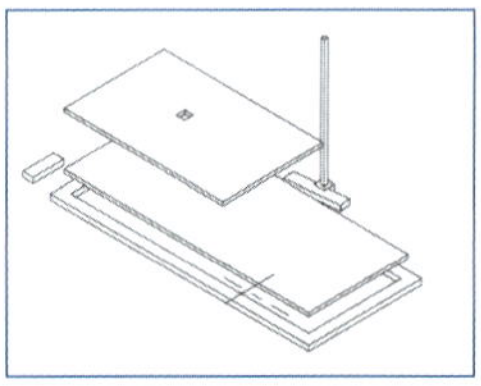

바닥판 작성목표

4.1 바닥판 작성

Step 01 바닥판 작성 방법

❶ 프로젝트 탐색기에서 평면도의 '02 1층 평면도'을 활성화합니다.

❷ 건축 탭 ➜ 바닥 ➜ 바닥 : 건축 을 설정합니다.

Step 02 바닥판 패밀리 선정

1. 유형탐색기에서 일반 150㎜을 선택합니다.

2. 패밀리 유형편집

❶ 유형편집 ➜ 복제를 선택하고, 이름은 콘크리트 바닥-200㎜ 목재 바닥판 마감으로 변경합니다.

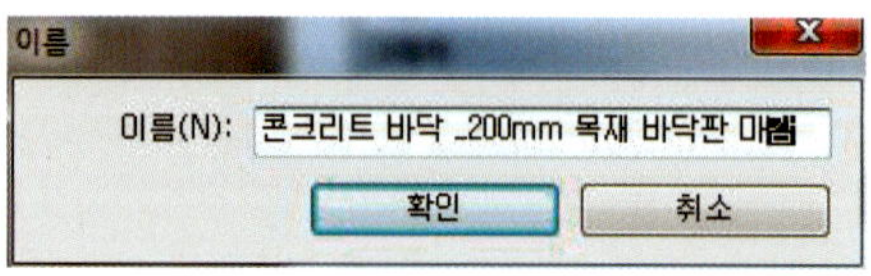

❷ 유형특성 대화상자의 유형 매개변수에서 구조의 편집을 선택합니다.

❸ 조합편집 대화상자에서 레이어 삽입을 클릭하면 새로운 구조 [1] 레이어가 생깁니다.

❹ 삽입된 구조 [1]를 기존의 구조 [1] 레이어 위쪽으로 이동합니다.

❺ 삽입된 구조 [1]의 기능을 클릭하고, 마감재 1(4)를 선택합니다.

❻ 마감재 1(4)의 두께를 30으로 변경합니다.

❼ 구조 [1]의 두께를 170으로 변경합니다.

❽ 마감재 1(4)의 재료를 재료 탐색기에서 목재 널반지로 변경합니다.

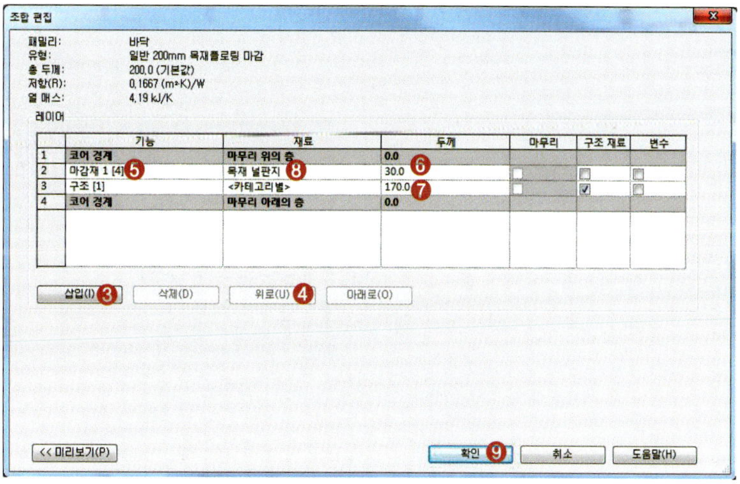

❾ 조합편집을 닫고 유형특성 대화상자를 닫습니다.

Step 03 1층 바닥판의 구속조건 설정

❶ 옵션막대는 유지합니다.

❷ 특성 팔레트의 구속조건에서 룸 경계의 체크는 유지합니다.

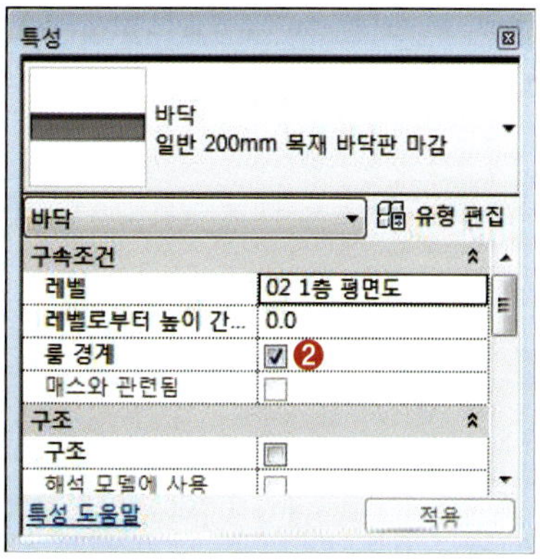

Step 04 바닥판 작성

1. 1층 평면도 바닥 작성

❶ 그리기 도구상자에서 직사각형 을 클릭합니다.

❷ 그리드 X2, Y4 교차점의 내벽 모서리(P1)과 그리드 X6, Y2 교차점의 내벽 모서리(P2)에 바닥판의 윤곽선을 그립니다.

❸ 편집모드 완료✔를 선택합니다.

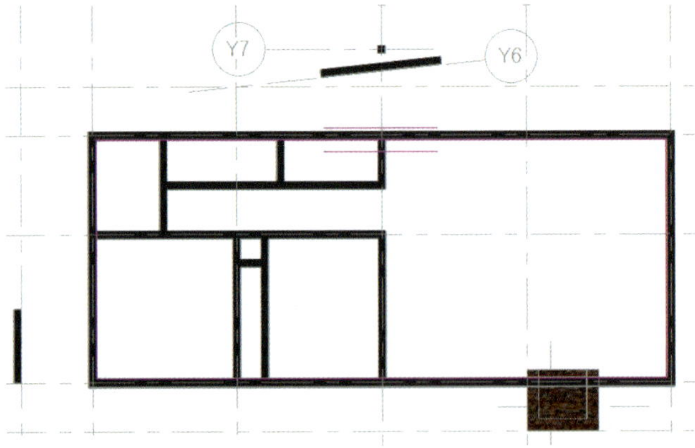

❹ 벽하부 부착 대화상자가 나타나면 '아니오'를 클릭합니다.

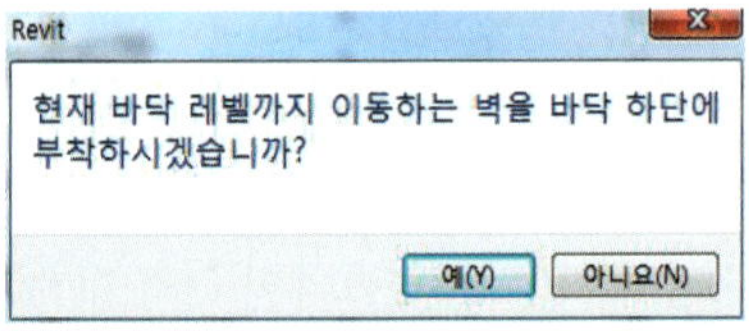

2. 2층 평면도 바닥 작성

❶ 프로젝트 탐색기에서 평면도의 '05 2층 평면도'를 활성화합니다.

❷ 마우스 우측버튼을 클릭하고, [건축 : 바닥] 반복(T)을 클릭합니다.

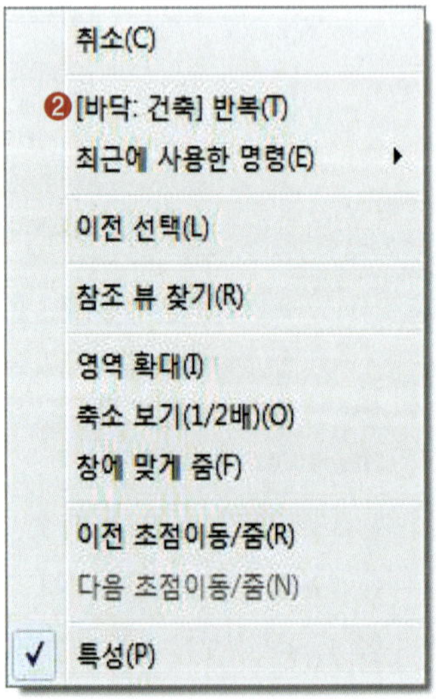

❸ 그리기 도구상자의 직사각형을 클릭합니다.

❹ 그리드 X2, Y4의 교차점(P3)에 있는 내벽 모서리를 클릭합니다.

❺ 그리드 X4, Y2의 교차점에 오른쪽으로 2100 위치(P4)까지 사각형을 그립니다.

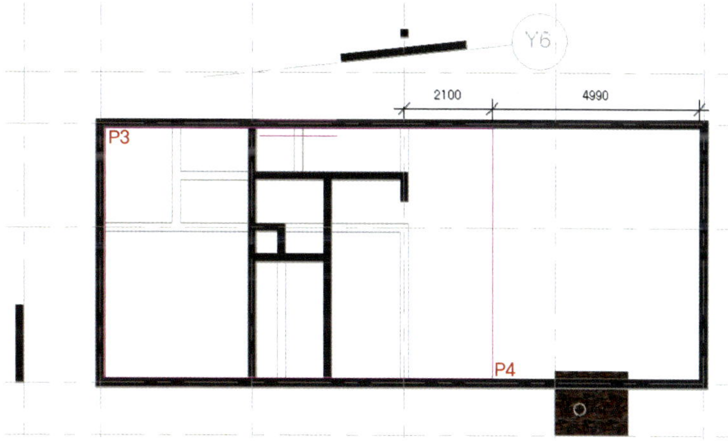

❻ 편집모드 완료✔를 선택합니다.

❼ 벽체의 바닥판 부착에 관한 대화상자가 나타나면 '예'를 클릭합니다.

Step 05 2층 바닥판 수정

1. 프로젝트 탐색기에서 3D뷰의 {3D}를 활성화합니다.
2. 임의의 벽 하나를 선택하고, 마우스 우측버튼을 눌러서 뷰에서 숨기기(H) → 카테고리(C)를 클릭합니다.

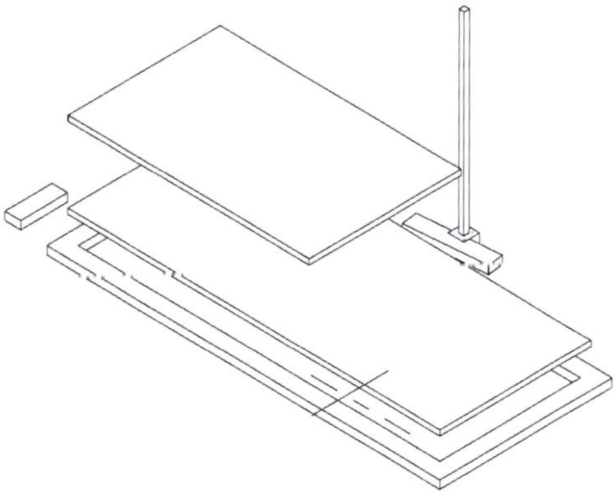

3. 바닥판에 파이프샤프트 구멍이 없습니다.
4. 파이프 샤프트 구멍 편집

❶ 프로젝트 탐색기에서 평면도의 05 2층 평면도를 활성화합니다.

❷ 2층 바닥판을 선택하고, 모드의 경계편집 을 클릭합니다.

❸ 그리기 도구의 직사각형 으로 파이프 샤프트의 대각선 모서리를 클릭해서 사각형을 그립니다.

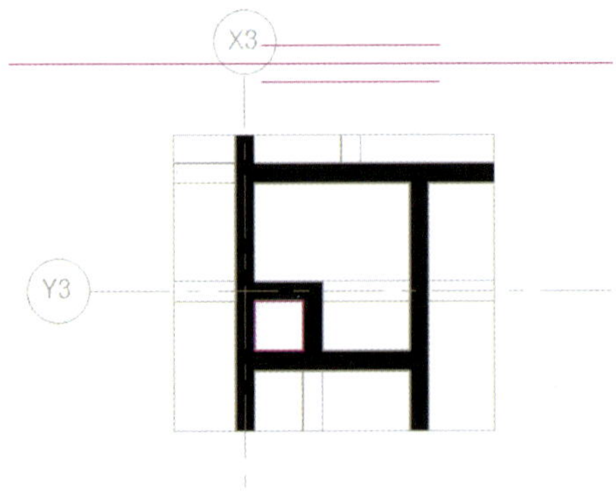

❹ 편집모드 완료 ✔를 선택합니다.

❺ 벽체의 바닥판 부착에 관한 대화상자가 나타나면 '예'를 클릭합니다.

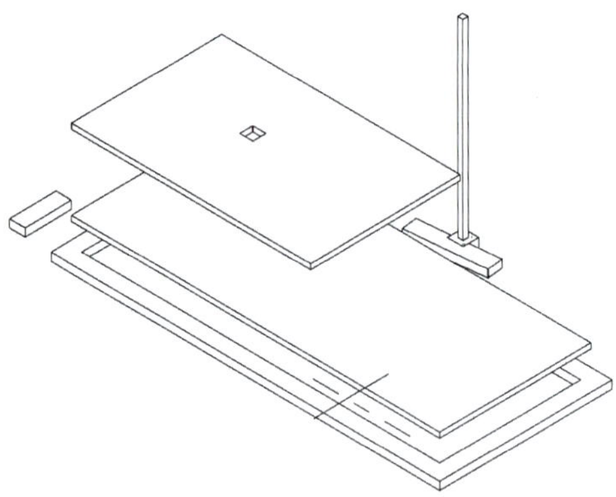

5. 프로젝트 탐색기에서 3D뷰의 {3D}를 열어보면 바닥판에 파이프 구멍이 작성되었습니다.

6. 숨겨진 요소 재설정

❶ 작업영역 아래의 뷰 조절막대에서 숨겨진 요소표시 를 클릭합니다.

❷ 숨겨진 요소에서 임의의 벽 하나를 선택합니다.

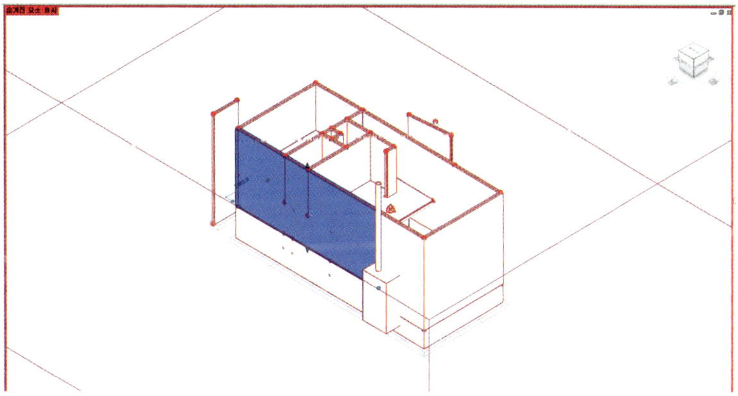

❸ 마우스 우측버튼을 클릭하고, 뷰에서 숨김 해제(U) ➔ 카테고리(C)를 설정합니다.

❹ 뷰 조절막대에서 숨겨진 요소 표시 닫기를 클릭합니다.

Step 06 프로젝트 탐색기에서 3D뷰의 {3D}를 열어서 확인합니다.

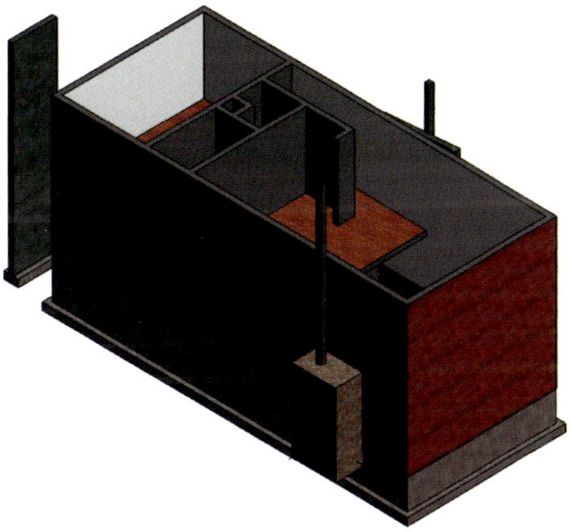

4.2 테라스와 발코니 바닥 작성

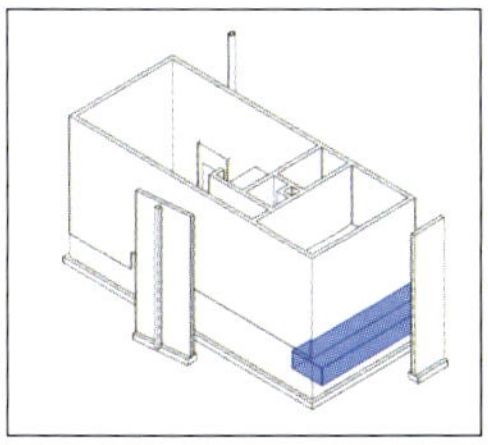

입구레벨 바닥 작성목표

2.1 입구레벨 바닥 작성

Step 01 바닥판 작성 방법 선택

❶ 프로젝트 탐색기에서 평면도의 04 입구레벨을 활성화합니다.

❷ 건축 탭 ➔ 구성요소 ➔ 내부편집 모델링을 클릭합니다.

Step 02 바닥판 패밀리의 카테고리 결정

❶ 패밀리 카테고리 및 매개변수는 바닥을 선택합니다.

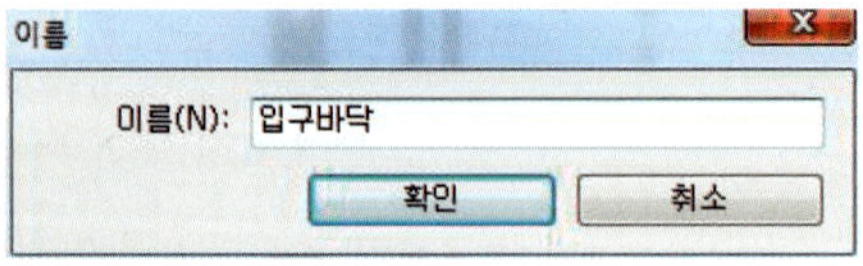

❷ 패밀리 이름은 입구바닥으로 기입합니다.

Step 03 패밀리 구속조건 설정

1. 작성 → 돌출 을 클릭합니다.
2. 옵션막대에서 체인을 체크합니다.

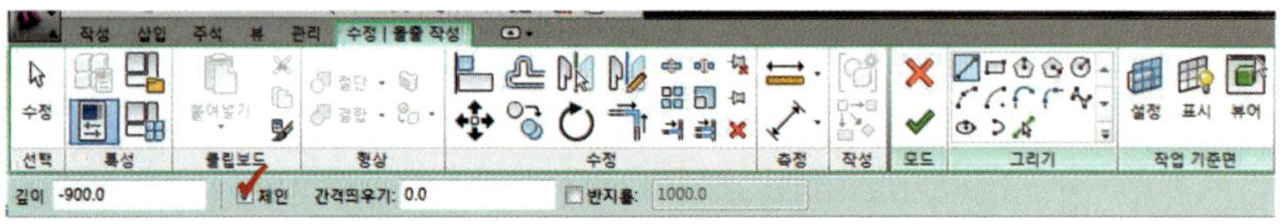

3. 돌출 구속조건 설정

❶ 구속조건의 돌출 끝은 −900으로 설정합니다.

❷ 구속조건의 돌출 시작은 0으로 설정합니다.

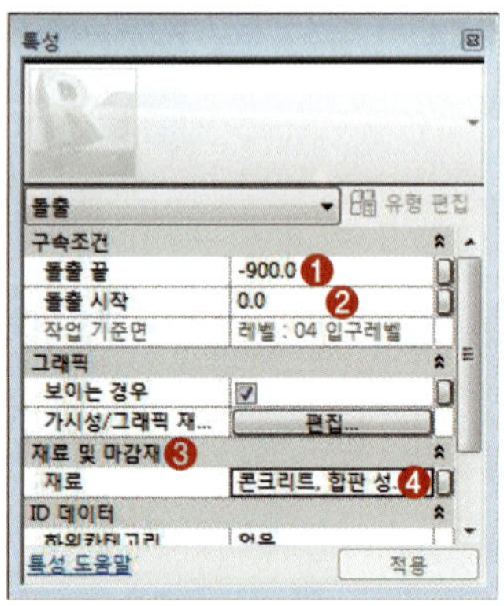

❸ 재료 및 마감재에서 재료의 카테고리를 엽니다.

❹ 재료탐색기에서 콘크리트-합판성형을 선택합니다.

Step 04 입구레벨 바닥 작성

❶ 그리기 도구상자에서 선 을 클릭합니다.

❷ 그리드 X1과 Y2의 교차점(P1)에서부터 그리드와 벽의 가장자리를 따라 시계방향으로 경계를 따라 P6까지 스케치하고 P1에서 마무리합니다.

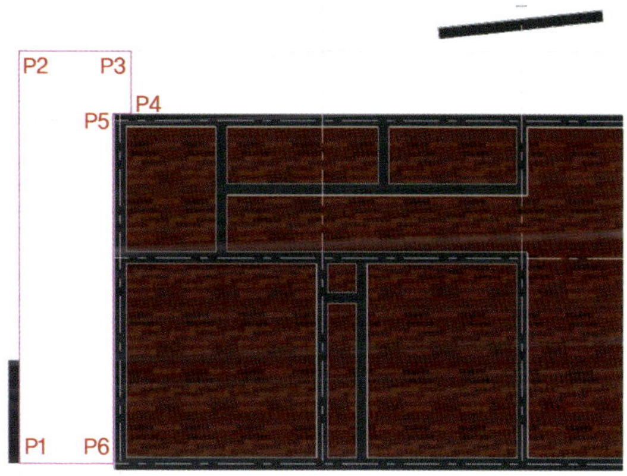

❸ 편집모드 완료✔를 클릭하고, 이어서 모델 완료✔를 클릭합니다.

❹ 프로젝트 탐색기에서 3D뷰의 {3D}를 열어서 확인합니다.

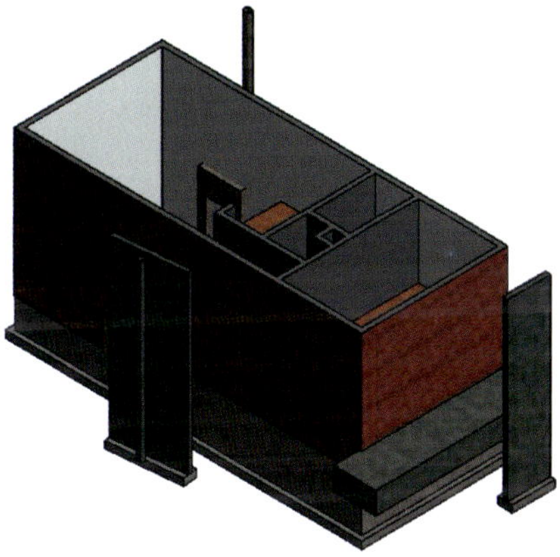

2.2 테라스 바닥 작성

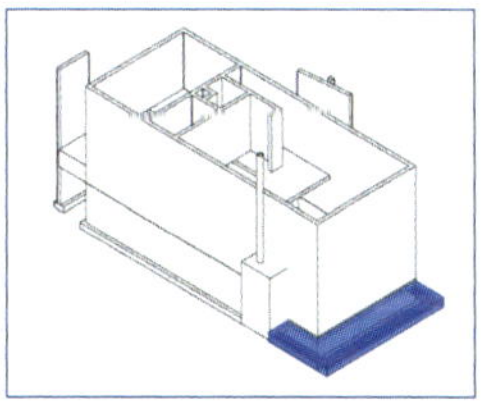

테라스 바닥 작성목표

Step 01 테라스 바닥의 작성 방법

❶ 프로젝트 탐색기에서 평면도의 02 1층 평면도를 활성화합니다.

❷ 건축 탭 → 바닥 → 바닥 : 건축을 선택합니다.

Step 02 테라스 바닥의 패밀리 선정

1. 유형탐색기에서 일반-바닥 150㎜를 선택합니다.

2. 바닥판 패밀리 유형편집

❶ 유형편집 → 복제를 클릭합니다.

❷ 패밀리 이름은 콘크리트-바닥 200㎜ 합판 성형작업으로 기입합니다.

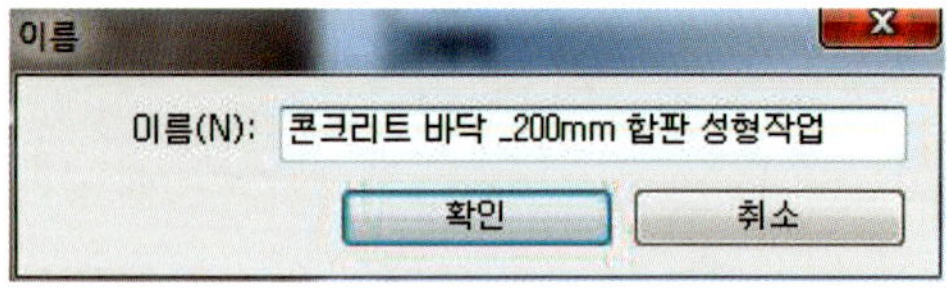

❸ 유형특성 대화상자에서 구조의 편집을 클릭합니다.

❹ 조합편집 대화상자에서 구조 [1]의 두께를 200으로 변경합니다.

❺ 재료탐색기를 클릭하고, 콘크리트-합판 성형작업을 선택합니다.

❻ 확인을 클릭해서 조합편집을 마칩니다.

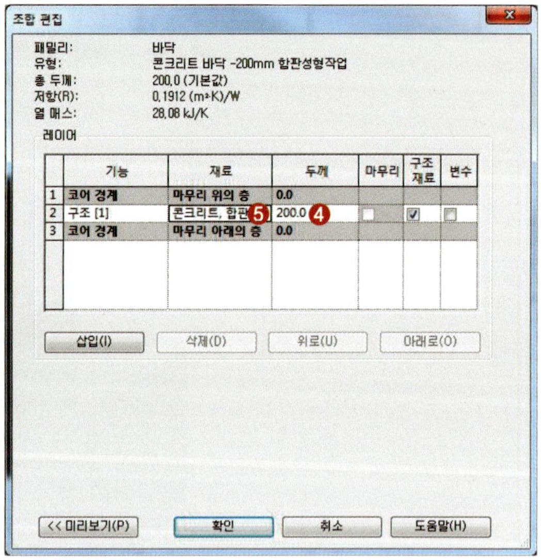

Step 03 테라스 패밀리의 구속조건설정

❶ 옵션막대에서 체인은 체크를 유지합니다.

❷ 간격띄우기를 100으로 설정합니다.

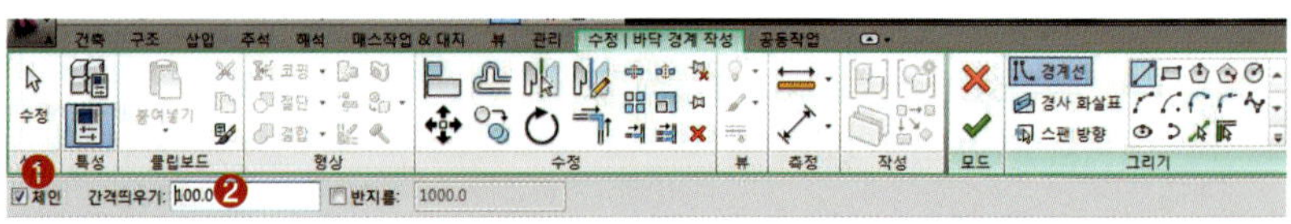

❸ 특성 팔레트의 구속조건에서 레벨로부터 높이 띄우기를 -100으로 설정합니다.

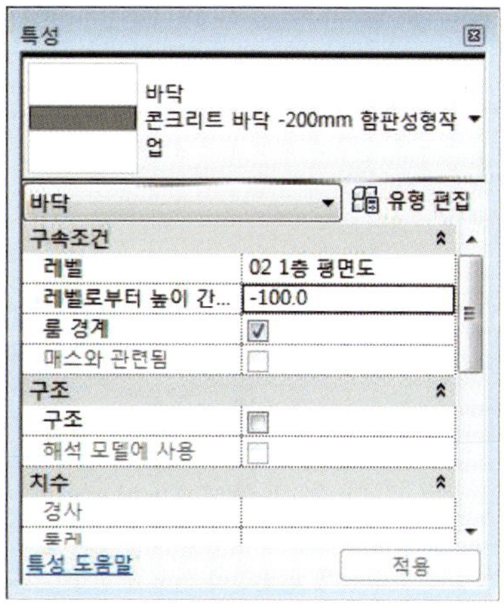

Step 04 테라스 바닥 작성

1. 테라스 바닥 작성

❶ 그리기 도구에서 선 을 클릭합니다.

❷ 그리드 X6와 Y4의 교차점(P1)을 클릭하고, P2, P3와 P4까지 스케치합니다.

❸ 옵션막대에서 간격띄우기를 0으로 변경합니다.

❹ 그리기 도구에서 선 선택 을 클릭합니다.

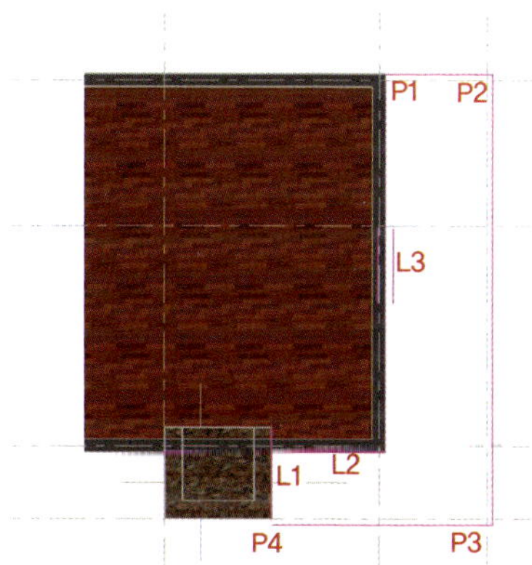

〈테라스 바닥 스케치〉

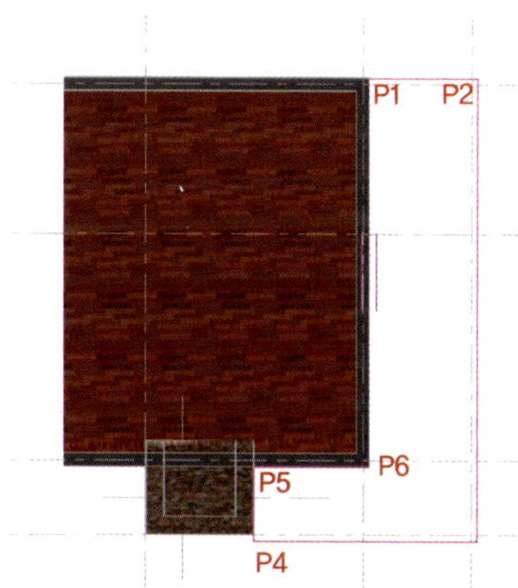

〈모서리 정리 이후〉

❺ 벽난로의 외벽(L1), 거실의 남측벽(L2) 그리고 동 측벽(L3)의 가장자리를 선택합니다.

❻ 코너로 자르기/연장도구 로 모서리(P4~P1)를 정리합니다.

❼ 편집모드 완료 를 클릭합니다.

❽ 벽체 부착 대화상자는 '아니오'를 클릭합니다.

2. 테라스 바닥에 바닥 슬래브 모서리 작성

❶ 프로젝트 탐색기에서 3D뷰의 {3D}를 열어서 테라스 바닥 작성을 확인합니다.

❷ 구조 탭 → 바닥 → 바닥 슬래브 모서리 를 클릭합니다.

❸ 테라스 바닥판의 하부 모서리를 차례로 선택합니다.

〈테라스 바닥 작성〉

〈바닥 슬래브 모서리 작성〉

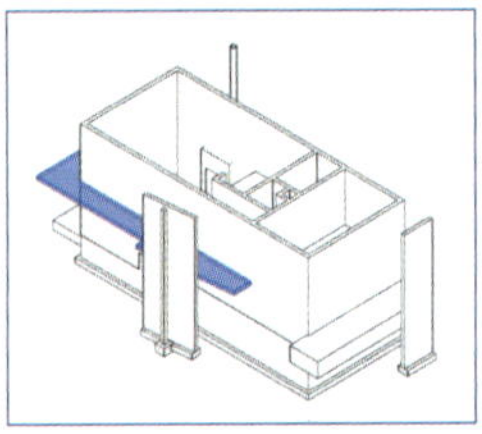

입구 바닥 · 발코니 작성목표

2.3 2층 입구 바닥 및 발코니 작성

Step 01 바닥 작성 방법 선정

❶ 프로젝트 탐색기에서 평면도의 05 2층 평면도를 활성화합니다.

❷ 건축 탭 → 바닥 → 바닥 : 건축 을 선택합니다.

Step 02 패밀리 유형은 테라스 바닥에서 사용한 콘크리트-바닥 200㎜ 합판 성형작업을 선택합니다.

Step 03 바닥판 구속조건 설정

❶ 옵션막대에서 체인을 체크합니다.

❷ 특성 팔레트의 구속조건에서 레벨로부터 높이 띄우기를 -100으로 설정합니다.

Step 04 입구 바닥 및 발코니 작성

1. 현관입구의 바닥 및 전망발코니 작성

❶ 선 선택 도구를 클릭합니다.

❷ 바닥경계를 이루는 그리드선과 벽, 바닥 경계를 차례로 선택합니다.

❸ 코너로 자르기/연장 도구로 P1에서 P8까지 차례로 자릅니다.

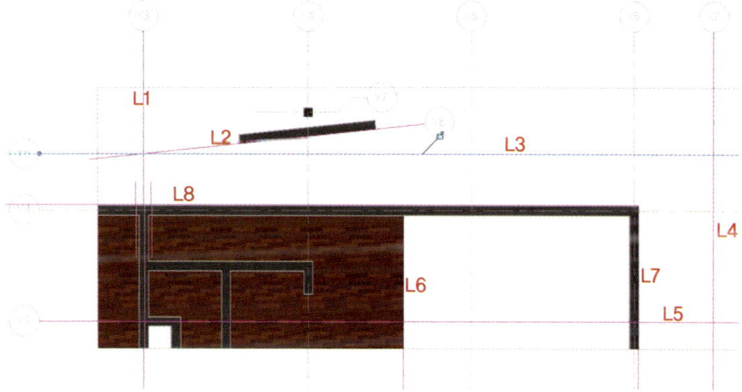

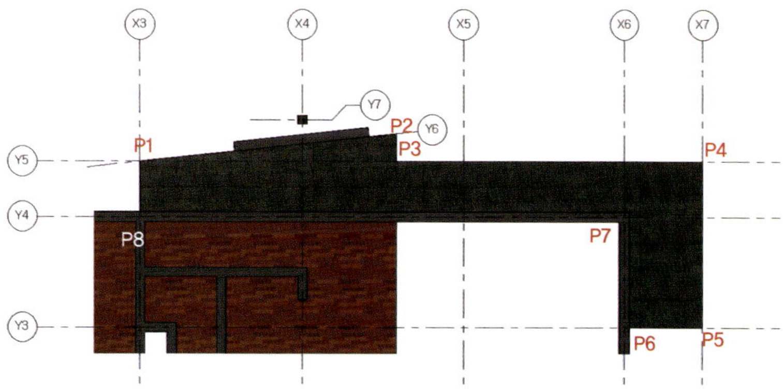

❹ 편집모드 완료✔를 클릭합니다.

❺ 벽체 부착의 대화상자는 '아니오'를 선택합니다.

2.4 부부침실 발코니 바닥 작성

Step 01 발코니 바닥 작성 방법 선정

❶ 프로젝트 탐색기에서 평면도의 05 2층 평면도를 활성화합니다.

❷ 마우스 우측버튼을 클릭하고 [바닥 : 건축] 반복(T)을 클릭합니다.

Step 02 패밀리 유형은 설정을 유지합니다.

Step 03 구속조건도 설정을 유지합니다.

Step 04 발코니 바닥 작성

> **Hot Tip**
> 끌어다 놓기(drag & drop)는 편리한 이동도구의 한 가지입니다.

❶ 그리기 도구의 직사각형 을 클릭합니다.

❷ 서측 가벽의 모서리(P1)와 그리드 X2, Y1의 교차점의 벽 모서리(P2)에 사각형을 그립니다.

❸ 사각형 밑변을 끌어서 그리드 Y1에 맞춥니다.

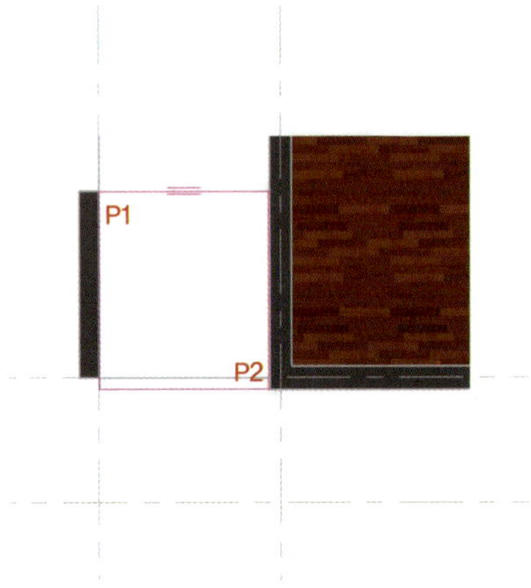

〈직사각형 스케치〉

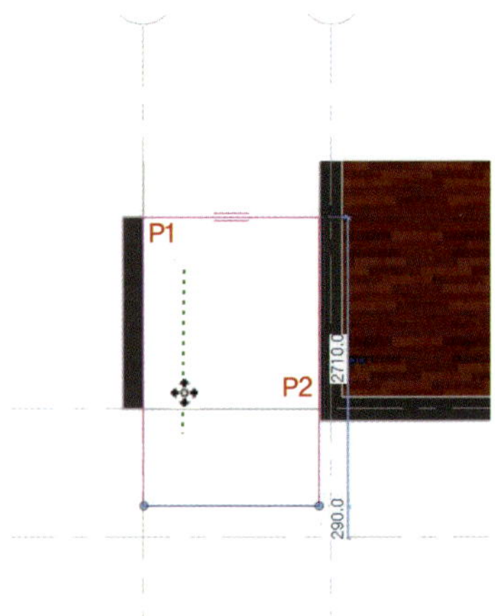

〈밑변 끌어 맞추기(drag)〉

❹ 편집모드 완료✔를 선택합니다.

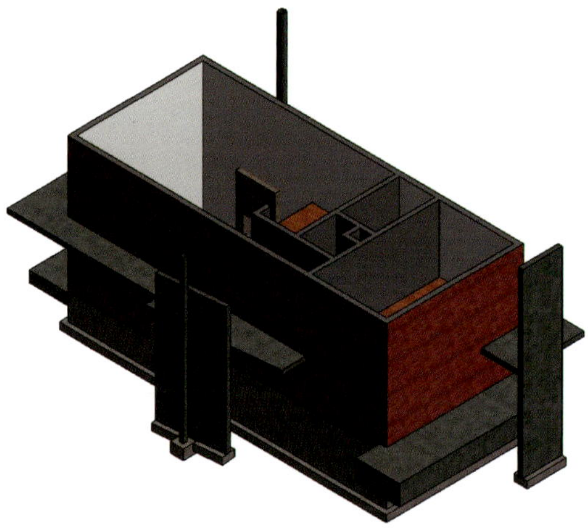

Step 05 프로젝트 탐색기에서 3D뷰의 {3D}를 열어서 확인합니다.

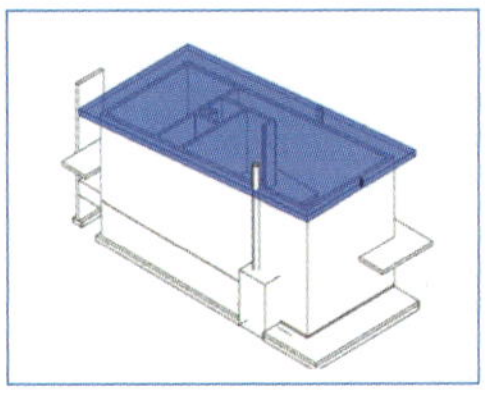

지붕 작성 목표

4.3 지붕 작성

Step 01 지붕 작성 방법

❶ 프로젝트 탐색기에서 평면도의 07 지붕레벨을 활성화합니다.

❷ 건축탭 → 지붕 → 외곽으로 지붕 만들기를 클릭합니다.

Step 02 지붕 패밀리유형은 유형탐색기에서 웜지붕-콘크리트를 선택합니다.

Step 03 지붕 구속조건 설정

❶ 옵션막대에서 경사정의를 유지합니다.

❷ 간격띄우기는 900으로 설정합니다.

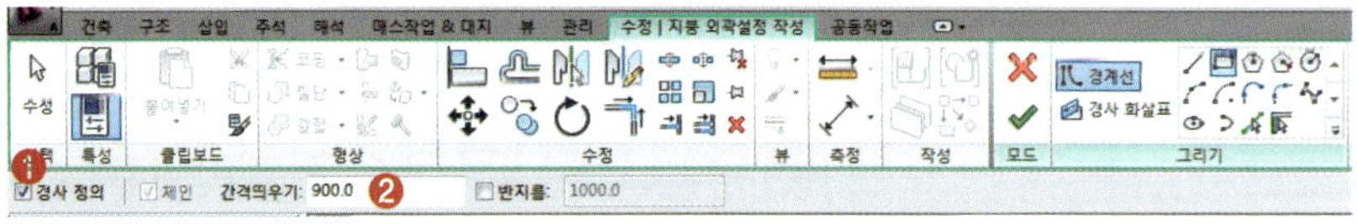

Step 04 지붕 작성

❶ 그리기 도구상자에서 직사각형을 클릭합니다.

❷ 그리드 X2, Y4의 교차점(P1)과 X6, Y2의 교차점(P2)에 직사각형을 스케치합니다.

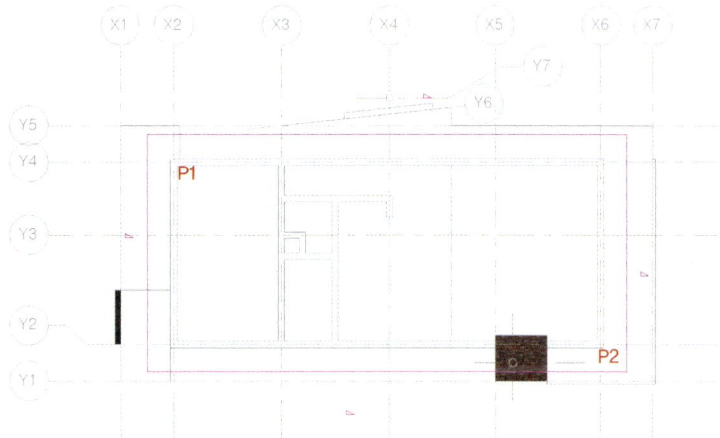

Hot Tip

지붕 작성은 다양한 방법으로 접근할 수 있습니다. 본 과정에서는 경사지붕의 개념을 이해할 수 있도록 작성하였습니다.

❸ 편집모드 완료✔를 클릭합니다.

❹ 프로젝트 탐색기에서 3D뷰의 {3D}를 열어서 확인합니다.

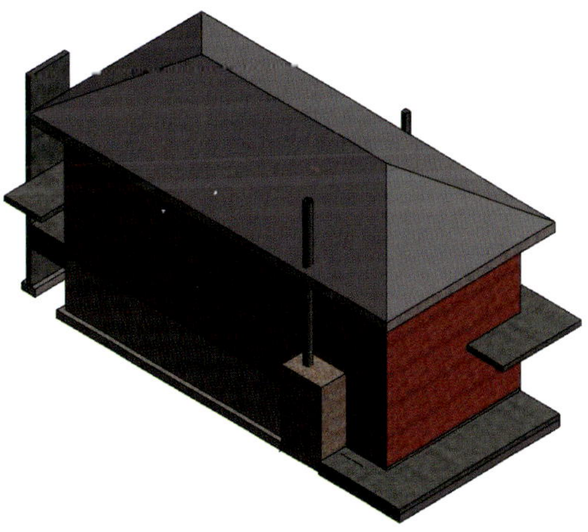

Step 05 지붕 수정

1. 지붕을 선택하고 외곽설정편집 을 클릭하면 지붕편집상태가 됩니다.

2. 지붕면의 경사도 수정

❶ 서쪽 지붕 스케치 경계선을 선택합니다.

❷ 편집상태에서 경사표시기호 를 클릭하고, 30°를 6°로 수정합니다.

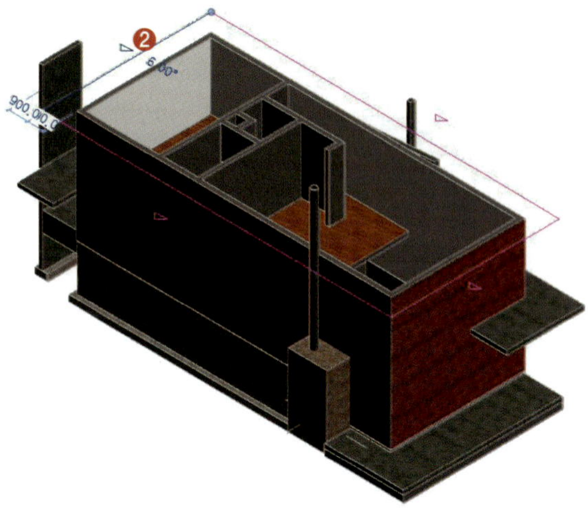

❸ 또는 〈스케치〉 (1)의 치수 구속조건을 클릭하고, 6°로 수정할 수 있습니다.

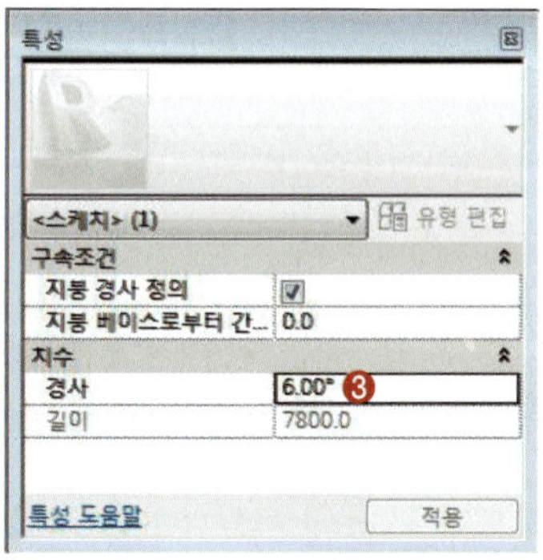

Hot Tip
또는 치수의 경사도를 0°로 수정해도 됩니다.

❹ 나머지 3면은 경사가 없으므로 지붕 경계선을 모두 선택하고, 특성상자의 구속조건에서 지붕경사정의의 체크를 해지합니다.

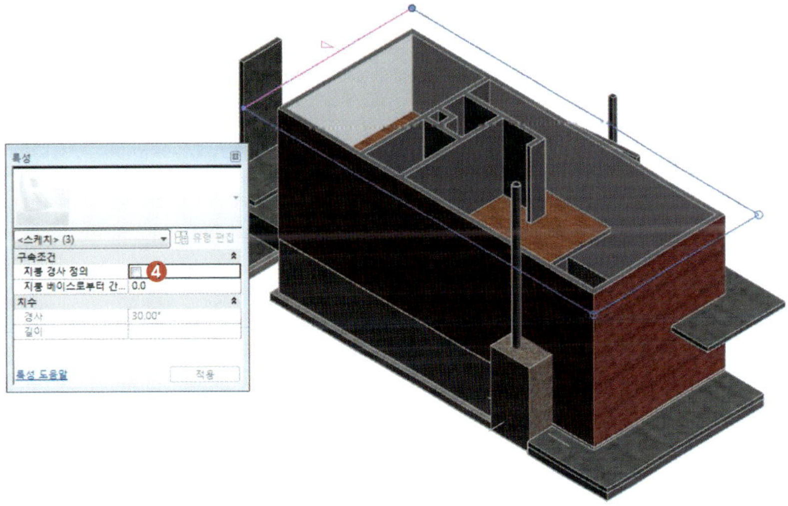

⑤ 편집모드 완료 ✔를 클릭합니다.

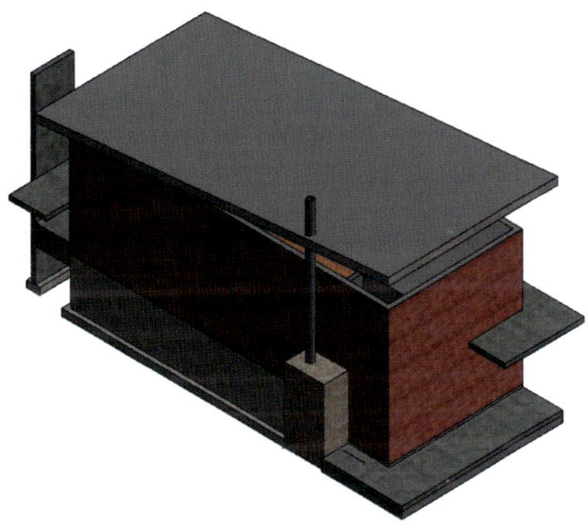

Hot Tip

외벽은 1 · 2층을 함께 작성했으므로 선택되며, 내벽은 2층만 선택되어 지붕에 부착되게 하는 개념입니다.

3. 2층 내 · 외벽 지붕 부착

① 프로젝트 탐색기의 입면도에서 남측면을 엽니다.

② 2층 부분을 걸침선택(Cross selection)을 하고, Shift+ (Click)로 벽난로를 제외합니다.

③ 필터 선택도구를 클릭하고, 필터 창에서 벽을 선택합니다.

Hot Tip

걸침선택(Cross selection)을 할 때, 2층 현관입구의 가벽을 포함되지 않으면 바닥부착 경고가 나타나지 않습니다. 그대로 진행하면 됩니다.

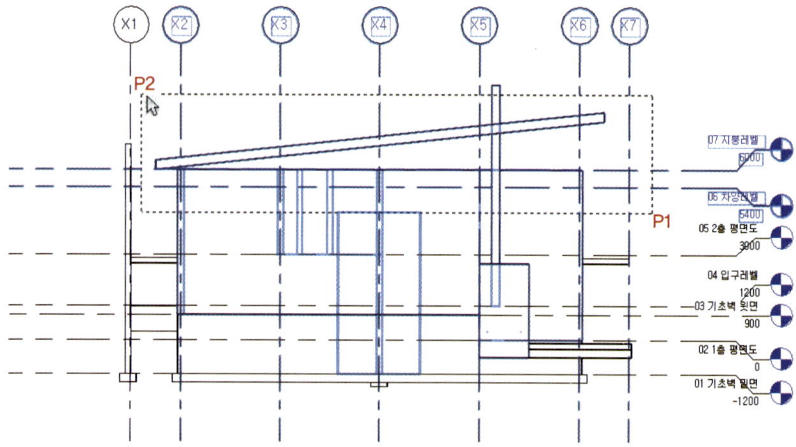

Hot Tip

벽만 선택할 때는 먼저 모두 선택 안함(N)을 클릭한 뒤, 벽을 선택합니다.

❹ 확인을 클릭하면, 2층에 있는 벽만 선택됩니다.

❺ 벽 수정 패널의 상단/베이스 부착을 클릭하고, 지붕을 선택합니다.

❻ 북측의 가벽이 부착되지 않는다는 대화상자가 나타나면, 대상분리를 선택합니다.

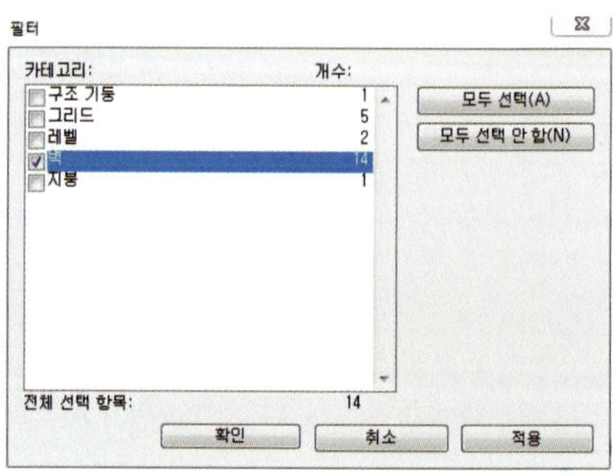

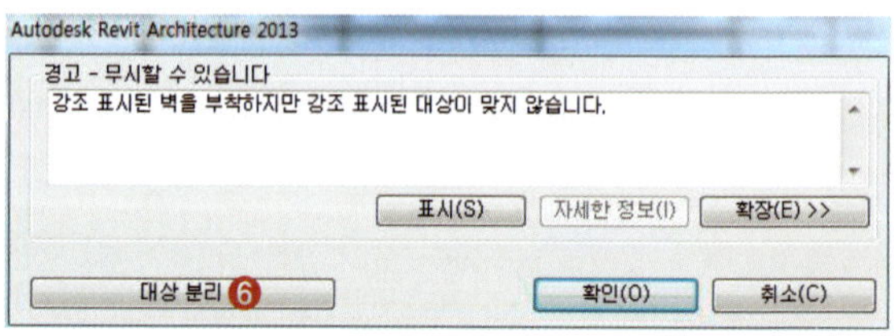

Step 06 프로젝트 탐색기에서 입면도나 {3D}에서 부착결과를 확인합니다.

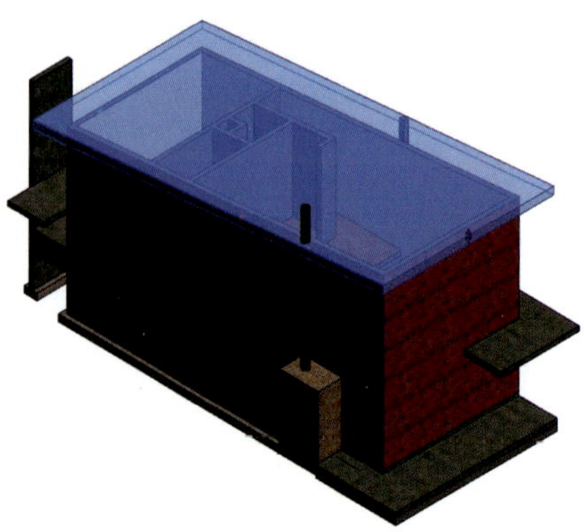

4.4 차양 작성

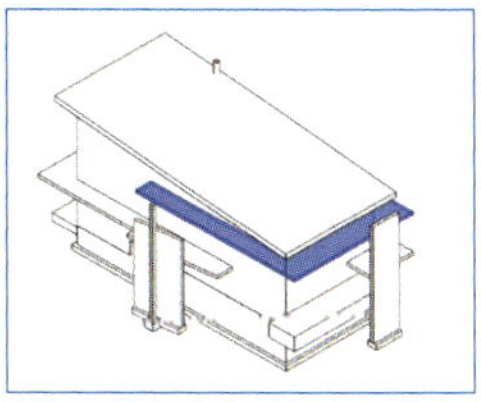

차양 작성 목표

입구레벨과 2층 현관을 보호하는 차양(canopy)과 이를 지지하는 C-형강의 작은 보(beam)를 작성합니다.

Step 01 차양 작성 방법

❶ 프로젝트 탐색기에서 평면도의 07 차양 레벨을 활성화합니다.

❷ 건축 탭 → 바닥 → 바닥 : 건축을 선택합니다.

Step 02 패밀리는 유형탐색기에서 콘크리트 바닥-200mm 합판성형작업을 선택합니다.

Step 03 구속조건의 룸 경계는 체크를 해지합니다.

Step 04 차양 작성

❶ 그리기 도구상자의 선 을 클릭합니다.

❷ 그리드 X1, Y1의 교차점(P1)에서 시계방향으로 그리드와 벽을 따라 경계를 스케치합니다.

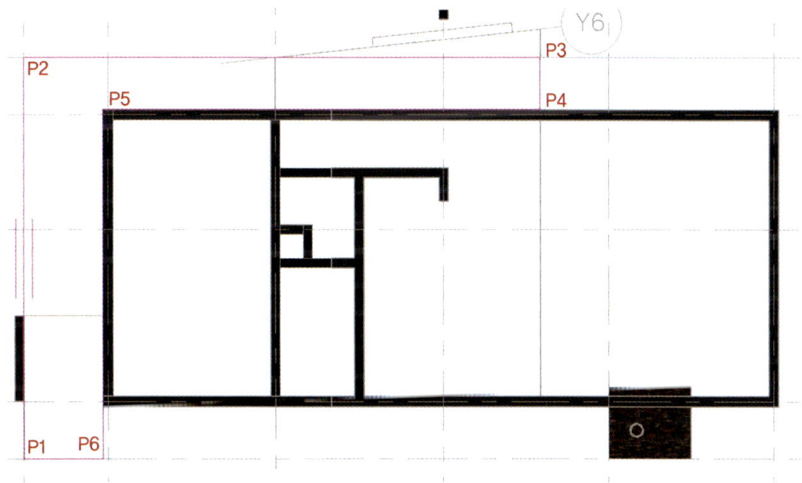

❸ 편집모드 완료 를 클릭합니다.

❹ "현재 바닥 레벨까지 이동하는 벽을 바닥 하단에 부착하시겠습니까?" 라는 대화상자는 '아니오'를 클릭합니다.

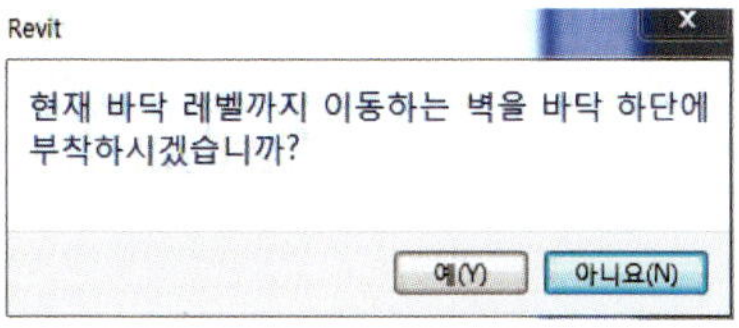

Step 05 프로젝트 탐색기에서 3D뷰의 {3D}를 열어서 작성결과를 확인합니다.

4.5 차양의 C-형강 철골보 작성

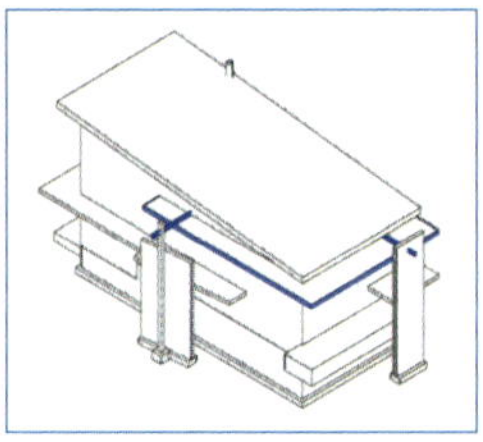

C-형강 보 작성 목표

차양의 가장자리를 C-채널로 마무리하고, 차양을 지지하는 보를 작성합니다.

Step 01 C-채널 작성 방법

❶ 프로젝트 탐색기에서 평면도의 06 차양레벨을 선택합니다.

❷ 구조 탭 → 보를 클릭합니다.

Hot Tip

C-형강은 상세수준이 중간이상일 때만 나타납니다. 상세수준이 낮을 때는 보이지 않아도 작성됩니다.

Step 02 C-채널 패밀리 유형 선정

❶ 유형편집 → 로드 → 구조 → 프레임 → 스틸을 엽니다.

❷ C-채널을 로드합니다.

❸ 유형지정 창에서 C-200×27.9를 선정합니다.

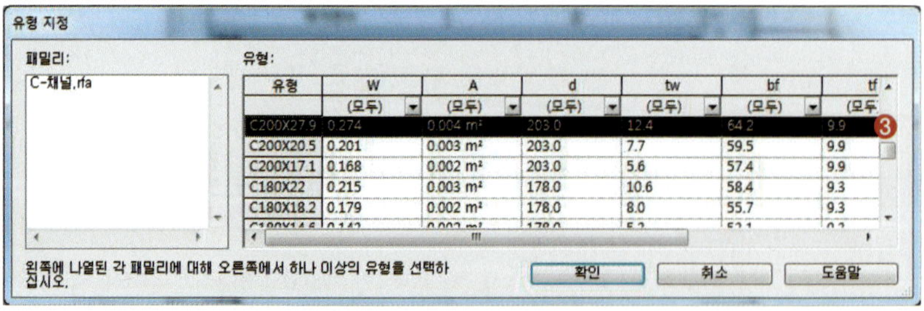

Hot Tip
상세수준이 낮으면 C-형강이 선으로 표현됩니다. 중간이상을 유지해야 합니다.

Step 03 C-형강 철골보의 구속조건 설정

❶ 옵션막대에서 체인은 체크를 유지합니다.

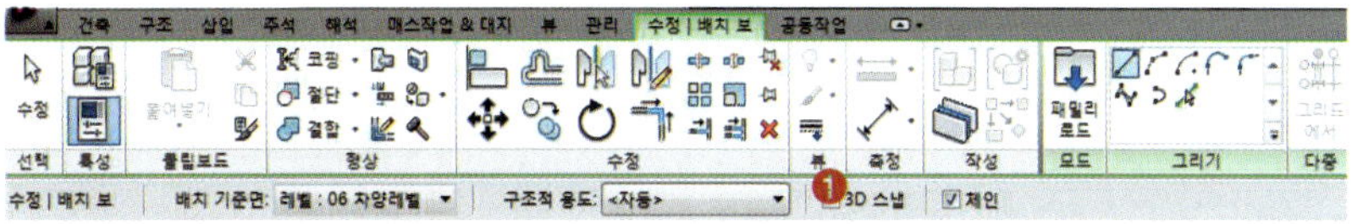

❷ 특성 팔레트의 구속조건에서 Z방향 맞춤은 상단을 유지합니다.

❸ 뷰 조절막대의 상세수준을 높음으로 설정합니다.

Hot Tip
채널 마무리를 작성할 때, 시각적으로 구조부재가 작성되는 모양을 볼 수는 없지만, 작성되고 있습니다.

Step 04 C-채널 마무리 및 보 작성

1. 차양 모서리 마무리용은 그리드 X2, Y2 부분의 외벽 모서리에서 P1~P6까지 시계방향으로 작성합니다.
2. 부부침실 발코니 상부의 차양 보 작성

❶ 특성 팔레트의 구속조건에서 Z방향 맞춤은 하단으로 변경합니다.

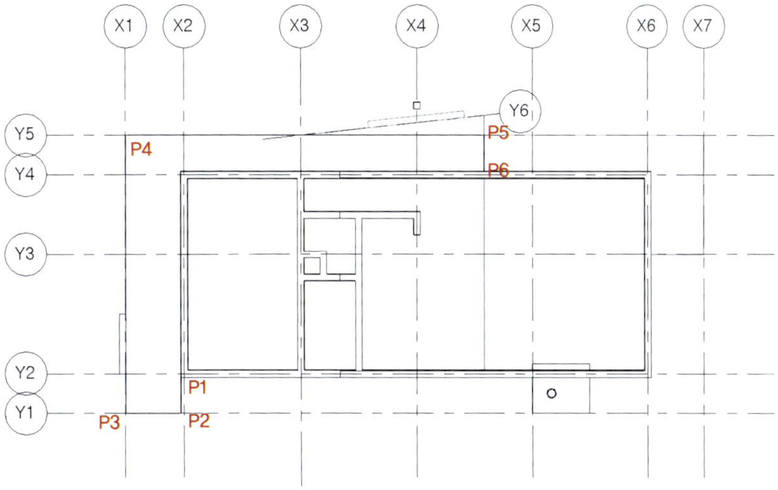

Hot Tip
지붕은 발코니 작성에 방해가 되므로 뷰에서 숨깁니다. 특성 팔레트의 가시성/그래픽 재설정에서 모델 카테고리를 열고 지붕을 체크해지합니다.

❷ 수평맞춤은 사이드 2를 선택합니다.

❸ 커서를 가벽 상단과 나란히 외벽 위에서 아래로 이동하면 치수가 나타납니다. 이 때, 900을 입력하면 보의 시작점(P1)이 됩니다.

❹ P1에서 좌측으로 커서를 수평 이동할 때 치수가 나타나면 2,290을 입력하고 엔터키를 치면, 보의 단부 P2까지 작성됩니다.

⑤ 그대로 커서를 수평이동해서 P1에서 클릭합니다.

⑥ 보 작성명령을 종료합니다.

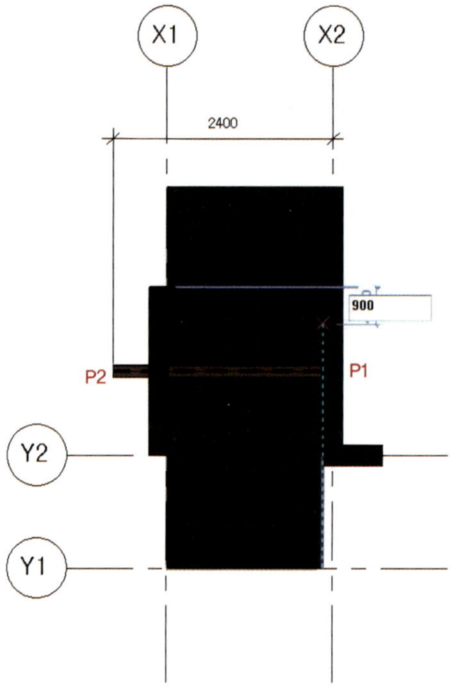

3. 현관입구 위의 C-형강 보 작성

① 마우스 우측버튼을 클릭하고 [보] 반복(T)을 클릭합니다.

② 그리드 X4, Y4의 교차점(P3)을 클릭해서 보 작성을 개시합니다.

③ 커서를 수직으로 이동하다 임시치수 2400(P4)을 입력합니다.

④ 그대로 수직으로 이동하여 시작점(P3)을 클릭합니다.

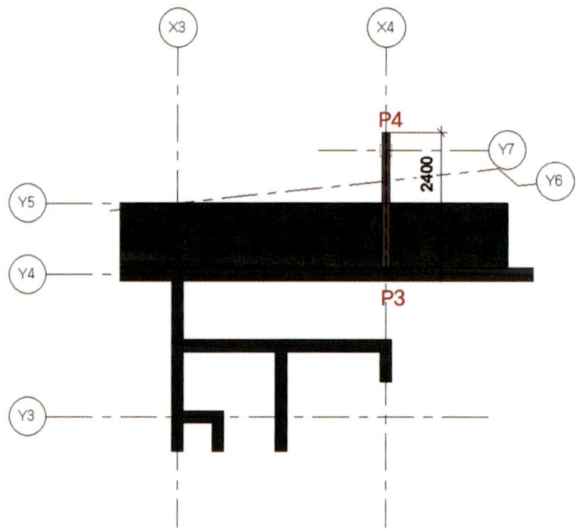

❺ 보 작성명령을 종료합니다.

Step 05 프로젝트 탐색기에서 3D뷰의 {3D}를 열어서 확인합니다.

Chapter 05

개구부 작성

건축에 설치되는 출입문 · 반침의 접이문 · 창 · 커튼월 등의 작성 방법을 살펴봅니다. 주요내용은 패밀리를 로드하고, 편집하고, 위치를 변경하는 방법입니다.

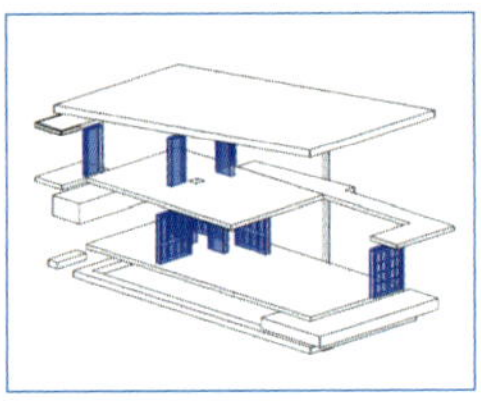

출입문 작성 목표

5.1 출입문 작성

본 프로젝트에서 작성하는 내용은 외여닫이문과 쌍여닫이문입니다.

Step 01 출입문 작성 방법

❶ 프로젝트 탐색기에서 평면도의 02 1층 평면도를 활성화합니다.

❷ 건축 탭 ➜ 문을 선택합니다.

Step 02 출입문 패밀리유형 선정 : 유형탐색기를 열어 'M_Single 플러시 0864×2134㎜'를 선택합니다.

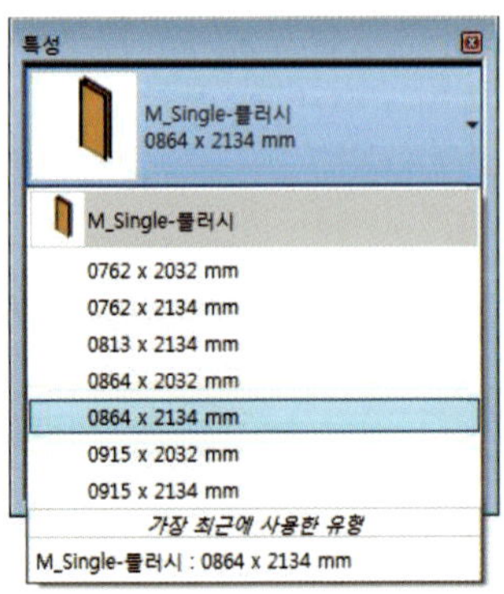

Hot Tip

문 객체에서 설정할 수 있는 매개변수에는 문턱높이(씰 높이)와 프레임 구성, 재료 및 마감 등이 있습니다.

Step 03 출입문의 구속조건은 자동 설정(default)을 유지합니다.

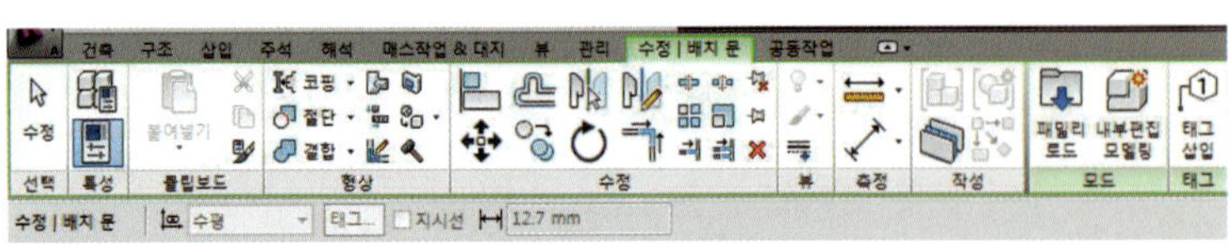

> **Hot Tip**
> 매개변수 모델링은 매개변수로써 연동되이 형싱직싱과 수정이 비교적 용이합니다.

> **Hot Tip**
> 출입문의 경첩위치는 스페이스바를 눌러도 전환됩니다.

Step 04 출입문 작성

1. 침실 출입문 작성

❶ 출입문을 작성할 적당한 위치에 커서를 이동합니다.

❷ 작성될 출입문 형태가 나타나고 인접한 객체와의 치수가 표시됩니다.

❸ 좌측 마우스 버튼을 클릭하면 출입문이 작성됩니다.

❹ 임시치수를 클릭하고 벽간의 거리를 100을 입력합니다.

❺ 수평⇆ 및 수직전환도구⇅를 눌러 문의 경첩위치나 개폐방향을 결정합니다.

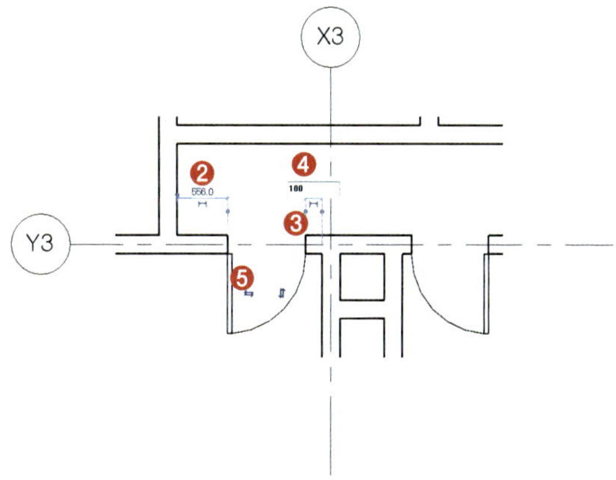

❻ 프로젝트 탐색기에서 평면도의 05 2층 평면도를 활성화합니다.

❼ 부부침실의 출입문과 발코니 출입문을 작성합니다.

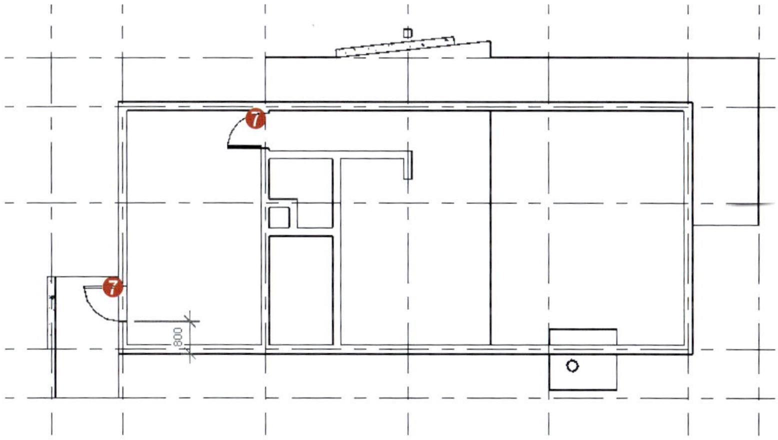

2. 화장실과 욕실 출입문 작성

❶ 유형탐색기에서 M_Single 플러시 0762×2134㎜로 변경합니다.

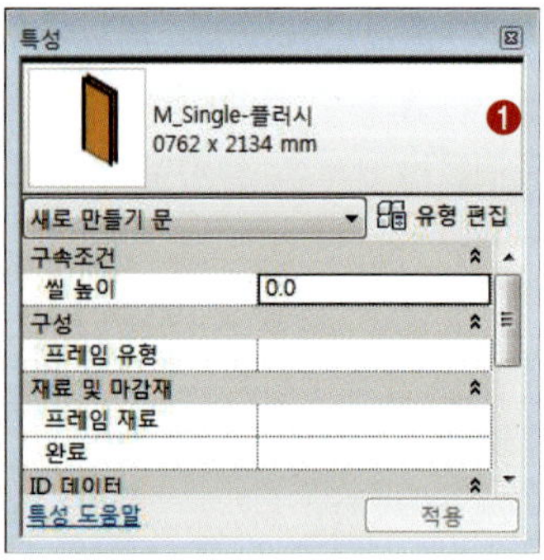

❷ 2층 화장실과 욕실의 출입문을 작성합니다.

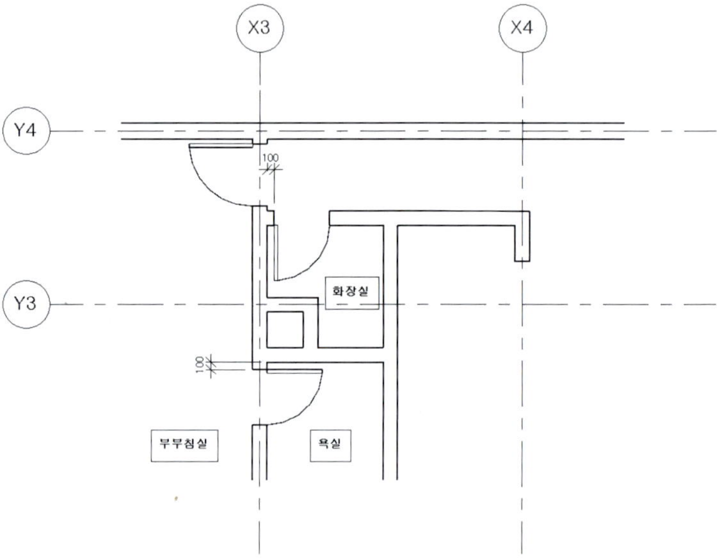

❸ 프로젝트 탐색기에서 평면도의 02 1층 평면도를 활성화합니다.

❹ 1층 평면도의 욕실 출입문을 작성합니다.

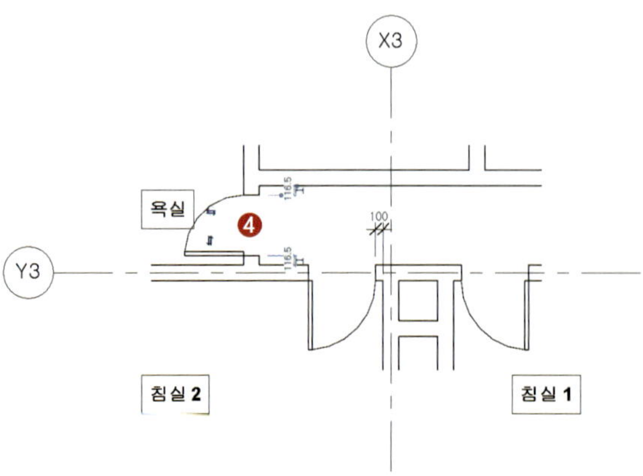

3. 쌍여닫이문 작성

❶ 쌍여닫이문 작성 방법

- 프로젝트 탐색기 → 평면도 → 02 1층 평면도를 활성화합니다.
- 마우스 우측버튼을 클릭하고, [문] 반복(T)을 클릭합니다.

❷ 패밀리유형 선정

- 유형편집 → 로드 → 건축 → 문의 경로를 엽니다.
- 이중_유리2 패밀리를 로드합니다.
- 유형특성 대화상자의 유형(T)에서 1730×2134㎜를 선택합니다.

❸ 1층 평면도의 쌍여닫이문 작성

- 거실 우측 상부 모서리의 적당한 위치에 쌍여닫이문을 작성합니다.
- 임시치수를 클릭하고, 300으로 변경합니다.

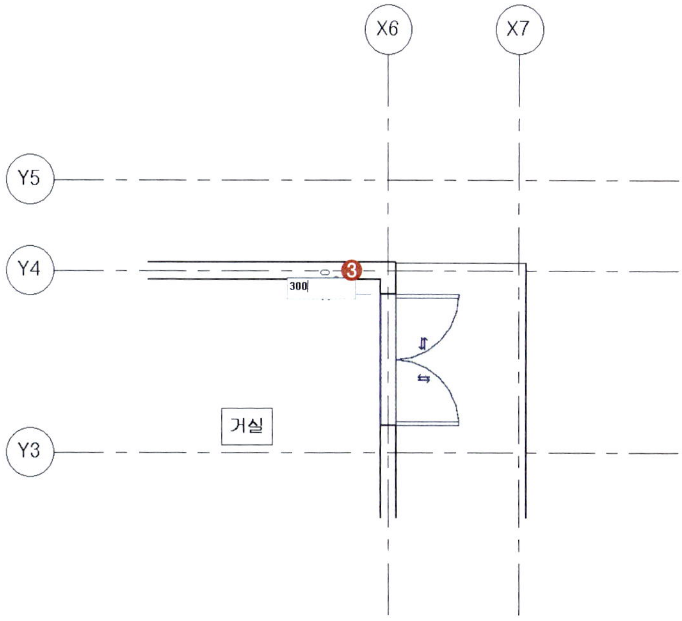

❹ 2층 평면도의 쌍여닫이문 작성

- 프로젝트 탐색기 → 평면도 → 05 2층 평면도를 활성화합니다.
- 마우스 우측버튼을 클릭하고, [문] 반복(T)을 클릭합니다.
- 2층 현관의 출입문을 작성합니다.
- 임시치수를 그리드 X4에서 200으로 변경합니다.

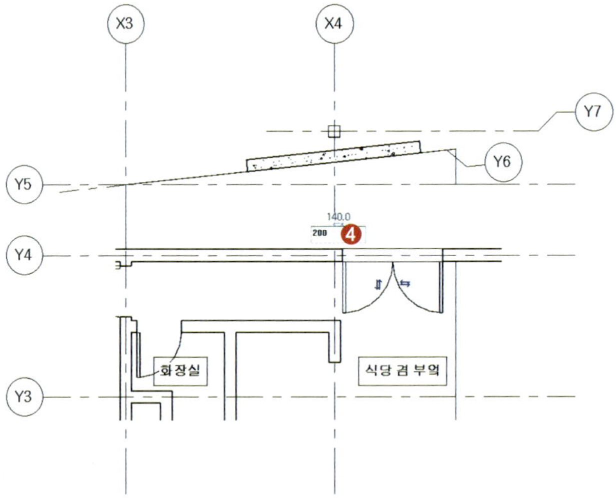

4. 반접이문 작성

❶ 반접이문 작성 방법

- 프로젝트 탐색기 ➜ 평면도 ➜ 02 1층 평면도를 활성화합니다.
- 마우스 우측버튼을 클릭하고, 최근에 사용한 명령(E)을 펼치고 [문] 반복(T)을 클릭합니다.

❷ 반접이문 패밀리유형 선정

- 유형편집 ➜ 로드 ➜ 건축 ➜ 문을 클릭합니다.
- 반접이-4 패널 패밀리를 로드합니다.
- 유형특성 대화상자의 유형(T)에서 1830×2134㎜를 선정합니다.

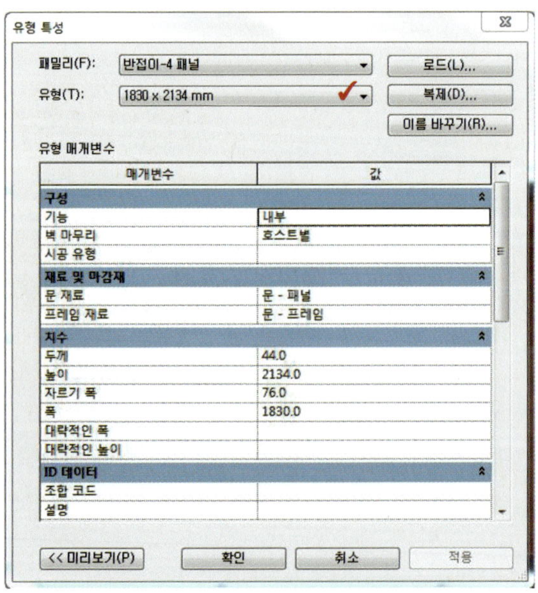

❸ 반접이문 작성

- 세탁실, 보일러실 및 침실 1의 반침에 작성합니다.
- 반접이 가운데 위치하도록 치수를 조정합니다.

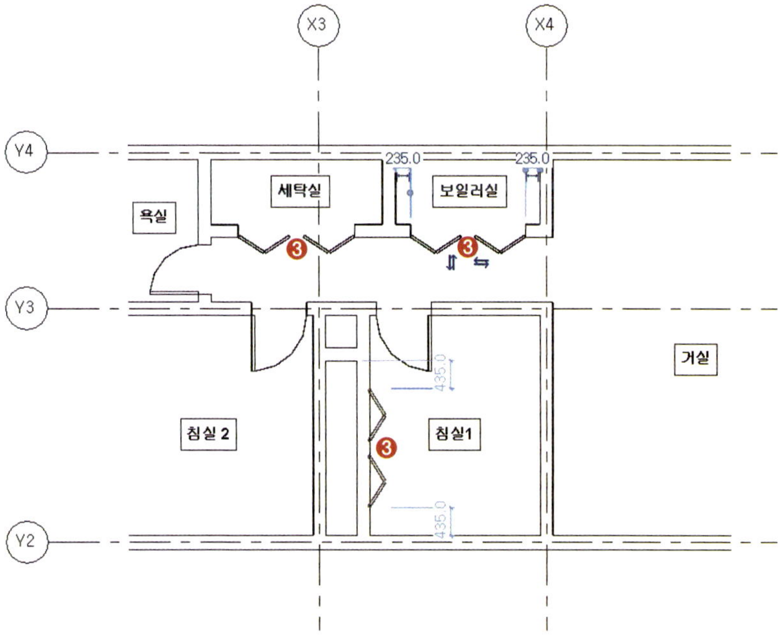

Step 05 작성 결과 확인

❶ 프로젝트 탐색기에서 3D뷰의 {3D}를 열고, 벽체 한 개를 선택합니다.

❷ 마우스 우측버튼을 클릭하고 뷰에서 숨기기(U) → 카테고리(C)를 클릭합니다.

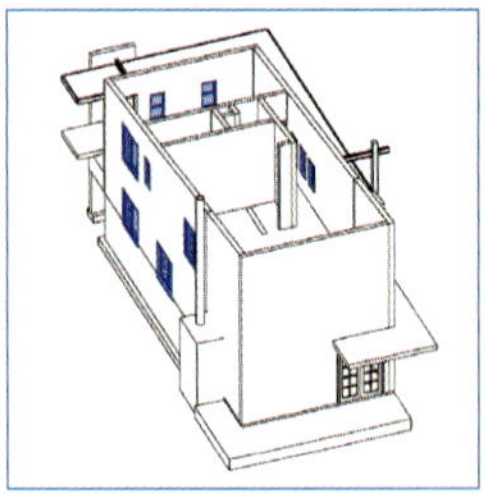

창문 모델링 목표

5.2 창문 작성

Step 01 창문 작성 방법

❶ 프로젝트 탐색기의 평면도에서 02 1층 평면도를 활성화합니다.

❷ 건축 탭 ➜ 창을 클릭합니다.

Step 02 창문 패밀리유형 선정

1. 유형편집 ➜ 로드 ➜ 건축 ➜ 창의 경로를 엽니다.
2. 자르기가 있는 미닫이를 로드합니다.
3. 패밀리 유형편집

❶ 유형특성 대화상자에서 유형(T)을 열고 1830×1220㎜를 선택합니다.

❷ 복제를 클릭하고, 새 이름을 1600×1600㎜로 변경합니다.

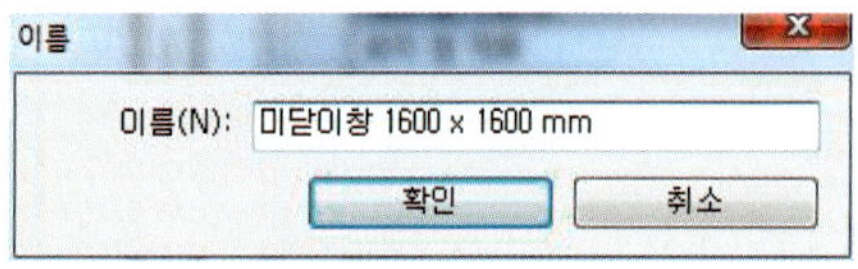

❸ 유형 매개변수 수정

- 문 높이를 1600으로 변경합니다.
- 자르기 폭-외부를 45로 변경합니다.
- 자르기 폭-내부를 45로 변경합니다.
- 문 너비(문 폭)를 1600으로 변경합니다.

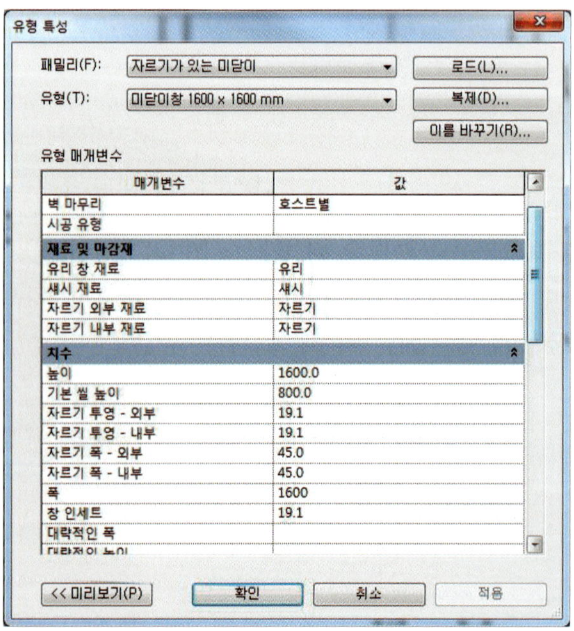

Step 03 구속조건 설정

❶ 옵션막대는 자동설정(default)을 유지합니다.

❷ 특성 팔레트에서 씰 높이(창대높이)를 800으로 변경합니다.

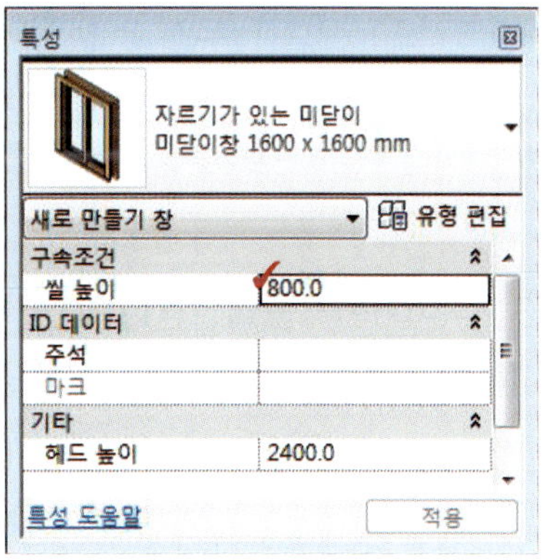

Step 04 창문 작성

1. 미닫이창 작성

❶ 침실 1의 창문을 작성하려는 외벽에 커서를 가져갑니다.

❷ 커서가 바깥 가장자리에 있을 때, 문이 나타나면 클릭합니다.(방향전환 기호가 있는 쪽이 외부)

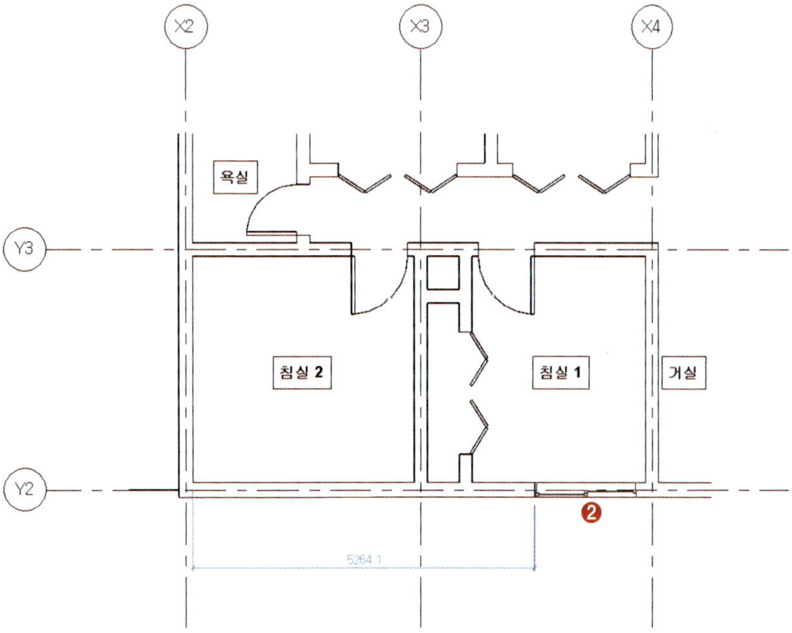

❸ 수정도구상자에서 정렬 을 클릭하고, 내벽 가장자리에 창틀을 맞추고 자물쇠 를 잠급니다.

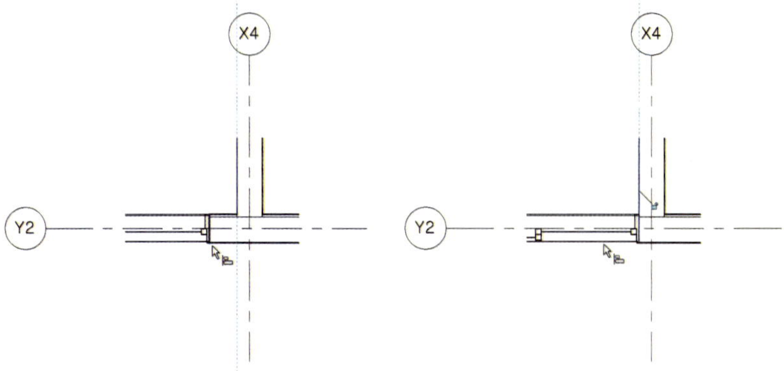

〈정렬 이전〉 〈정렬 이후〉

❹ 침실 2도 같은 방법으로 미닫이창을 작성합니다.

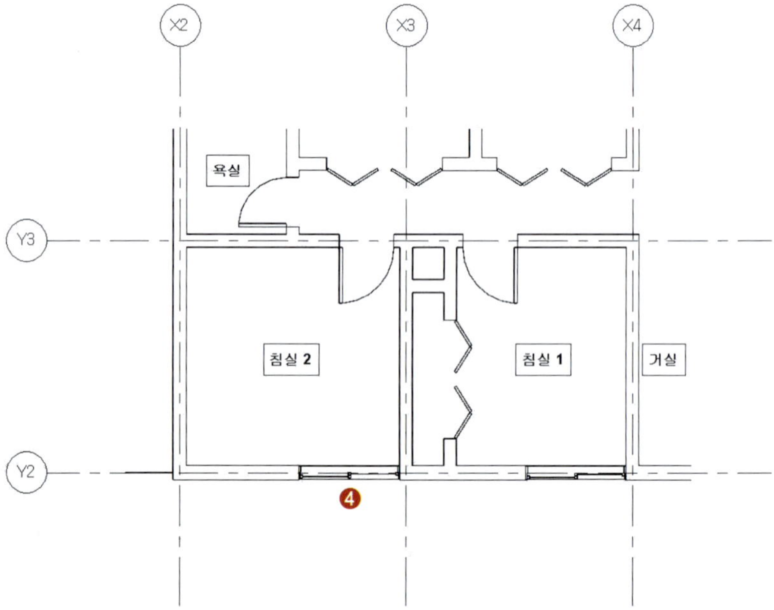

❺ 프로젝트 탐색기의 평면도에서 05 2층 평면도를 활성화합니다.

❻ 부부침실과 식당 겸 부엌의 외벽에 창문을 작성합니다.

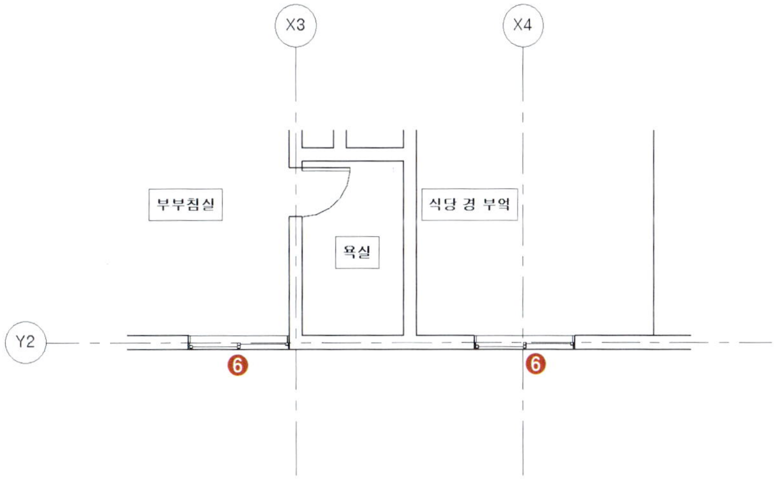

2. 이중 형(오르내리창)창 작성

Hot Tip
이중 형창은 Double hung을 음역한 것으로 생각되며, 오르내리창이라고 생각됩니다.

❶ 이중 형창 작성 방법

- 마우스 우측버튼을 클릭하고, 최근에 사용한 명령에서 [창] 반복(T)을 클릭합니다.

❷ 이중 형창 패밀리 유형 선정

- 유형편집 ➜ 로드 ➜ 건축 ➜ 창을 엽니다.
- 이중형창 패밀리를 클릭하고 열기를 클릭합니다.
- 유형특성 대화상자에서 유형(T)을 펼치고 0610×1220㎜를 선택합니다.
- 복제를 클릭하고, 오르내리창 600×1200㎜으로 저장합니다.

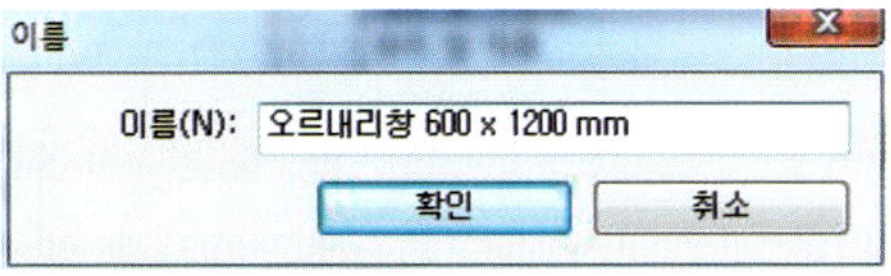

❸ 유형매개변수 편집

- 높이를 1200으로 변경합니다.
- 기본 씰 높이(창대 높이)는 800으로 변경합니다.
- 폭은 600으로 변경합니다.

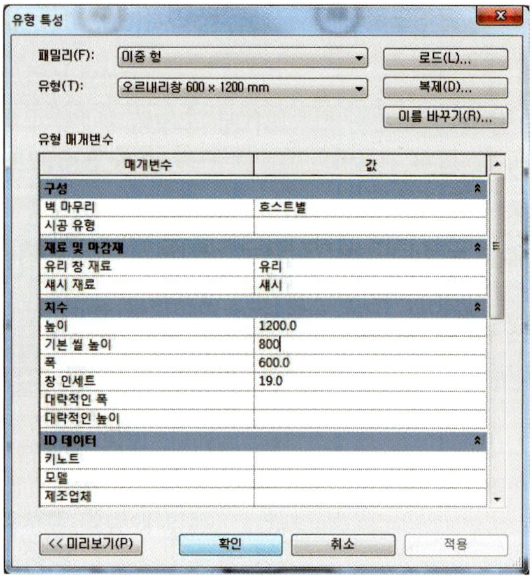

❹ 이중 헝창 작성

- 부부침실의 서측 외벽에 2개를 작성합니다.
- 2층 복도의 외벽에 무작위로 3개를 작성합니다.

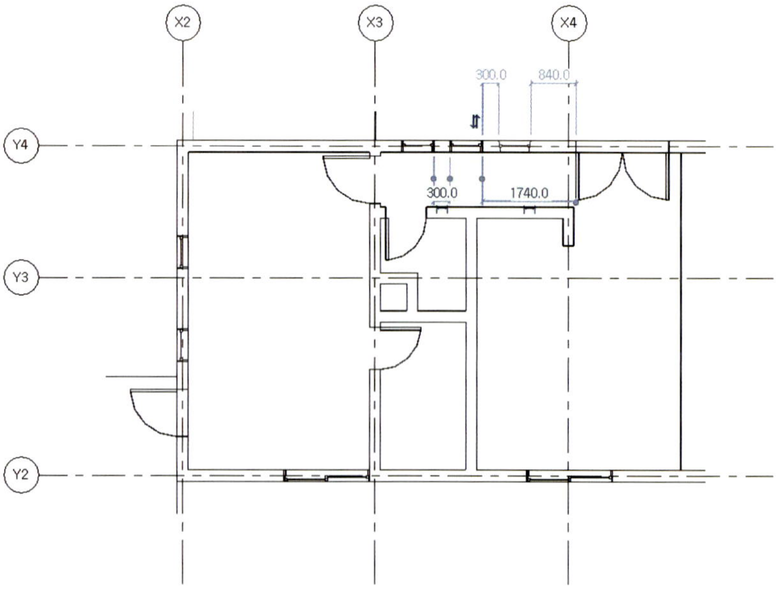

3. 욕실 고정창 작성

❶ 유형탐색기에서 M_고정 0610×0610㎜를 선택합니다.

❷ 패밀리 유형 편집

- 유형편집 ➜ 복제를 클릭합니다.

- 새 이름은 고정창 600×600㎜으로 변경합니다.

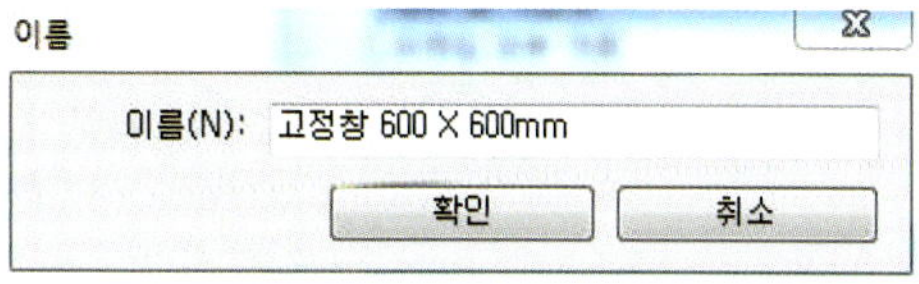

- 유형매개변수에서 창의 폭과 높이를 각각 600으로 변경합니다.

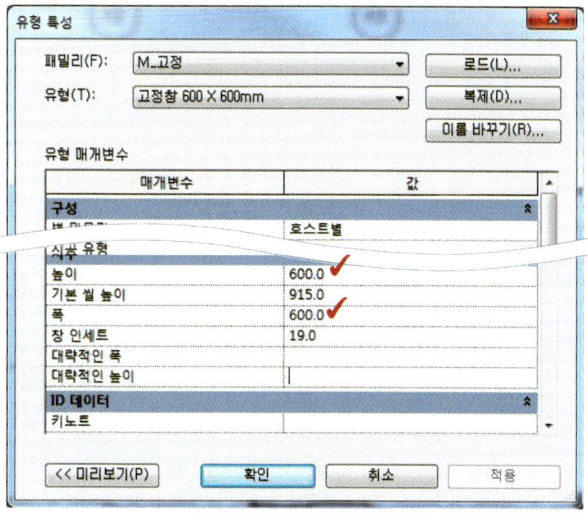

❸ 특성 팔레트에서 구속조건의 씰 높이를 1,800으로 변경합니다.

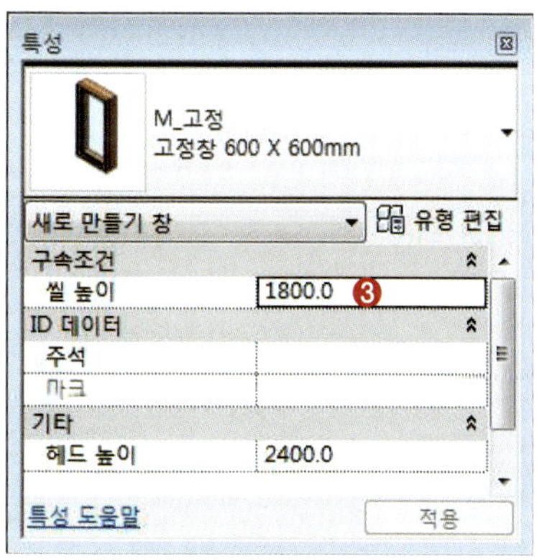

Hot Tip
욕실 창 평면도가 보이지 않는 것은 창문이 평면뷰의 뷰 범위보다 상단에 작성되었기 때문입니다.

❹ 2층 욕실 외벽의 중간에 작성합니다. 그러나 위치만 표시될 뿐 창 평면도는 보이지 않습니다.

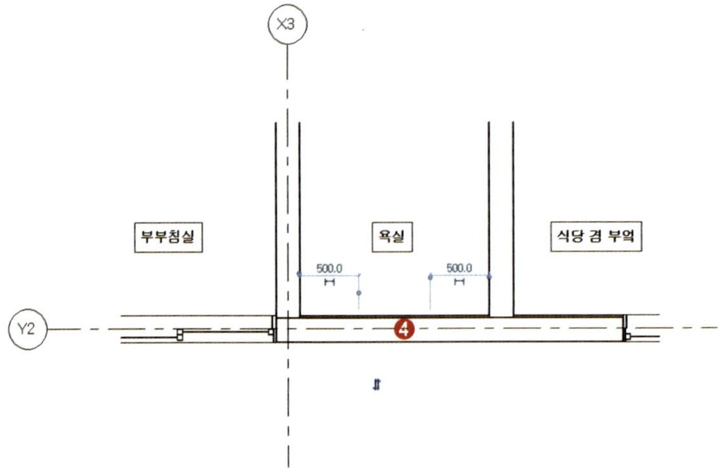

⑤ 뷰 범위 설정

- 특성 필터에서 05 2층 평면도를 선택합니다.
- 범위에서 뷰 범위의 편집을 클릭합니다.

Hot Tip
뷰 범위의 자세한 설명은 가려운데 긁어주기 4.3.7 뷰 범위(p.304)를 참고하세요.

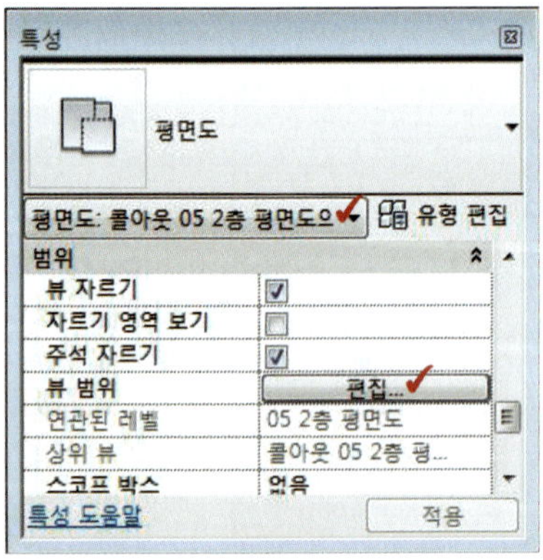

- 절단 기준면(C)의 높이를 2000으로 바꿉니다.

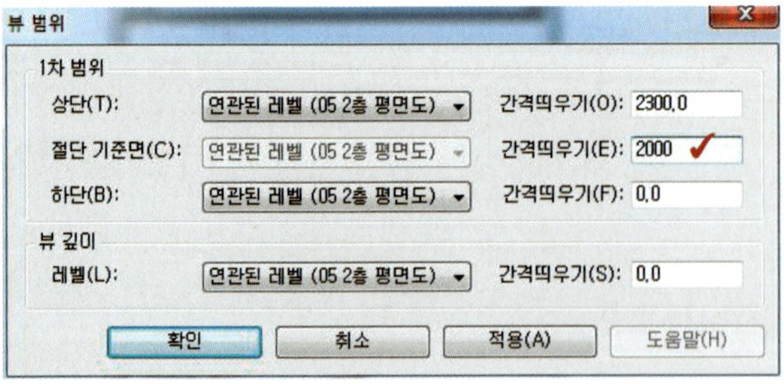

- 보이지 않았던 고정창이 표시됩니다.

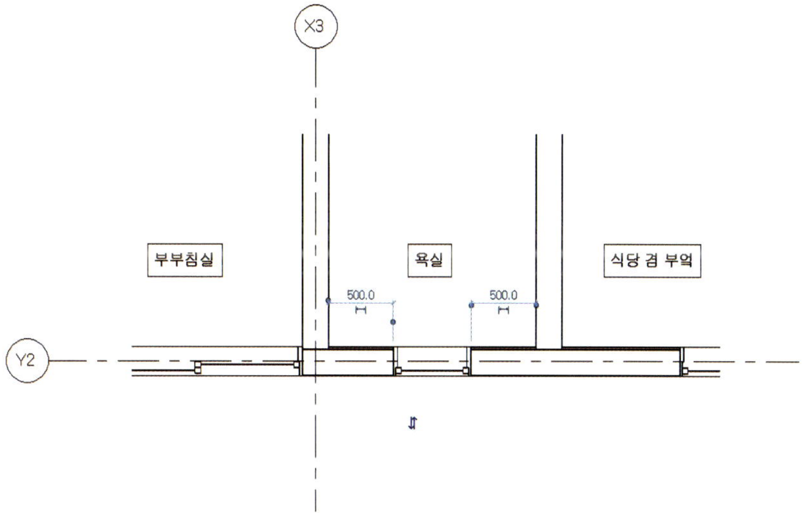

❻ 프로젝트 탐색기에서 평면도의 02 1층 평면도를 활성화합니다. 욕실의 서측 외벽에서 적당한 위치를 클릭합니다.

❼ 고정창이 표시되지 않으면 뷰 범위를 편집합니다.

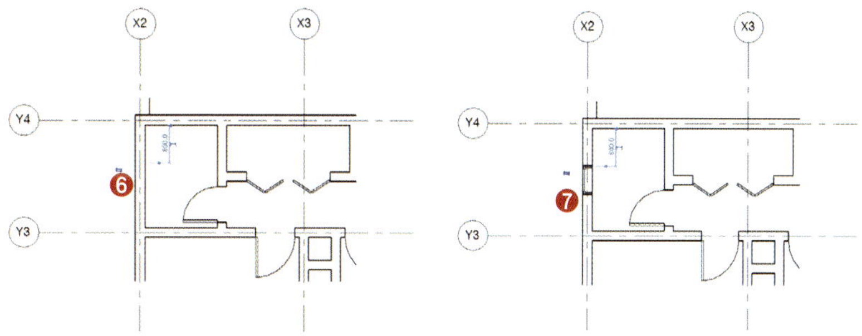

〈뷰 범위 편집 이전〉 〈뷰 범위 편집 이후〉

Step 05 창문 위치 변경

1. 프로젝트 탐색기에서 평면도의 05 2층 평면도를 활성화합니다.
2. 부부침실의 이중 형창 위치 수정

❶ 주석 탭 → 정렬치수를 클릭합니다.

❷ 출입문으로부터 각각 객체경계에 치수를 넣습니다.

Hot Tip

객체를 선택하면 치수변경 모드로 바뀝니다. 이렇게 변경될 수 있는 치수를 임시치수라고 합니다.

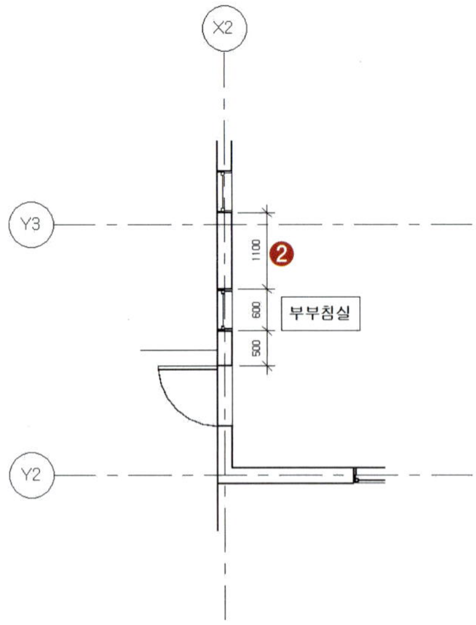

❸ 창문(A)를 선택하고, 임시치수를 600으로 변경합니다.

❹ 창문(B)를 선택하고, 임시치수를 1500으로 변경합니다.

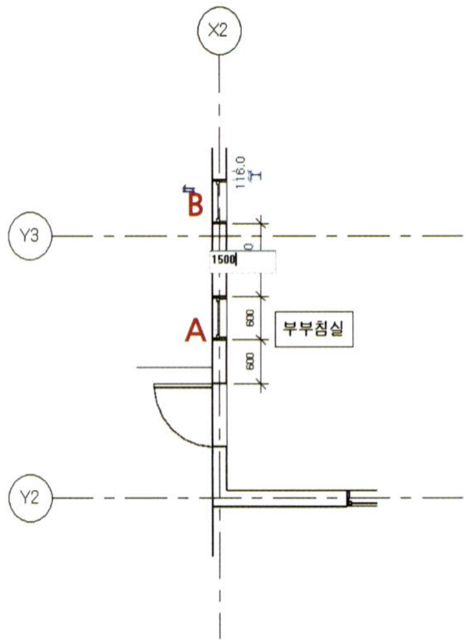

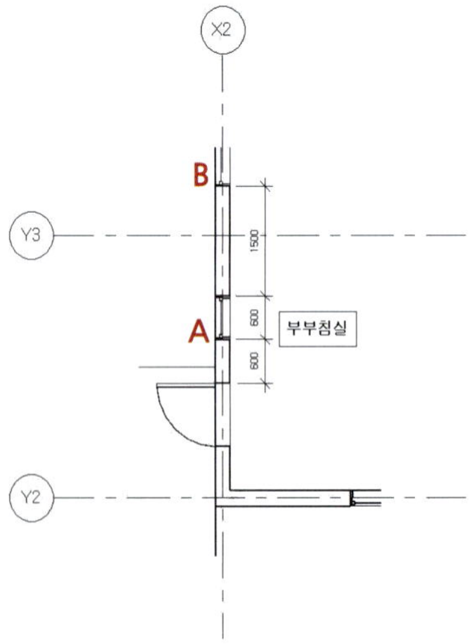

3. 복도의 3연창 간격 수정

❶ 주석 탭 → 정렬치수를 클릭합니다.

❷ 그리드 X3을 클릭하고, 창의 중간점이 표시될 때 각각 선택한 다음 그리드 X4를 클릭하고 도면영역의 빈 곳을 선택하면 치수가 작성됩니다.

❸ 치수선 위에 표시되는 불균등기호 EQ를 클릭하면, 균등치수EQ로 변경됩니다.

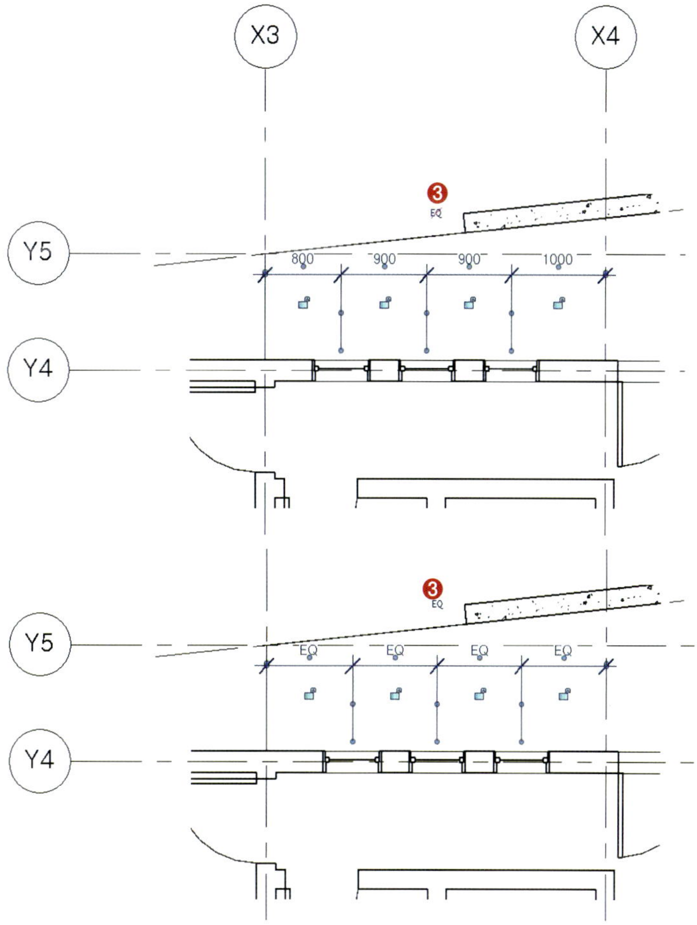

④ 치수를 선택하고 삭제합니다.

⑤ 확인을 클릭하면 치수는 삭제되지만 구속되어 간격을 유지합니다.

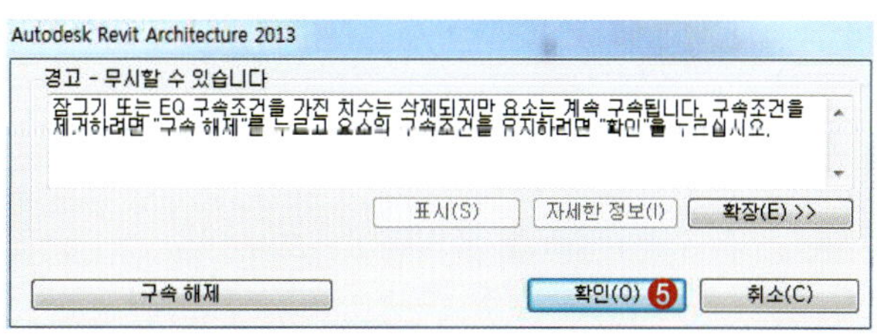

Step 06 프로젝트 탐색기에서 3D뷰의 {3D}를 열면 작성결과를 볼 수 있습니다.

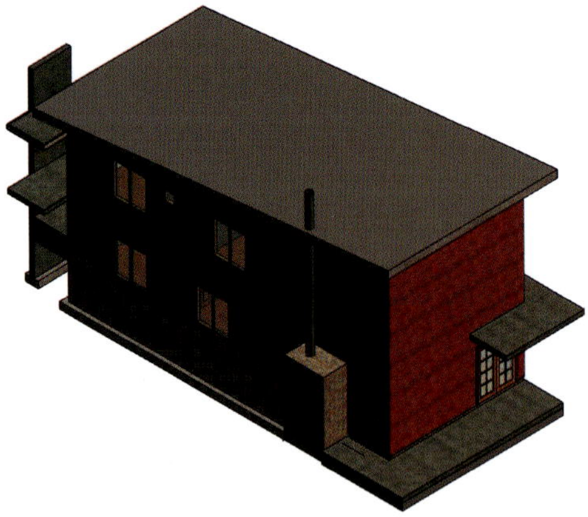

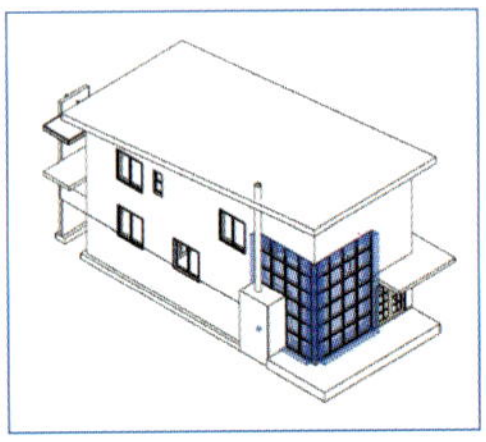

커튼월 작성목표

5.3 커튼월 작성

커튼월은 이미 작성된 외벽에서 커튼월이 될 부분을 잘라내고 그 자리에 건축벽체를 작성한 후, 벽체 패밀리를 커튼월로 변환하여 작성합니다. 주요학습내용은 벽체의 모양을 잘라내는 프로파일 편집과 멀리온(mullion)이나 트랜섬(transom)과 같은 커튼월의 구성요소나 배치간격 등의 매개변수를 조정하는 것입니다.

Step 01 커튼월 작성준비

1. 남측 외벽 편집

❶ 프로젝트 탐색기의 입면도에서 남측면을 활성화합니다.

❷ 벽난로를 선택합니다.

❸ 마우스 우측버튼을 클릭하고, 뷰에서 숨기기(H) ➜ 요소(E)를 선택합니다.

❹ 편집할 벽체를 선택하고, 작성모드의 프로파일 편집 을 클릭합니다.

❺ 벽 부착 제거의 대화상자에서 "이 메시지를 다시 표시하지 않음"을 클릭하고 닫습니다.

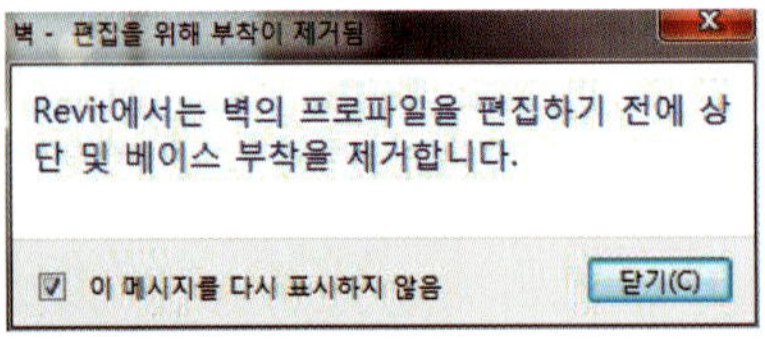

❻ 남측 외벽 프로파일 편집

- 그리기 도구상자에서 선 선택 을 클릭합니다.
- 06 차양레벨을 선택해 L1을 스케치합니다.
- 수정도구상자의 코너로 자르기/연장 으로 P1과 P2점의 모서리를 정리합니다.
- 벽 하부 남는 윤곽선(L2)도 삭제합니다.

❼ 편집모드 완료✔를 클릭하고 결과를 확인합니다.

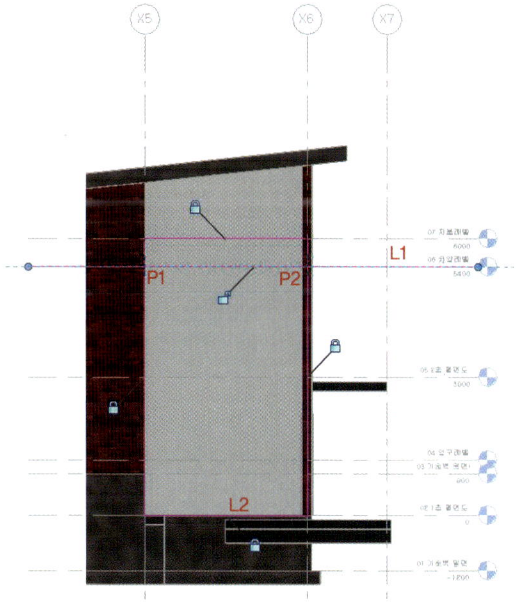

〈프로파일 편집 이전〉

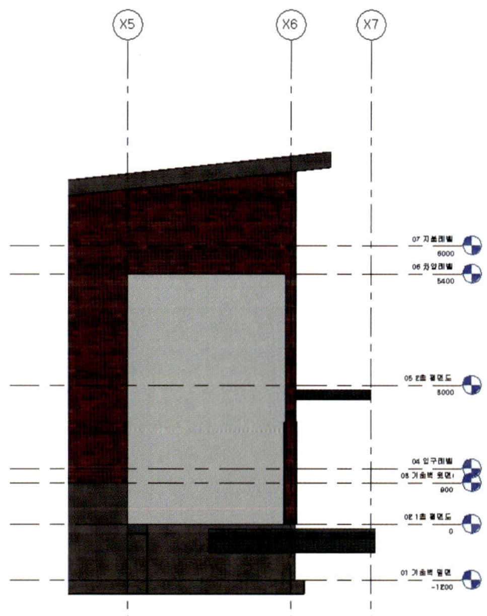

〈프로파일 편집 이후〉

2. 동측 외벽 편집

❶ 프로젝트 탐색기의 입면도에서 동측면을 활성화합니다.

❷ 편집할 벽체를 선택하고 작성모드의 프로파일 편집을 클릭합니다.

❸ 남측 외벽 프로파일 편집

- 그리기도구상자에서 선 선택을 클릭합니다.
- 06 차양레벨을 선택해 L3를 작성합니다.

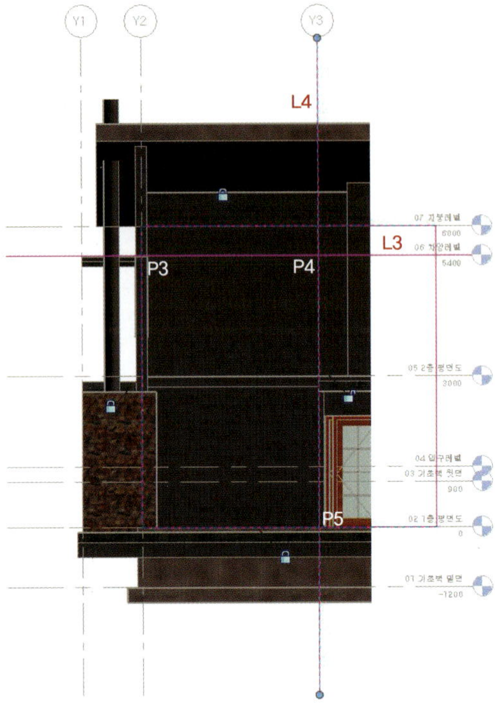

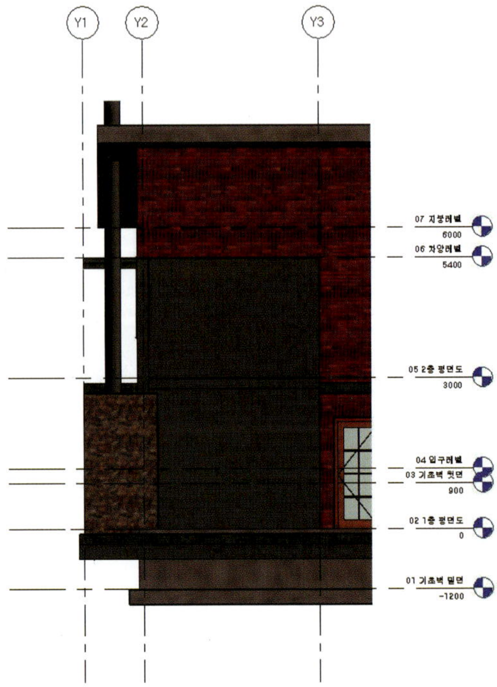

• 그리드 Y3을 선택해 L4를 스케치합니다.

• 코너로 자르기/연장 으로 P3, P4와 P5점의 모서리를 정리합니다.

❸ 편집모드 완료✔를 클릭합니다.

3. 프로젝트 탐색기에서 3D뷰의 {3D}를 열어서 결과를 확인합니다.

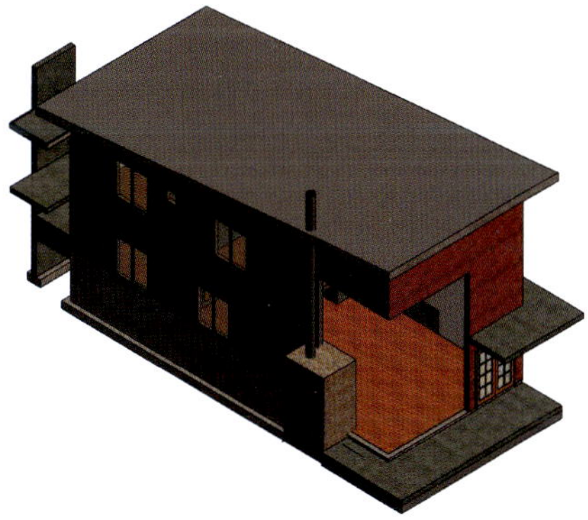

Step 02 커튼월로 변경될 벽 작성

1. 변경될 벽 작성 방법

❶ 프로젝트 탐색기의 평면도에서 02 1층 평면도를 활성화합니다.

❷ 건축 탭 → 벽 → 벽 : 건축 을 클릭합니다.

2. 유형탐색기에서 일반-200㎜을 선택합니다.

3. 벽체의 구속조건 설정

❶ 옵션막대의 높이는 06 차양레벨을 선택합니다.

❷ 위치선은 벽 중심선을 유지합니다.

❸ 체인은 체크를 유지합니다.

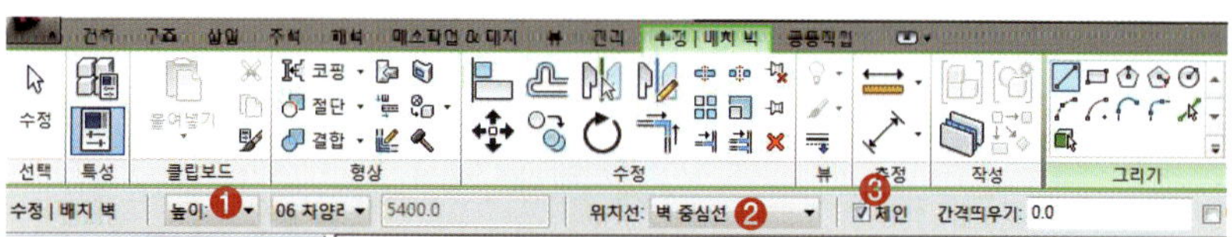

4. 전환될 벽 작성

❶ 그리드 X6과 Y3의 교차점(P1)에서 끝점 객체스냅이 나타나면 작성을 시작합니다.

❷ P2점을 클릭하고, 수평으로 이동해서 끝점 객체스냅이 나타나는 P3점을 클릭합니다.

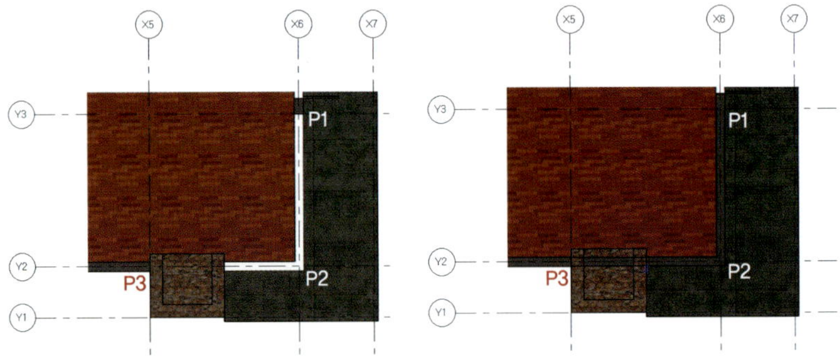

❸ 벽 작성명령을 종료합니다.

5. 프로젝트 탐색기의 3D뷰 분기에서 {3D}를 열어 확인합니다.

Step 03 변경될 벽의 벽난로 부분 편집

1. 프로젝트 탐색기의 입면도에서 남측면을 엽니다.
2. 커튼월로 변경할 벽면을 선택하고, 프로파일 편집 을 클릭합니다.
3. 프로파일 편집

❶ 그리기 도구상자에서 선 선택 을 클릭합니다.
❷ 옵션막대에서 간격 띄우기를 25로 설정합니다.
❸ 벽난로의 상단 윤곽선(L1)을 클릭해서 밑쪽으로 간격을 띄웁니다.
❹ 벽난로의 우측 윤곽선(L2)을 좌측으로 간격을 띄웁니다.
❺ 코너로 자르기/연장 도구로 P1과 P2점의 모서리를 정리합니다.
❻ 편집완료 모드를 클릭합니다.

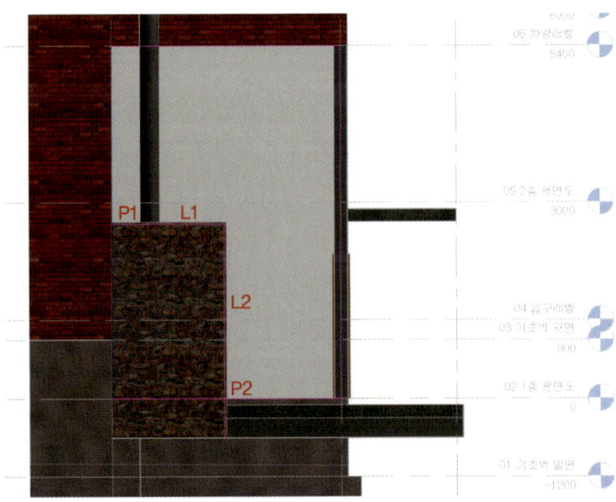

4. 변환될 벽의 요소분리

❶ 프로젝트 탐색기의 3D뷰 분기에서 {3D}를 열어서 두 벽체를 선택합니다.

❷ 뷰조절막대 → 임시숨기기/분리 → 요소분리(I)를 클릭합니다.

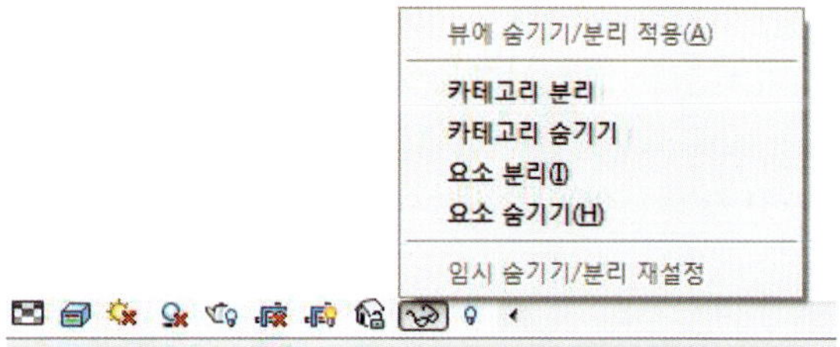

Step 04 커튼월 변경 작성

❶ 커튼월로 변경할 벽체를 선택합니다.

❷ 유형탐색기에서 커튼월-점두를 클릭하면 변경됩니다.

〈변경될 벽체 선택〉

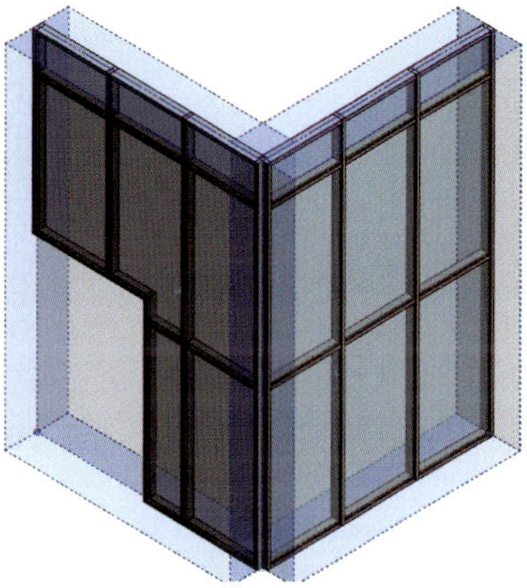

〈커튼월-점두로 변경〉

Step 05 커튼월 패밀리 수정

1. 3D뷰의 {3D}에서 변경할 벽체를 모두 선택합니다.

2. 커튼월 패밀리유형 편집

❶ 유형탐색기에서 커튼월-점두(Shop front)를 선택합니다.

❷ 유형편집 → 복제를 클릭하고, 새 이름 대화상자에서 커튼월-점두 900×900으로 기입합니다.

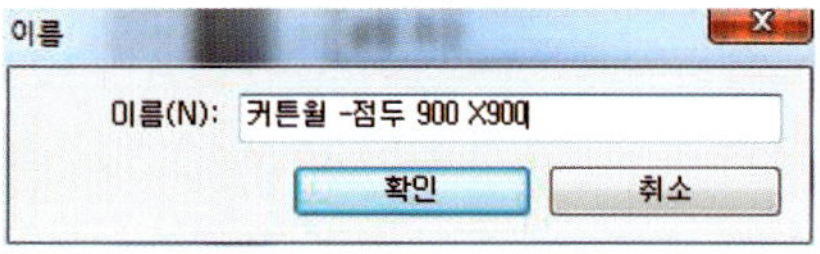

❸ 유형특성 대화상자 편집

- 수직 그리드 패턴의 간격을 900으로 바꿉니다.
- 수평 그리드 패턴의 간격을 900으로 바꿉니다.

❹ 확인을 클릭하면 작성오류를 경고하는 대화상자가 나타납니다.

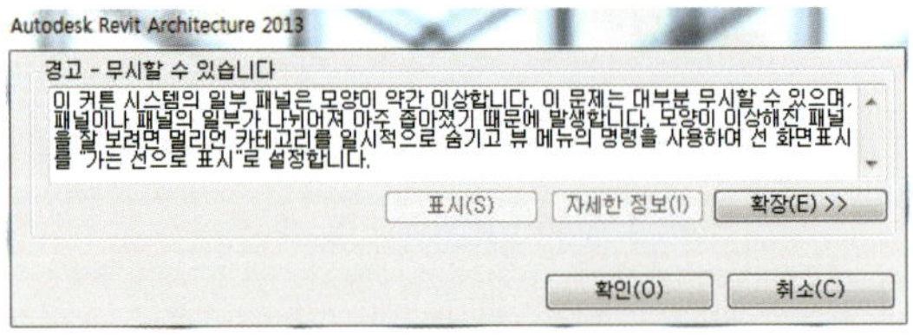

❺ 무시될 수 있다는 내용입니다. 확인을 클릭합니다.

3. 뷰 조절막대에서 임시숨기기/분리 → 임시숨기기/분리 재설정을 선택하면 전체 모델링이 나타납니다.

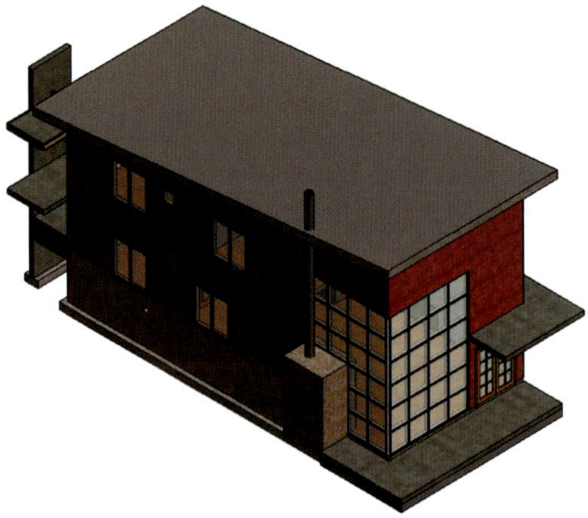

Chapter 06

계단과 난간 작성

계단 작성 방법에는 구성요소 기준 계단과 스케치 기준 계단이 있습니다. 본 프로젝트에서는 직선계단을 작성하면서 계단 작성의 개념을 이해합니다. 주요학습내용은 계단의 경계, 챌판, 계단진행방향 등입니다.

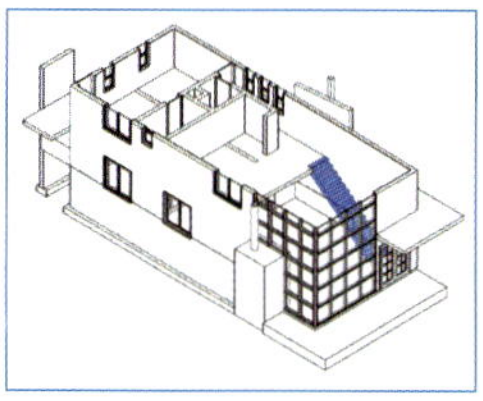

구성요소 기준 계단 작성목표

6.1 구성요소 기준 계단 작성

Step 01 계단 작성 방법

❶ 프로젝트 탐색기의 평면도에서 02 1층 평면도를 활성화합니다.

❷ 건축 탭 → 계단 → 드롭다운 → 구성요소기준 계단 을 클릭합니다.

❸ 또는 건축 탭 → 계단 을 클릭합니다.

Step 02 계단패밀리 유형 선정

1. 유형선택기를 펼쳐서 일체식 계단을 선택합니다.
2. 유형편집 → 복제를 열고, 이름을 일체식 계단 250×200으로 변경합니다.

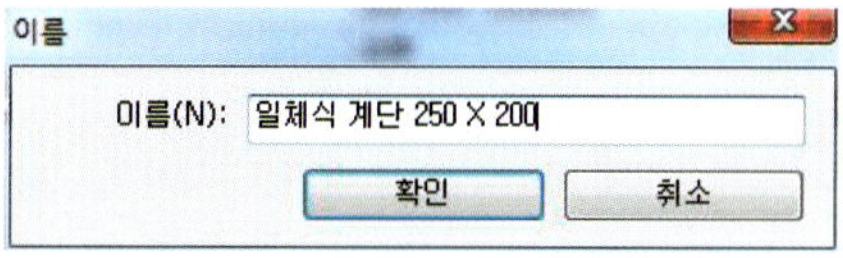

3. 계단 패밀리 유형편집

❶ 디딤판의 최소 디딤판 깊이는 250으로 바꿉니다.

❷ 챌판의 최대 챌판 높이는 200으로 바꿉니다.

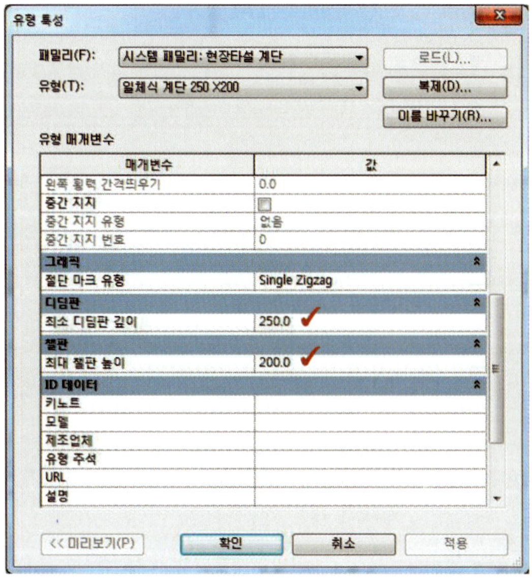

Step 03 계단 구속조건 설정

1. 옵션막대 설정

❶ 위치선을 펼치고 오른쪽을 설정합니다.

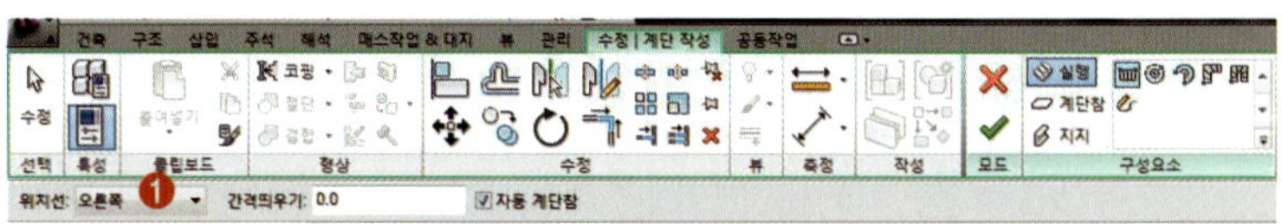

❷ 특성 팔레트 상단레벨의 구속조건은 05 2층 평면도를 선택합니다.

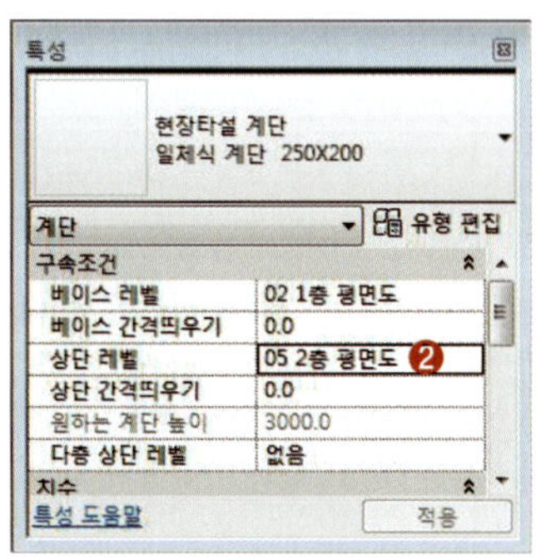

Hot Tip

난간 없음을 설정하지 않으면 자동적으로 난간이 작성됩니다.

2. 계단작성도구의 난간을 열고, 기본값을 펼쳐서 '없음'을 선택합니다.

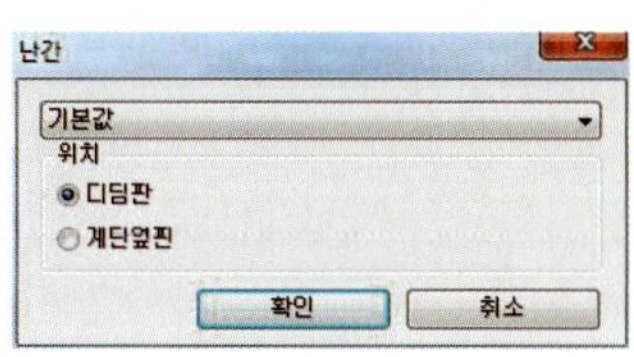

Step 04 구성요소 기준계단 작성

Hot Tip
계단의 시작 위치는 임의로 정해도 좋습니다. 작성 후에 수정하는 편이 쉽습니다.

❶ 벽 가장자리의 임의의 P1점을 클릭하고, P2 방향으로 커서를 이동하면 작성된 챌판 개수가 나타납니다.

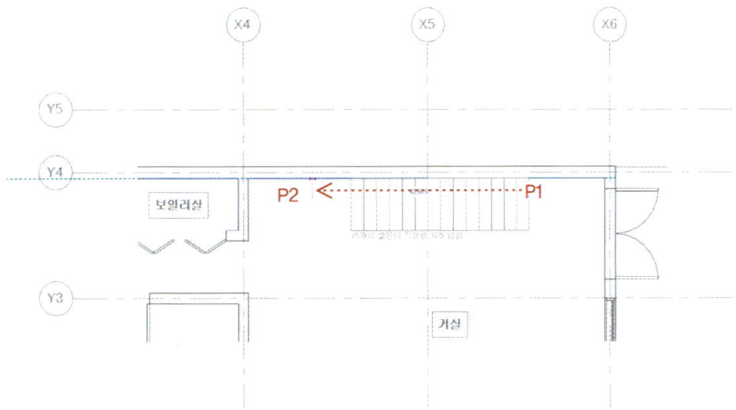

❷ '15개의 챌판이 작성됨, 0개 남음'이 나타나면 클릭합니다.

❸ 편집모드 완료✔를 클릭하면 계단이 작성됩니다.

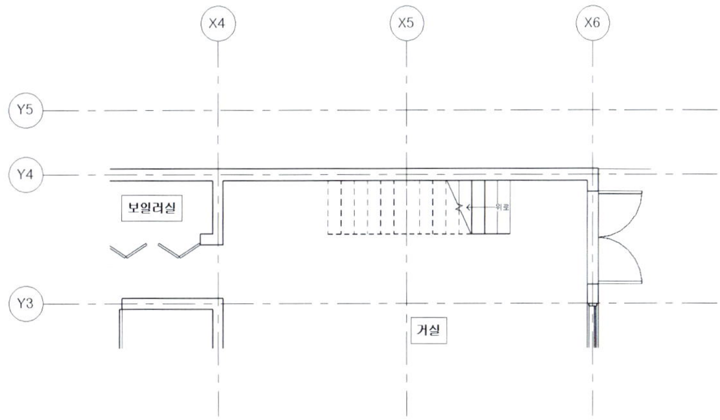

Step 05 계단 수정

1. 계단 수정 준비

❶ 뷰 탭 → 단면도를 클릭합니다.

❷ 단면도를 작성할 위치를 가로지르는 P1과 P2점에 선을 그립니다.

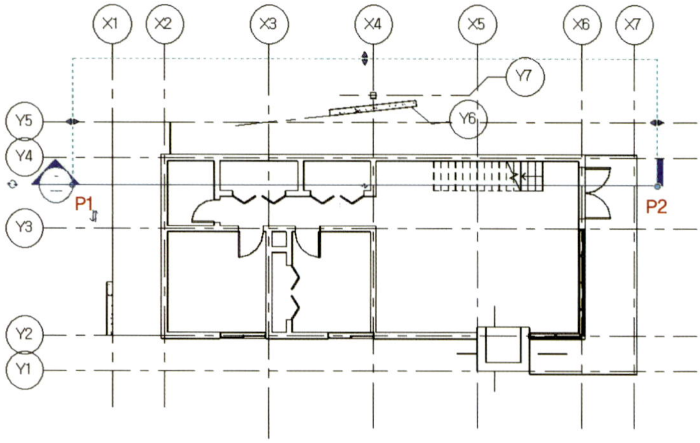

❸ 프로젝트 탐색기의 단면도 분기가 생기고, 단면도 0이 작성됩니다.

❹ 이름 위에서 마우스 우측버튼을 클릭하고, 이름을 종단면도라고 입력합니다.

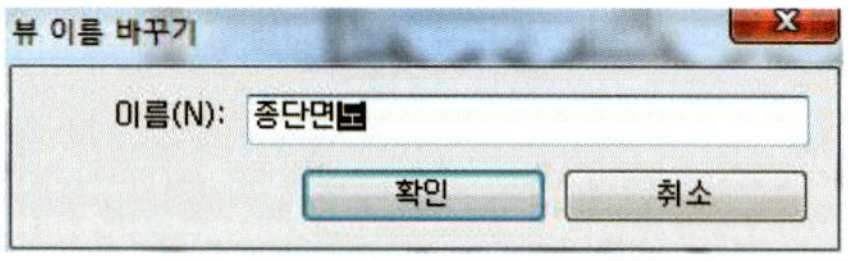

❺ 프로젝트 탐색기의 종단면도를 활성화하고, 계단형태를 점검합니다.

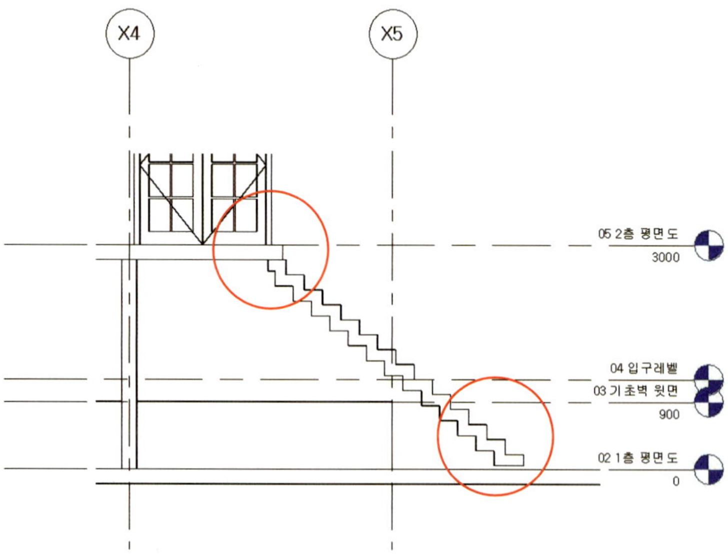

2. 계단 상단 수정

❶ 단면도에서 계단을 선택하고, 편집도구상자의 계단편집을 클릭합니다.

❷ 편집 모드에서 계단을 더블클릭하면 상하 부분에 컨트롤 이 나타납니다.

❸ 상부 컨트롤을 좌측으로 끌어서 한 단 늘려줍니다.

❹ 편집모드 완료 를 클릭하면 경고가 나타납니다.

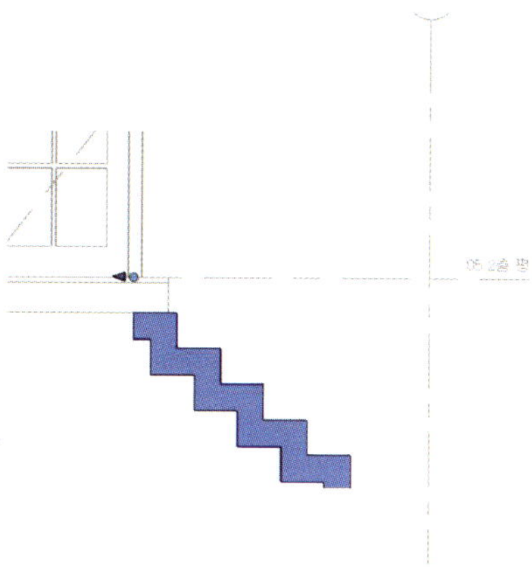

〈상단 수정 전〉

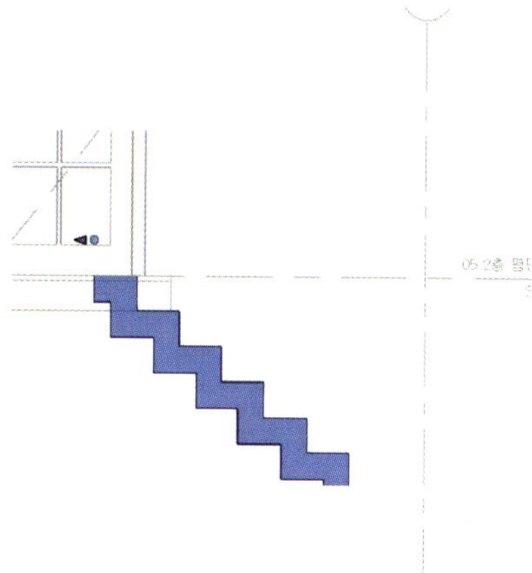

〈상단 수정 후〉

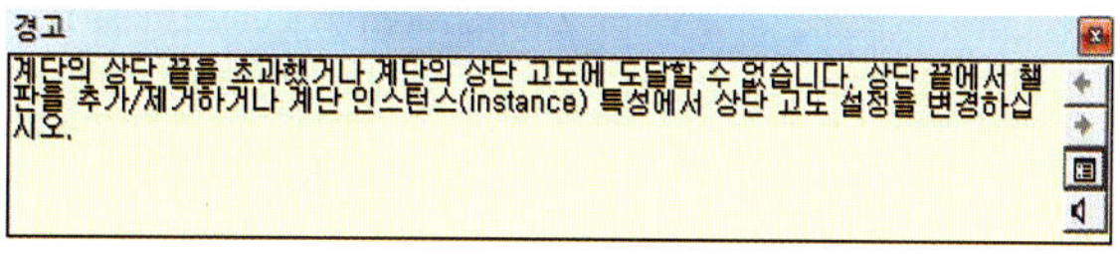

❺ 무시하고 닫습니다.

3. 상단 계단 정렬

❶ 2층 바닥판과 계단의 디딤판 위치관계가 부적당합니다.

❷ 정렬 도구로써 바닥판과 계단을 정렬합니다.

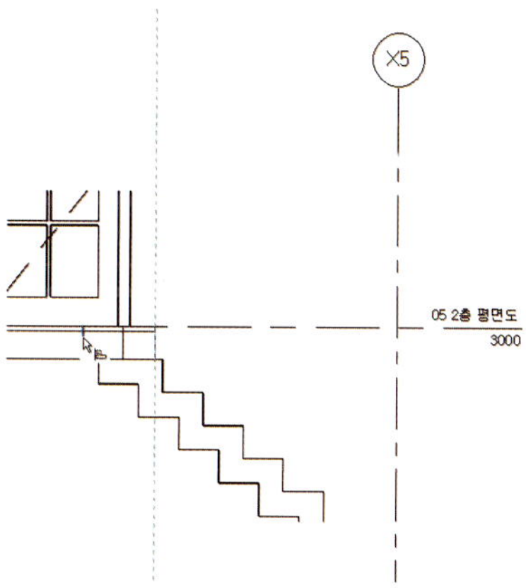

〈정렬 이전〉

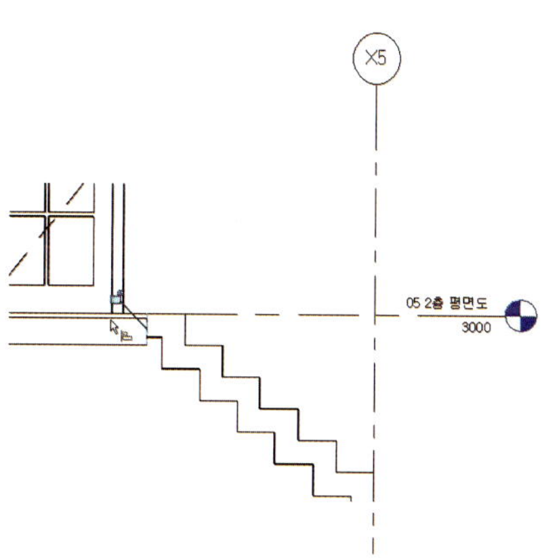

〈정렬 이후〉

> **Hot Tip**
> Monolithic Run은 구성요소 기준계단을 작성할 때만 나타납니다.

4. 바닥판 두께 조정

❶ 계단을 선택하고 유형편집을 클릭합니다.

❷ 유형 특성 대화상자에서 구성의 계단진행 유형의 값 Monolithic Run을 클릭합니다.

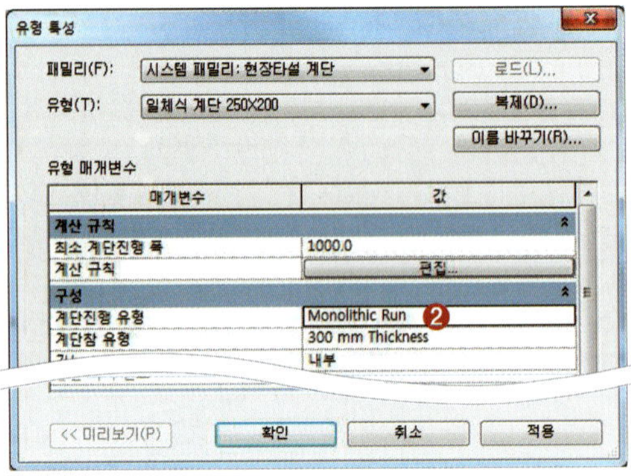

❸ 유형매개변수의 구성에서 구조 깊이를 200으로 변경합니다.

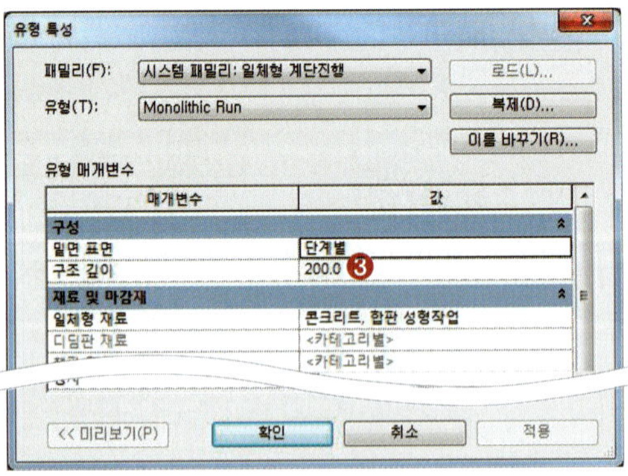

❹ 2층 바닥판과 계단의 두께가 같아졌습니다.

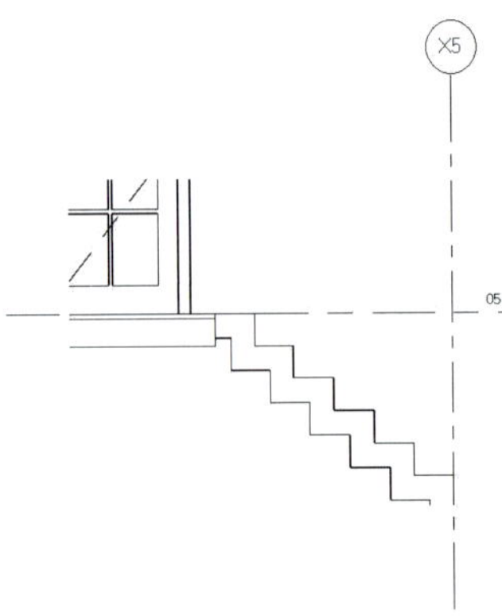

〈계단두께 수정 이전〉

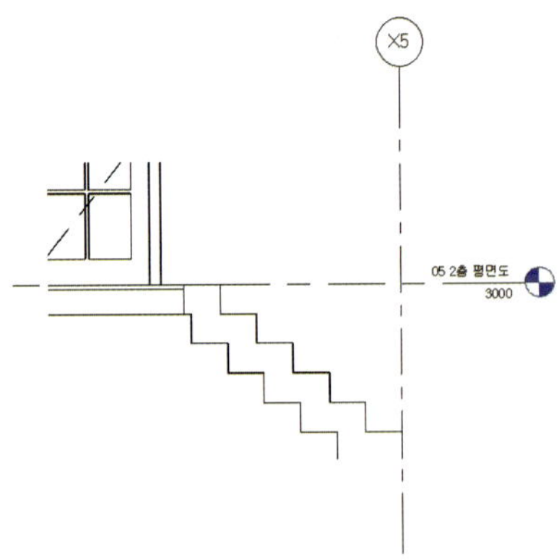

〈계단두께 수정 이전〉

Step 06 계단 작성결과 확인

❶ 프로젝트 탐색기에서 3D뷰의 {3D}를 활성화합니다.

❷ 뷰 탭 → 뷰 복제를 클릭하면 3D뷰 분기에 복제{3D}가 생성됩니다.

❸ 복제{3D}를 선택하고, 마우스 우측버튼을 클릭합니다.

❹ 이름 바꾸기(R)을 클릭하고, 새 이름을 2층 평면투시도로 변경합니다.

❺ 특성 팔레트의 뷰 범위의 단면상자를 체크합니다.

❻ 단면상자를 선택하면 상하좌우에 컨트롤이 생깁니다.

❼ 위쪽 상하조절점(control) 위에 커서를 올리고 기다리면 컨트롤이 나타납니다.

❽ 마우스 좌측버튼을 누르고 끌어내려서 2층 평면도의 적당한 위치가 절단되도록 합니다.

❾ 단면상자를 선택하고, 마우스 우측버튼을 클릭해서 뷰에서 숨기기(H) → 요소(E)를 선택합니다.

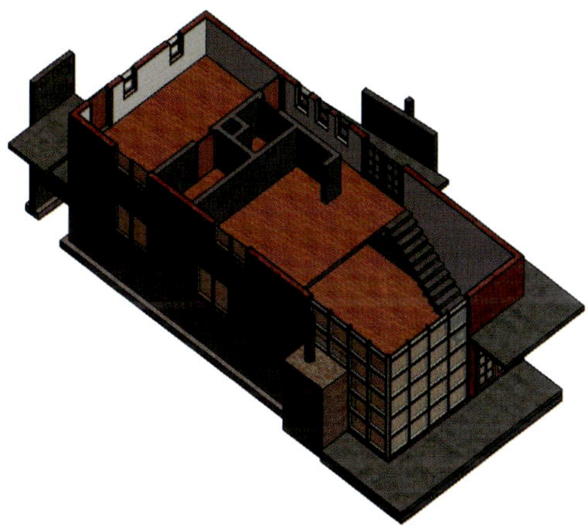

6.2 스케치 기준 계단 작성

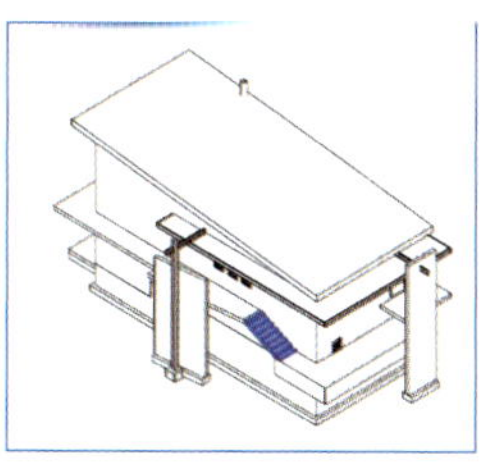

스케치 기준 계단 작성목표

Step 01 계단 작성 방법

❶ 프로젝트 탐색기에서 평면도의 04 입구레벨을 엽니다.

❷ 건축 탭 → 계단 → 드롭다운 → 스케치기준 계단을 클릭합니다.

Step 02 계단 패밀리유형 선택

1. 유형선택기를 펼쳐서 일체식 계단을 선택합니다.
2. 유형편집 → 복제를 열고, 이름을 '일체식 계단 300×180'으로 변경합니다.

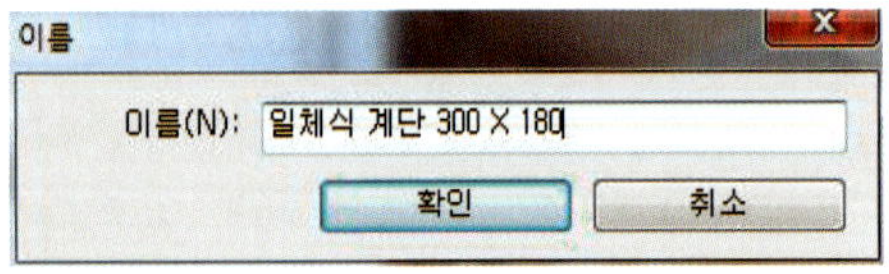

3. 유형 매개변수 변경

❶ 돌음 디딤면의 밑면을 열고 단계별을 선택합니다.

❷ 구성의 기능을 펼치고 외부로 설정합니다.

❸ 재료 및 마감재의 일체형 재료를 열고 콘크리트 합판성형으로 변경합니다.

❹ 디딤판의 최소 디딤판 깊이를 300으로 바꿉니다.

❺ 챌판의 최대 챌판 높이를 180으로 바꿉니다.

❻ 챌판으로 시작을 체크합니다.

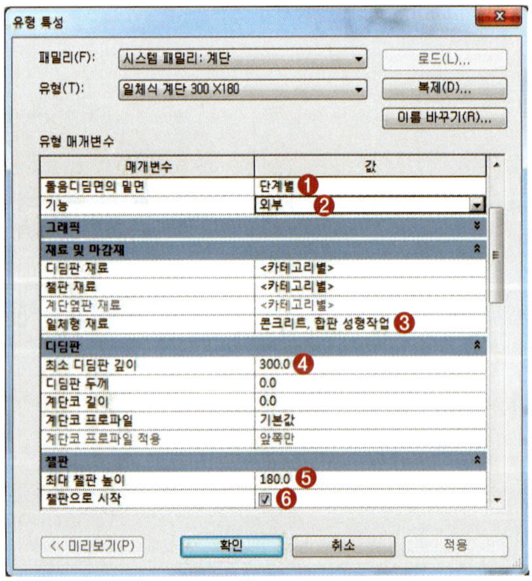

Step 03 구속조건 설정

1. 계단작성도구의 난간을 열고, 기본 값을 펼쳐서 "없음"을 선택합니다.

2. 구속조건 설정

❶ 특성 팔레트에서 구속조건의 상단간격띄우기는 -100으로 설정합니다.

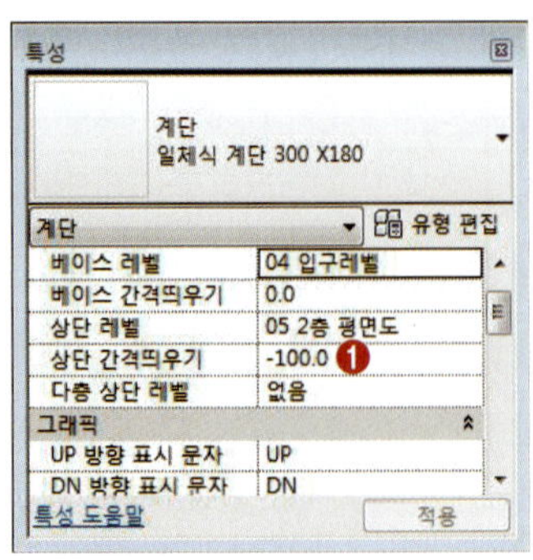

Step 04 스케치 기준 계단 작성

1. 계단 경계선 작성

❶ 그리기 도구의 경계 를 클릭합니다.

❷ 옵션상자에서 체인을 해지합니다.

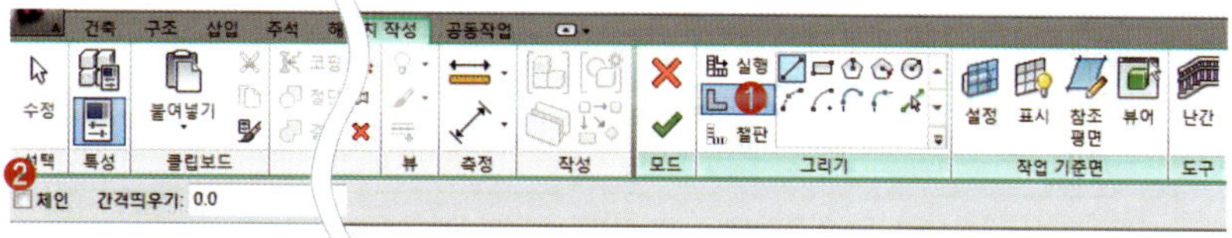

❸ 그리드 Y5 위의 P1에서 P2점까지 경계선을 그립니다.

❹ 나란히 벽체 외부의 P3에서 P4점까지 경계선을 그립니다.

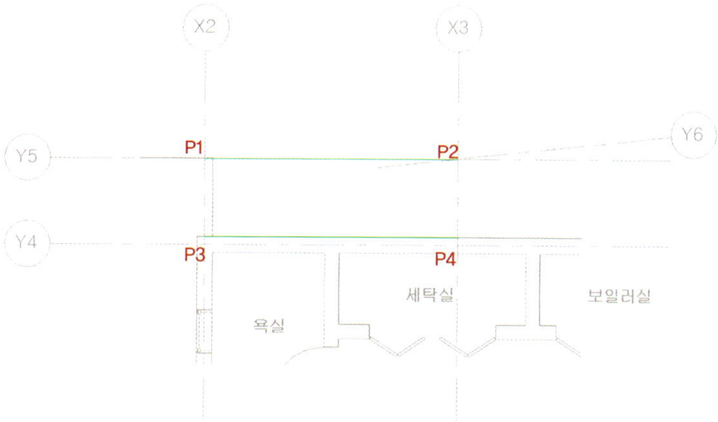

2. 계단 챌판 작성

❶ 그리기 도구상자에서 챌판 을 선택합니다.

❷ 경계선의 P3과 P4를 잇는 챌판을 그립니다.

❸ 옵션막대에서 간격띄우기를 300으로 변경합니다.

❹ 선 선택 을 클릭하고, 마지막 작성된 챌판선의 우측으로 간격띄우기를 시행합니다.

❺ "11개의 챌판이 작성됨, 0개 남음"이 나타날 때까지 간격띄우기를 합니다.

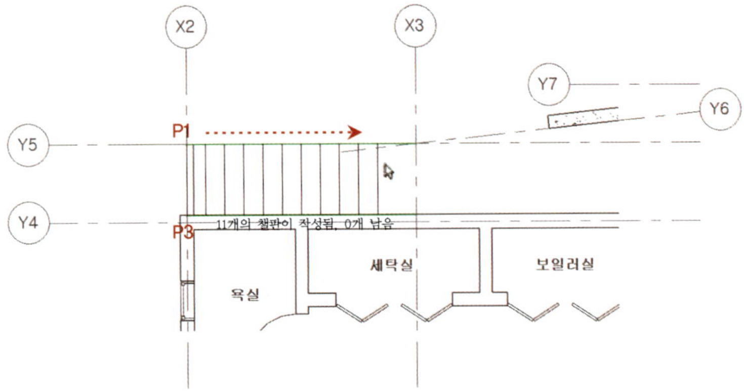

❻ 수정도구의 코너로 자르기/연장 으로 경계선과 챌판의 남는 선을 자릅니다.

3. 편집모드 완료✔를 선택하면 계단이 작성됩니다.

Step 05 계단 수정

1. 프로젝트 탐색기의 입면도 분기에서 북측면을 엽니다.
2. 수정의 정렬 도구로써 2층 현관바닥의 단부와 계단 단부를 정렬합니다.

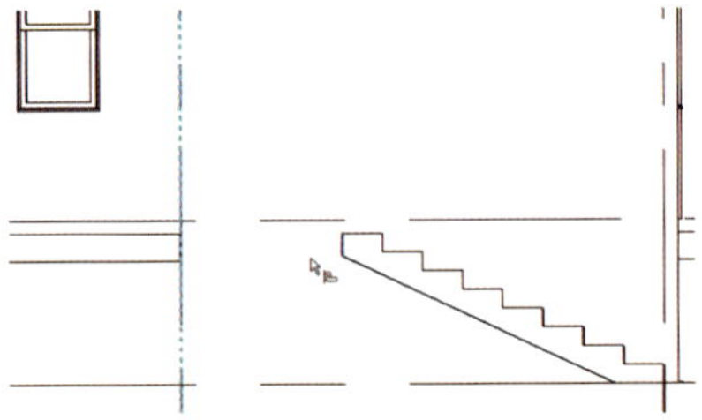

〈계단정렬 이전〉

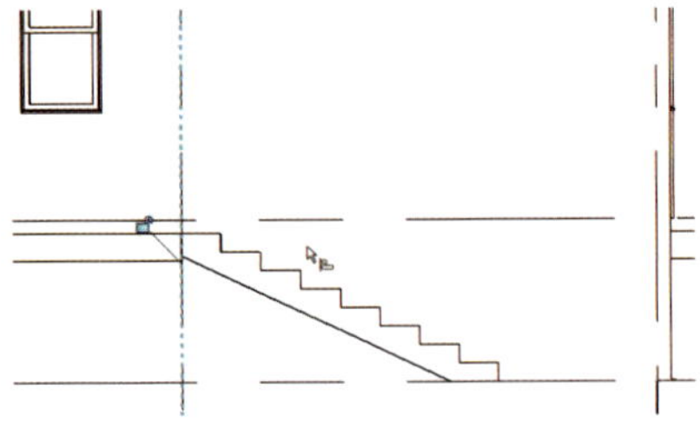

〈계단정렬 이후〉

3. 입구레벨 바닥수정

❶ 입구레벨의 바닥판을 선택합니다.

❷ 컨트롤◀을 끌어서 계단과 정렬합니다.

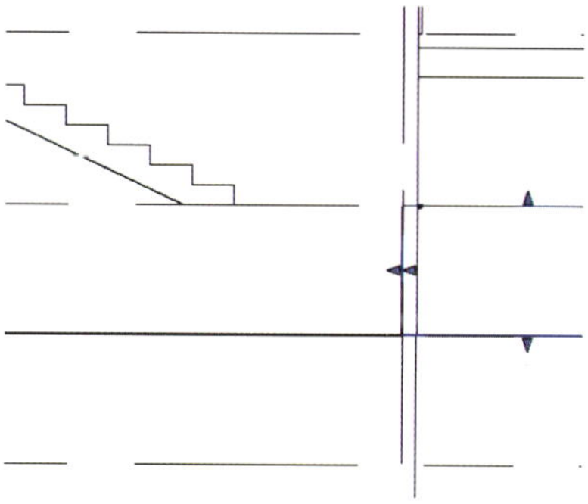

〈입구 바닥 조정 이전〉

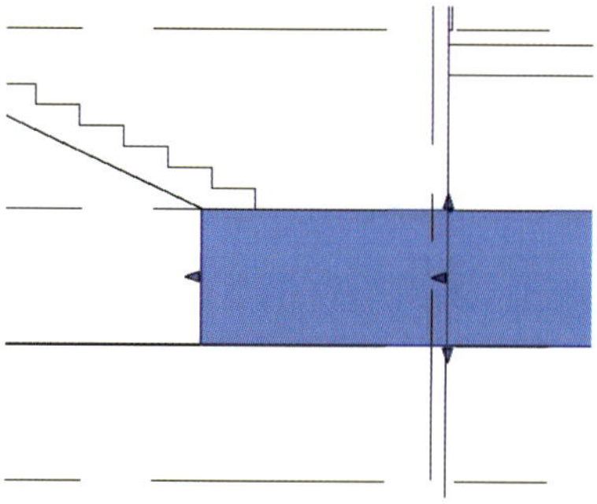

〈입구 바닥 조정 이후〉

Step 06 프로젝트 탐색기의 3D뷰 분기의 {3D}에서 확인합니다.

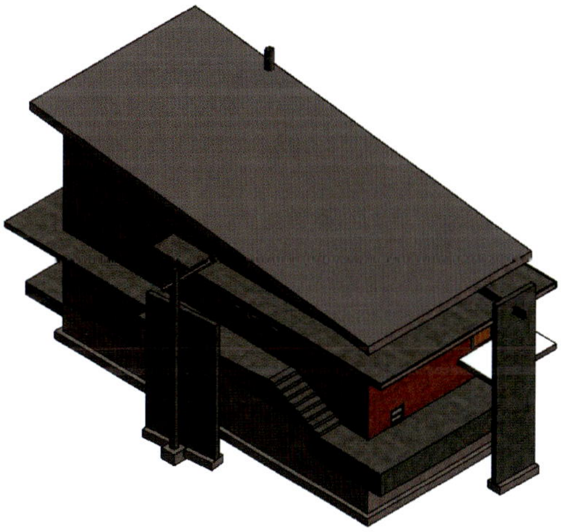

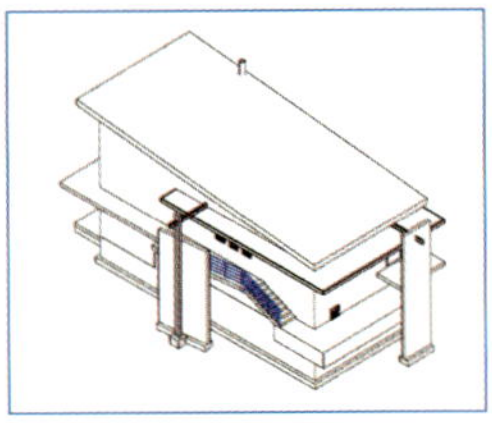

입구계단 난간 작성목표

6.3 난간 작성

난간은 실내 · 외 계단의 난간과 발코니의 난간 및 2층 보이드 부분의 난간을 작성합니다. 주요 학습내용은 난간유형 설정과 경로 스케치입니다.

3.1 입구계단 난간 작성

Step 01 난간 작성 방법

❶ 프로젝트 탐색기에서 평면도 분기의 05 2층 평면도를 활성화합니다.

❷ 건축 탭 → 난간 → 드롭다운 → 경로 스케치를 클릭합니다.

Step 02 난간 패밀리 유형은 유형선택기에 있는 900㎜ 파이프를 선택합니다.

Step 03 난간 구속조건 설정

1. 옵션막대 설정

❶ 체인은 체크 ☑ 합니다.

❷ 간격띄우기는 −50으로 설정합니다.

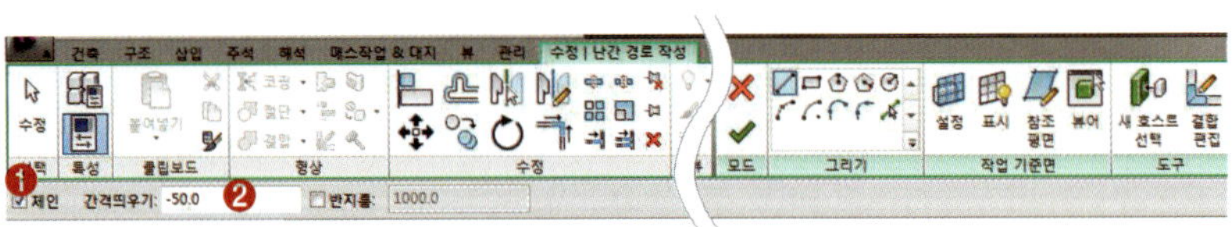

2. 특성 팔레트에서 베이스 간격띄우기를 −100을 설정합니다.

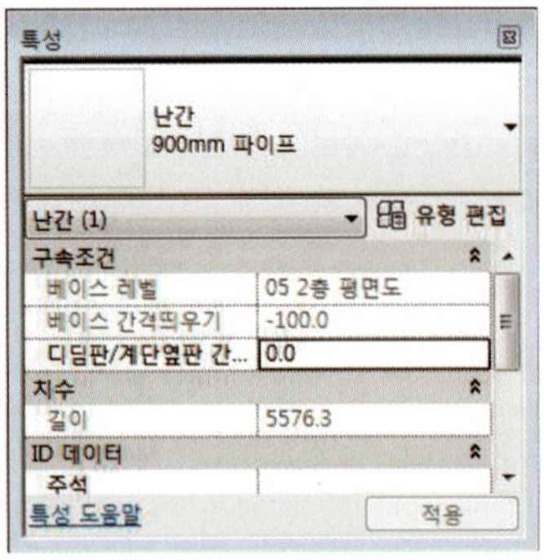

Step 04 난간 작성

1. 입구계단 난간 작성

❶ 스케치 도구상자에서 선을 클릭합니다.

❷ 입구계단의 모서리(P1)와 끝에서 두 번째 챌판선(P2)까지 난간경로를 스케치합니다.

❸ 편집 모드 완료 ✔를 클릭합니다.

❹ P2, P3 및 가벽의 안쪽 모서리(P4)까지 난간 경로를 스케치합니다.

❺ 편집모드 완료 ✔를 클릭하면 난간이 작성됩니다.

❻ 프로젝트 탐색기에서 3D 뷰의 {3D}를 열어 작성결과를 확인합니다.

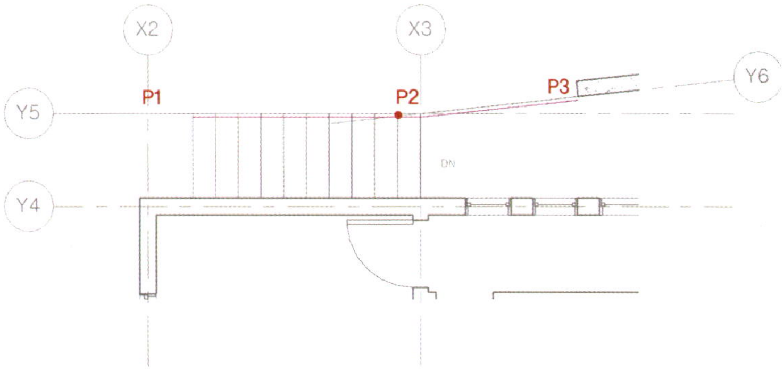

❼ P1과 P2 사이의 난간을 선택하고, 새 호스트 선택 을 클릭한 다음, 현관입구 계단을 선택해서 호스트를 변경합니다.

❽ P2, P3 및 P3 사이의 난간을 선택하고, 새 호스트 선택 을 클릭한 다음, 현관입구 바닥판을 선택해서 호스트를 변경합니다.

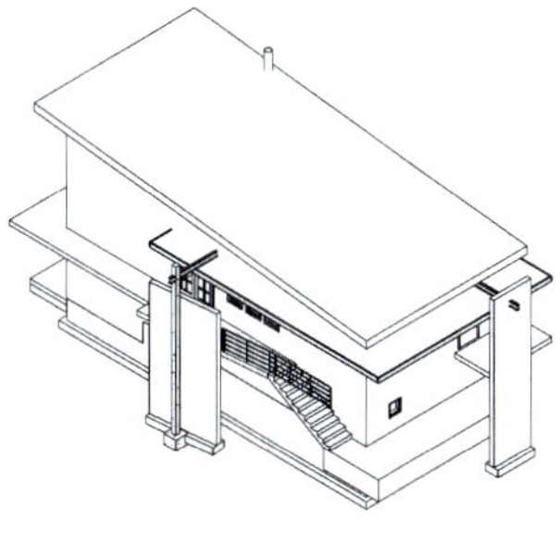

〈호스트 설정 이전〉

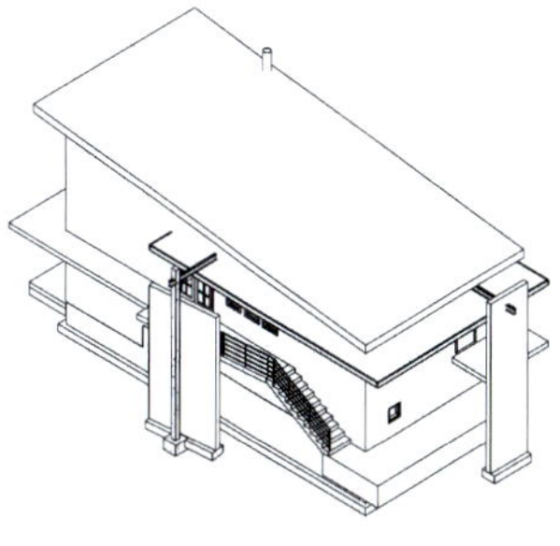

〈계단 호스트 설정 이후〉

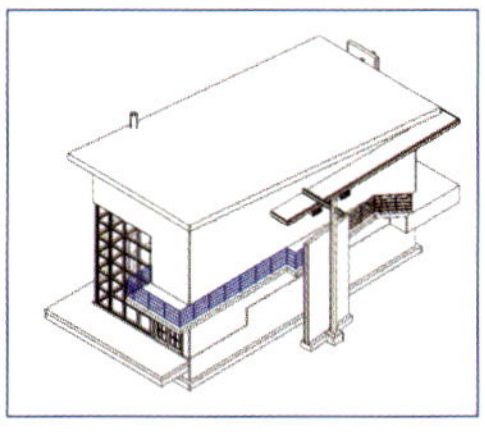

전망발코니 작성목표

3.2 전망발코니 난간 작성

1. 난간 작성 방법은 마우스 우측버튼을 클릭하고, [경로 스케치] 반복(T)을 선택합니다.
2. 패밀리유형은 입구계단과 같이 유지합니다.
3. 구속조건도 유지하되, 간격띄우기는 -50을 입력합니다.
4. 난간경로스케치

❶ 그리기도구에서 선 을 클릭합니다.

❷ 가벽 안쪽 모서리(P5)에서 스케치하기 시작해서 P10까지 차례로 클릭합니다.

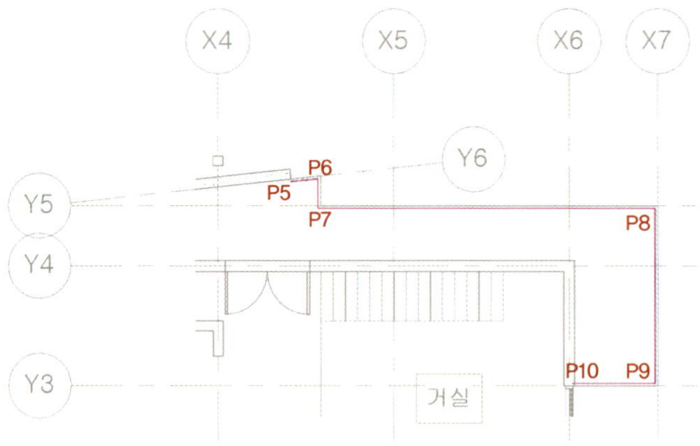

❸ 편집모드 완료 ✔를 클릭하면 난간이 작성됩니다.

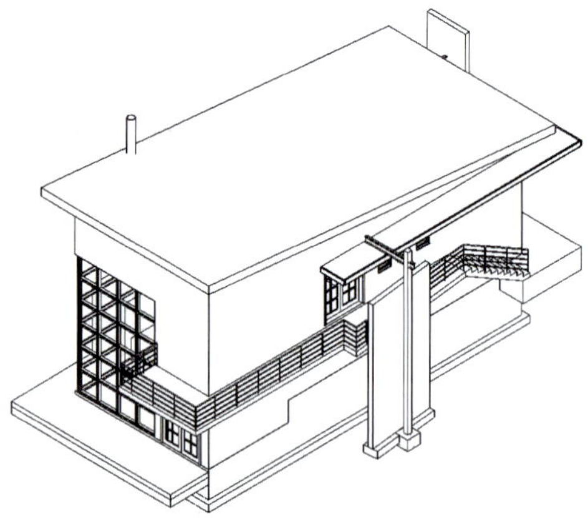

3.3 부부침실 발코니 난간 작성

1. 난간 작성 방법은 마우스 우측버튼을 클릭하고, [경로 스케치] 반복(T)을 선택합니다.
2. 패밀리유형은 입구계단과 같이 유지합니다.
3. 구속조건은 유지하되, 간격띄우기는 -50을 입력합니다.
4. 난간경로 스케치

❶ 그리기도구에서 선⁄을 클릭합니다.

❷ 부부침실 외벽모서리(P11)에서 스케치하기 시작해서 가벽 안쪽 모서리(P14)까지 차례로 클릭합니다.

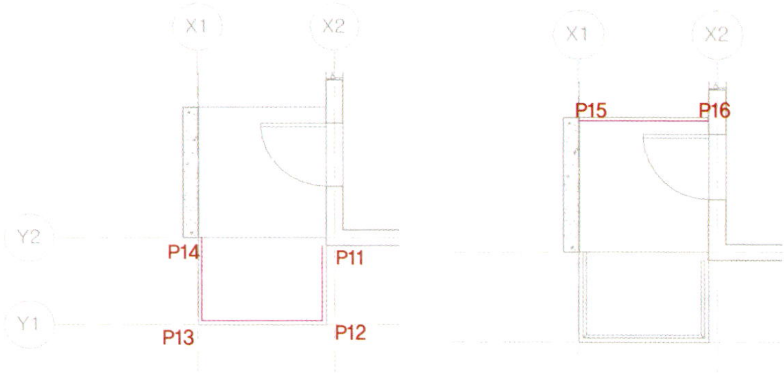

❸ 편집모드 완료✔를 클릭합니다.

Step 05 프로젝트 탐색기에서 3D뷰의 {3D}를 열어서 확인합니다.

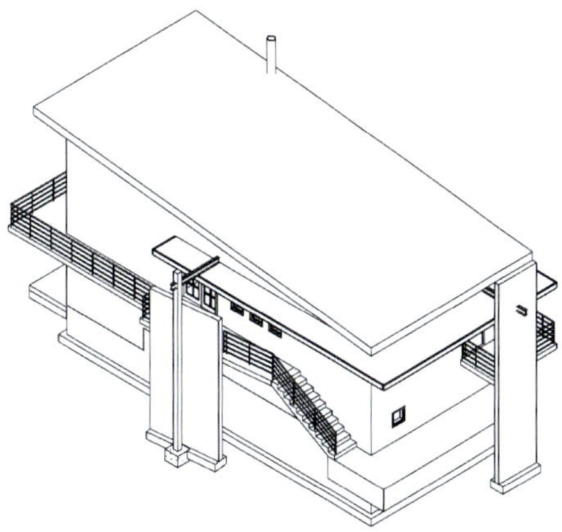

3.4 거실계단의 난간 작성

Step 01 난간 작성 방법

❶ 프로젝트 탐색기에서 평면도 분기의 02 1층 평면도를 활성화합니다.

❷ 마우스 우측버튼을 클릭하고, [경로스케치] 반복(T)을 선택합니다.

Step 02 패밀리 유형은 난간 900㎜ 파이프를 유지합니다.

Hot Tip
새 호스트가 설정되면 난간이 보이지 않습니다. 3D뷰에서 확인됩니다.

Step 03 옵션막대에서 간격 띄우기를 50으로 설정합니다.

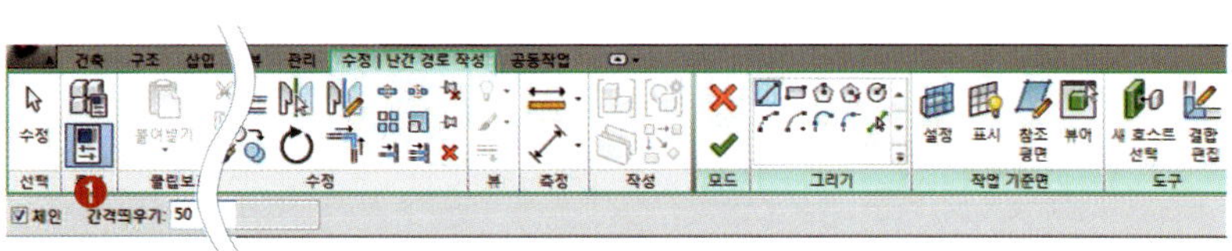

Step 04 거실계단의 난간 작성

1. 난간 작성 과정

❶ 선 선택 도구를 클릭합니다.

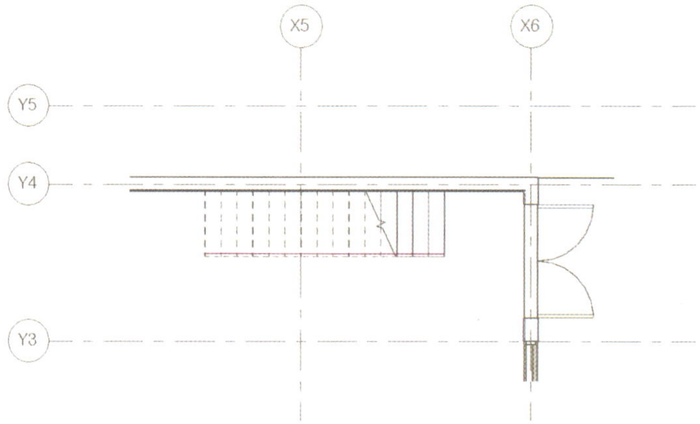

❷ 계단의 전면 가장자리를 선택합니다.

❸ 편집모드 완료✔를 클릭해서 난간을 작성합니다.

2. 호스트(host) 설정

❶ 작성된 난간을 선택합니다.

❷ 도구상자의 새 호스트 선택을 클릭합니다.

❸ 새 호스트가 될 계단을 클릭합니다.

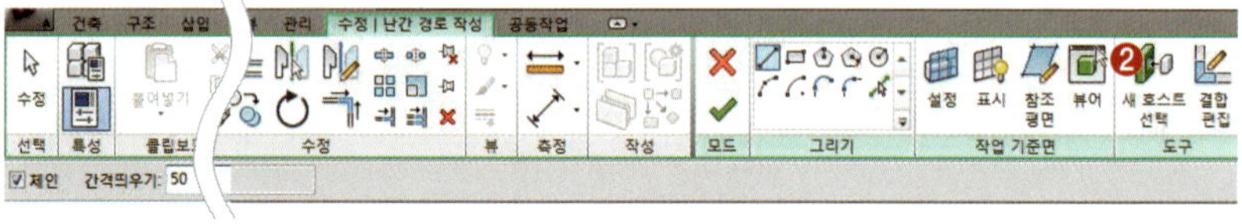

Step 05 프로젝트 탐색기에서 3D뷰의 2층 평면투시도를 열어서 확인합니다.

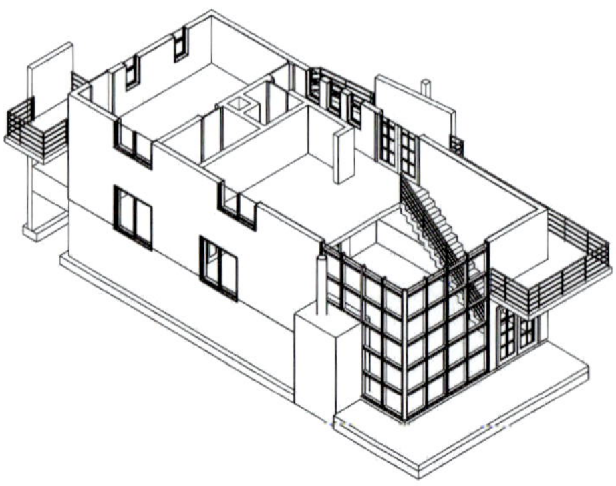

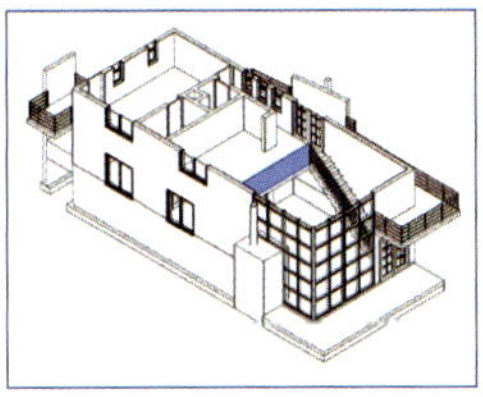

유리난간 작성목표

3.5 유리난간 작성

Step 01 난간 작성 방법

❶ 프로젝트 탐색기에서 평면도 분기의 05 2층 평면도를 엽니다.

❷ 건축 → 구성요소 → 내부편집 모델링을 클릭합니다.

Step 02 패밀리 카테고리 및 매개변수

❶ 패밀리 카테고리 및 매개변수에서 난간을 선택합니다.

❷ 패밀리 이름은 유리난간으로 합니다.

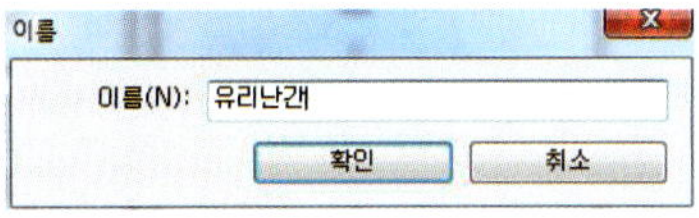

Step 03 유리 난간 작성

1. 작성 방법은 스윕(sweep)을 클릭합니다.

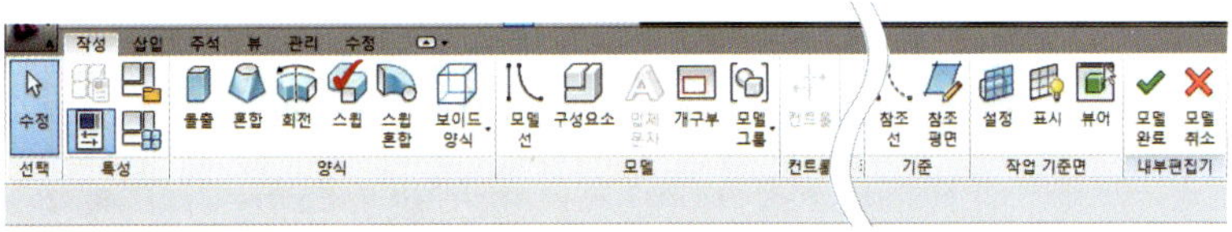

2. 스윕 경로 작성

❶ 경로스케치를 선택합니다.

❷ 바닥판 경계를 따라 P1에서 P2까지 스윕 경로를 스케치합니다.

❸ 편집모드 완료를 클릭합니다.

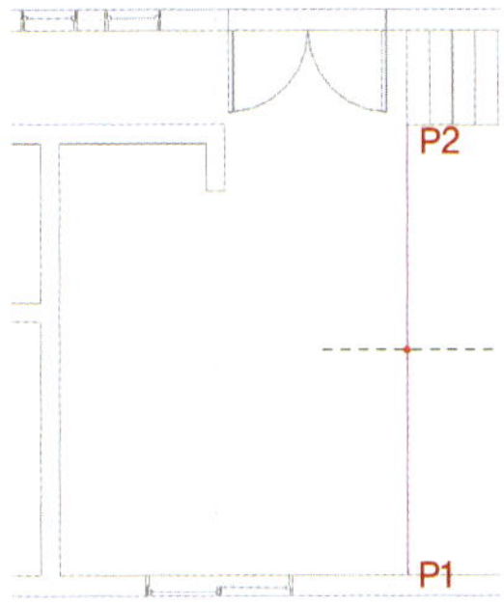

3. 프로파일 작성

❶ 프로파일 편집을 선택합니다.

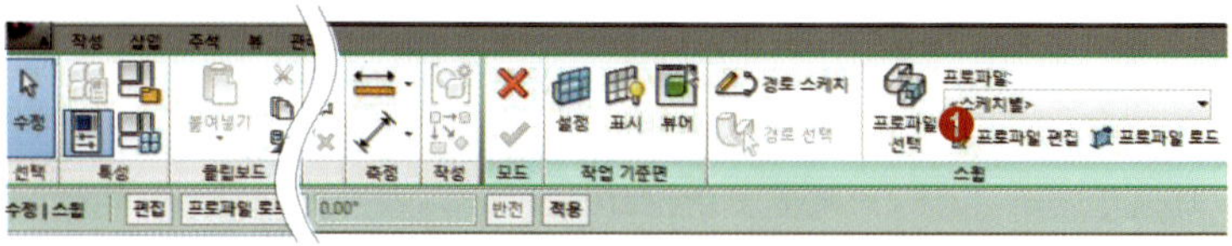

> **Hot Tip**
> 프로파일은 작업 기준면에 작성됩니다. 작업 기준면은 가려운 데 긁어주기 4.10 작업 기준면(p.358)을 참고하세요.

❷ 뷰로 이동하는 대화상자에서 남측면을 선택합니다.

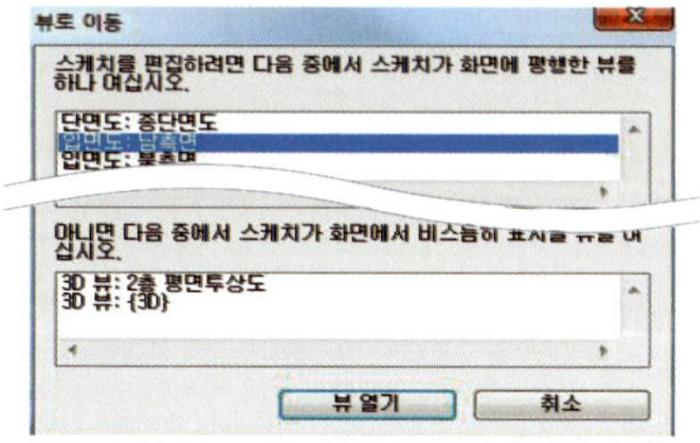

❸ 뷰 조절막대의 비주얼 스타일을 와이어 프레임으로 변경합니다.

❹ 직사각형 도구를 클릭합니다.

❺ 작성기준점에서 좌측으로 직사각형 프로파일을 적당히 그립니다.

❻ 프로파일의 임시치수를 가로 20, 세로 1100으로 변경합니다.

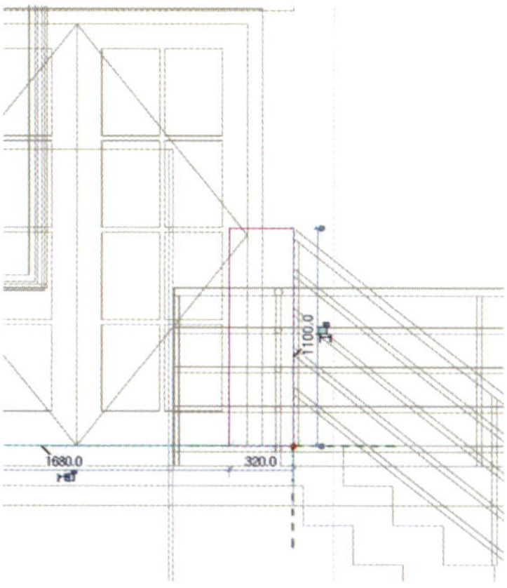

〈프로파일 스케치〉

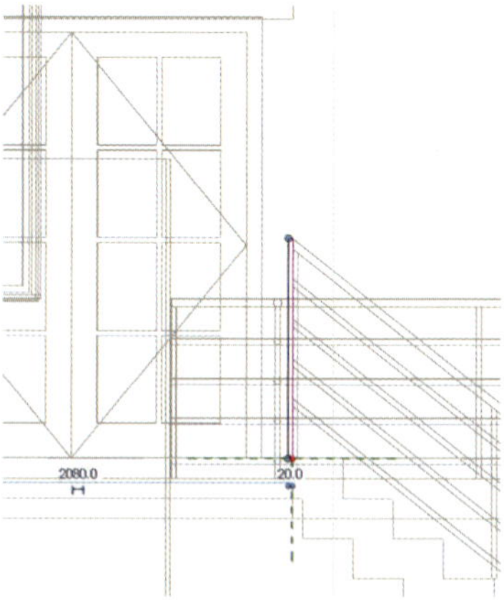

〈프로파일 치수조정〉

❼ 스케치 편집모드 완료 → 프로파일 편집모드 완료를 클릭합니다.

❽ 특성 팔레트의 재료를 열고, 재료탐색기에서 유리, 투명 글레이징을 선택합니다.

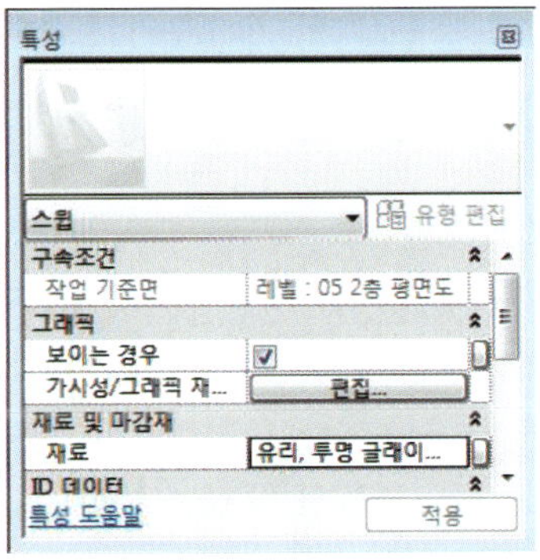

⑨ 모델 완료✔를 선택하면 유리난간이 작성됩니다.

Step 04 프로젝트 탐색기에서 3D뷰 분기의 2층 평면투시도를 열어서 확인합니다.

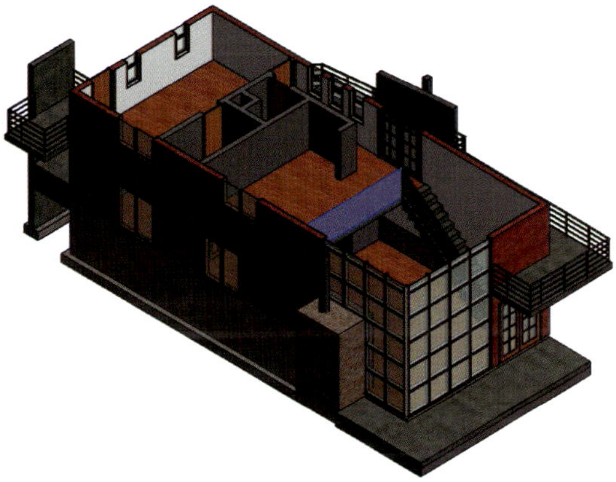

Chapter 07
대지와 대지구성요소

대지의 지형작성 방법에는 점 배치 방법과 외부의 데이터 활용 방법이 있습니다. 본 과정에서는 점 배치 방법을 학습하고, 대지구성요소를 배치합니다. 주요 학습내용은 지형작성 · 입면도 레벨 · 패드, 표면 분할 등입니다.

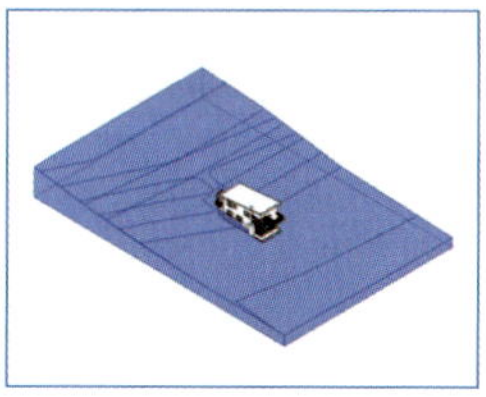

지형 작성목표

7.1 지형 작성

Step 01 대지작성 참조평면

1. 프로젝트 탐색기에서 평면도 분기의 00 대지를 엽니다.
2. 건축 탭 → 참조평면 을 클릭합니다.
3. 지형 범위 작성

❶ 그리기 도구상자에서 선 선택 을 클릭합니다.

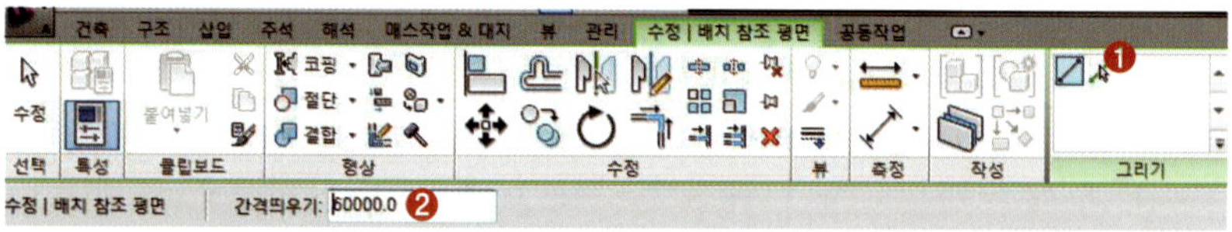

❷ 옵션막대의 간격띄우기를 60,000으로 입력합니다.

❸ 그리드 X4의 왼쪽으로 간격을 띄웁니다.

❹ 참조평면을 선택하고 특성 팔레트의 ID 데이터 이름을 지형 좌측경계라고 기입합니다.

❺ 참조평면의 조절점을 클릭해서 상하로 끌어서 적당히 연장합니다.

❻ 건축 탭 → 참조평면 → 선 선택 을 클릭합니다.

❼ 옵션막대에 간격띄우기를 30,000으로 입력합니다.

❽ 지형 좌측경계에서 간격띄우기를 4회 적용합니다.

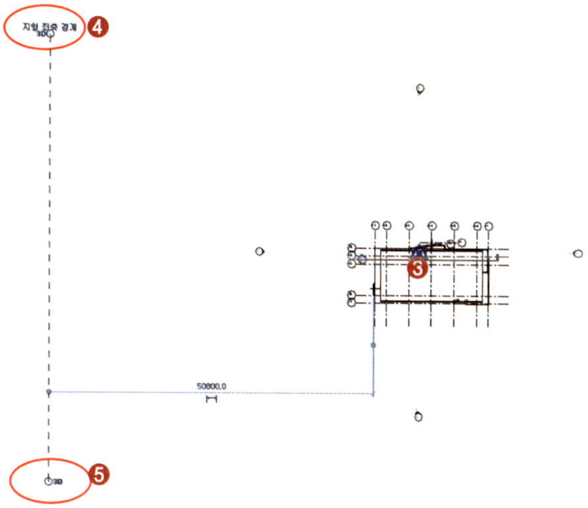

➒ 참조평면 이름을 G1, G2, G3 및 G4로 바꿉니다.

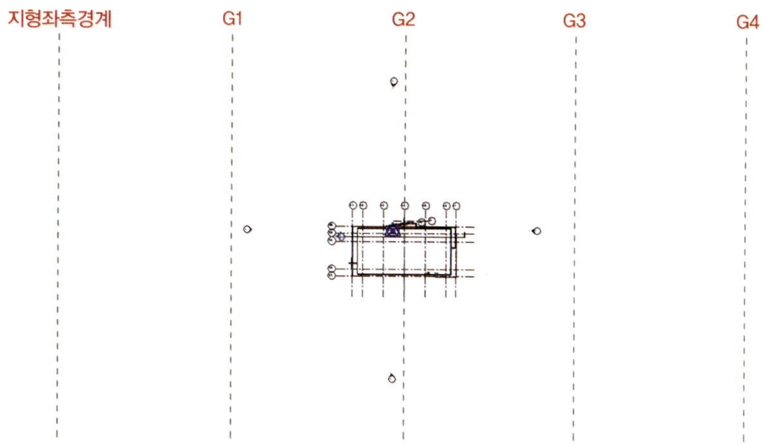

Step 02 지형 작성

1. 지형 작성 방법은 매스작업 & 대지 ➜ 지형면 ➜ 점 배치를 클릭합니다.
2. 지형 입면도(elevation) 설정

➊ 옵션막대에서 입면도를 6000으로 입력합니다.

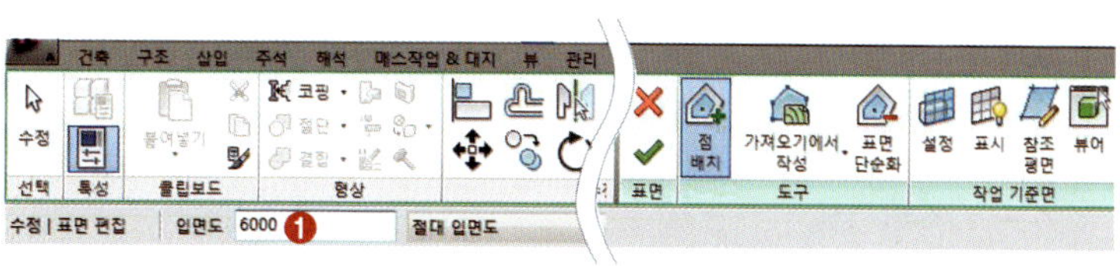

❷ 지형 좌측경계의 P1과 P2을 클릭합니다.

❸ 옵션막대에서 입면도를 4000으로 바꾸고, G1의 P3, P4와 P5점을 작성합니다.

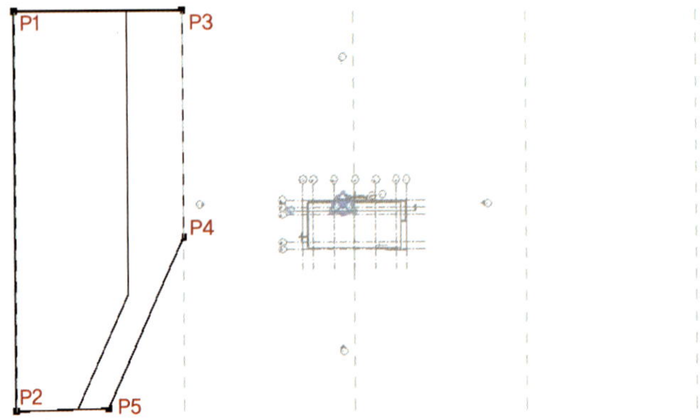

❹ 옵션막대에서 입면도를 0으로 바꾸고, G2의 P6, P7과 P8점을 작성합니다.

❺ 옵션막대에서 입면도를 -1000으로 바꾸고, G3의 P9, P10과 P11점을 작성합니다.

❻ 옵션막대에서 입면도를 -2000으로 바꾸고, G4의 P12와 P13점을 작성합니다.

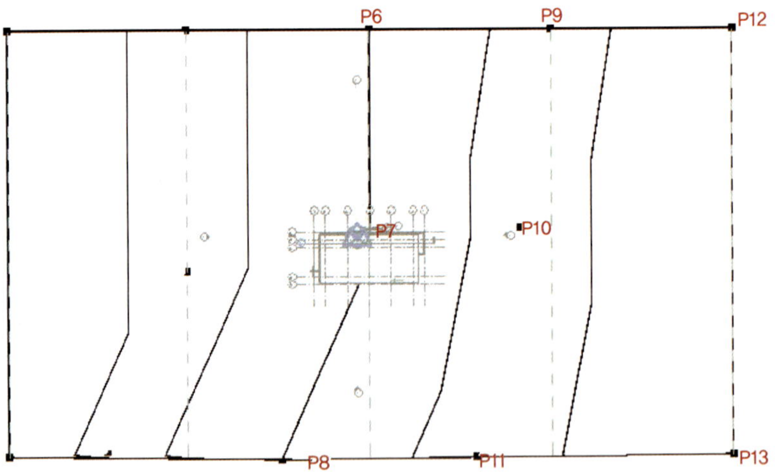

3. 표면마감✔을 클릭하면 지형이 작성됩니다.

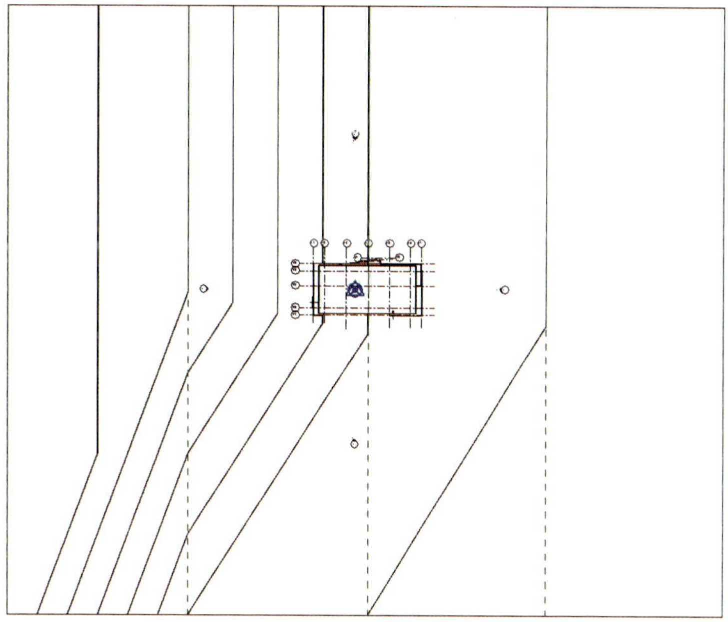

Step 03 지형면의 재료 수정

❶ 지형면을 선택합니다.

❷ 특성 팔레트에서 재료 및 마감재의 카테고리별을 엽니다.

❸ 재료탐색기에서 기타의 잔디를 선택합니다.

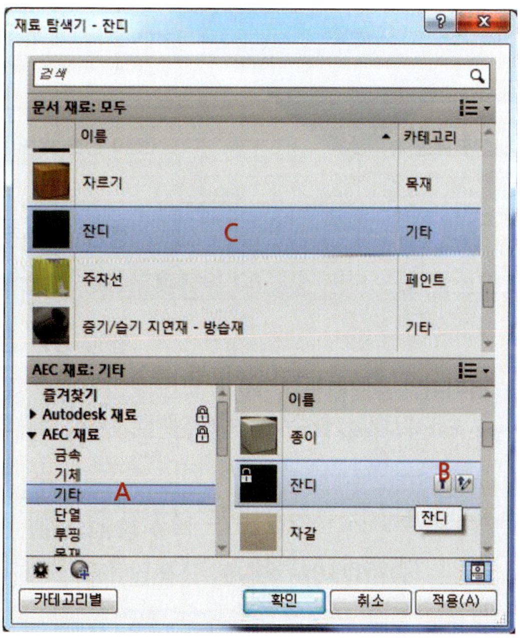

❹ 표면마감✔을 클릭하면 지형면의 재료가 잔디로 변경됩니다.

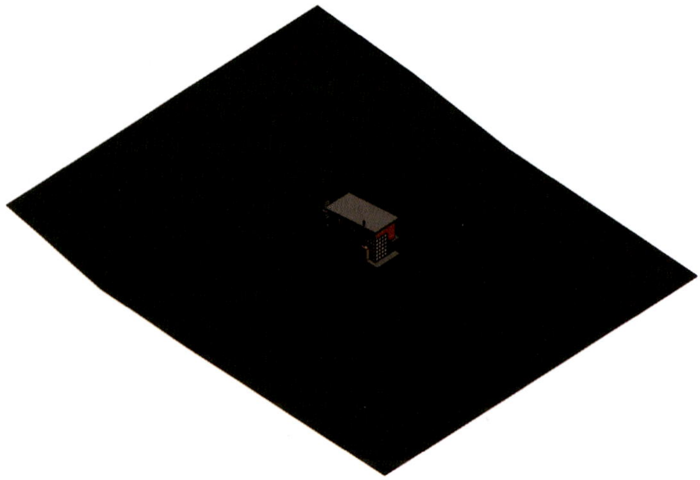

Step 04 건물패드 작성

1. 프로젝트 탐색기의 단면도에서 종단면도를 열어보면, 지형의 단면이 내부공간에도 작성되어 있습니다.

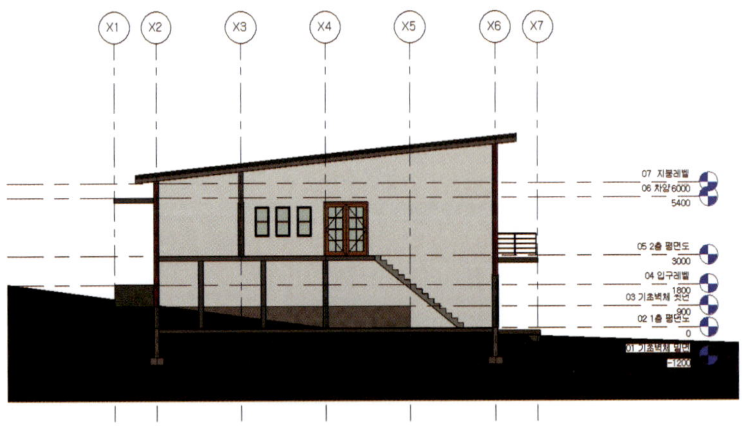

2. 건물패드 작성

❶ 프로젝트 탐색기에서 02 1층 평면도를 엽니다.

❷ 매스작업 & 대지 ➜ 건물패드 를 선택합니다.

❸ 특성 팔레트에서 구속조건의 레벨로부터 경계높이 띄우기를 −200으로 설정합니다.

Hot Tip

외벽 바깥모서리를 선택해야 합니다. 만약 안쪽 모서리를 선택하면 지형 단면이 실내에 나타납니다.

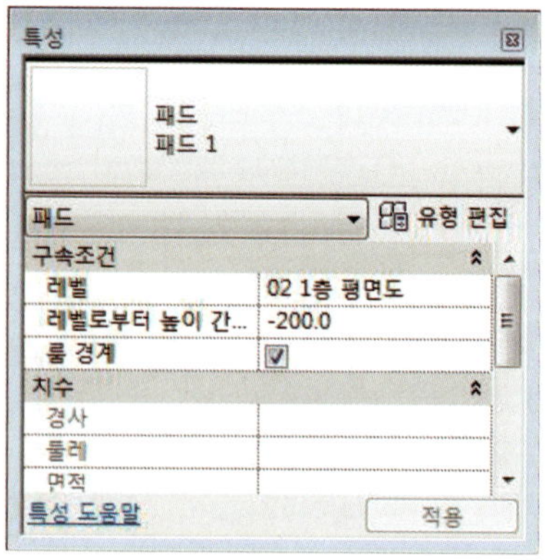

❹ 직사각형 도구를 선택하고 외벽 바깥모서리 P1점과 P2점을 선택합니다.

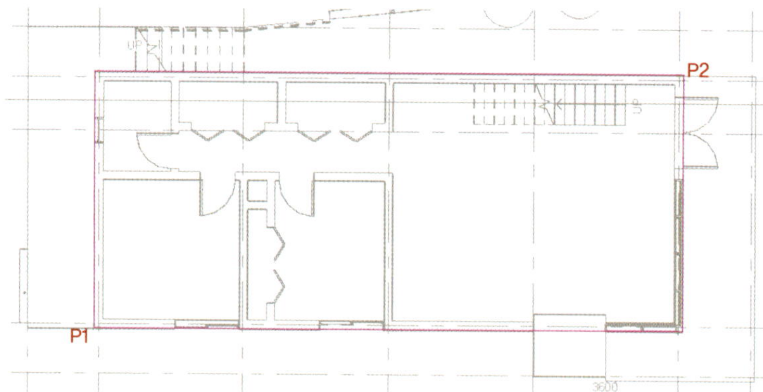

❺ 편집모드 완료✔를 클릭하면 패드가 작성되고 지형면은 삭제됩니다.

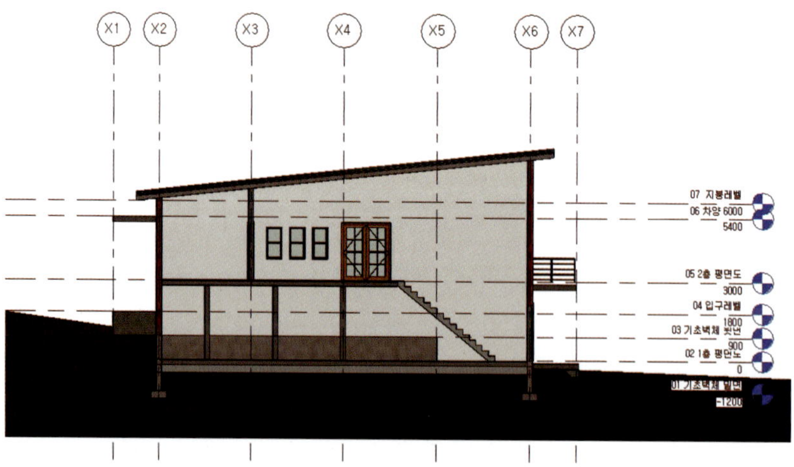

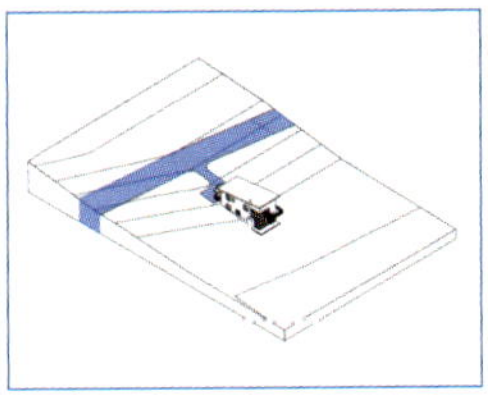

도로/대지경계선 작성목표

7.2 도로와 주차장 작성

Step 01 구성요소 작성 방법

❶ 프로젝트 탐색기에서 평면도의 00 대지를 엽니다.

❷ 내스작업 & 대지 탭 ➜ 소구역을 선택합니다.

Step 02 도로와 주차장의 재료 선택

❶ 특성 팔레트에서 재료 및 마감재료에서 카테고리별을 엽니다.

❷ 재료탐색기에서 AEC 재료의 기타 ➜ 아스팔트 콘크리트로 지정합니다.

Step 03 도로경계와 주차장 경계선 작성

❶ 도로와 주차장 경계선을 치수대로 작성합니다.

❷ 도로경계선은 지형면 범위 내에서 폐곡선이 되도록 작성합니다.

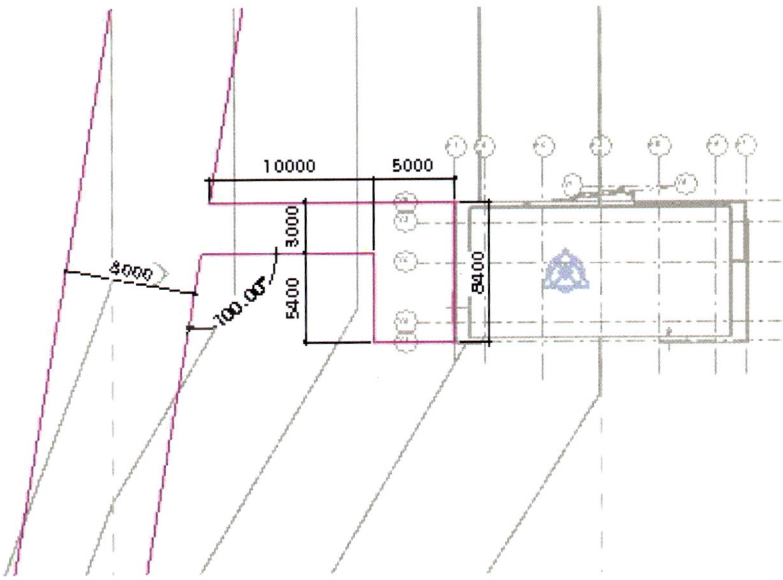

❸ 편집모드 완료✔를 클릭합니다.

❹ 3D뷰의 {3D}에서 확인합니다.

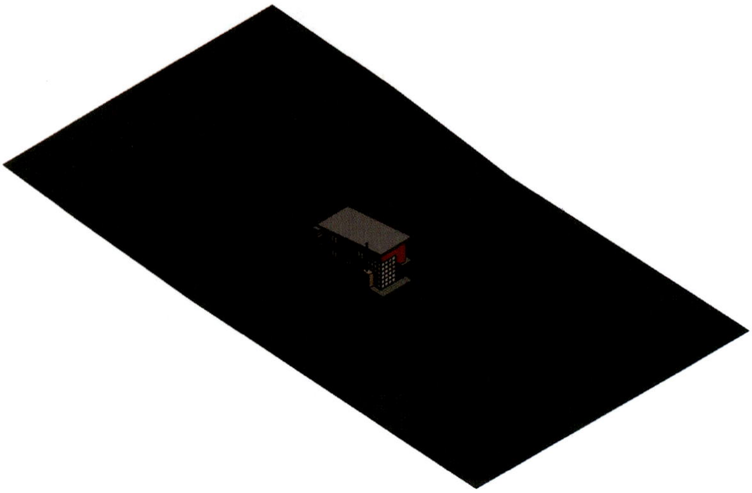

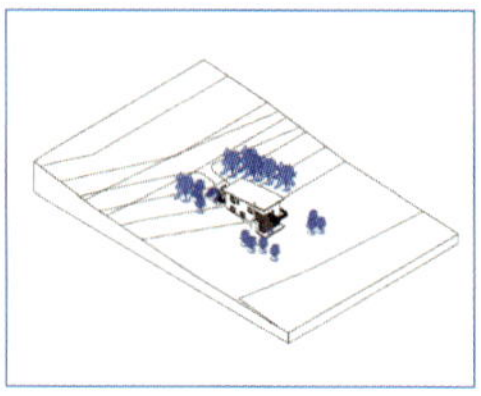

대지구성요소 작성목표

7.3 대지구성요소 작성

Step 01 구성요소 작성 방법

❶ 프로젝트 탐색기에서 평면도의 00 대지를 엽니다.

❷ 매스작업 & 대지 → 대지구성 요소를 선택합니다.

Step 02 구성요소 패밀리 선정

❶ 유형탐색기에서 적당한 나무를 선택합니다.

❷ 자동차는 유형편집 → 로드 → 환경에서 RPC 비틀을 선택합니다.

❸ 사람도 자동차와 같은 경로에서 RPC 남자와 RPC 여자를 각각 로드합니다.

Step 03 대지구성요소 작성

❶ 적당한 나무를 유형탐색기에서 끌어와 지형면에 배치합니다.

❷ 자동차를 유형탐색기에서 끌어와 주차장과 도로에 배치합니다.

❸ 사람도 유형탐색기에서 각각 끌어와 적당한 위치에 배치합니다.

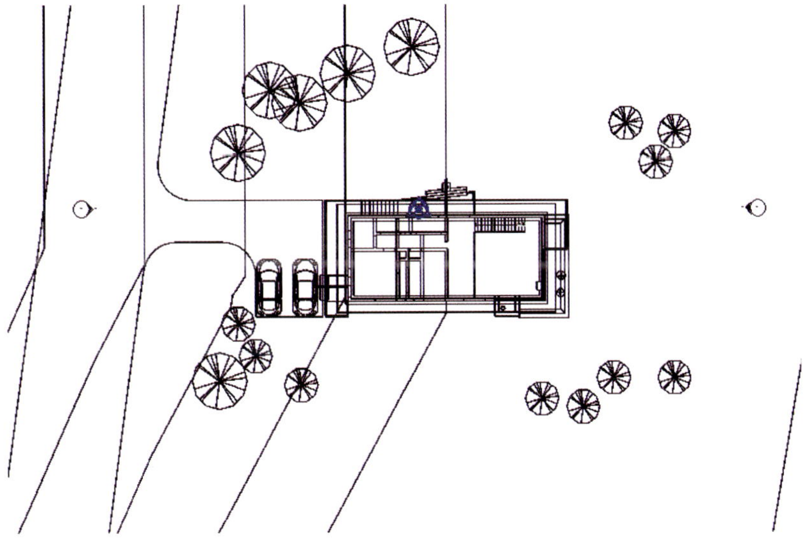

Step 04 구성요소의 위치 수정

❶ 구성요소의 평면 위치는 객체를 클릭하고, 적당한 위치로 끌어서 옮깁니다.

❷ 구성요소의 수직이동은 특성 팔레트에서 레벨을 선택하거나 간격띄우기를 조절합니다.

❸ 구성요소를 선택하고, 새 호스트 를 설정합니다.

〈새 호스트 실정 이전〉

〈새 호스트 설정 이후〉

❹ 3D뷰의 {3D}에서 작성결과를 확인합니다.

Chapter 08

천장 작성

천장을 작성하는 방법에는 자동 천장과 스케치 천장 작성이 있습니다. 자동 천장은 룸 경계를 자동으로 탐색합니다. 스케치 천장은 설계자가 의도한 모양대로 작성됩니다. 주요 학습내용은 자동 천장 작성 · 스케치 천장 작성 및 경사 천장의 작성 방법입니다.

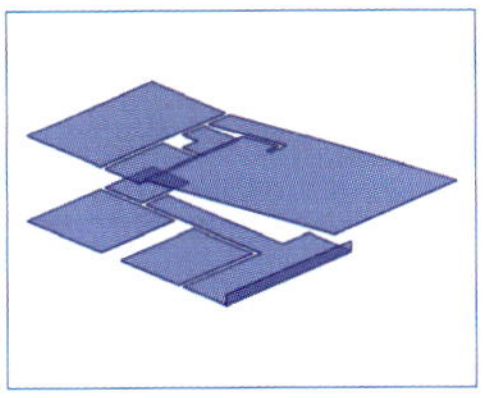

천장 작성목표

8.1 자동 천장 작성

Step 01 천장 작성 방법

❶ 프로젝트 탐색기에서 천장 평면도의 02 1층 평면도를 활성화합니다.

❷ 건축 탭 → 천장을 클릭하면 자동으로 자동 천장이 시작됩니다.

Step 02 천장 패밀리유형 선정

❶ 유형탐색기에서 복합 천장 600×600mm를 선택합니다.

❷ 주 : 주택에서는 플레인(평천장)이 사용되지만 작성결과를 볼 수 있도록 복합 천장을 사용합니다.

Step 03 천장 구속조건 설정

❶ 특성 팔레트의 구속조건에서 레벨로부터 높이 간격띄우기를 2400으로 설정합니다.

❷ 룸 경계는 체크☑를 유지합니다.

❸ 천장 평면도에 표현되어야 할 요소의 그래픽 가시성/그래픽을 체크합니다.

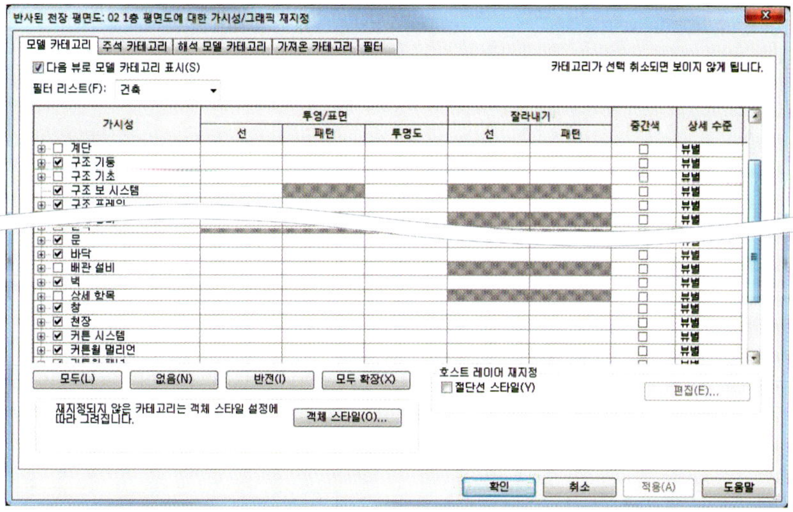

Step 04 자동 천장 작성

Hot Tip

작성된 천장이 보이지 않으면 범위의 뷰 범위를 설정해야 합니다. 가려운 데 긁어주기 4.3.7 뷰 범위(p.304)를 참고하세요.

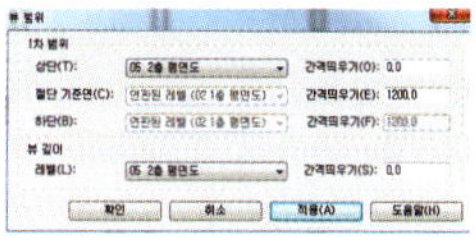

❶ 천장을 작성할 실 경계(예, 침실 1) 안에 커서를 가져가면 주황색의 천장경계가 자동으로 탐색될 때 클릭합니다.

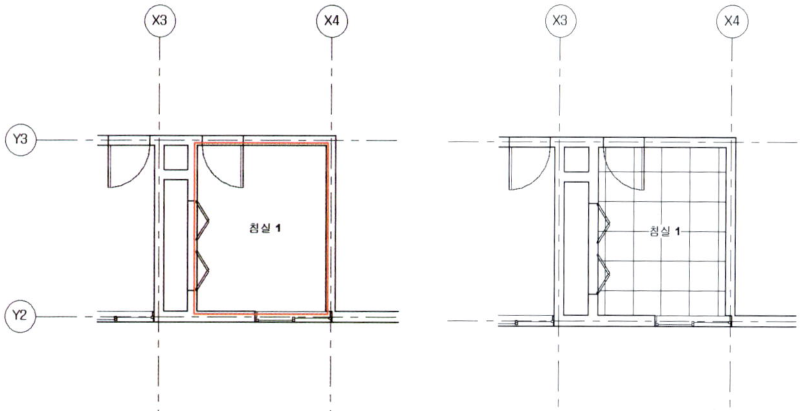

〈룸 경계의 자동탐색〉 〈천장 작성 이후〉

❷ 침실 · 욕실 · 세탁실에도 천장을 작성합니다.(반침 · 보일러실에는 천장을 설치하지 않습니다.)

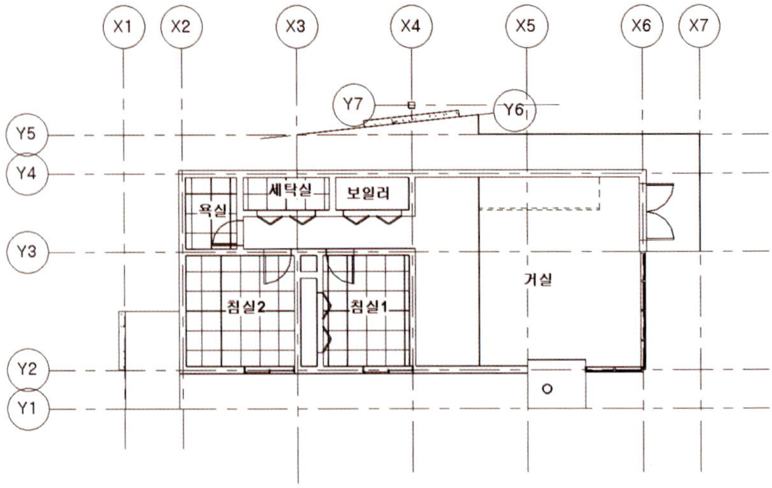

❸ 프로젝트 탐색기에서 천장 평면도의 05 2층 평면도를 활성화하고, 부부 침실 · 화장실 · 욕실에 천장을 작성합니다.

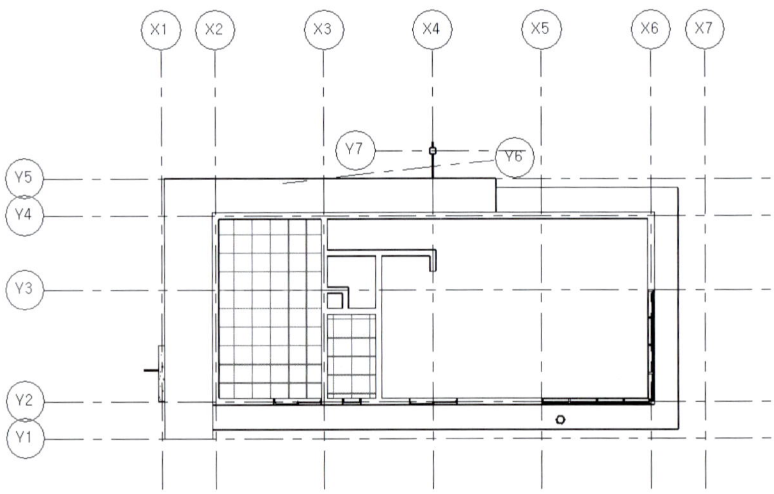

Step 05 천장 수정

1. 천장 뷰 이름 삭제 및 변경

❶ 프로젝트 탐색기의 천장 평면도 분기에서 02 1층 평면도와 05 2층 평면도만 제외하고 필요 없는 천장 뷰는 삭제합니다.

Hot Tip

다중선택은 Ctrl + 을 사용합니다. 자세한 방법은 가려운 데 긁어주기 4.2.2 다중선택(p.278)을 참고하세요.

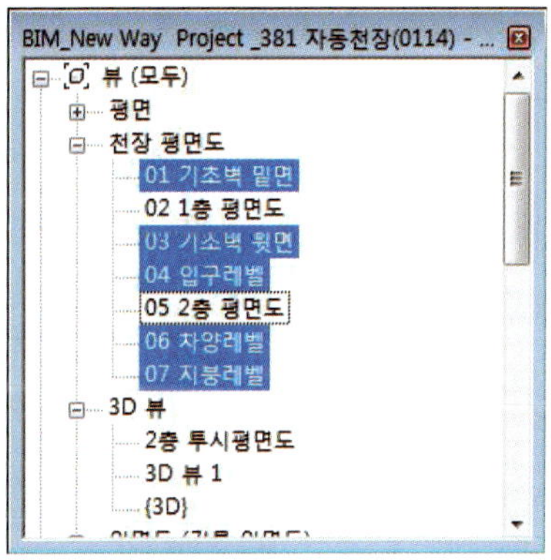

❷ 02 1층 평면도의 이름을 선택하고, 마우스 우측버튼을 클릭해서 1층 천장 평면도로 바꿉니다.

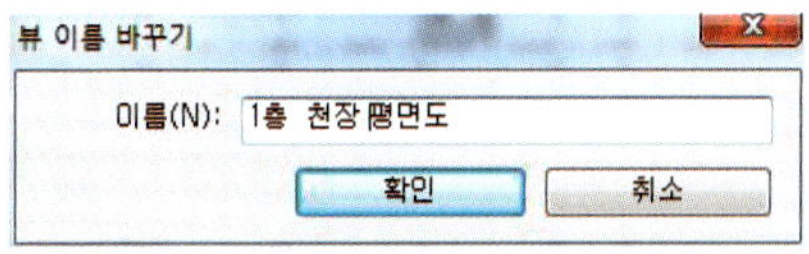

❸ "해당 레벨 및 뷰의 명칭을 바꾸겠습니까?"라는 대화상자는 '아니오(N)'를 클릭합니다.

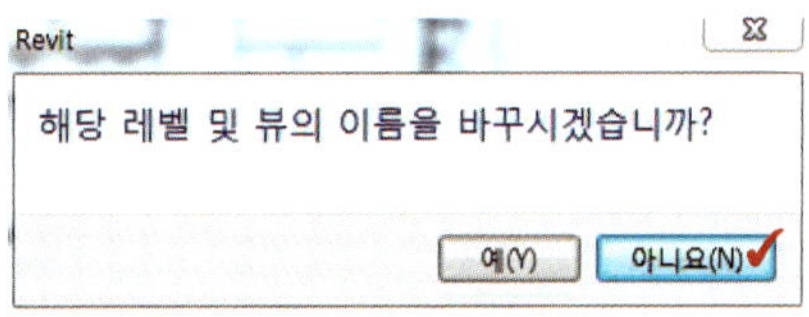

❹ 프로젝트 탐색기의 천장 평면도 분기에서 05 2층 평면도의 이름을 2층 천장 평면도로 바꿉니다.

2. 횡단면도 작성

❶ 프로젝트 탐색기에서 평면도의 02 1층 평면도를 활성화합니다.

❷ 뷰탭 ➜ 단면도를 클릭합니다.

❸ 침실 1의 미닫이창을 지나는 단면절단표시기호 를 작성합니다.

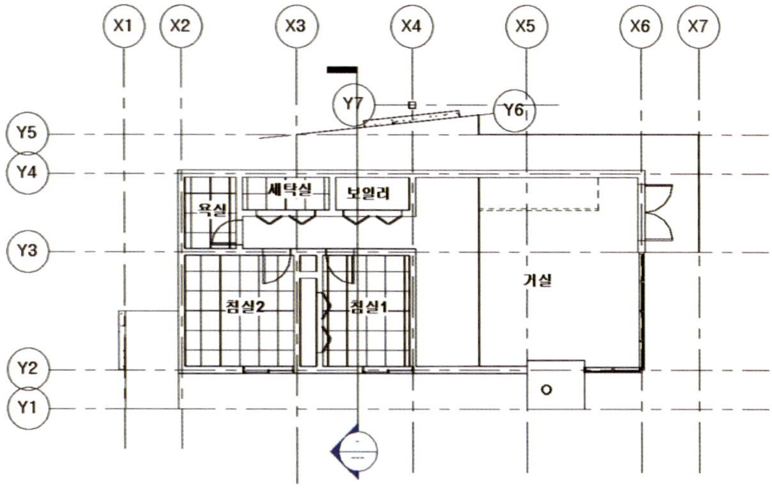

❹ 프로젝트 탐색기의 단면도에서 새로 작성된 단면도 0을 선택하고, 이름을 횡단면도로 변경합니다.

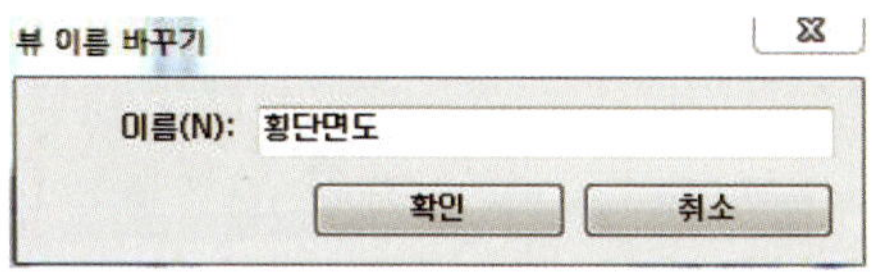

3. 프로젝트 탐색기의 단면도에서 횡단면도를 열어 작성결과를 확인합니다.

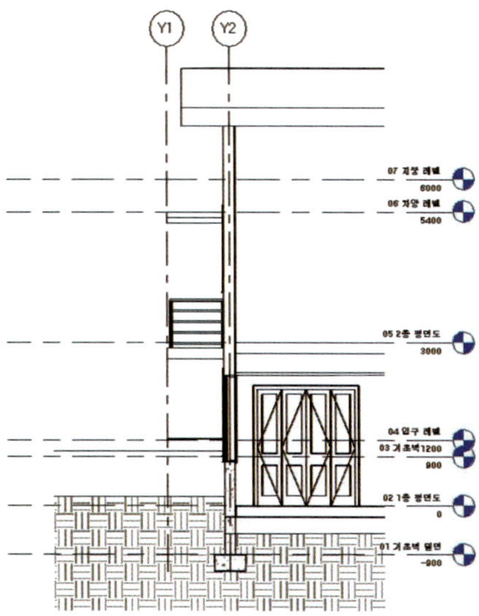

〈부분횡단면도〉

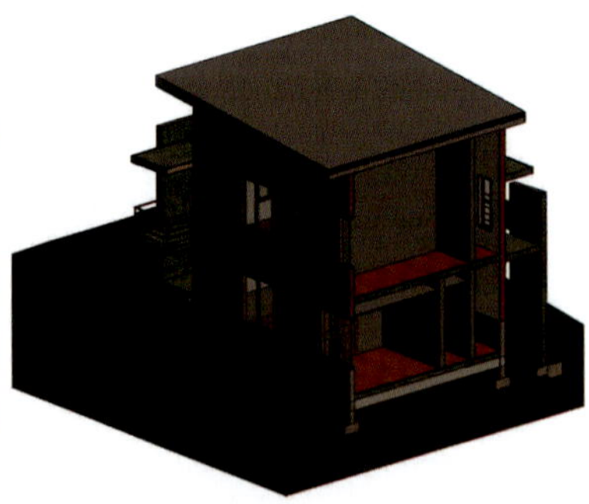

〈횡단면투시도〉

Hot Tip

단면투시도 작성 방법은 가려운 데 긁어주기 4.8.4 횡단면투시도 작성(p.351)을 참고하세요.

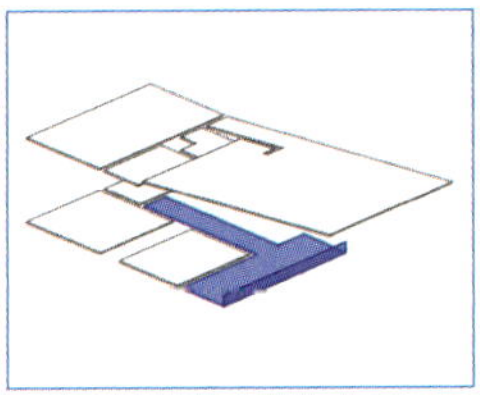

스케치 천장 작성목표

8.2 스케치 천장 작성

Step 01 천장 작성 방법

❶ 프로젝트 탐색기에서 천장 평면도의 1층 천장 평면도를 활성화합니다.

❷ 건축 탭 → 천장 → 천장 스케치를 클릭합니다.

Step 02 천장 패밀리는 유형탐색기에서 복합 천장 600×600㎜를 유지합니다.

Step 03 구속조건은 특성 팔레트에서 레벨로부터 높이 간격띄우기를 2400으로 유지합니다.

Step 04 스케치 천장 작성

❶ 그리기 도구상자에서 선을 클릭합니다.

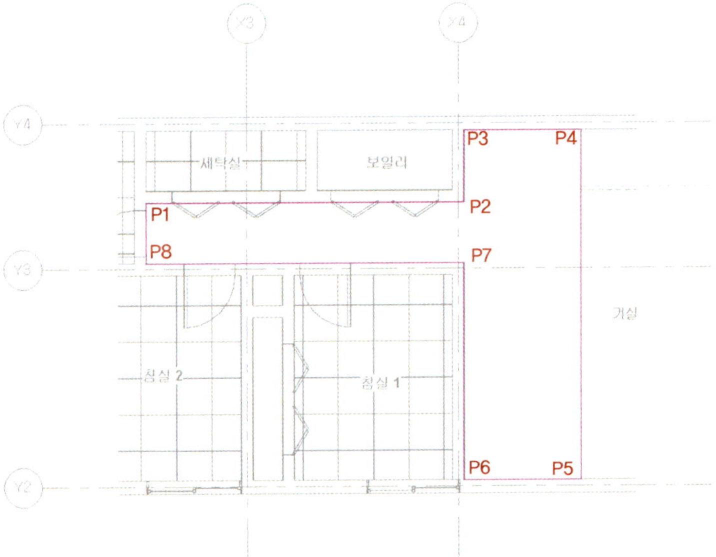

❷ 1층 벽경계선과 2층 바닥경계선을 따라 P1에서 순서대로 클릭하고, P1에서 스케치를 마칩니다.

❸ 편집모드 완료✔를 클릭하면 천장이 작성됩니다.

Step 05 작성결과 검토

❶ 프로젝트 탐색기에서 단면도 분기의 종단면도를 열어보겠습니다.

❷ 2층 바닥과 스케치 천장 사이에 마무리 없이 비어 있는 부분이 있습니다.

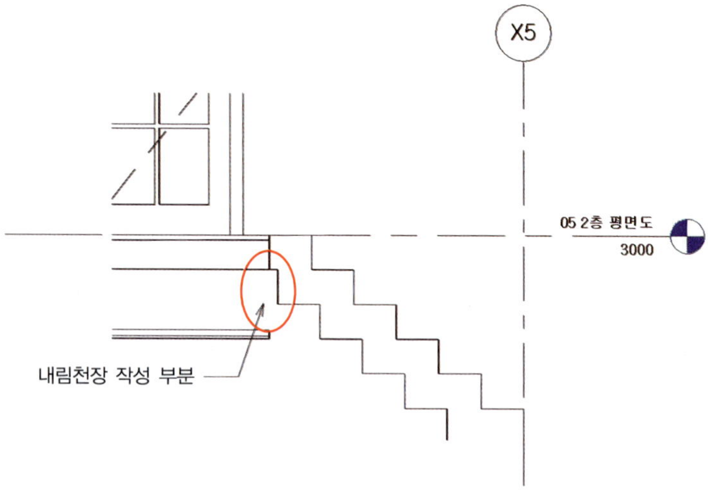

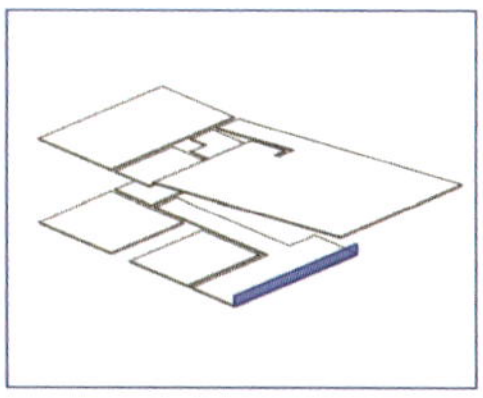

내림천장 작성목표

Step 06 내림천장 부분 작성

1. 프로젝트 탐색기에서 3D뷰의 2층 평면투시도를 활성화합니다.
2. 내림천장 부분 작성 과정

❶ 건축 탭 → 구성요소 → 내부편집 모델링을 엽니다.

❷ 패밀리 이름을 내림천장마감으로 저장합니다.

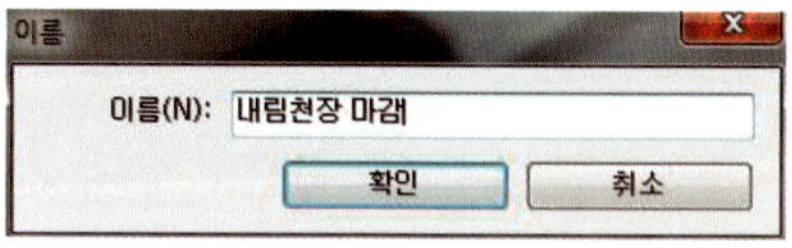

❸ 스윕 경로 작성

- 스윕 → 경로 선택 → 3D 모서리를 클릭합니다.

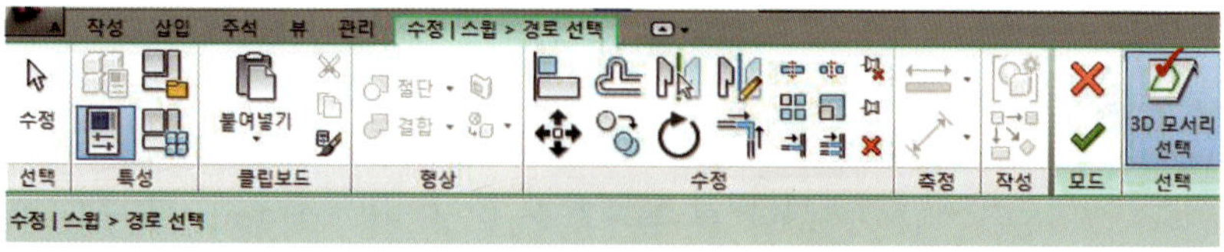

- 2층 바닥 단부의 하부 가장자리를 선택합니다.

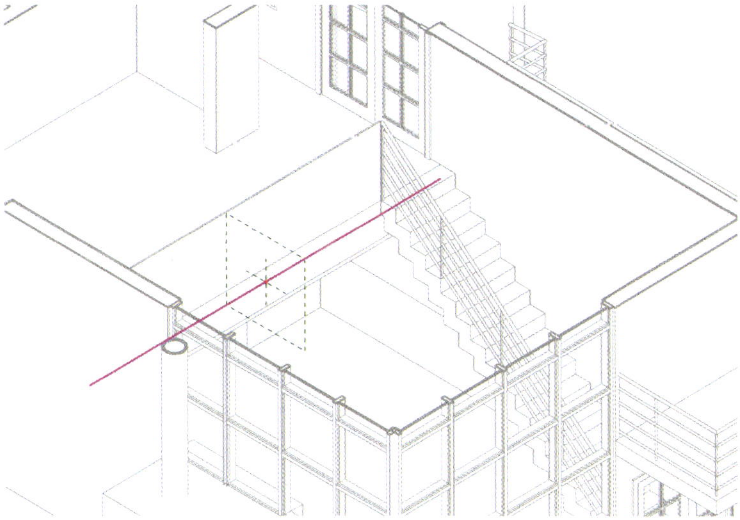

• 스윕 경로의 편집모드 완료✔를 클릭합니다.

④ 프로파일 작성

• 프로파일 편집을 클릭합니다.
• 그리기 도구상자에서 직사각형 도구를 선택합니다.

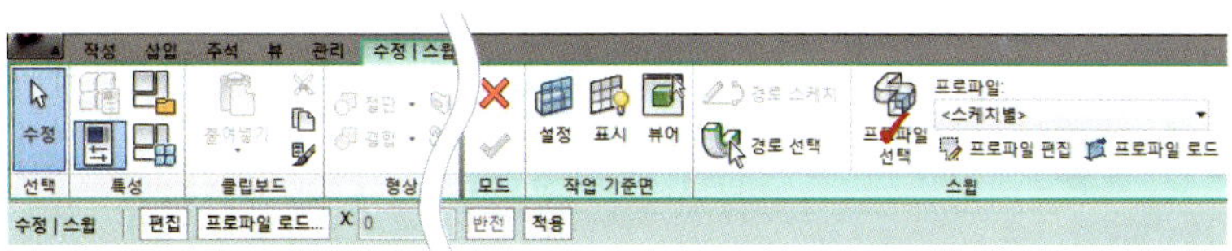

• 프로파일 작성기준점에서 20×400 크기의 프로파일을 그립니다.
• 프로파일 스케치모드 완료✔를 클릭합니다.

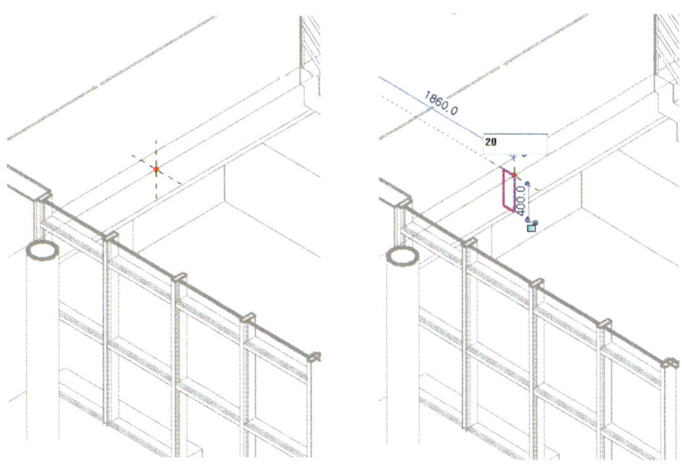

〈작성 기준점〉 〈프로파일 스케치〉

• 이어서 프로파일 편집모드✔를 클릭하고, 특성 팔레트에서 재료탐색기를 엽니다.

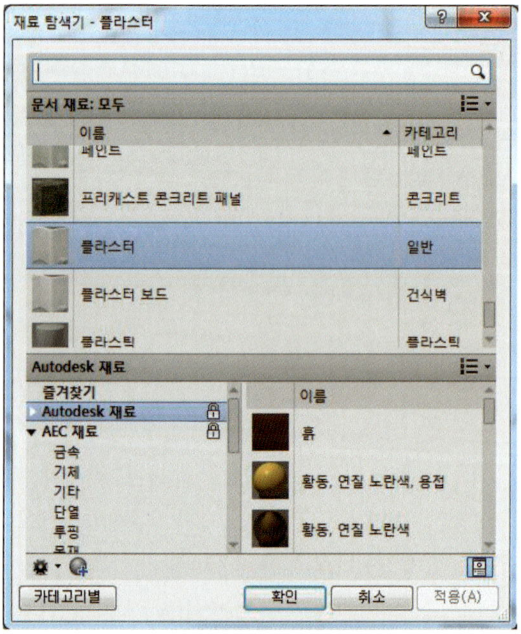

• 재료탐색기에서 플라스터 일반을 선택합니다.

• 모델 완료✔를 클릭합니다.

3. 작성결과를 살펴보면 천장이 내림천장과 겹쳐 있습니다.

4. 스케치 천장의 경계수정

❶ 내림천장마감 부분에 커서를 놓고, 탭 키를 눌러서 천장을 선택합니다.

❷ 천장이 선택되면 경계편집을 클릭합니다.

〈천장 수정 이전〉

〈천장 수정 이후〉

❸ 프로젝트 탐색기의 천장평면도에서 1층 천장평면도를 엽니다.

❹ 정렬도구로써 천장경계선을 내림천장의 안쪽으로 맞춥니다.

❺ 편집모드 완료✔를 선택합니다.

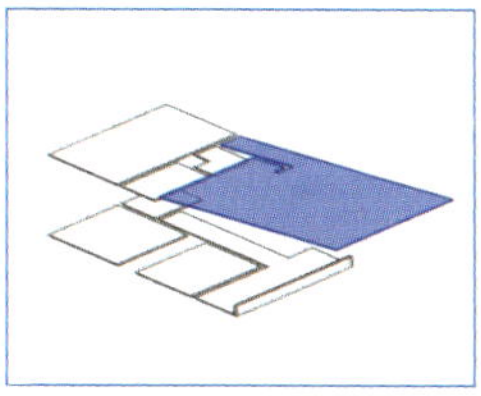

경사천장 작성목표

8.3 경사 천장 작성

Step 01 천장 작성 방법

❶ 프로젝트 탐색기에서 천장평면도의 2층 천장평면도를 엽니다.

❷ 건축 탭 → 천장을 클릭하면 자동천장이 실행됩니다.

Step 02 천장 패밀리는 유형탐색기에서 '복합천장 600×600㎜'를 선택합니다.

Step 03 특성 팔레트에서 구속조건의 '레벨로부터 높이 간격띄우기'는 2400으로 설정합니다.

Step 04 거실 상부의 자동 천장 작성

❶ 천장설치 공간 내부에 커서를 가져가면 적색 천장경계선이 생길 때 클릭해서 작성합니다.

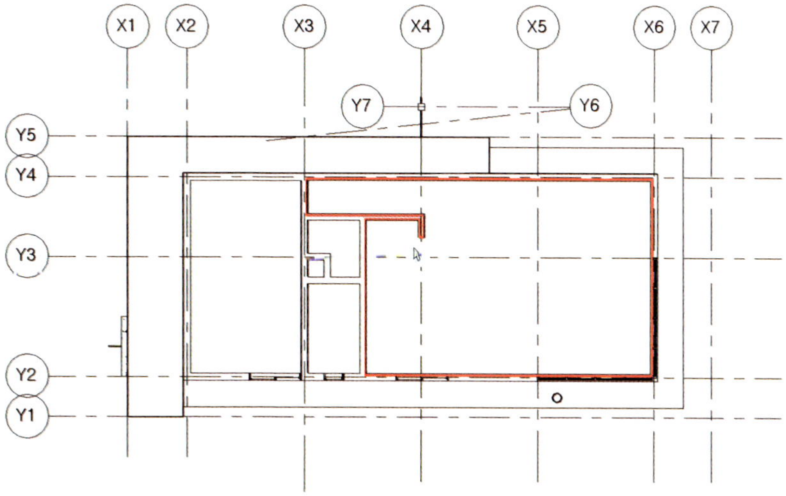

❷ 프로젝트 탐색기의 단면도에서 종단면도를 활성화합니다.

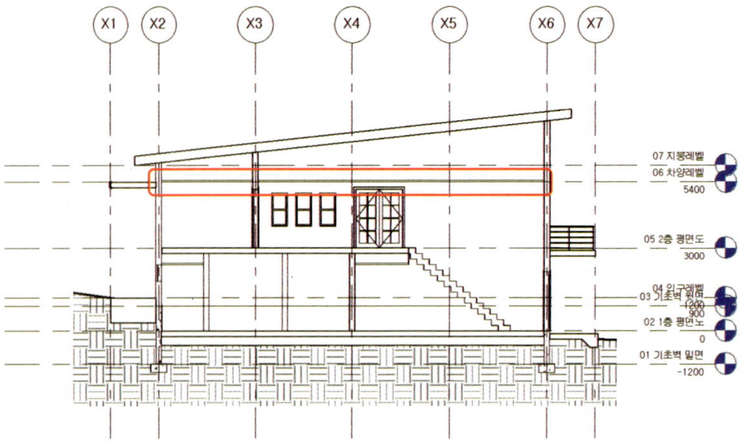

Step 05 천장 경사도 수정

1. 종단면도에서 천장을 선택하고, 경계편집을 클릭합니다.
2. 뷰로 이동 대화상자가 나타나면 반사된 천장평면도 : 2층 천장평면도를 열니다.

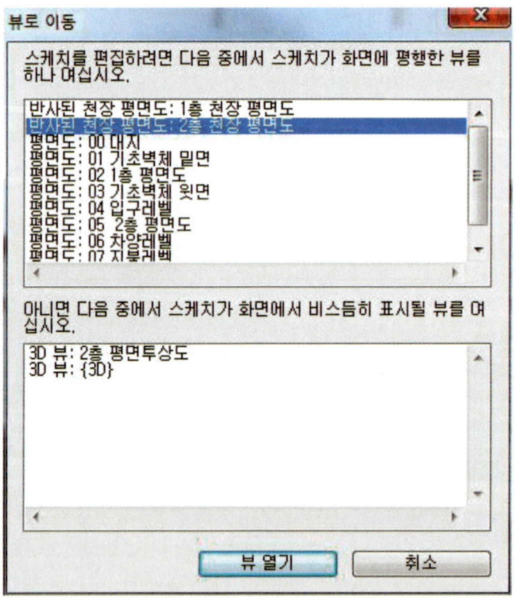

3. 경사화살표 작성

❶ 그리기 도구막대에서 경사화살표를 클릭합니다.

❷ 천장경계선과 나란하게 화살표를 그립니다.

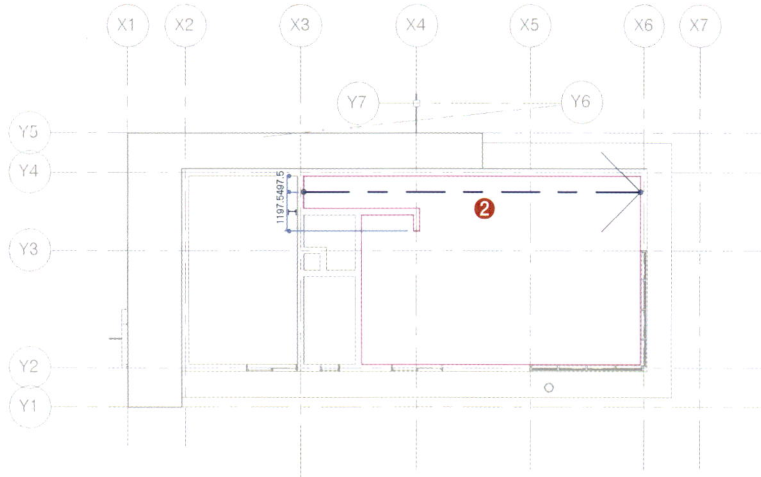

4. 천장 경사도 구속조건 편집

❶ 경사화살표 스케치의 특성 팔레트를 엽니다.

❷ 구속조건 지정을 클릭하고, 경사를 선택합니다.

❸ 테일(화살표 꼬리)에서 높이 띄우기는 0으로 변경합니다.

❹ 치수의 경사는 6°로 수정합니다.

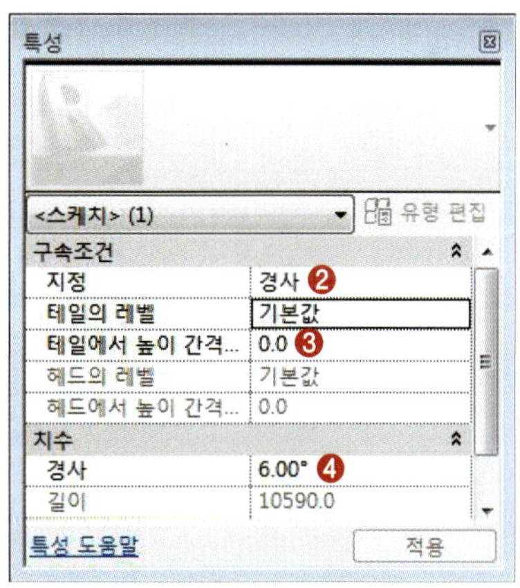

5. 편집모드 완료✔를 클릭하고, 종단면도에서 확인합니다.

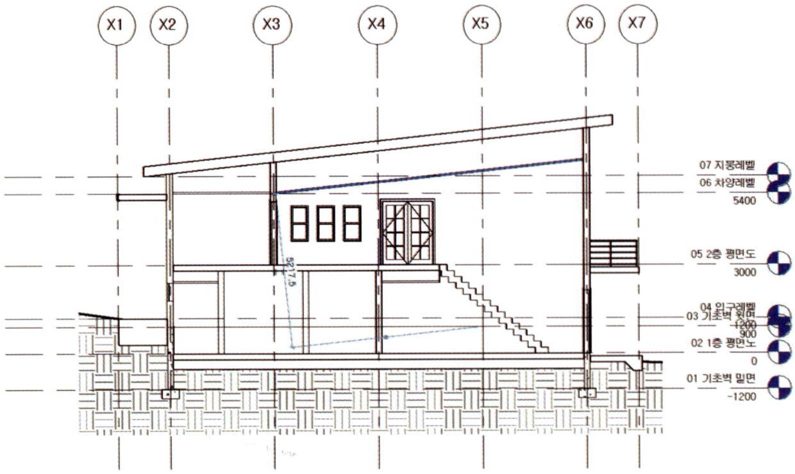

Chapter 09

가구배치 및 작성

가구와 위생도기를 작성하는 방법은 대지구성요소를 작성하는 방법과 같습니다. 주방가구_식탁과 조리대 세트 및 주방가구_주방 수납장 세트는 벽난로에서 작성하였던 내부편집모델링으로 작성할 수 있지만 난이도가 높아 DVD로 제공되는 부록자료를 사용합니다.

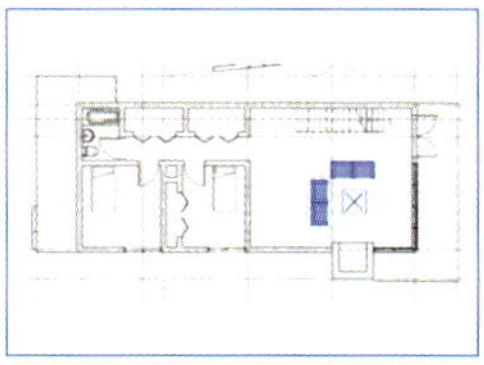

거실응접세트 작성목표

Hot Tip

타일배치는 열려 있는 모든 뷰를 배치합니다. 카메라 뷰를 제외한 모든 뷰를 닫습니다.

9.1 거실 응접세트 작성

Step 01 가구 작성 준비

1. 카메라 뷰(투시도) 작성

❶ 프로젝트 탐색기에서 평면도 분기의 02 1층 평면도를 엽니다.

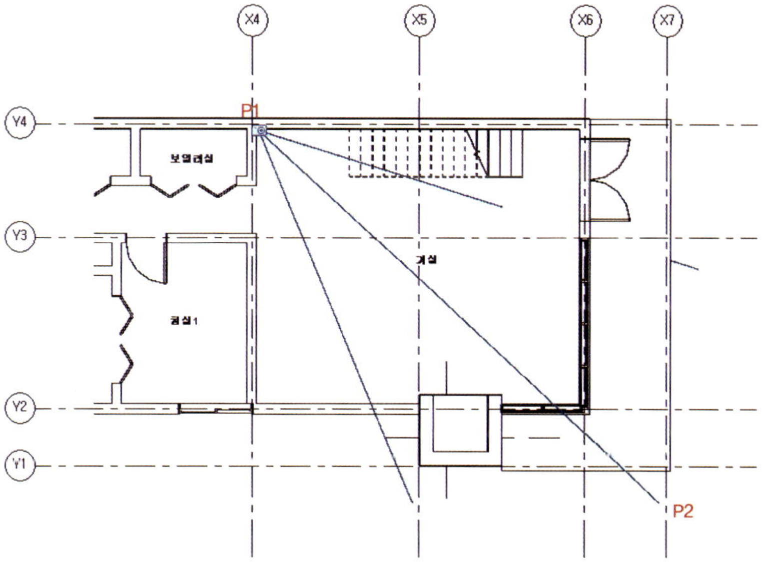

❷ 뷰 탭 → 3D뷰 → 카메라를 클릭합니다.

❸ 거실 모서리 P1점에서 클릭하면 카메라를 배치됩니다. 대상점을 P2점까지 끌어다 놓습니다.

❹ 뷰 탭 → 숨겨진 창 닫기를 클릭합니다.

❺ 프로젝트 탐색기에서 평면도 분기의 02 1층 평면도를 활성화합니다.

❻ 뷰 탭 → 타일 배치를 클릭합니다.

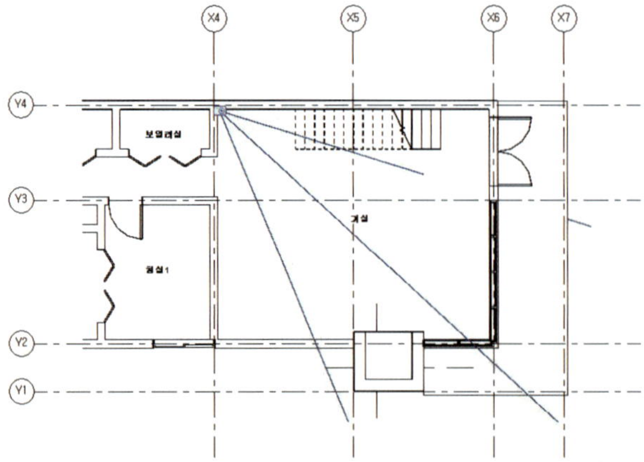

Step 02 거실가구의 작성 방법

❶ 프로젝트 탐색기에서 평면도의 02 1층 평면도를 활성화합니다.

❷ 건축 탭 ➜ 구성요소 ➜ 구성요소배치를 클릭합니다.

Step 03 가구 패밀리 유형 선정

Hot Tip

가구 패밀리 유형 로드는 각각 유형별로 작성하며 진행할 수 있습니다.

❶ 유형편집 ➜ 로드 ➜ 가구를 열고, 의자 - 코부를 선택하고 열기(O)를 클릭합니다.

❷ 유형편집 ➜ 로드 ➜ 부록 DVD : / SECTION 3 Project files ➜ 3.9 가구배치 및 작성을 열고, Mies_Coffee_Table 40″×40″를 로드합니다.

Step 04 패밀리 작성 구속조건은 옵션막대에서 배치 후 회전을 체크합니다.

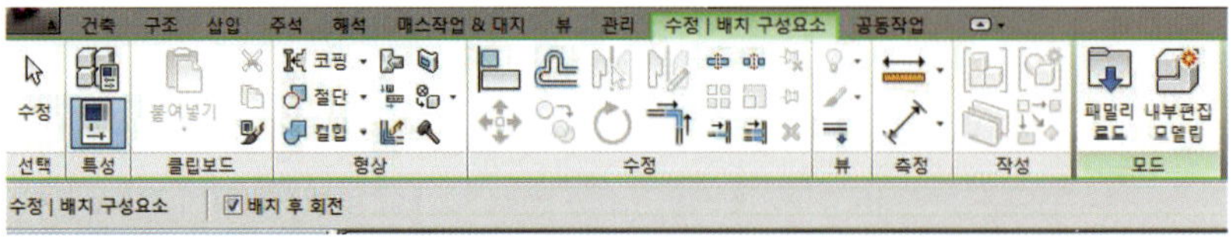

Step 05 거실 응접세트 작성

❶ 유형탐색기에서 Mies_Coffee_Table 40″×40″를 선택하고, 벽난로 전면에 적당한 위치에서 클릭합니다.

❷ 유형탐색기에서 의자 - 코부를 선택하고, 배치 후 회전을 체크합니다.

❸ 적당한 배치 위치에서 클릭하고, 회전시켜 방향을 조정합니다.

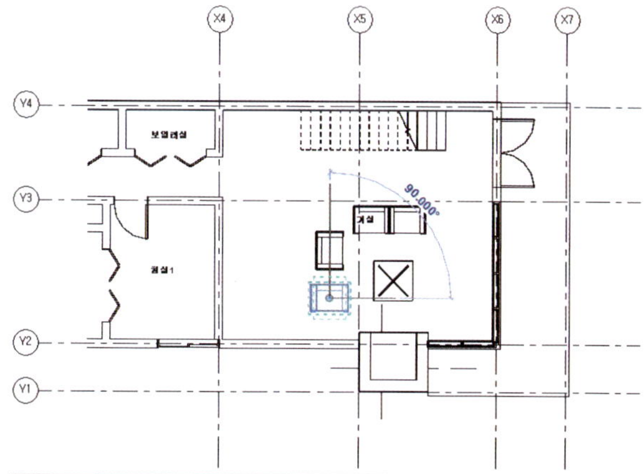

Hot Tip

그룹작성과 편집은 가려운 데 긁어주기 4.9 그룹(Group, p.354)을 참고하세요.

Step 06 가구 위치 수정

❶ 비교적 크게 이동할 때는 원하는 이동 위치로 끌어다 놓습니다.

❷ 미세한 이동은 객체를 선택하고, 원하는 방향의 방향키로써 조정합니다.

❸ 정렬 도구로 서로 정렬하고, 그룹 을 만들어 이동하면 조작이 편리합니다.

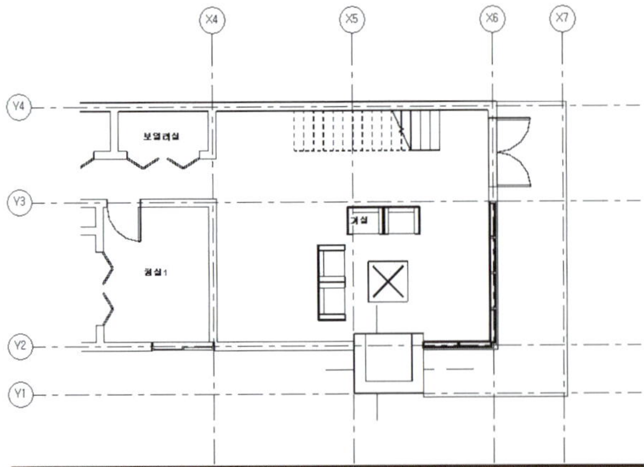

9.2 침실 가구 작성

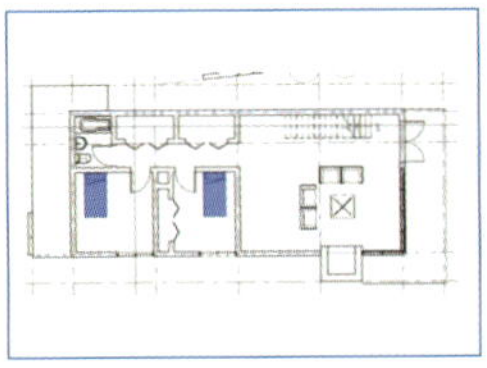

1층 침실가구 모델링 목표

Step 01 침실가구 작성 방법

❶ 프로젝트 탐색기에서 평면도의 02 1층 평면도를 활성화합니다.

❷ 건축 탭 → 구성요소 → 구성요소배치를 클릭합니다.

Step 02 가구 패밀리 유형 선정

❶ 유형편집 → 로드 → 가구폴더를 열고, 침대표준을 선택하고, 열기(O)를 클릭합니다.

❷ 유형특성 대화상자의 유형에서 0965×1905mm-트윈을 클릭합니다.

Step 03 구속조건은 배치 후 회전을 체크합니다.

Step 04 침실가구 작성

1. 1층 침실 1 · 2의 적절한 위치에 침대를 배치합니다.

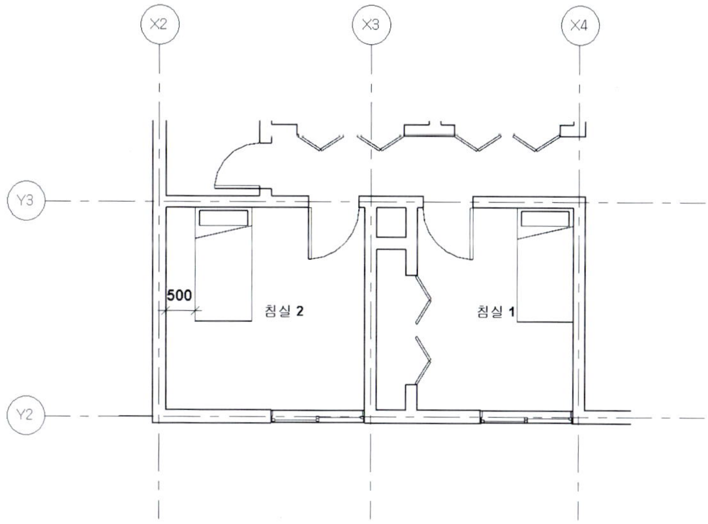

2. 2층 부부침실의 가구 작성

1) 가구 작성 방법

❶ 프로젝트 탐색기에서 평면도의 05 2층 평면도를 활성화합니다.

❷ 마우스 우측버튼을 클릭하고, [구성요소배치] 반복(T)을 클릭합니다.

❸ 유형탐색기에서 침대-표준 1525×2007㎜ 퀸을 선택합니다.

❹ 작업영역에 가져와 스페이스바를 눌러 객체의 방향을 변경합니다.

❺ 침대를 배치하고 정렬 및 이동합니다.

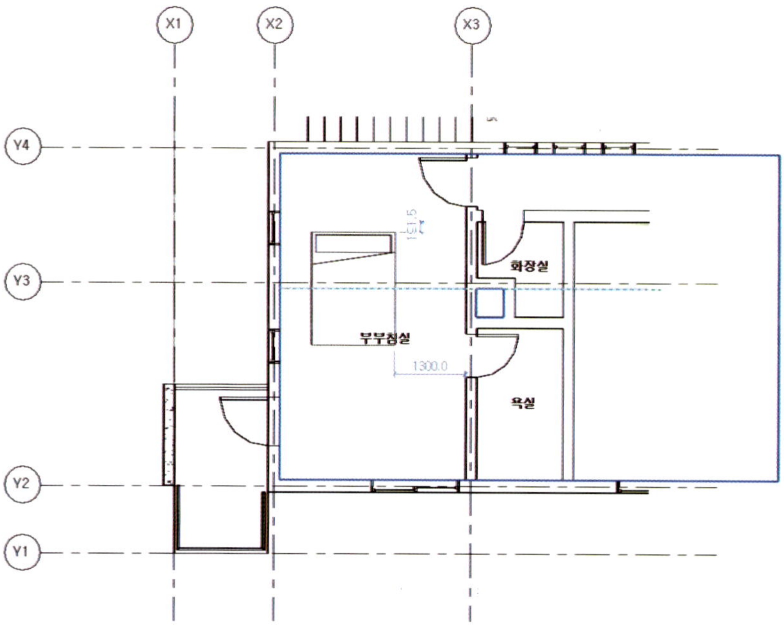

〈침대 개략 배치〉

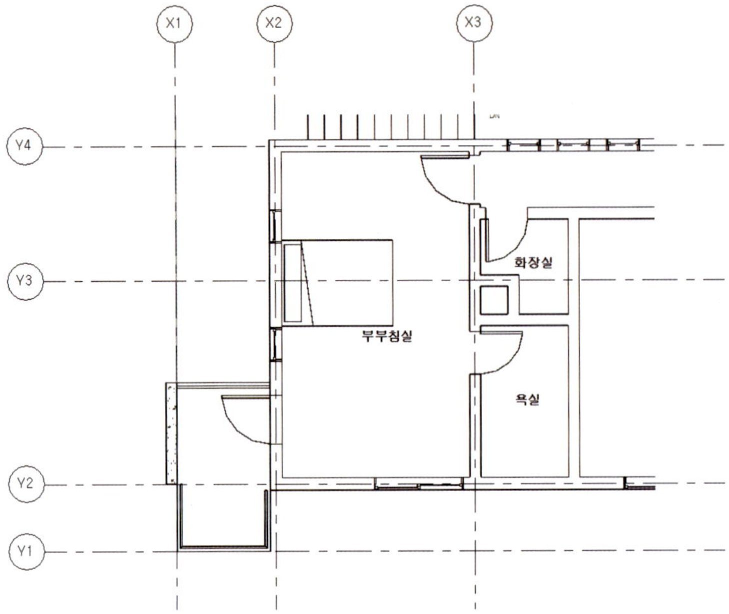

〈침대 회전 및 정렬〉

2) 탁자와 의자 작성

❶ 마우스 우측버튼을 클릭하고, [구성요소배치]반복(T)를 클릭합니다.

❷ 유형편집 ➜ 로드 ➜ 부록 DVD : / SECTION 3 Project files ➜ 3.9 가구배치 및 작성 ➜ Seating_Artemis_Lounge chair와 유리_커피 테이블(직경 600×450)을 로드해서 적절히 배치합니다.

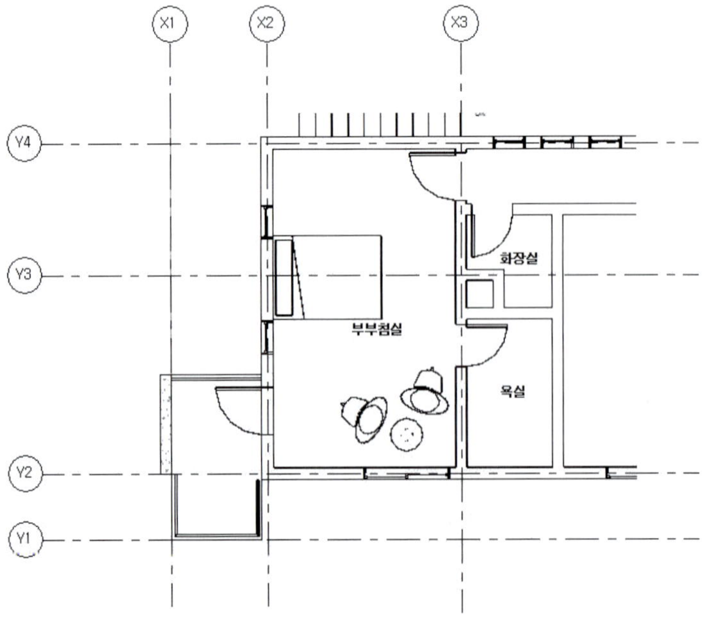

Step 05 작성된 가구를 수정하거나 필요한 가구를 적절히 재배치합니다.

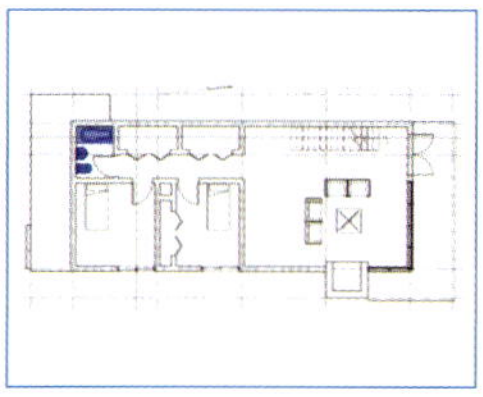

1층 욕실 위생도기 작성목표

9.3 욕실 위생도기 작성

Step 01 위생도기 작성 방법

❶ 프로젝트 탐색기에서 평면도의 02 1층 평면도를 활성화합니다.

❷ 건축 탭 → 구성요소 → 구성요소배치를 클릭합니다.

Step 02 가구 패밀리유형 로드

❶ 유형편집 → 로드 → 케이스워크 → 가정용 화장실에서 욕조를 선택하고 엽니다.

❷ 유형편집 → 로드 → 케이스워크 → 가정용 화장실에서 화장실 2를 선택하고 엽니다.

❸ 유형편집 → 로드 → 부록 DVD : / SECTION 3 Project files → 3.9 가구배치 및 작성을 열고, Deca_세면기를 로드합니다.

Step 03 옵션막대에서 배치 후 회전을 체크합니다.

Step 04 위생도기 작성

1. 1층 욕실 위생도기 작성

❶ 마지막 로드한 세면기를 서측벽에 작성합니다.

❷ 유형선택기에서 욕조 W1600×D700×H370을 선택하고 북측벽에 붙여서 작성합니다.

❸ 유형선택기에서 화장실 2를 선택하고 세면기 아래쪽에 작성합니다.

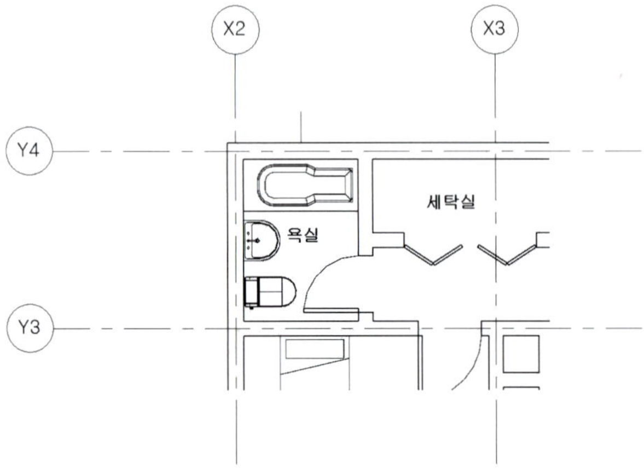

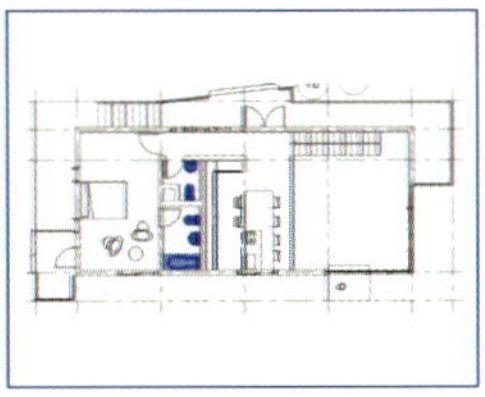

2층 욕실 및 화장실 작성목표

Hot Tip

초기 작성에서 객체를 정확한 위치에 배치하려고 노력하는 것보다는 먼저 대략 배치하고 정렬도구나 주석치수를 써서 조정하는 편이 편리합니다.

2. 2층 욕실과 화장실 위생도기 작성

❶ 프로젝트 탐색기에서 평면도의 05 2층 평면도를 활성화합니다.

❷ 마우스 우측버튼을 클릭하고, [구성요소배치] 반복(T)을 클릭합니다.

❸ 위생기기를 적절히 배치합니다.

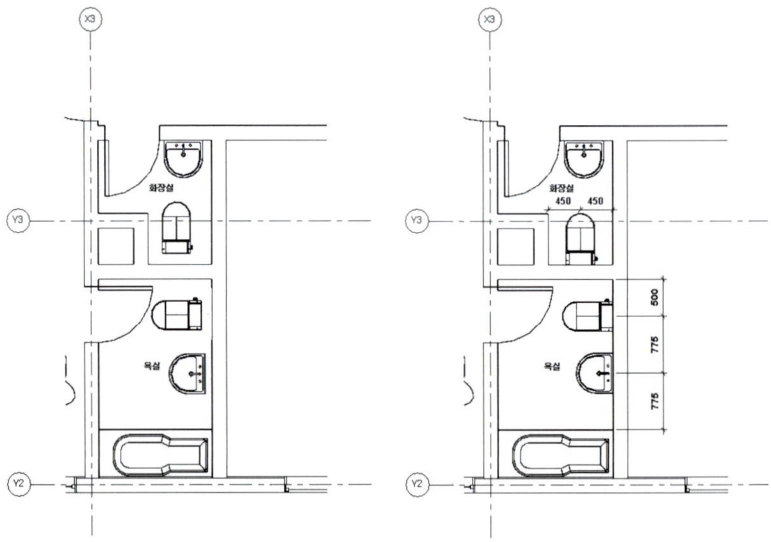

❹ 정렬과 주석치수를 써서 위치를 조정합니다.

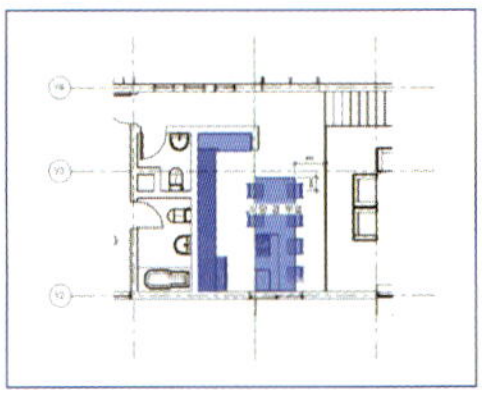

주방기기 및 가구 작성목표

9.4 주방기기 및 가구 작성

Step 01 주방기기 및 가구 작성 방법

❶ 프로젝트 탐색기에서 평면도의 05 2층 평면도를 활성화합니다.

❷ 건축 탭 → 구성요소 → 구성요소배치를 클릭합니다.

Step 02 주방기기 및 가구 패밀리 로드

❶ 유형편집 → 로드 → 부록 DVD : / SECTION 3 Project files → 3.9 가구배치 및 작성에서 주방가구_식탁과 조리-대 세트를 선택하고 열기(O)를 클릭합니다.

❷ 동일한 위치에서 주방가구_주방 수납장 세트를 선택하고 열기(O)를 클릭합니다.

❸ 유형편집 → 로드 → 가구에서 의자-브로이어를 선택하고 열기(O)를 클릭합니다.

Step 03 주방가구_주방 수납장 세트 작성

❶ 유형탐색기를 열고, 주방가구_수납장 세트를 선택합니다.

❷ 식당 겸 부엌의 작성 위치로 끌어다 적당히 배치합니다.

❸ 정렬 도구로써 벽면과 수납장 세트를 정렬합니다.

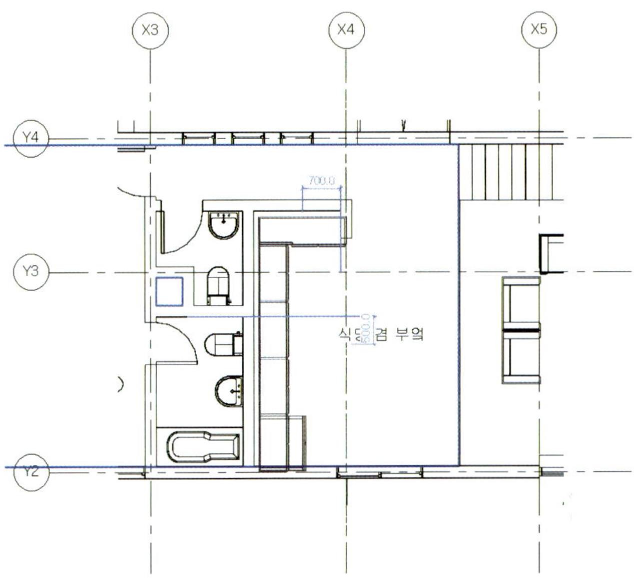

〈주방가구_수납장 세트 배치〉

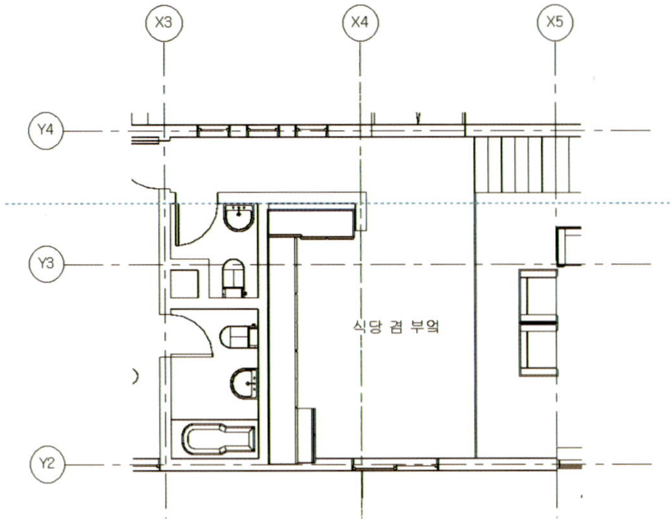

〈주방가구_수납장 세트 정렬〉

Step 04 주방가구_식탁과 조리대 세트 작성

❶ 마우스 우측버튼을 클릭하고, 최근에 사용한 명령(E) ➜ 구성요소 : 구성요소배치(CM)를 클릭합니다.

❷ 유형탐색기를 열고, 주방가구_식탁과 조리대 세트를 선택합니다.

❸ 식당 겸 부엌의 작성 위치로 끌어다 적당히 배치합니다.

❹ 정렬 도구로써 외벽과 세트를 정렬합니다.

❺ 정렬 치수로써 식탁과 유리난간 사이에 치수를 작성합니다.

❻ 식탁을 선택하고, 임시치수를 900으로 변경합니다.

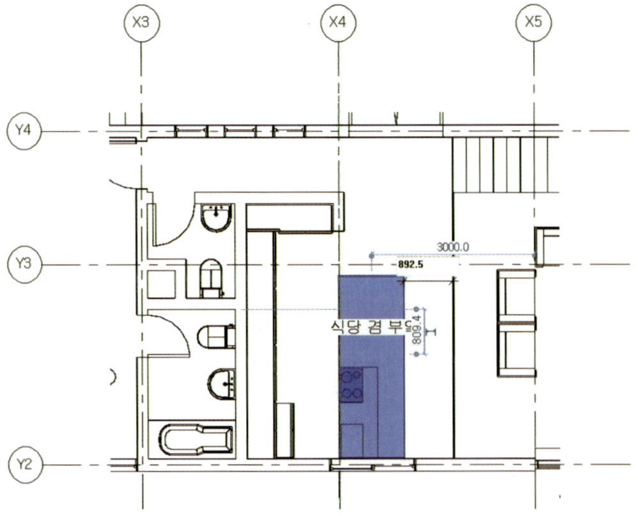

〈정렬치수 기입〉

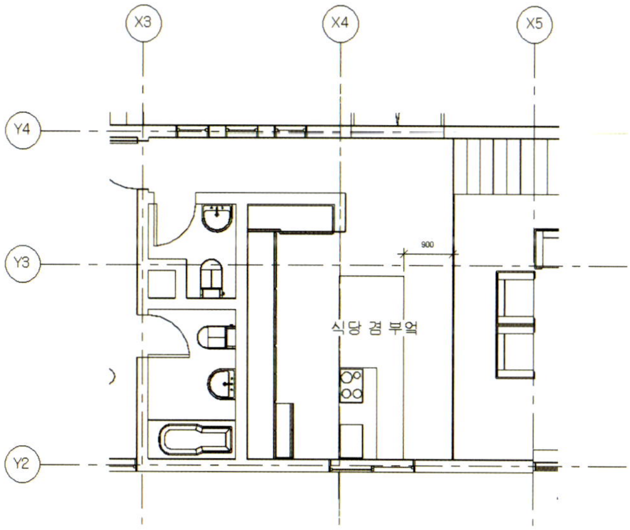

〈임시치수 900으로 변경〉

Step 05 의자 작성

1. 마우스 우측버튼을 클릭하고, 최근에 사용한 명령(E) ➜ 구성요소 : 구성요소배치(CM)를 클릭합니다.
2. 유형탐색기를 열고, 의자-브로이어를 선택합니다.
3. 주방가구_식탁과 조리대 세트의 우측 상부에 적당한 위치에 배치합니다.
4. 임시치수를 선택하고, 식탁 단부에서 의자 중심까지 간격을 400으로 변경합니다.
5. 배열방법 및 선택사항 설정

❶ 의자를 선택하고, 수정 | 가구 탭의 배열을 클릭합니다.

❷ 옵션막대에서 그룹 및 연관의 체크를 해지 ☐ 합니다.

❸ 항목 수는 4개로 변경합니다.

❹ 이동 위치는 마지막을 체크 ◉ 합니다.

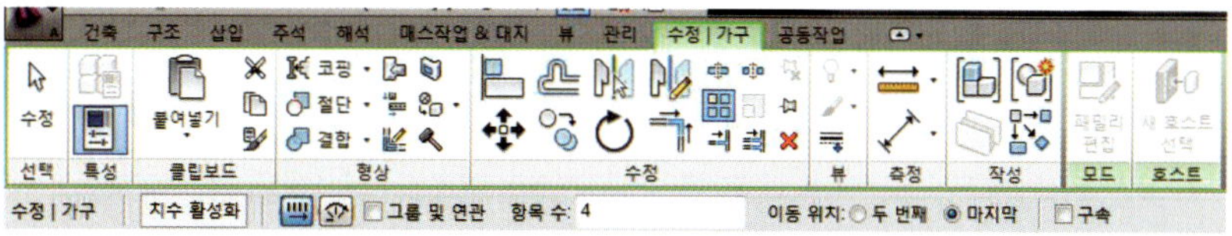

6. 의자 배열 작성

❶ 첫 번째 의자의 중간점을 선택합니다.

❷ 마지막 이동위치까지 임시치수 2400을 되도록 끌어내려서 클릭합니다.

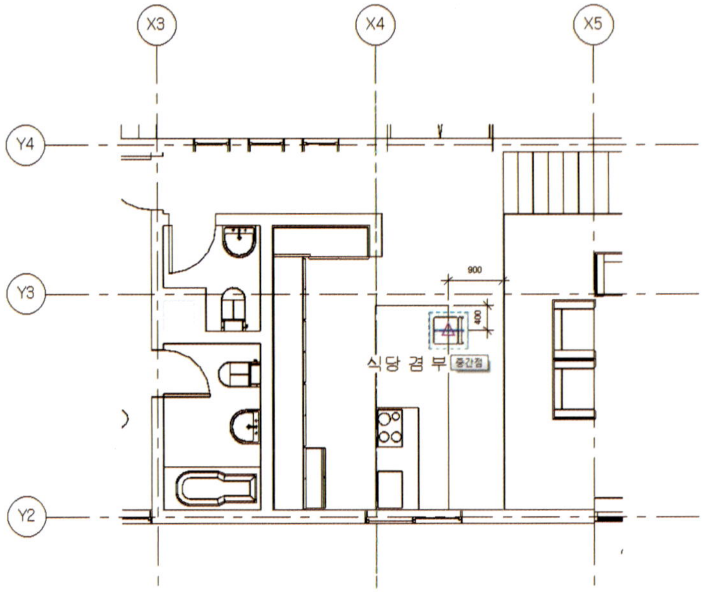

〈배열 기준점 선택〉

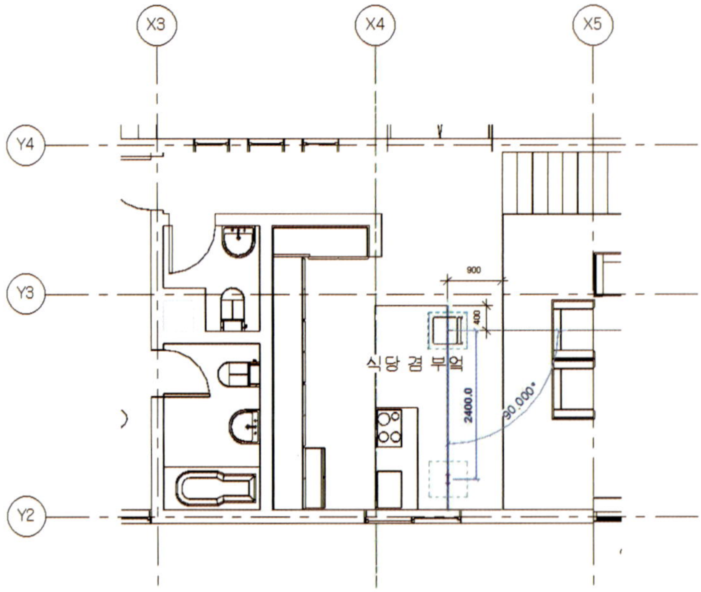

〈마지막 이동 위치 선택〉

③ 배열된 의자 중에서 위쪽의 2개를 **다중 선택**합니다.

④ **대칭-축 선택**(MM)을 클릭합니다.

⑤ 대칭 복사에 사용될 축으로써 **주방가구_식탁과 조리대 세트**의 **중간선**을 클릭합니다.

❻ 의자 2개가 대칭 복사되어 세트 작성이 완료됩니다.

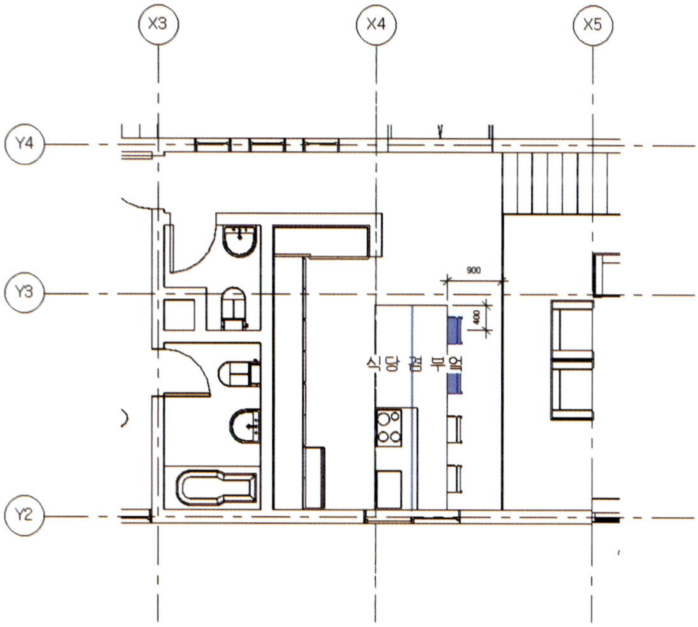

〈대칭-축(MM) 선택〉

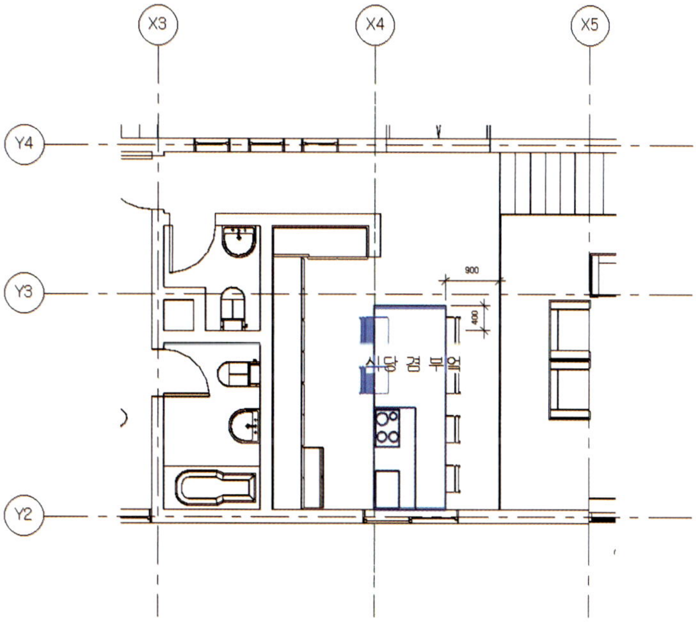

〈대칭-축 복사 결과〉

Chapter 10

BIM 모델 활용

BIM 모델링이 갖고 있는 강력한 잠재적 특성은 생성된 모델이 다양한 정보생산의 데이터로서 끊임없이 활용될 수 있는 것입니다. 본 장에서는 BIM 모델을 써서 2D CAD에서 작성되는 건축도면(Sheet)과 물량산출에 쓰이는 일람표를 작성합니다.

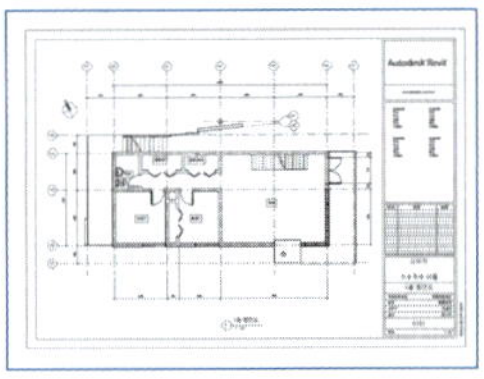

1층 평면도 시트 작성목표

10.1 건축도면(Sheet) 작성

시트(sheet)는 2차원 출력을 위한 2D CAD의 건축설계도면과 같은 개념입니다. 건축도면은 기본건축도면, 상세도면 및 각종 부분상세도 등 다양하지만, 본 장에서는 평면도를 중심으로 작성합니다.

주요 학습내용은 축척 조정, 치수작성, 도면 내 표시기호 작성입니다.

Step 01 시트 작성 준비

❶ 프로젝트 탐색기의 평면도 분기에서 02 1층 평면도를 활성화합니다.

❷ 뷰 탭 → 뷰 복제 를 클릭합니다.

❸ 복제된 평면뷰가 평면도 분기에 복제 02 1층 평면도로 나타납니다.

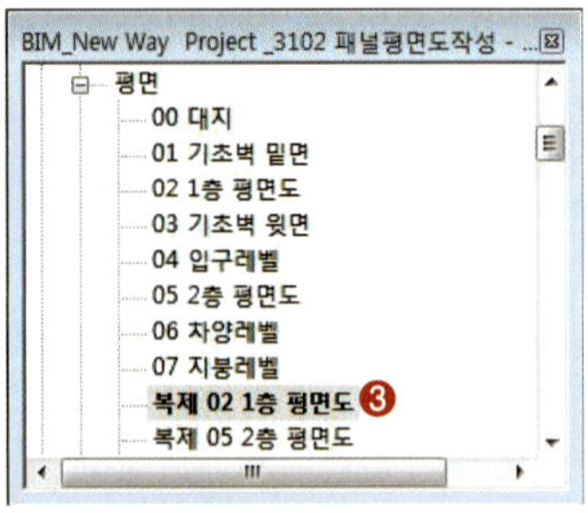

Hot Tip

도면 뷰의 이름은 중복될 수 없습니다. 동일한 뷰를 여러 시트에 사용하려면 **뷰 복제**를 하고 **다른 이름으로 저장**해서 시트에 배치해야 합니다.

Step 02 시트 뷰 유형 작성

❶ 프로젝트 탐색기의 평면뷰에서 복제 02 1층 평면도를 활성화합니다.

❷ 유형편집 → 복제를 선택하고, 새 도면(view)유형 이름을 건축도면이라고 입력합니다.

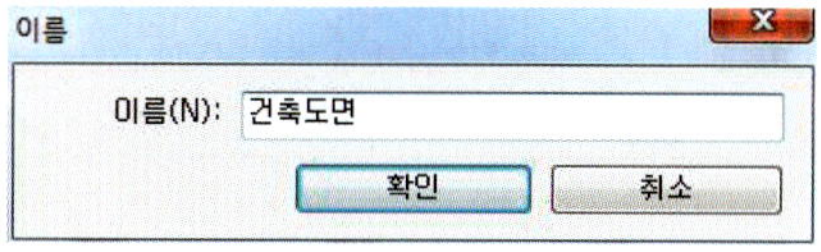

❸ 유형특성 대화상자의 확인을 클릭하고 닫습니다.

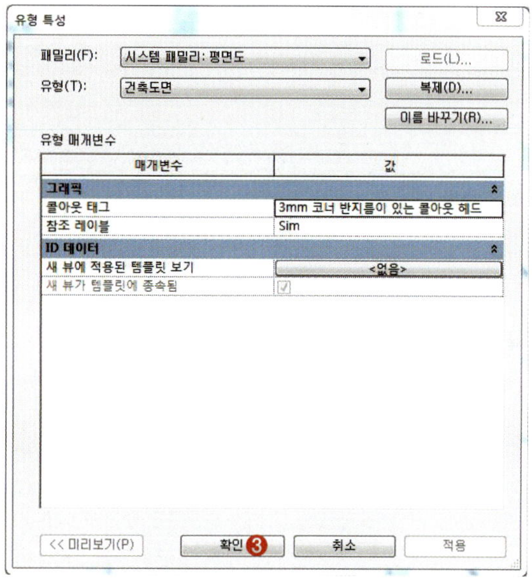

❹ 프로젝트 탐색기에 새로운 평면(건축도면)이라는 분기가 생성됩니다. 이 분기에 복제 02 1층 평면도가 나타납니다.

Hot Tip
V/G는 가시성/그래픽의 약자입니다.

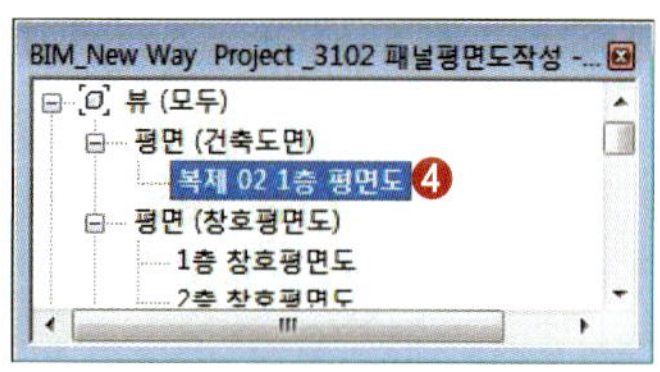

Step 03 뷰 이름 변경과 가시성/그래픽 설정

1. 뷰 이름 변경

❶ 프로젝트 탐색기에서 복제 02 1층 평면도를 클릭합니다.

❷ 마우스 우측버튼을 클릭하고 이름 바꾸기(R)를 클릭합니다.

❸ 뷰 이름을 1층 평면도로 변경합니다.

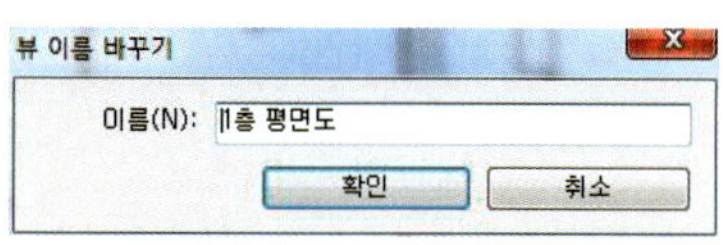

2. 가시성과 그래픽 설정

❶ 특성 팔레트의 매개변수에서 가시성/그래픽(V/G) 재지정의 편집을 클릭합니다.

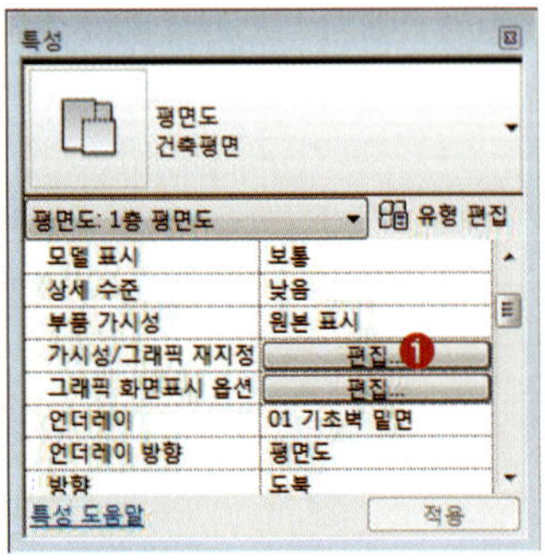

❷ 모델 카테고리에서 건축도면에 요구되는 항목(경사로, 계단, 구조기둥, 기둥, 룸, 문, 바닥, 벽, 수목, 요소, 지붕, 창, 커튼월 멀리언, 커튼월 패널, 케이스워크, 특수시설물 등)을 선택합니다.

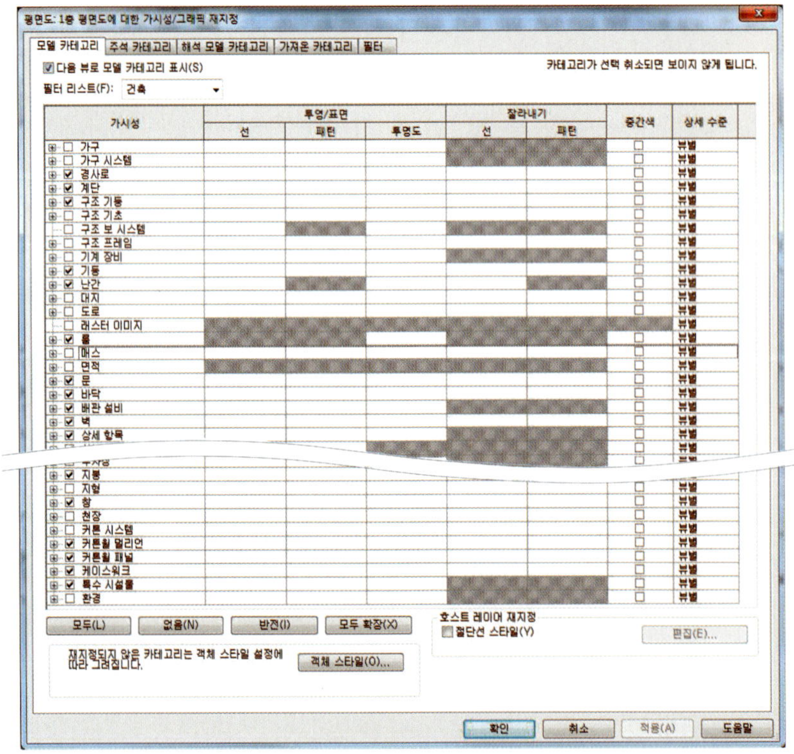

❸ 주석 카테고리에서 건축도면에 요구되는 항목(계단경로, 그리드, 룸 태그, 뷰 제목, 치수 등)을 선택합니다.

3. 건축도면 그래픽화면 옵션 설정

건축도면은 시각적 효과보다는 정확한 형태정보와 치수정보를 전달해야 합니다. 건축도면의 그래픽화면 표시옵션은 은선으로 설정합니다.

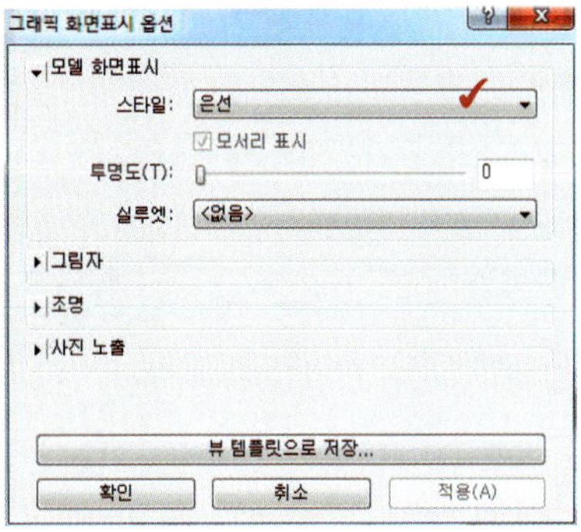

Step 04 주석(Annotation)과 도면기호 작성

❶ 주석 → 정렬치수(DI) 를 클릭하고, 그리드와 벽 중심선에 치수를 작성합니다.

❷ 주석 → 룸 태그 를 선택하고, 각 실마다 룸 태그를 배치합니다.

❸ 주석 → 기호 → 유형편집 → 로드 → 주석을 클릭하고, 방위각 2를 열어 평면도 왼쪽 위쪽에 배치합니다.

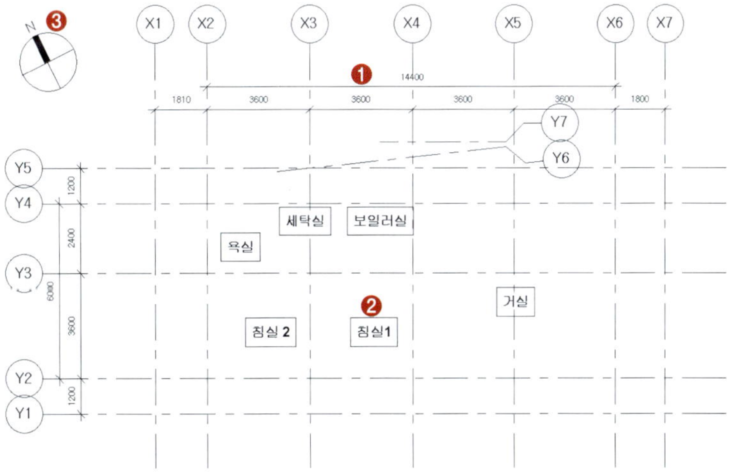

Step 05 도면 시트 작성

1. 시트블록(도면양식) 선택방법

❶ 뷰 탭 → 시트 를 클릭합니다.

❷ 새 시트 대화상자에서 시트작성에 사용할 제목 블록이 없으면 로드를 클릭합니다.

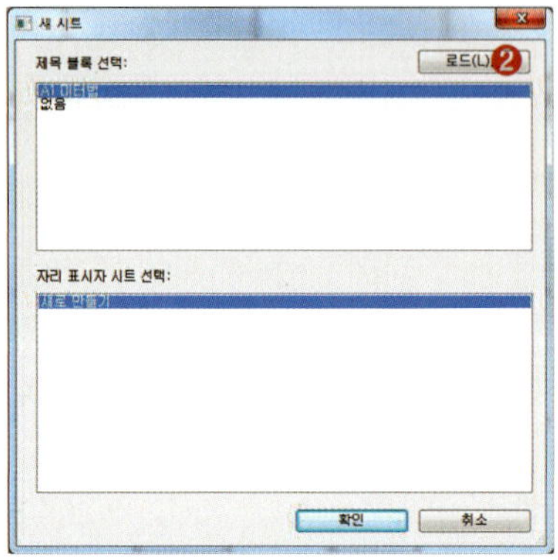

❸ 로드 → 제목 블록을 클릭하고, A2 미터법을 선택해서 열기(O)를 클릭합니다.

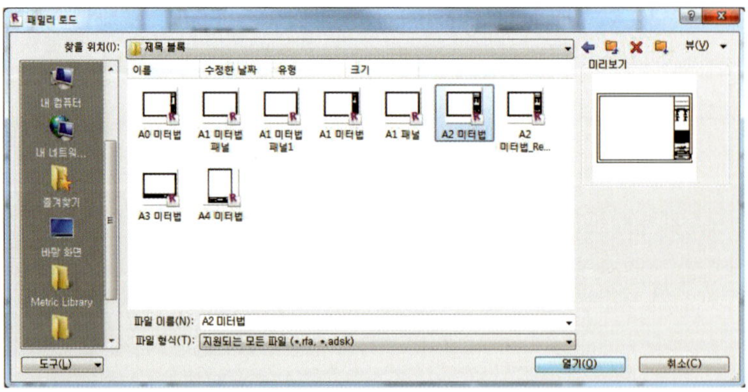

2. 시트(도면양식) 작성

❶ 새 시트 대화상자의 자리표시자 시트 선택 : 창에서 새로 만들기를 클릭하고, 확인합니다.

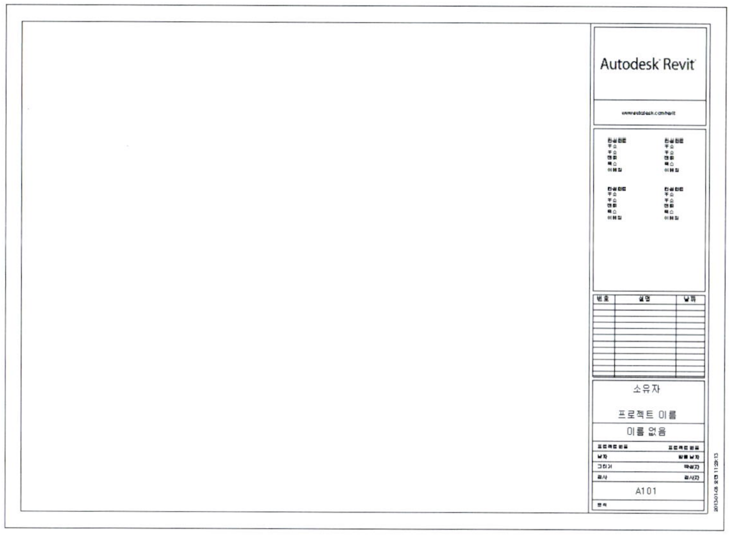

❷ 프로젝트 탐색기의 시트(모두) 분기를 펼치면 A101－이름 없음이 생성됩니다.

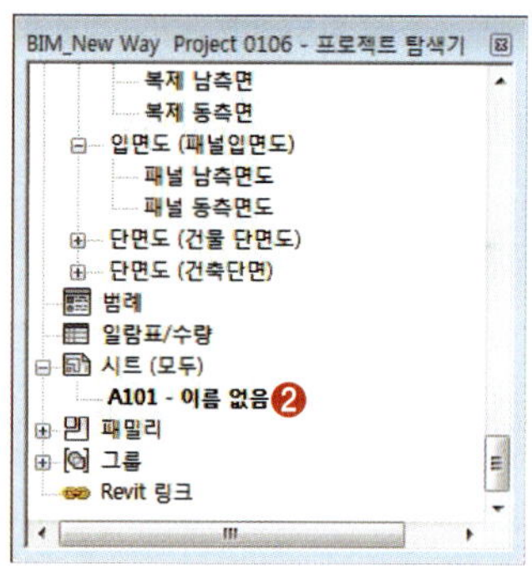

❸ A101－이름 없음을 마우스 우측버튼을 클릭해서 시트 이름을 1층 평면도로 변경합니다.

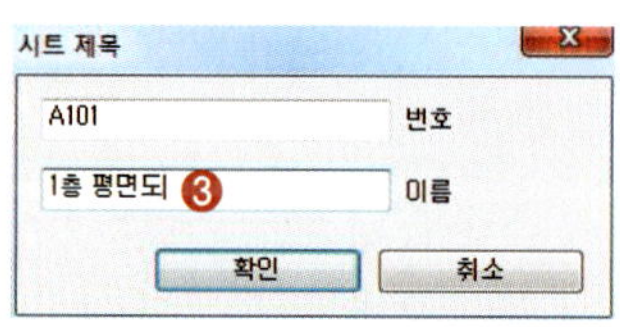

3. 뷰포트 배치

❶ 프로젝트 탐색기의 평면(건축평면) 분기에서 1층 평면도를 끌어(drag) 옵니다.

❷ 시트(도면양식) A101－1층 평면도 위의 적합한 위치에 끌어다 놓습니다(drop).

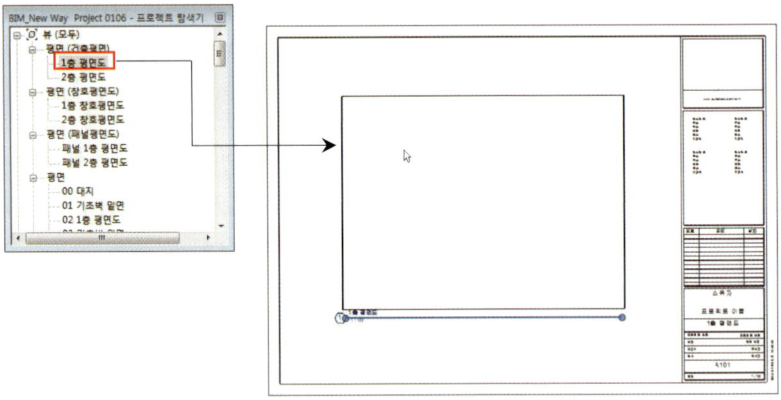

Step 06 뷰포트(모델도면 및 주석) 수정

1. 뷰포트 위치 수정

❶ 뷰포트의 위치는 원하는 위치로 끌어다 놓으면 됩니다.

❷ 미세한 위치 조정은 방향키로 세밀하게 조정할 수 있습니다.

❸ 도면 위치의 이동을 방지하려면 뷰포트를 선택하고, 수정 | 뷰포트 탭의 핀(pin)을 클릭합니다.

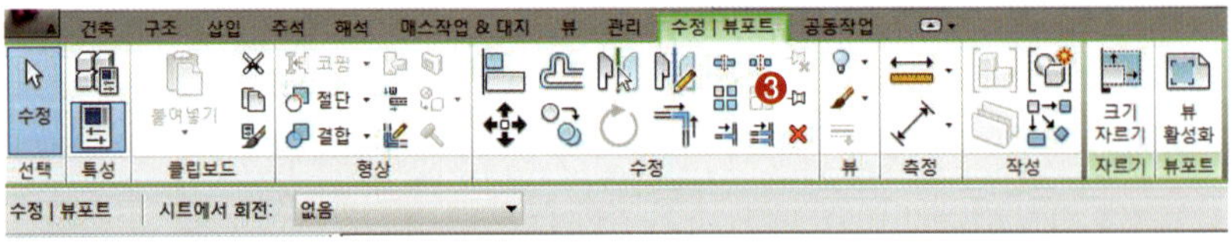

2. 제목선(도면명칭) 수정

Hot Tip
제목선의 유형선택은 프레젠테이션 도면에서 도면명칭을 새로 작성하는데 편리합니다.

❶ 제목선(Title line)은 뷰포트를 선택하면 유형탐색기에서 유형을 선택할 수 있습니다.

❷ 제목선의 길이 조정은 뷰포트를 클릭할 때, 나타나는 조절점을 끌어서 조절합니다.

❸ 제목선의 위치는 도면영역을 클릭하고, 제목선을 끌어서 적합한 위치에 놓습니다.

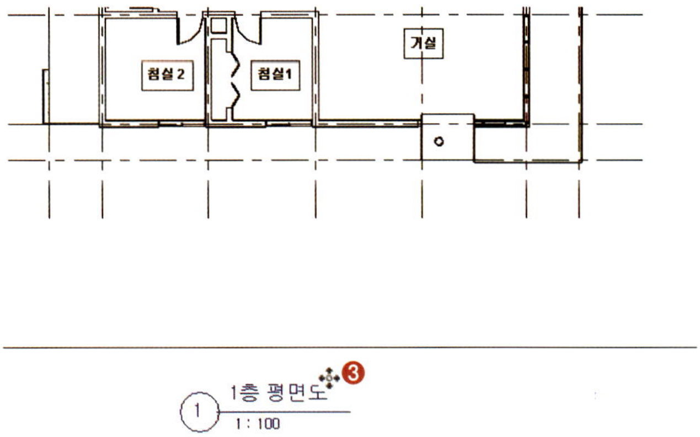

Hot Tip

뷰포트를 수정하거나 모델링을 변경하려면 우선 핀(pin)을 해지합니다.

3. 뷰포트 수정

❶ 뷰포트를 선택한 채, 마우스 우측버튼을 눌러 뷰 활성화(A)를 클릭합니다.

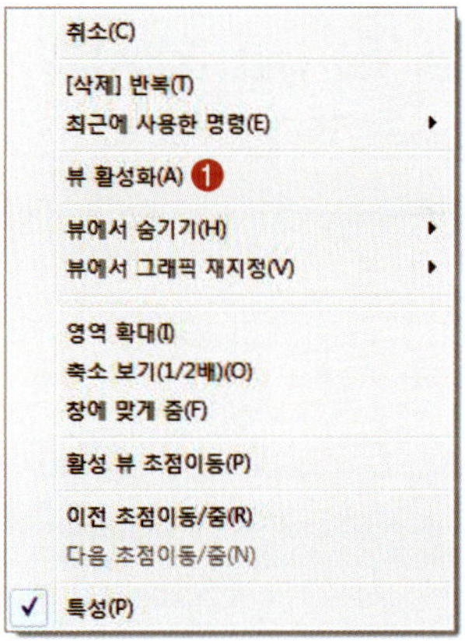

❷ 뷰포트가 활성화되면 모델링 · 주석 · 가시성/그래픽 재지정 등 다양한 작업을 수행할 수 있습니다.

❸ 치수선과 방위표의 위치를 수정합니다.

❹ 수정 후에는 마우스 우측버튼을 누르고, 뷰 비활성화(D)를 클릭합니다.

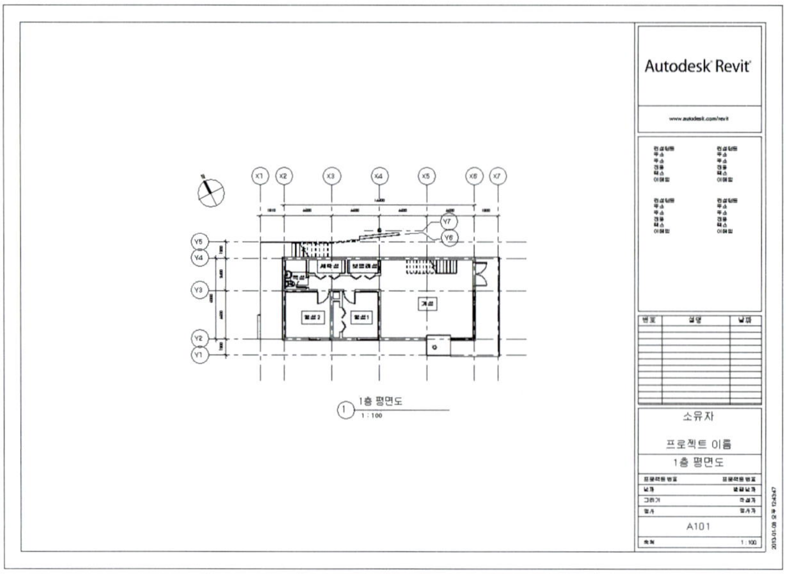

〈뷰포트 수정 이전〉

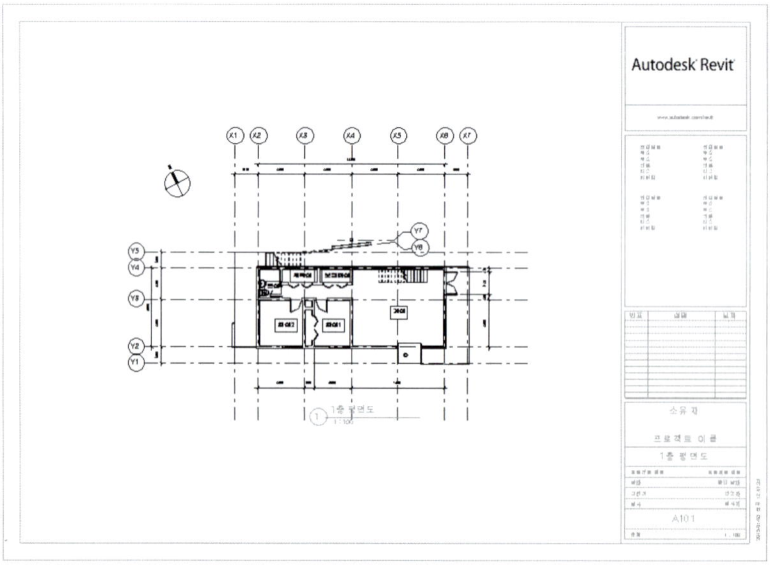

〈뷰포트 수정 이후〉

Hot Tip

축척 변경에 관한 사항은 가려운 데 긁어주기 4.7.2 축척(p.329)을 참고하세요.

4. 뷰포트의 축척 변경

❶ 뷰포트를 선택하고 마우스 우측버튼을 눌러 뷰활성화(A)를 클릭합니다.

❷ 뷰 조절막대에서 축척을 펼쳐, 1 : 50을 선택합니다.

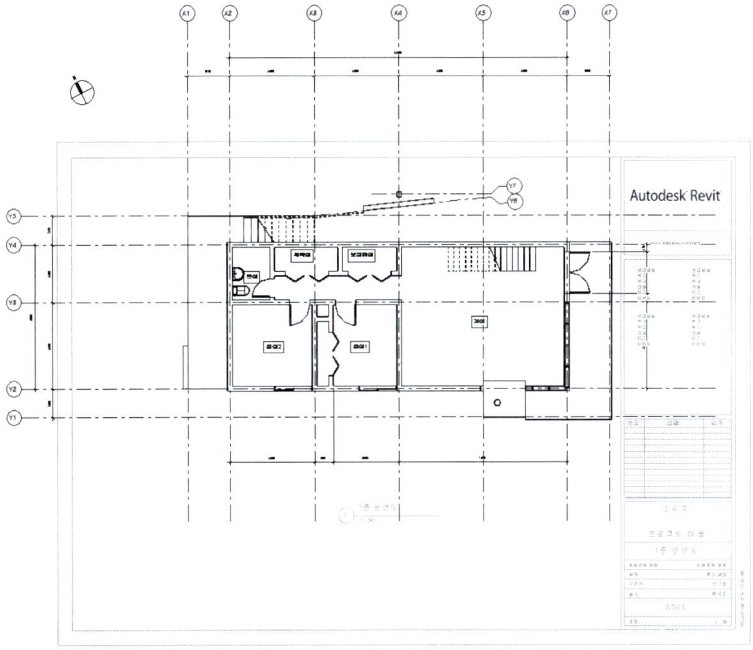

❸ 뷰포트가 확대되면서 시트 배치가 무너졌습니다.

5. 뷰포트의 시트 위치 변경

❶ 마우스 우측버튼을 눌러 뷰포트를 비활성화(D)합니다.

❷ 뷰포트를 끌어서 시트 중앙에 배치합니다.

6. 1층 평면도 뷰의 주석 · 도면기호의 위치 조정

❶ 뷰포트를 선택하고, 마우스 우측버튼을 눌러 뷰활성화(A)를 클릭합니다.

❷ 치수선, 그리드, 방위표시 등 주석의 위치를 조정합니다.

❸ 뷰포트를 비활성화(D)합니다.

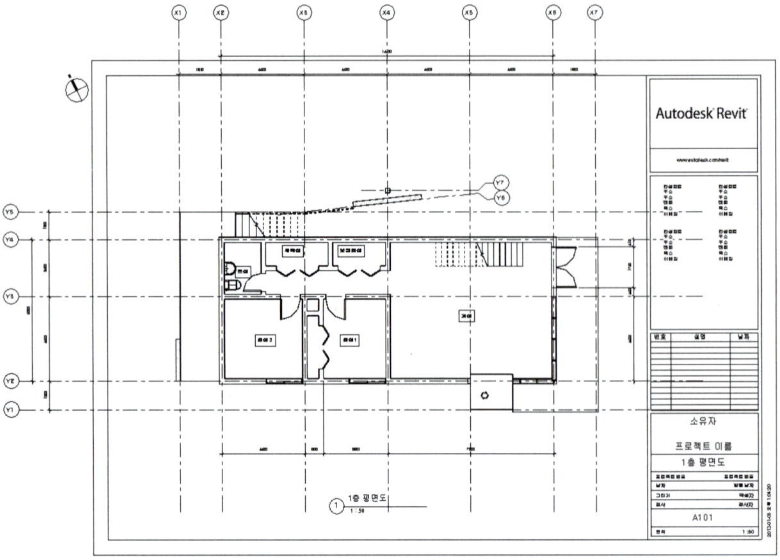

7. 뷰포트 위치와 제목선을 세밀하게 조정합니다.

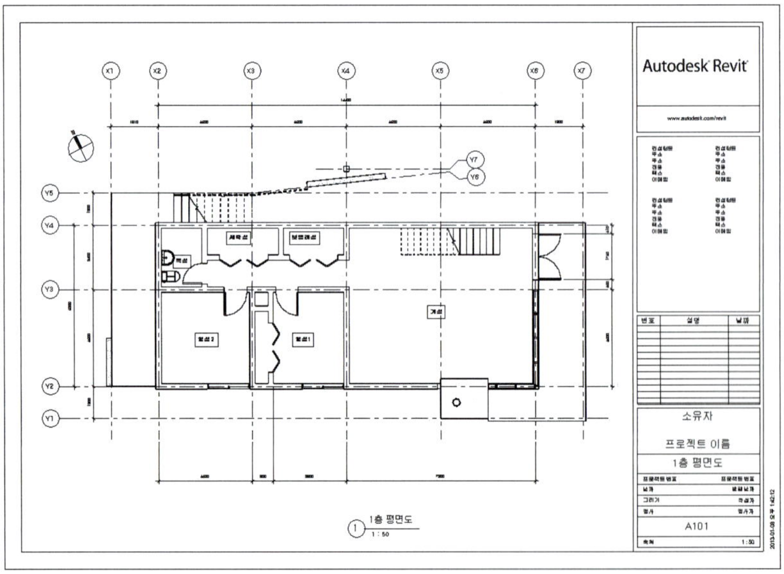

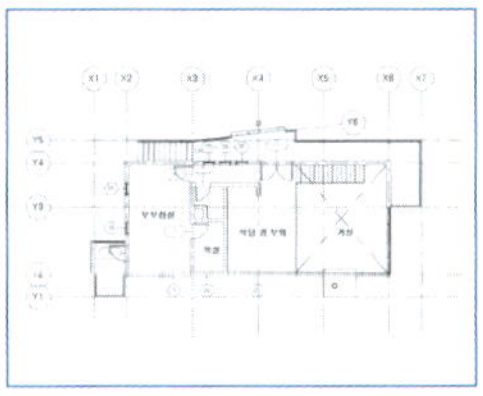

창호평면도 작성목표

Hot Tip

뷰 유형을 활용하면 특정한 그래픽 특성 및 뷰 템플릿을 새 뷰에 빠르게 적용하거나 기존 뷰의 그래픽 특성을 수정할 수 있습니다.

10.2 창호평면도 작성

뷰를 복제하여 창호평면도를 만들고, 문과 창의 기호(tag)를 작성합니다. 태그작성은 카테고리별 작성 방법과 모든 항목에 대한 작성 방법이 있습니다.

Step 01 창호평면도 작성준비

❶ 프로젝트 탐색기의 평면도 분기에서 02 1층 평면도를 클릭합니다.

❷ 뷰 탭 → 뷰 복제 를 클릭합니다.

❸ 프로젝트 탐색기의 평면도 분기에서 05 2층 평면도를 클릭합니다.

❹ 마우스 우측버튼을 클릭하고 뷰 복제(V) → 복제(L)를 선택합니다.

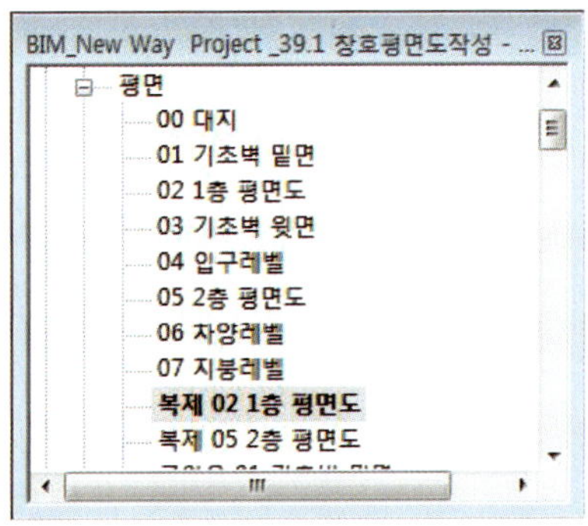

Step 02 창호평면도의 분기(뷰 유형) 작성

1. 창호평면도 분기 작성

❶ 프로젝트 탐색기의 평면도의 복제 02 1층 평면도를 활성화합니다.

❷ 유형편집 → 복제를 클릭하고, 이름은 창호평면도로 기입합니다.

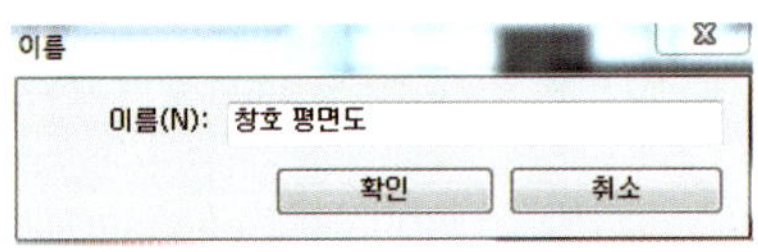

❸ 유형특성 대화상자에서 유형(T)에 창호평면도가 설정되면 확인을 클릭합니다.

❹ 프로젝트 탐색기에 평면(창호평면도)라는 분기(folder)가 생성되고, 복제 02 1층 평면도가 나타납니다.

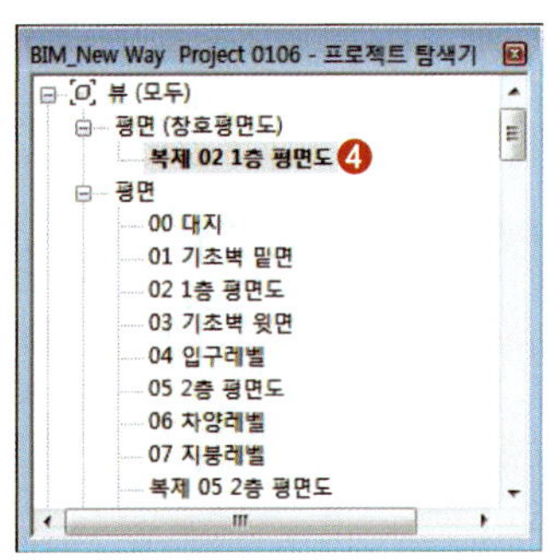

Step 03 1층 창호평면도 작성

1. 뷰 작성 및 그래픽/가시성 재설정

❶ 복제 02 1층 평면도를 선택하고, 마우스 우측버튼을 클릭해서 이름 바꾸기(R)를 선택합니다.

❷ 뷰 이름은 1층 창호평면도라고 변경합니다.

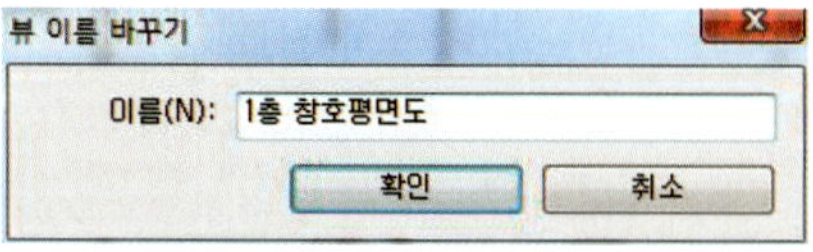

2. 1층 창호평면도의 그래픽 가시성/그래픽 재지정

❶ 모델 카테고리에서 창호도에 필요한 항목(계단, 구조기둥, 기둥, 문, 바닥, 벽, 창과 커튼월 멀리언과 커튼월 패널 등)을 체크합니다.

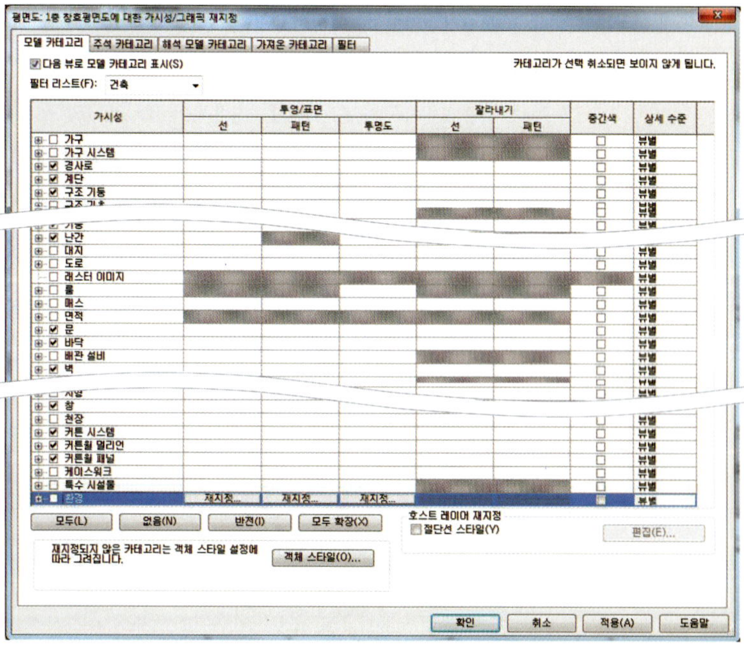

❷ 주석카테고리에서 창호평면도에 요구되는 항목(그리드, 문 태그, 문자 참고, 뷰 제목, 창 태그, 치수 등)을 체크합니다.

3. 그래픽 화면표시 옵션 설정

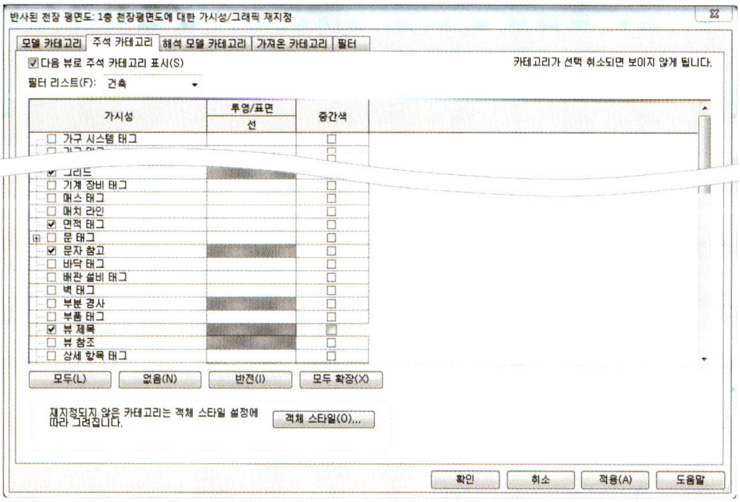

❶ 특성 팔레트의 그래픽 화면표시 옵션의 편집을 클릭합니다.

❷ 대화상자에서 모델 화면표시의 스타일을 열고 은선을 선택합니다.

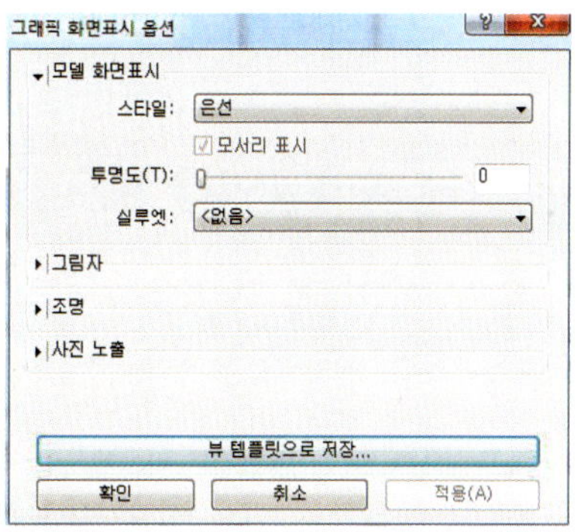

Step 04 2층 창호평면도 작성

1. 뷰 작성 및 그래픽/가시성 재설정

❶ 프로젝트 탐색기의 평면(창호평면도)에서 복제 05 2층 평면도를 선택합니다.

❷ 마우스 우측버튼을 클릭해서 이름 바꾸기(R)를 선택하고, 이름은 2층 창호평면도라고 변경합니다.

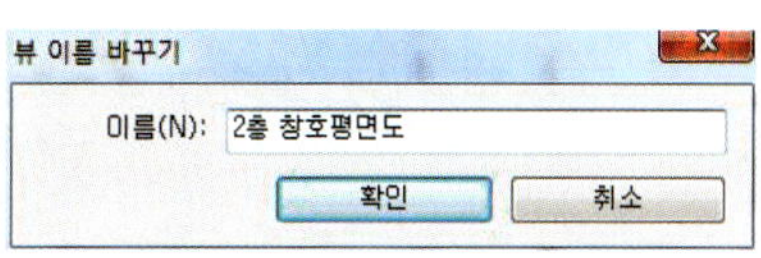

❸ 특성 팔레트의 ID 데이터의 <없음>을 클릭합니다.

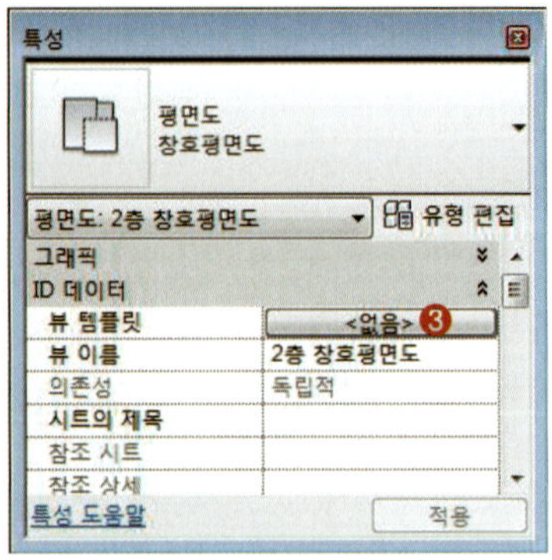

❹ 뷰 템플릿 대화상자에서 뷰 표시를 체크합니다.

❺ 이름 창에서 1층 창호평면도를 선택합니다.

❻ 적용을 클릭하면 뷰 템플릿이 적용됩니다.

❼ 대화상자를 닫습니다.

Hot Tip

뷰 템플릿을 적용하면 복잡한 절차를 거치지 않고 기존의 가시성/그래픽 지정과 화면 그래픽 옵션을 동일하게 적용할 수 있습니다.

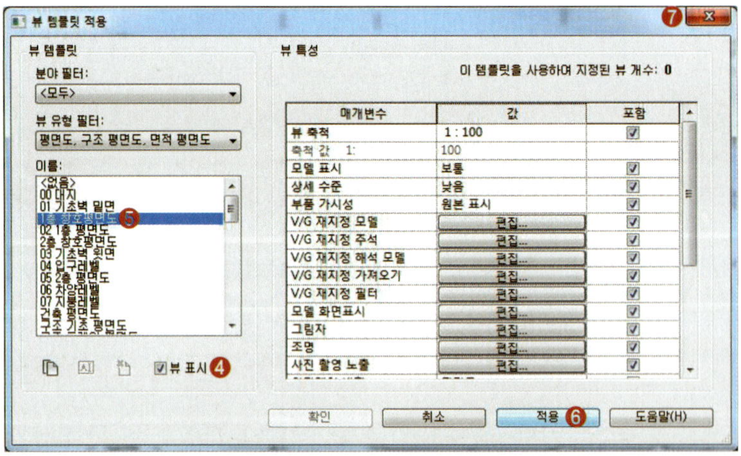

Step 05 카테고리별 창호 태그 작성

1. 창호 태그 작성 방법

❶ 프로젝트 탐색기에서 창호평면도의 1층 창호평면도를 활성화합니다.

❷ 주석 탭 → 카테고리별 태그 를 클릭합니다.

2. 구속조건은 지시선의 체크를 해지합니다.

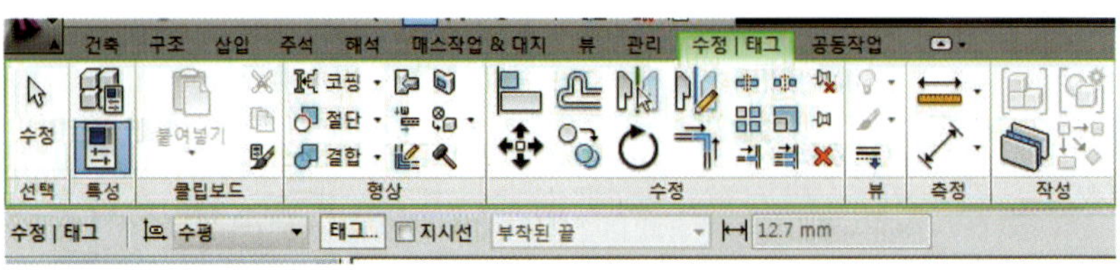

> **Hot Tip**
> 창호를 작성하고 삭제하면 마크번호는 삭제되지 않습니다. 삭제 후에도 작성순서를 맞추려면 특성 팔레트의 ID 데이터의 마크번호를 변경합니다.

3. 카테고리별 창호 태그 작성

❶ 태그 작성을 원하는 창이나 문을 클릭합니다.

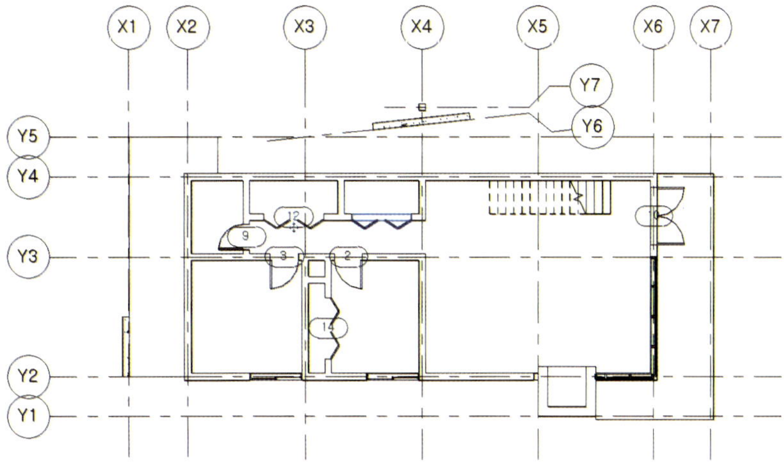

❷ 선택순서와 관계없이 창호패밀리가 작성된 순서에 따라 태그가 작성됩니다.

❸ 1층 창호평면도의 모든 객체를 하나씩 선택해서 태그를 작성합니다.

Step 06 모든 항목 태그 작성

1. 창호 태그 작성 방법

❶ 프로젝트 탐색기의 평면(창호평면도)에서 2층 창호평면도를 활성화합니다.

❷ 주석 탭 → 모든 항목태그 를 클릭합니다.

2. 모든 항목 태그의 대화상자 편집

❶ 카테고리 창에서 문 태그와 창 태그를 선택합니다.

❷ 지시선(D)을 체크합니다.

❸ 지시선 길이(E)는 5mm로 변경합니다.

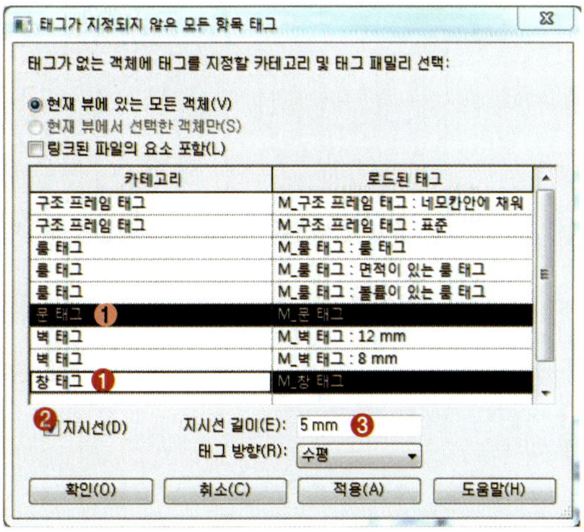

3. 모든 항목 태그의 대화상자에서 확인을 클릭하면 모든 태그가 한 번에 작성됩니다.

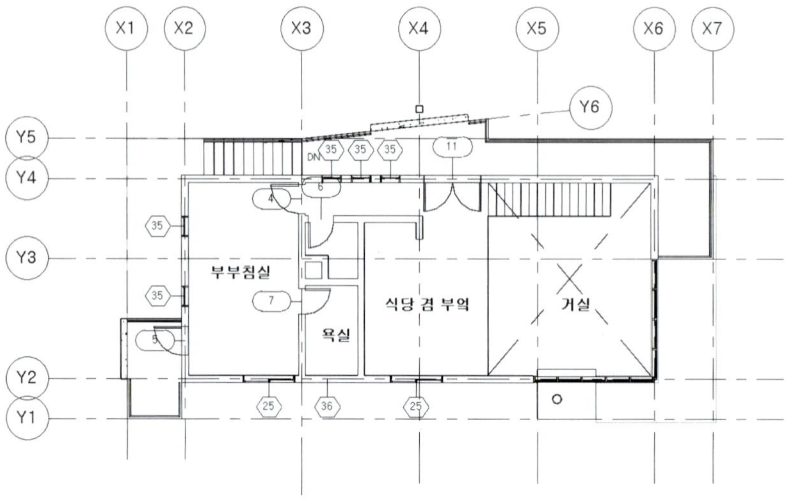

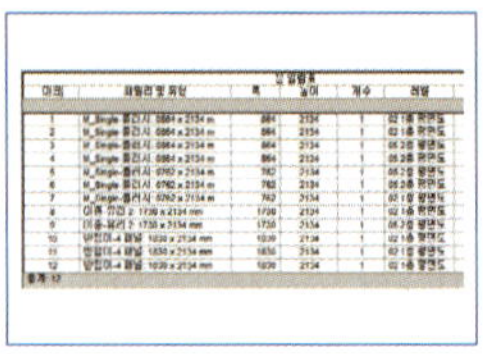

문 일람표 작성목표

10.3 문 일람표 작성

건축설계과정은 형태적 모델링과 수량데이터의 관리가 필요합니다. 건축 구성요소마다 다양한 일람표가 작성되지만 문일람표, 창일람표 및 룸 일람표를 작성합니다. 주요한 내용은 일람표 작성 방법과 일람표와 모델링이 매개변수로써 연동하는 개념입니다.

Step 01 문 일람표 작성 방법

❶ 뷰 탭 ➜ 일람표 ➜ 일람표/수량 을 클릭합니다.

❷ 새 일람표의 카테고리(C)에서 문을 선택합니다.

❸ 일람표 이름이 문 일람표로 자동으로 생성됩니다.

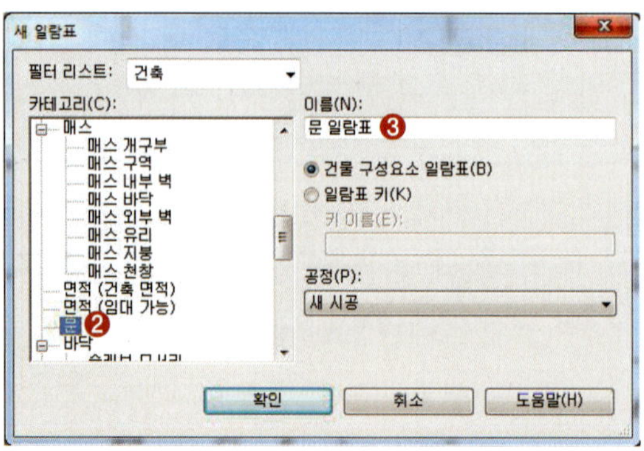

Step 02 일람표 양식구성과 작성

1. 형식구성 필드 선택

❶ 사용 가능한 필드(V)에서 적용할 필드(개수, 높이, 레벨, 마크, 설명, 패밀리 및 유형, 폭 등)를 선택합니다.

❷ 선택한 필드는 일람표 필드로 추가(A)합니다.

❸ 부적당한 필드는 선택해서 제거(R)합니다.

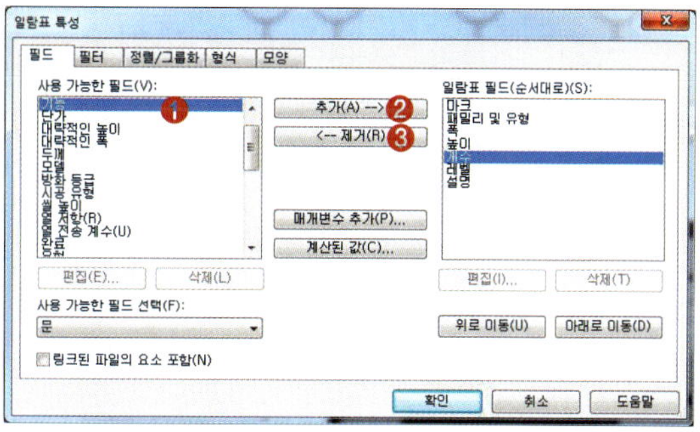

2. 구성항목(필드) 배열

❶ 이동시킬 필드를 클릭합니다.

❷ 위로 이동(U) 또는 아래로 이동(D)을 눌러 적합한 위치로 옮깁니다.

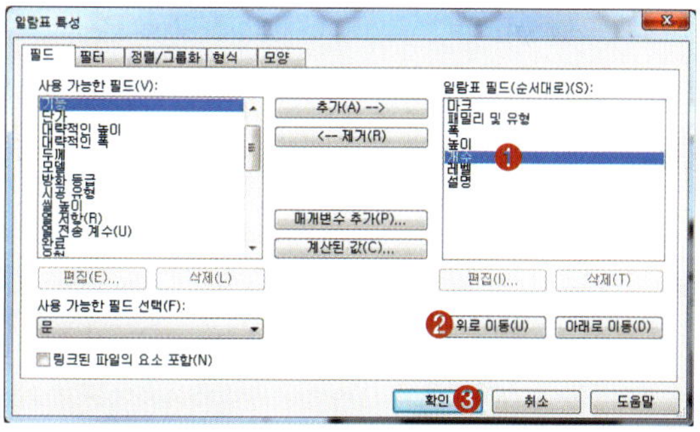

❸ 배열이 끝나고 확인하면 문 일람표가 작성됩니다.

문 일람표						
마크	패밀리 및	폭	높이	개수	레벨	설명
1	M_Single-	864	2134	1	02 1층 평면	
2	M_Single-	864	2134	1	02 1층 평면	
3	M_Single-	864	2134	1	05 2층 평면	
4	M_Single-	864	2134	1	05 2층 평면	
5	M_Single-	762	2134	1	05 2층 평면	
6	M_Single-	762	2134	1	05 2층 평면	
7	M_Single-	762	2134	1	02 1층 평면	
8	이중-유	1730	2134	1	02 1층 평면	
9	이중-유	1730	2134	1	05 2층 평면	
11	반접이-4	1830	2134	1	02 1층 평면	
12	반접이-4	1830	2134	1	02 1층 평면	
10	반접이-4	1830	2134	1	02 1층 평면	

Step 03 일람표 양식 수정

❶ 일람표의 셀 크기는 셀 경계선을 끌어서 조정합니다.

❷ 필드의 추가나 삭제는 특성 팔레트의 필드를 클릭하고, 일람표 특성에서 조정합니다.

❸ 정렬/그룹화 편집으로 종류별로 정렬하거나 그룹을 이룹니다.

❹ 형식편집으로 헤딩(글머리)방향이나 배열 등을 조정합니다.

문 일람표							
마크	패밀리 및 유형	❶ 폭	높이	개수	레벨	설명	❷ 제조업체
1 ❸	M_Single-플러시: 0864 x 21	864	2134	1	02 1층 평면도		
2	M_Single-플러시: 0864 x 21	864	2134	1	02 1층 평면도		
3	M_Single-플러시: 0864 x 21	864 ❹	2134	1	05 2층 평면도		
4	M_Single-플러시: 0864 x 21	864	2134	1	05 2층 평면도		
5	M_Single-플러시: 0762 x 21	762	2134	1	05 2층 평면도		
6	M_Single-플러시: 0762 x 21	762	2134	1	05 2층 평면도		
7	M_Single-플러시: 0762 x 21	762	2134	1	02 1층 평면도		
8	이중-유리 2: 1730 x 2032 m	1730	2032	1	02 1층 평면도		
9	이중-유리 2: 1730 x 2134 m	1730	2134	1	05 2층 평면도		
10	반접이-4 패널: 1830 x 2134	1830	2134	1	02 1층 평면도		
11	반접이-4 패널: 1830 x 2134	1830	2134	1	02 1층 평면도		
12	반접이-4 패널: 1830 x 2134	1830	2134	1	02 1층 평면도		
총계: 12							

Step 04 매개변수에 의한 연동

❶ 문 일람표 · 1층 창호평면도 · {3D}뷰를 타일배치(WT)합니다.

❷ 문 일람표에서 마크 8 이중-유리 2 -1730×2134mm 문을 선택하고, M_Single -플러시 : 0864×2134mm로 변경합니다.

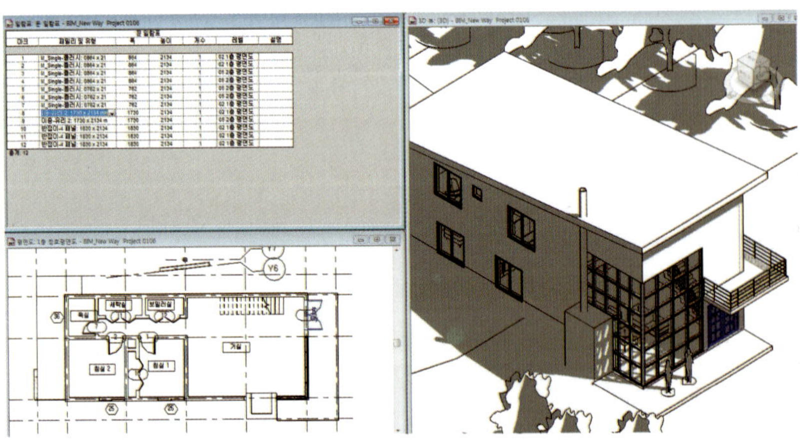

❸ 1층 창호평면도와 3D뷰도 변경되었습니다. 매개변수로써 상호연동하고 있어서 언제나 수정과 변경이 가능합니다.

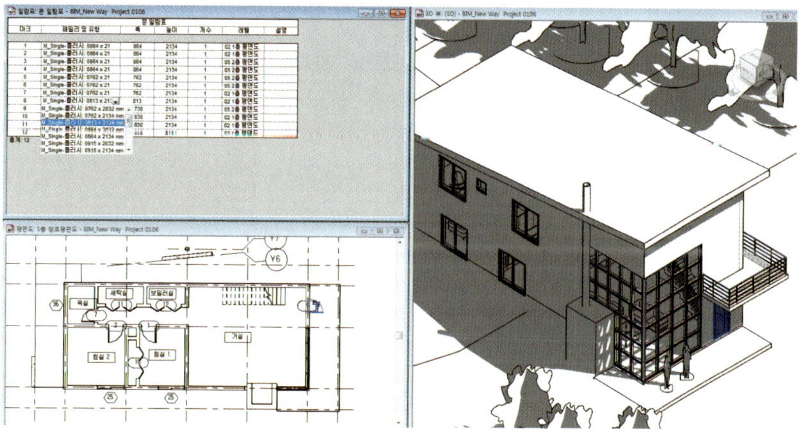

❹ 1층 창호평면도에서 M-Single-플러시 0915×2134㎜를 클릭하고 유형탐색기에서 이중_유리 2 1730×2134㎜를 선택하면 원래대로 복구됩니다.

문 일람표							
마크	패밀리 및 유형	폭	높이	개수	레벨	설명	제조업체
1	M_Single-플러시: 0864 x 2134 m	864	2134	1	02 1층 평면도		
2	M_Single-플러시: 0864 x 2134 m	864	2134	1	02 1층 평면도		
3	M_Single-플러시: 0864 x 2134 m	864	2134	1	05 2층 평면도		
4	M_Single-플러시: 0864 x 2134 m	864	2134	1	05 2층 평면도		
5	M_Single-플러시: 0762 x 2134 m	762	2134	1	05 2층 평면도		
6	M_Single-플러시: 0762 x 2134 m	762	2134	1	05 2층 평면도		
7	M_Single-플러시: 0762 x 2134 m	762	2134	1	02 1층 평면도		
8	이중-유리 2: 1730 x 2134 mm	1730	2134	1	02 1층 평면도		
9	이중-유리 2: 1730 x 2134 mm	1730	2134	1	05 2층 평면도		
10	반접이-4 패널: 1830 x 2134 mm	1830	2134	1	02 1층 평면도		
11	반접이-4 패널: 1830 x 2134 mm	1830	2134	1	02 1층 평면도		
12	반접이-4 패널: 1830 x 2134 mm	1830	2134	1	02 1층 평면도		
총계: 12							

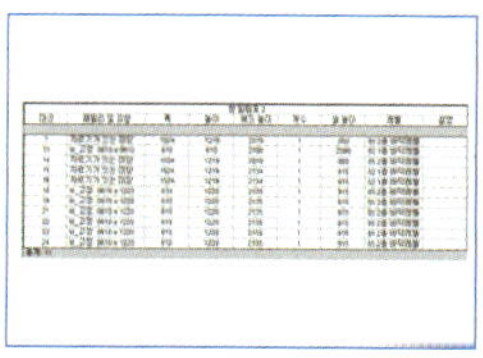

창 일람표 작성목표

10.4 창 일람표 작성

Step 01 창 일람표 작성 방법

❶ 뷰 탭 → 일람표 → 일람표/수량 을 클릭합니다.

❷ 새 일람표의 카테고리(C)에서 창을 선택합니다.

❸ 일람표 이름이 창 일람표로 생성됩니다.

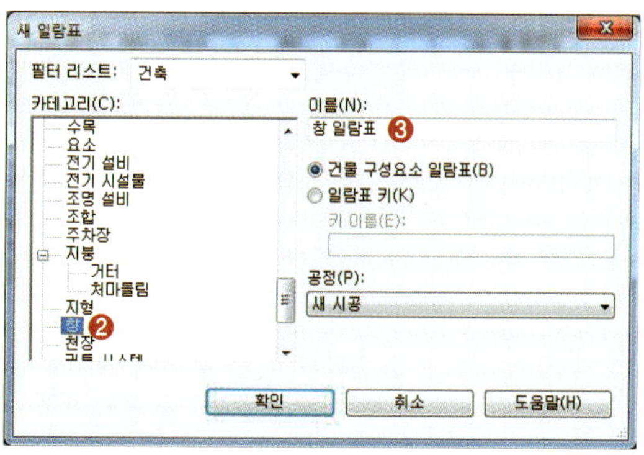

Step 02 일람표 양식구성과 작성

1. 형식구성 필드 선택

❶ 사용 가능한 필드(V)에서 적용할 필드(개수, 높이, 레벨, 마크, 설명, 씰 높이, 폭, 패밀리 및 유형 등)를 선택합니다.

❷ 선택한 필드는 일람표 필드로 추가(A)합니다.

❸ 부적당한 필드는 선택해서 제거(R)합니다.

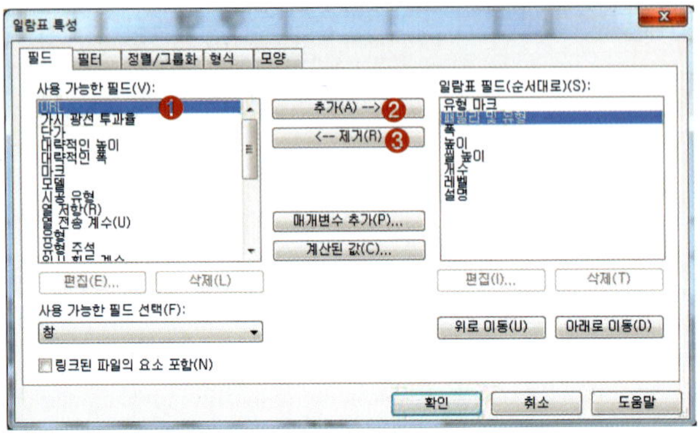

2. 구성항목(필드) 배열

❶ 이동시킬 필드를 클릭합니다.

❷ 위로 이동(U) 또는 아래로 이동(D)을 눌러 적합한 위치로 옮깁니다.

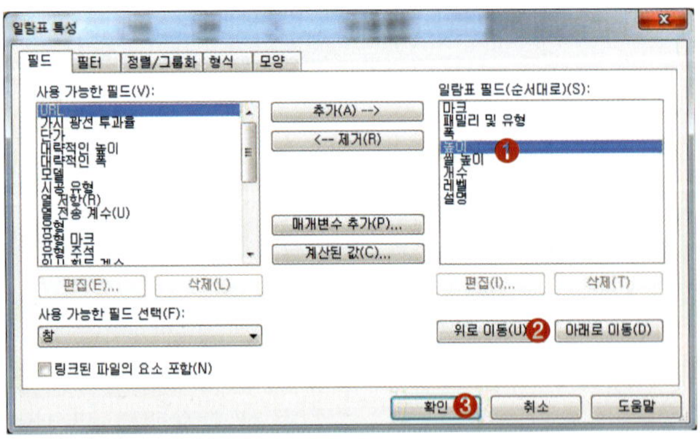

❸ 배열이 끝나고 확인하면 창 일람표가 작성됩니다.

창 일람표							
마크	패밀리 및	폭	높이	씰 높이	개수	레벨	설명
1	자르기가	1600	1600	800	1	02 1층 평면	
2	자르기가	1600	1600	800	1	02 1층 평면	
3	자르기가	1600	1600	800	1	05 2층 평면	
4	자르기가	1600	1600	800	1	05 2층 평면	
5	이중 헝:	600	1200	800	1	05 2층 평면	
6	이중 헝:	600	1200	800	1	05 2층 평면	
7	이중 헝:	600	1200	800	1	05 2층 평면	
8	이중 헝:	600	1200	800	1	05 2층 평면	
10	M_고정:	600	600	1000	1	05 2층 평면	
11	M_고정:	600	600	1800	1	02 1층 평면	
9	이중 헝:	600	1200	800	1	05 2층 평면	

Step 03 일람표 양식 수정

❶ 일람표의 셀 크기는 셀 경계선을 끌어서 조정합니다.

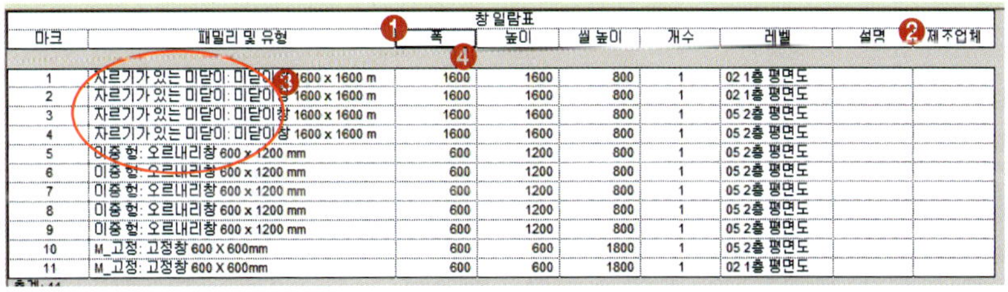

창 일람표

마크	패밀리 및 유형	폭	높이	씰 높이	개수	레벨	설명	제조업체
1	자르기가 있는 미닫이: 미닫이창 1600 x 1600 m	1600	1600	800	1	02 1층 평면도		
2	자르기가 있는 미닫이: 미닫이창 1600 x 1600 m	1600	1600	800	1	02 1층 평면도		
3	자르기가 있는 미닫이: 미닫이창 1600 x 1600 m	1600	1600	800	1	05 2층 평면도		
4	자르기가 있는 미닫이: 미닫이창 1600 x 1600 m	1600	1600	800	1	05 2층 평면도		
5	이중 헝: 오르내리창 600 x 1200 mm	600	1200	800	1	05 2층 평면도		
6	이중 헝: 오르내리창 600 x 1200 mm	600	1200	800	1	05 2층 평면도		
7	이중 헝: 오르내리창 600 x 1200 mm	600	1200	800	1	05 2층 평면도		
8	이중 헝: 오르내리창 600 x 1200 mm	600	1200	800	1	05 2층 평면도		
9	이중 헝: 오르내리창 600 x 1200 mm	600	1200	800	1	05 2층 평면도		
10	M_고정: 고정창 600 X 600mm	600	600	1800	1	05 2층 평면도		
11	M_고정: 고정창 600 X 600mm	600	600	1800	1	02 1층 평면도		

❷ 필드의 추가나 삭제는 특성 팔레트의 필드를 클릭하고, 일람표 특성에서 조정합니다.

❸ 정렬/그룹화 편집으로 종류별로 정렬하고 그룹을 이룹니다.

❹ 형식편집으로 헤딩방향이나 배열 등을 조정합니다.

Step 04 매개변수에 의한 연동

❶ 창 일람표 · 2층 창호평면도 · {3D}뷰를 타일배치(WT)합니다.

❷ 2층 부부침실의 자르기가 있는 미닫이 1600×1600㎜를 선택하고, 유형 탐색기에서 이중 헝 0610×1830㎜로 바꿉니다.

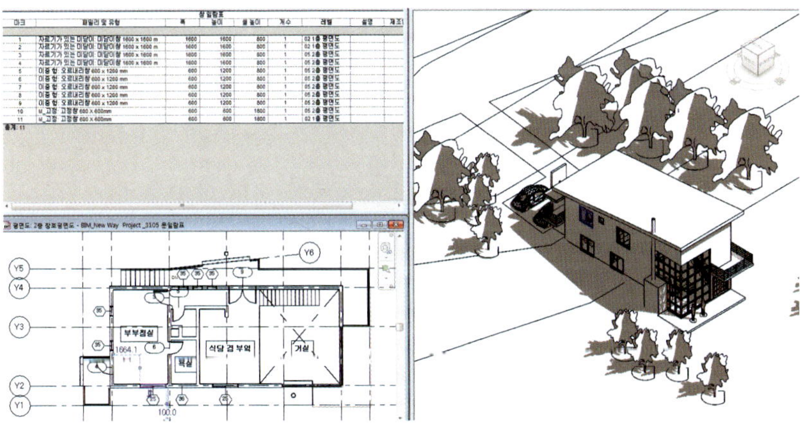

❸ 일람표 · {3D}뷰가 동시에 변경됩니다.

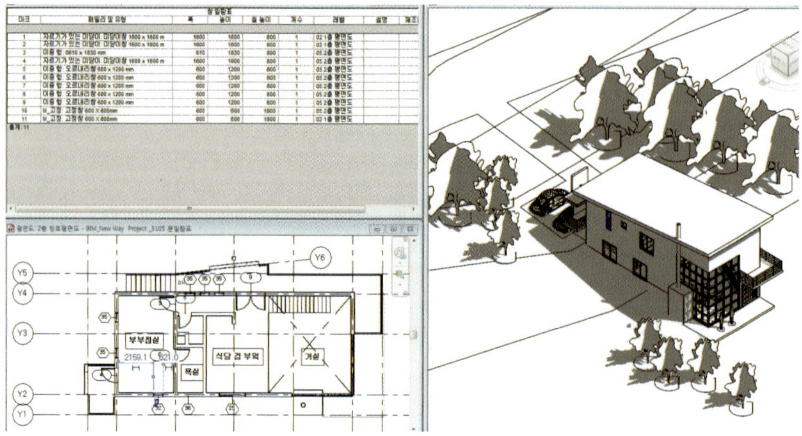

❹ 이번에는 {3D}에서 변경된 이중 형 0610×1830㎜ 선택하고, 유형 선택기에서 자르기가 있는 미닫이 1600×1600㎜를 선택해서 복구합니다.

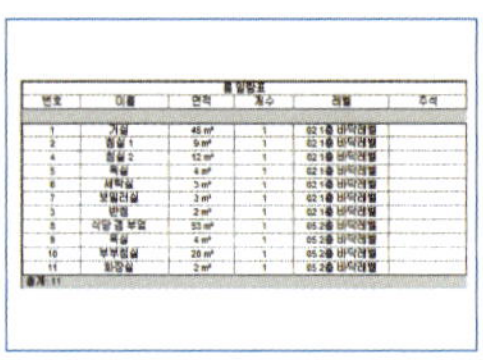

룸 일람표 작성목표

10.5 룸 일람표 작성

Step 01 룸 일람표 작성 방법

❶ 뷰 탭 → 일람표 → 일람표/수량을 클릭합니다.

❷ 새 일람표의 카테고리(C)에서 룸을 선택합니다.

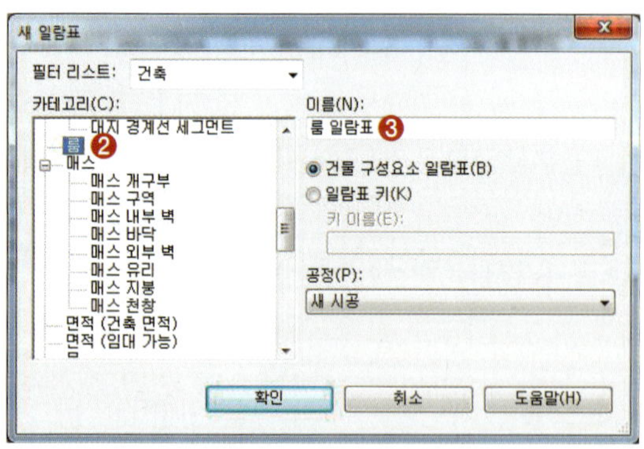

❸ 일람표 이름이 룸 일람표로 생성됩니다.

Step 02 일람표 양식구성과 작성

1. 형식구성 필드 선택

❶ 사용 가능한 필드(V)에서 적용할 필드(개수, 레벨, 면적, 바닥마감, 번호, 이름 등)를 선택합니다.

❷ 선택한 필드는 일람표 필드로 추가(A)합니다.

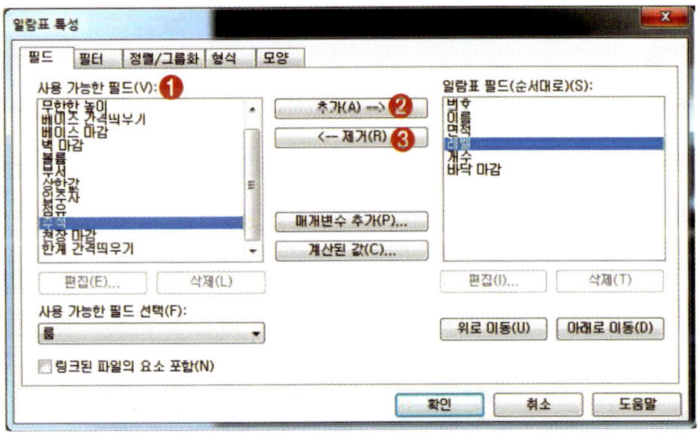

❸ 부적당한 필드는 선택해서 제거(R)합니다.

2. 구성 항목(필드) 배열

❶ 이동시킬 필드를 클릭합니다.

❷ 위로 이동(U) 또는 아래로 이동(D)을 눌러 적합한 위치로 옮깁니다.

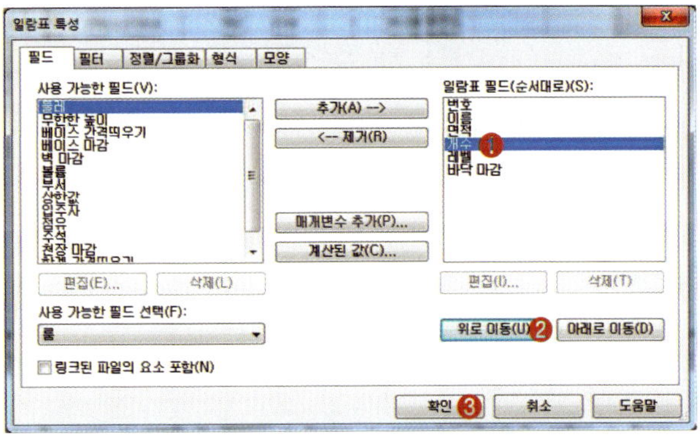

❸ 배열이 끝나고 확인하면 룸 일람표가 작성됩니다.

룸 일람표					
번호	이름	면적	개수	레벨	바닥 마감
1	거실	46 m²	1	02 1층 평면	
2	침실 1	9 m²	1	02 1층 평면	
3	침실 2	12 m²	1	02 1층 평면	
4	욕실	4 m²	1	02 1층 평면	
5	세탁실	3 m²	1	02 1층 평면	
6	보일러실	2 m²	1	02 1층 평면	
7	식당 겸	23 m²	1	05 2층 평면	
8	부부침실	20 m²	1	05 2층 평면	
9	욕실	4 m²	1	05 2층 평면	
10	화장실	2 m²	1	05 2층 평면	

Step 03 일람표 양식 수정

❶ 일람표의 셀 크기는 셀 경계선을 끌어서 조정합니다.

❷ 필드의 추가나 삭제는 특성 팔레트의 필드를 클릭하고, 일람표 특성에서 조정합니다.

❸ 정렬/그룹화 편집으로 종류별로 정렬하고, 그룹을 이룹니다.

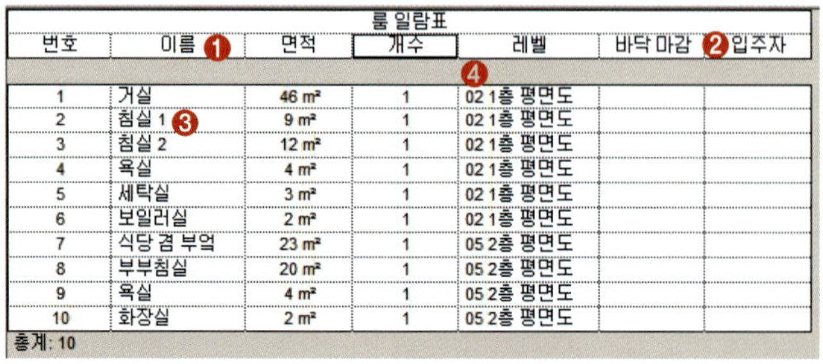

룸 일람표						
번호	이름 ❶	면적	개수	레벨	바닥 마감 ❷	입주자
1	거실	46 m²	1	02 1층 평면도		
2	침실 1 ❸	9 m²	1	02 1층 평면도		
3	침실 2	12 m²	1	02 1층 평면도		
4	욕실	4 m²	1	02 1층 평면도		
5	세탁실	3 m²	1	02 1층 평면도		
6	보일러실	2 m²	1	02 1층 평면도		
7	식당 겸 부엌	23 m²	1	05 2층 평면도		
8	부부침실	20 m²	1	05 2층 평면도		
9	욕실	4 m²	1	05 2층 평면도		
10	화장실	2 m²	1	05 2층 평면도		
총계: 10						

❹ 형식 편집으로 헤딩방향이나 배열 등을 조정합니다.

Step 04 매개변수에 의한 연동

❶ 룸 일람표와 2층 평면도를 타일배치합니다.

❷ 욕실 및 화장실과 식당 겸 부엌 사이의 벽체를 오른쪽으로 500 이동합니다.

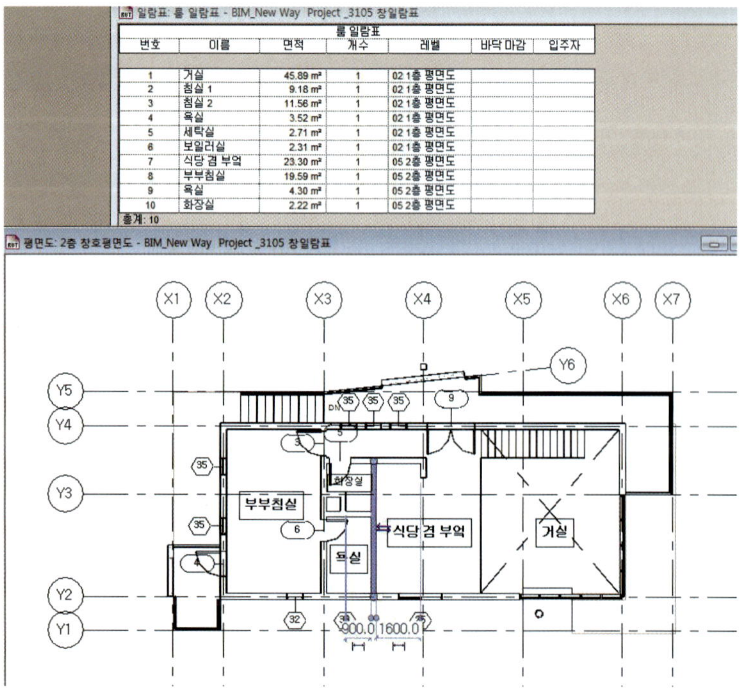

일람표: 룸 일람표 - BIM_New Way Project _3105 창일람표

룸 일람표						
번호	이름	면적	개수	레벨	바닥 마감	입주자
1	거실	45.89 m²	1	02 1층 평면도		
2	침실 1	9.18 m²	1	02 1층 평면도		
3	침실 2	11.56 m²	1	02 1층 평면도		
4	욕실	3.52 m²	1	02 1층 평면도		
5	세탁실	2.71 m²	1	02 1층 평면도		
6	보일러실	2.31 m²	1	02 1층 평면도		
7	식당 겸 부엌	23.30 m²	1	05 2층 평면도		
8	부부침실	19.59 m²	1	05 2층 평면도		
9	욕실	4.30 m²	1	05 2층 평면도		
10	화장실	2.22 m²	1	05 2층 평면도		
총계: 10						

❸ 식당 겸 부엌의 면적은 23.3m²에서 21.0m²로 2.3m² 줄어들고, 상대적으로 욕실과 화장실의 면적은 1.35m²와 0.85m²씩 늘어납니다.

일람표: 룸 일람표 - BIM_New Way Project _3105 창일람표

룸 일람표						
번호	이름	면적	개수	레벨	바닥 마감	입주자
1	거실	45.89 m²	1	02 1층 평면도		
2	침실 1	9.18 m²	1	02 1층 평면도		
3	침실 2	11.56 m²	1	02 1층 평면도		
4	욕실	3.52 m²	1	02 1층 평면도		
5	세탁실	2.71 m²	1	02 1층 평면도		
6	보일러실	2.31 m²	1	02 1층 평면도		
7	식당 겸 부엌	21.00 m²	1	05 2층 평면도		
8	부부침실	19.59 m²	1	05 2층 평면도		
9	욕실	5.65 m²	1	05 2층 평면도		
10	화장실	3.07 m²	1	05 2층 평면도		

총계: 10

평면도: 2층 창호평면도 - BIM_New Way Project _3105 창일람표

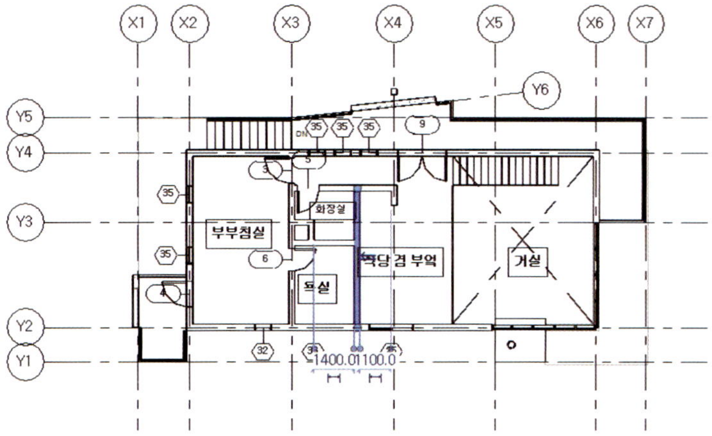

Chapter 11

일조분석과 보행시선

건축물의 지리적 위치에 따라 다양한 일조분석을 할 수 있습니다. 주요 학습내용은 태양설정 · 시각일조분석 · 일일일조분석입니다.

11.1 일정시각의 일조분석

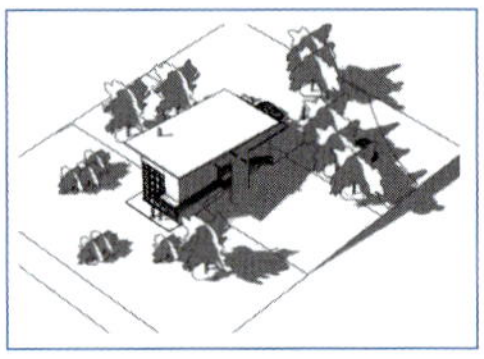

일정시각 일조분석 작성목표

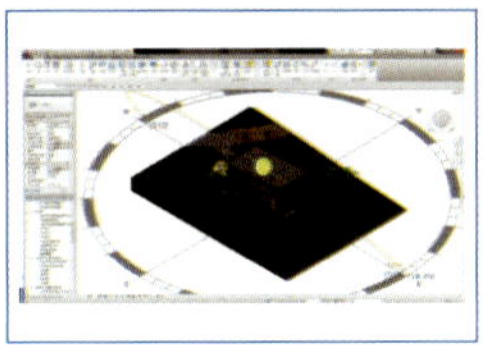

춘분의 태양 경로 켜기

Step 01 프로젝트 탐색기에서 3D뷰의 {3D}를 활성화합니다.

Step 02 태양설정 방법

1. 첫 번째 방법은

❶ 뷰 조절막대에서 태양경로 켜기/끄기를 클릭합니다.

❷ 태양설정…을 클릭합니다.

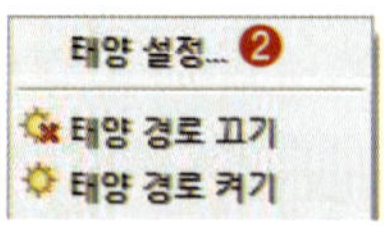

❸ 태양설정 대화상자로 들어갑니다.

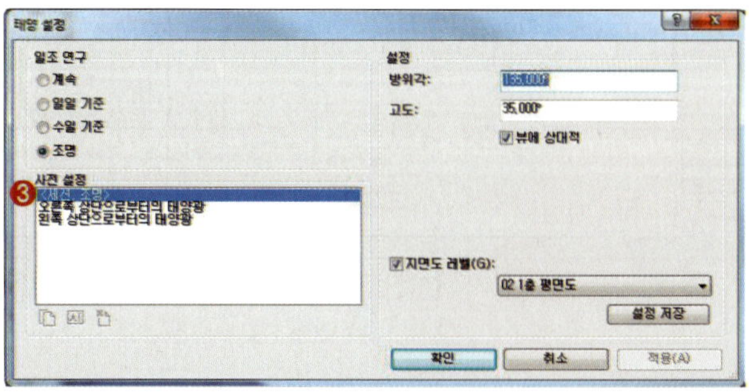

2. 다른 방법은…

❶ 뷰 조절막대에서 3D뷰일 때만 나타나는 렌더링 대화상자 표시 를 클릭합니다.

❷ 렌더링 대화싱자에서 태양설정(U)의 ⋯을 클릭하면 대앙설정 대화상자가 나타납니다.

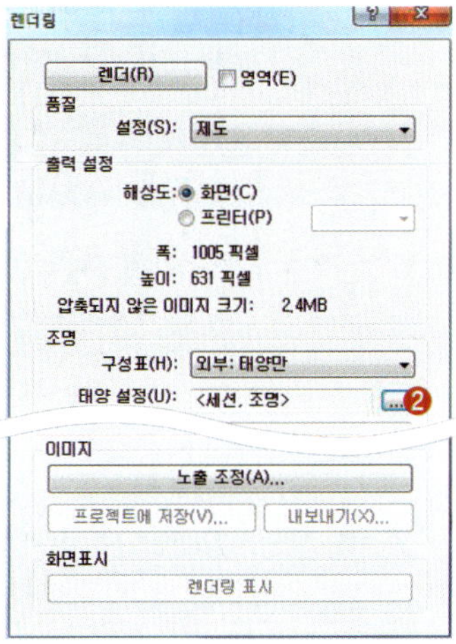

Hot Tip

지면도 레벨은 그림자가 작성되는 위치입니다.

Step 03 부지 위치/분석시각 설정

1. 분석시각 설정

❶ 정해진 일정시각의 일조연구는 계속을 클릭합니다.

❷ 사전 설정 창에는 춘하추동의 시점이 미리 설정되어 있습니다. 춘분점을 클릭합니다.

❸ 날짜(T)는 춘분점이기 때문에 중요하지 않지만 설정하려면 달력 ▾을 열고 정확히 설정합니다.

❹ 시간을 오전 10 : 00로 변경합니다.

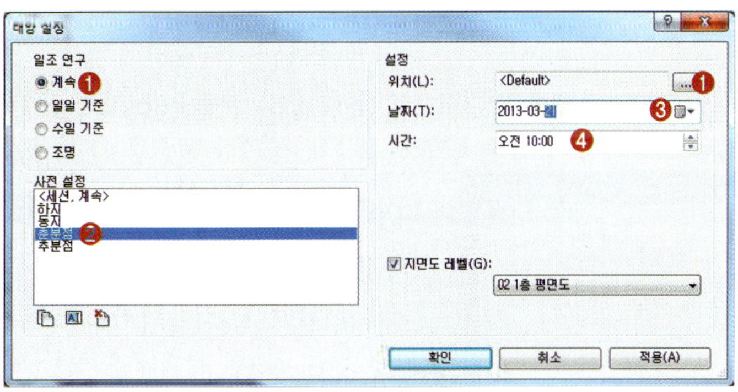

2. 부지 위치 설정

❶ 위의 태양설정 대화상자에서 위치는 디폴트의 ⋯를 클릭합니다.

❷ 위치, 날씨 및 대지의 대화상자에서 위치 정의 기준(D)의 ▼을 클릭하고 기본 구/군/시 리스트를 선택합니다.

❸ 구/군/시(I)의 Default를 열고, 한국, 서울을 설정합니다.

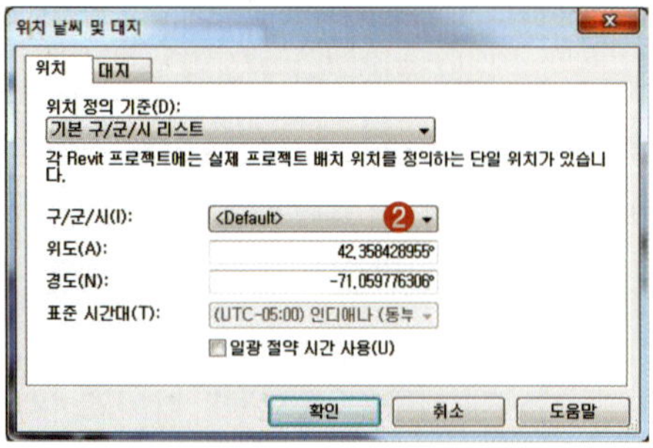

3. 지면레벨(G)은 그림자가 떨어지는 위치를 지정합니다.

Step 04 일조분석과 렌더링

1. 일조분석

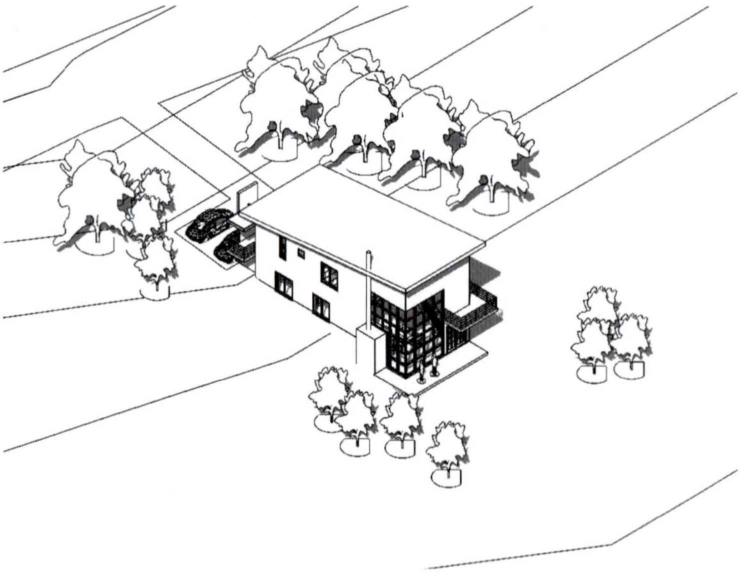

❶ 태양설정 대화상자에서 적용(A)을 클릭하면 춘분점 오전 10 : 00의 일영이 작성됩니다.

❷ 뷰 조절막대 → 그림자 켜기/끄기에서 그림자가 켜 있어야 일영이 작성됩니다.

❸ 확인을 클릭하고, 태양설정 대화상자를 닫습니다.

2. 일조분석의 렌더링 작성

❶ 렌더링 대화상자에서 컴퓨터 성능에 적합하게 렌더링을 설정합니다.

Hot Tip
렌더링 품질은 컴퓨터 성능에 따라 설정을 조정합니다.

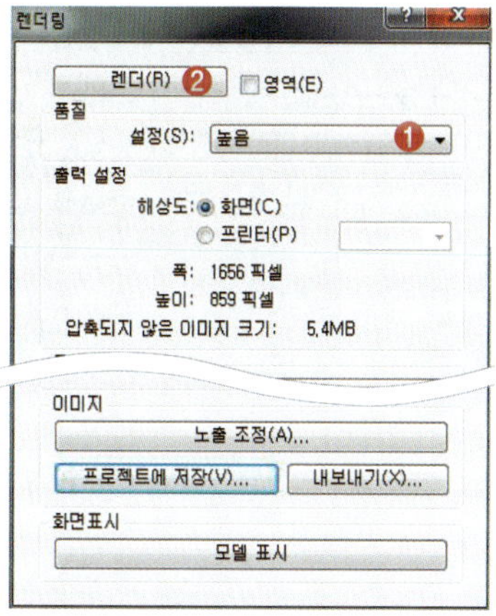

❷ 렌더(R)를 누르면 렌더링이 작성됩니다.

Step 05 렌더링 저장

1. 프로젝트에 저장

❶ 프로젝트에 저장(V)을 클릭합니다.

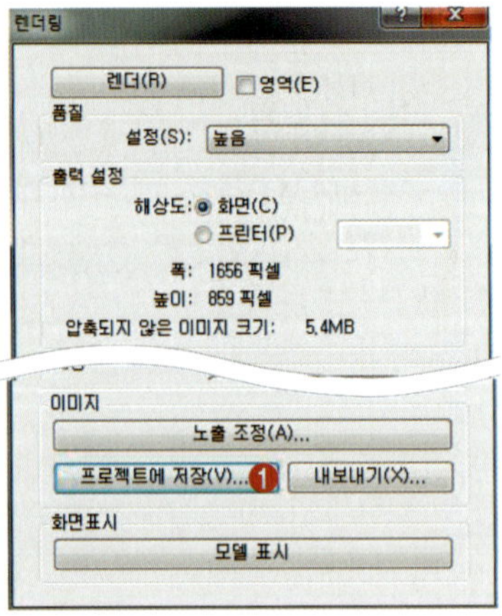

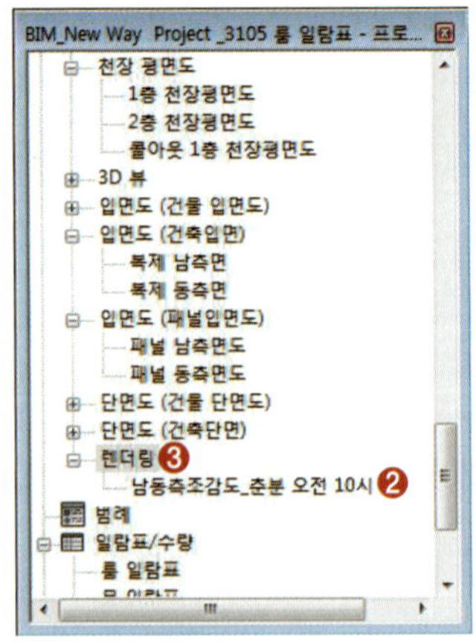

❷ 파일이름은 남동측 조감도-춘분 오전 10시로 저장합니다.

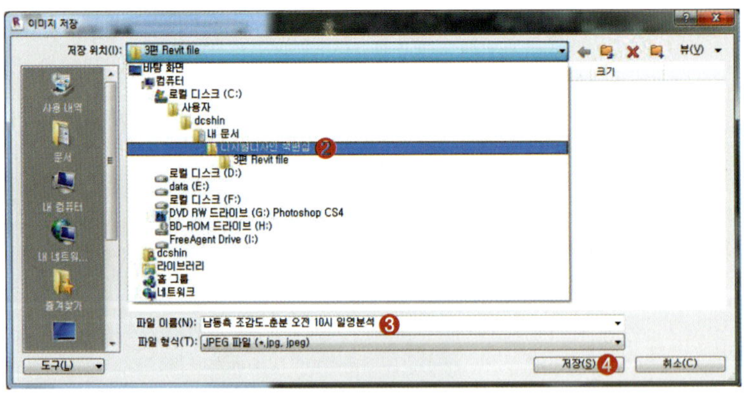

❸ 프로젝트 탐색기에 렌더링 분기가 생성되고, 주어진 파일 이름으로 저장됩니다.

2. 프로젝트 외부로 내보내기

❶ 내보내기(X)를 클릭합니다.

❷ 이미지 저장 대화상자에서 저장경로를 지정합니다.

❸ 파일 이름을 남동측 조감도_춘분 오전 10시 일영분석이라고 합니다.

❹ 저장(S)을 클릭합니다.

3. 일조분석 내보내기

❶ 애플리케이션 → 내보내기 → 이미지 및 동영상 → 이미지를 클릭합니다.

❷ 이미지 내보내기 대화상자를 설정합니다.

- 이미지 크기 : 줌 50%

• 이미지 형식 : JPEG
• 이미지 품질 : 150dpi
• 경로와 파일명 : 남동측-춘분점 오전 9시(은선)

Step 06 일조비교분석 : 시각별 일조분석 춘분, 하지, 추분, 동지에 발생하는 일영 등을 비교분석할 수 있습니다.

〈춘분점 오전 9시〉

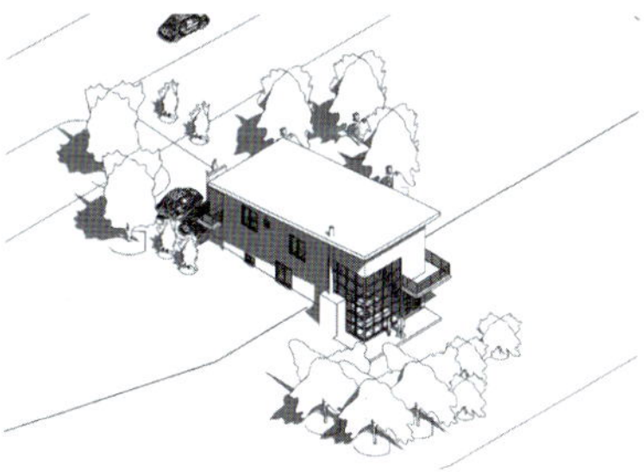
〈하지점 오전 9시〉

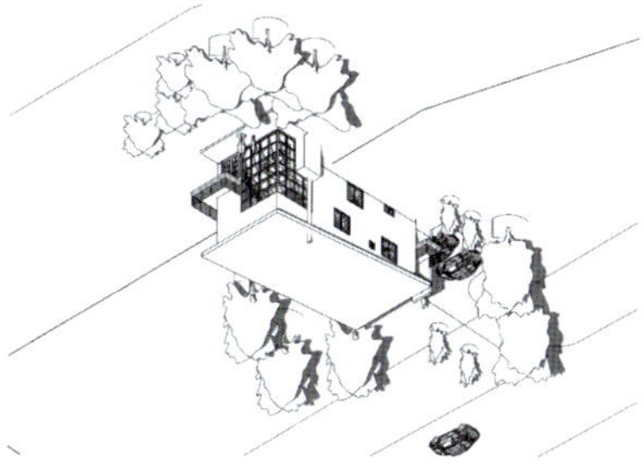
〈추분점 오전 9시〉

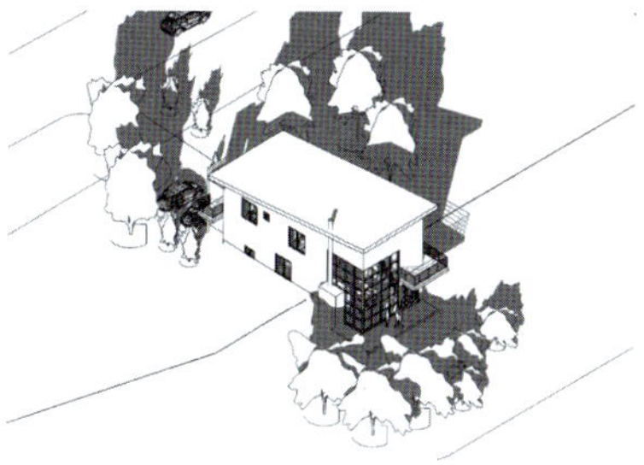
〈동지점 오전 9시〉

11.2 일일 일조분석 작성

대지가 위치한 장소에서 하루 동안 변화되는 일조를 분석하고, 일조연구 미리보기를 작성합니다.

Step 01 프로젝트 탐색기의 3D뷰 분기에서 일일 일조분석을 원하는 {3D}를 활성화합니다.

Step 02 태양설정 방법

❶ 뷰 조절막대 → 태양경로 켜기/끄기 → 태양경로를 선택합니다.

❷ 또는 렌더링뷰 대화상자 표시를 클릭하고 태양설정(U)의 ▼를 선택합니다.

Step 03 부지 위치/분석시간 설정

1. 분석시간 설정

❶ 일일 동안 일어나는 일조연구는 일일기준을 선택합니다.

❷ 사전 설정 창에서 〈세션, 일일기준〉을 선택합니다.

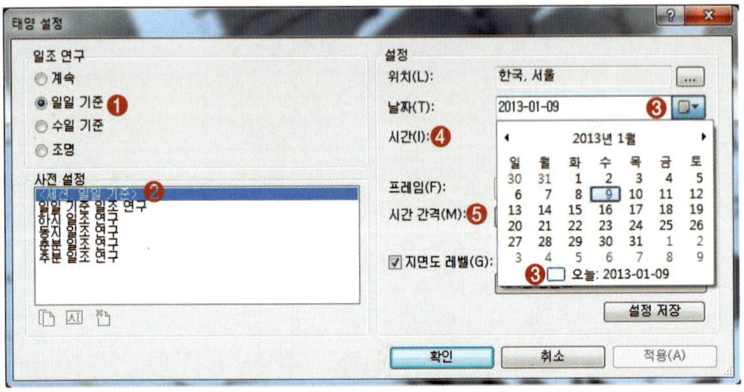

❸ 날짜(T)는 달력을 클릭하고, 오늘을 체크합니다.

❹ 분석시간은 일출에서 일몰까지(S)를 체크합니다.

❺ 프레임(F)은 시간간격(M)을 클릭하고 15분을 선택합니다.

Hot Tip

2층 평면도를 렌더링할 때는 지면도를 2층 평면도로 설정하면 자연스럽습니다.

2. 분석 위치 설정

❶ 대지 위치는 시각 일조분석에서 설정된 한국, 서울을 유지합니다.

❷ 그림자가 생기는 지면도 레벨(G)은 선택 창의 ▭를 열고 02 1층 평면도를 선택합니다.

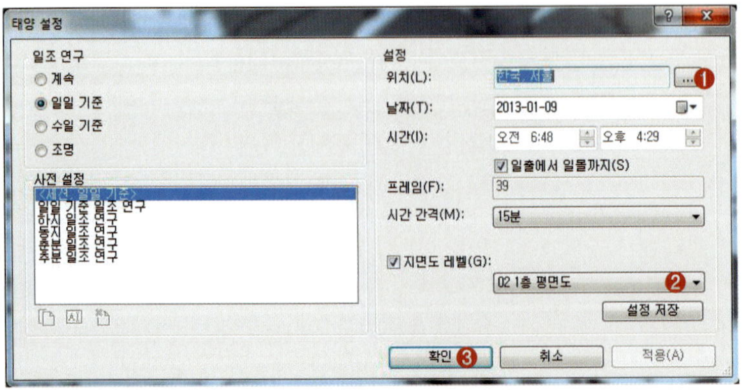

❸ 확인을 클릭합니다.

Step 04 일일기준 일조분석

❶ 뷰 조절막대에서 태양경로 켜기/끄기를 클릭합니다.

❷ 일조연구 미리보기를 선택합니다.

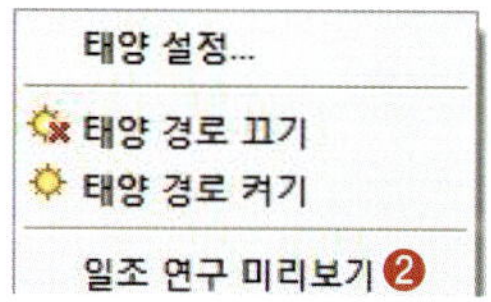

❸ 옵션막대에 프레임 재생도구가 생성됩니다.

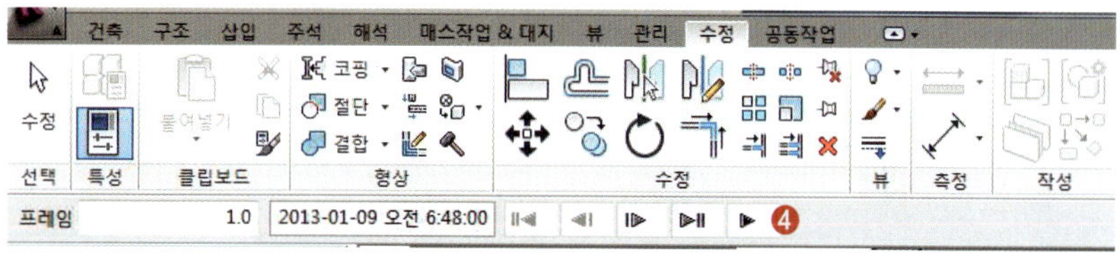

❹ 재생버튼을 클릭하면 일일기준 일조분석이 진행됩니다.

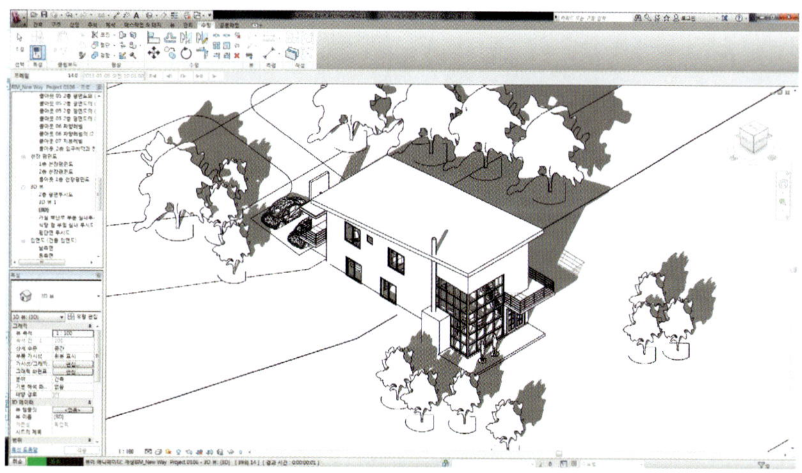

Step 05 동영상 저장

❶ 애플리케이션 → 내보내기 → 이미지 및 동영상 → 일조연구를 클릭합니다.

❷ 동영상화된 일조연구 내보내기 대화상자에서 저장 위치를 선택합니다.

❸ 파일 이름을 BIM_New Way Project_남동측_작성일자_일조분석이라고 합니다.

❹ 저장을 클릭합니다.

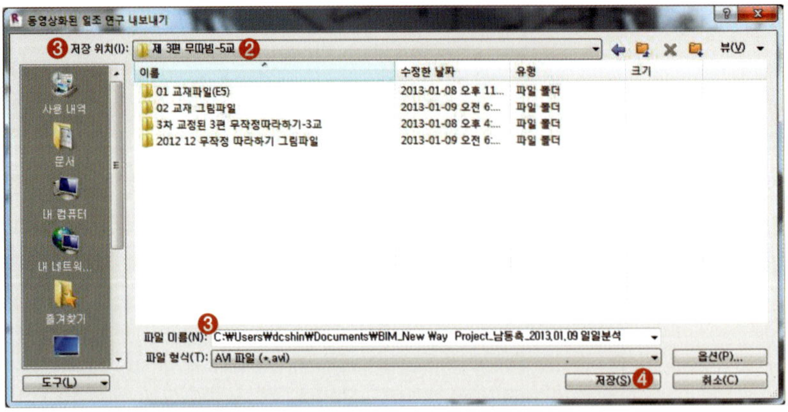

⑤ 길이/형식 대화상자를 설정하고, 확인을 클릭합니다.

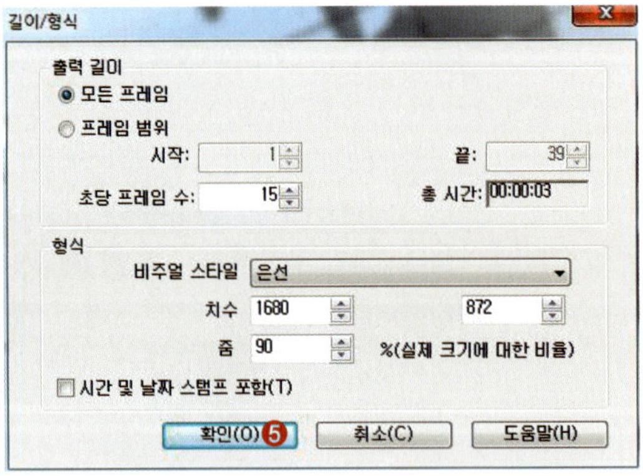

⑥ 비디오 압축 대화상자는 자동설정대로 확인을 클릭합니다.

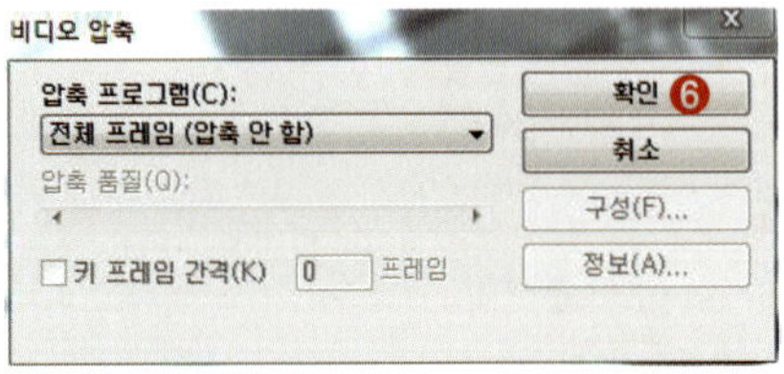

⑦ 동영상 파일이 저장됩니다.

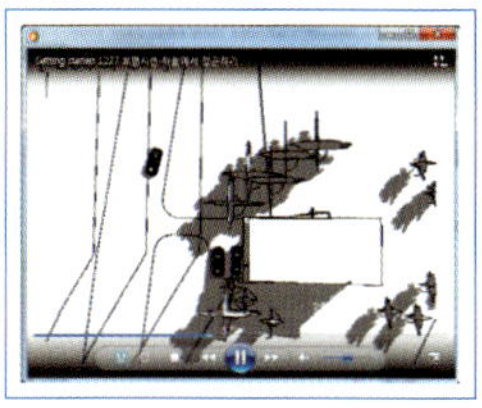

보행시선 동영상 작성목표

11.3 보행시선(Walk through) 동영상 작성

보행시선은 카메라가 움직이는 카메라 프레임과 키 프레임으로 구성된 경로입니다. 프레젠테이션이나 공간평가에 활용할 수 있는 동영상 파일을 작성합니다. 주요 학습내용은 경로스케치 · 경로편집 · 프레임 편집 · 재생제어와 내보내기입니다.

3.1 하늘에서 건물로 접근하는 보행시선 동영상 작성

Step 01 보행시선 작성준비

❶ 프로젝트 탐색기에서 00 배치를 활성화합니다.

❷ 뷰 탭 → 숨겨진 창 닫기 를 클릭합니다.

❸ 프로젝트 탐색기에서 동측면도와 남측면도를 차례로 엽니다.

❹ 뷰 탭 → 타일배치 를 클릭합니다.

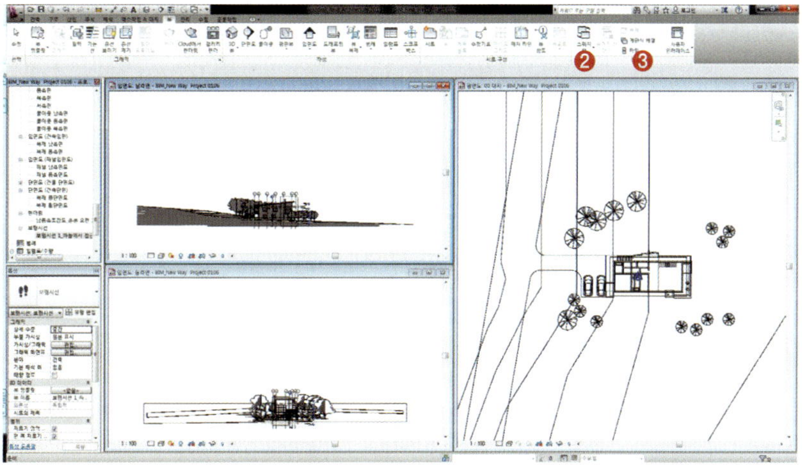

Step 02 보행시선 경로 작성

1. 보행시선 경로 작성

❶ 뷰 탭 → 3D뷰 → 보행시선 을 클릭합니다.

❷ 남측면도를 활성화하고 F1점에서 F6점까지 경로를 작성합니다.(수직으로 접근하다 동측으로 휘어지는 경로입니다.)

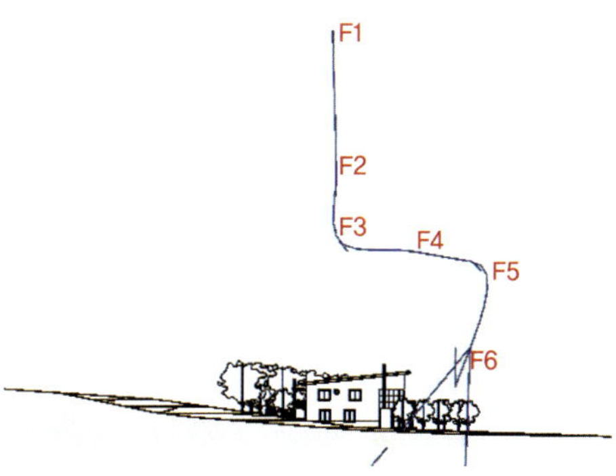

❸ 보행시선 완료✔를 클릭합니다.

2. 보행시선 이름 변경

❶ 프로젝트 탐색기에는 보행시선이라는 새로운 분기가 생성되고, 보행시선 1이 작성됩니다.

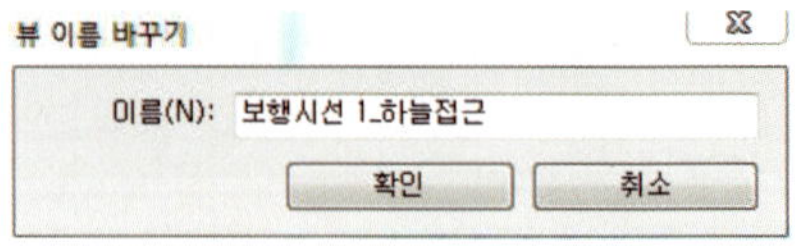

❷ 보행시선 1을 마우스 우측버튼으로 클릭하고, 새 이름은 보행시선 1-하늘에서 접근으로 변경합니다.

❸ 보행시선을 더블클릭해서 활성화합니다.

Step 03 보행시선 경로편집

1. 보행경로 편집준비

❶ 뷰 탭 ➜ 타일배치 를 클릭해서 보행시선 3D뷰, 배치도, 남측면도, 동측면도를 배치합니다.

❷ 프로젝트 탐색기의 보행시선 분기에서 보행시선-하늘에서 접근하기 ➜ 마우스 우측버튼 ➜ 카메라 표시(S)를 선택합니다.

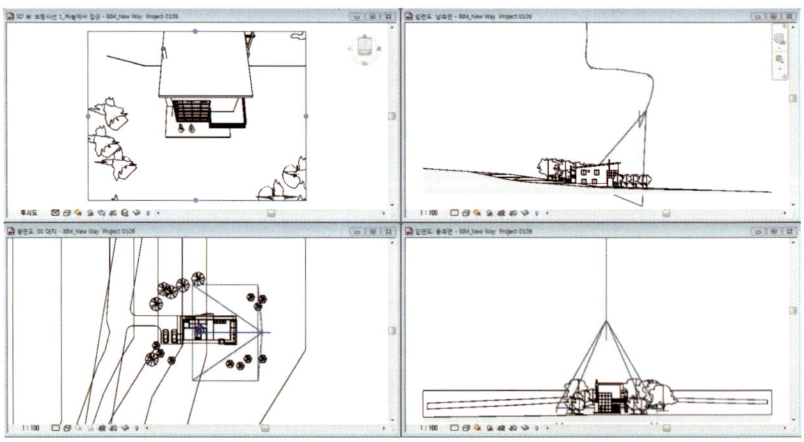

❸ 동측면도와 남측면도에서 보행시선경로를 끌어서 건물의 중앙으로 이동합니다.

2. 보행시선 경로편집

❶ 수정 | 카메라 탭 ➜ 보행시선 편집 을 클릭합니다.

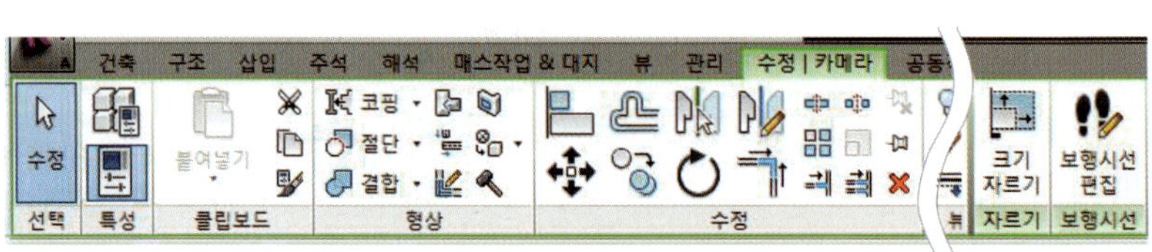

❷ 보행시선 도구상자에서 보행시선열기를 선택합니다.

❸ 남측면도를 클릭하고, 옵션막대의 컨트롤을 펼쳐 경로를 선택합니다.

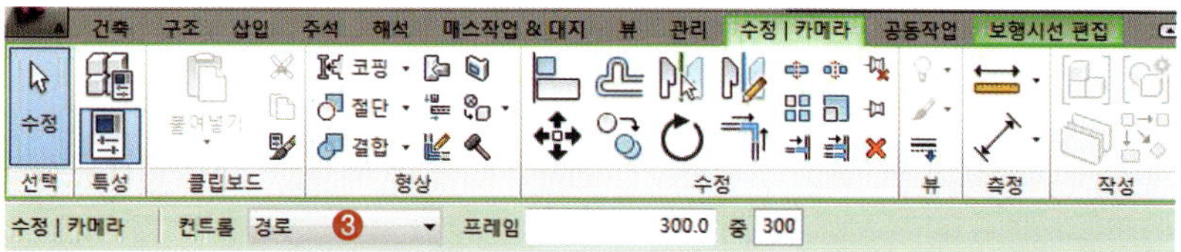

❹ 보행시선경로의 키 프레임의 조절점을 끌어서 원하는 위치로 편집합니다.

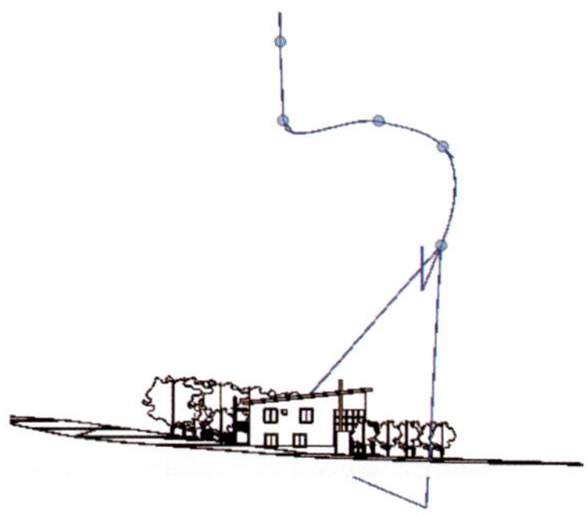

〈보행경로 편집 이전〉

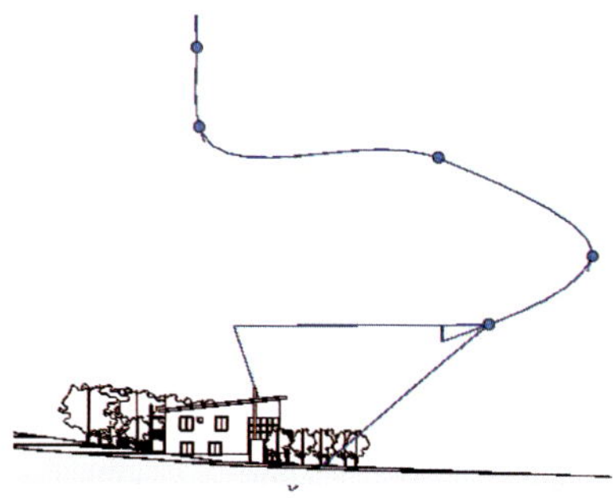

〈보행경로 편집 이후〉

3. 키 프레임의 추가/제거

❶ 옵션막대의 컨트롤을 펼쳐 키 프레임 추가를 선택합니다.

❷ F7점과 F8점을 추가합니다.

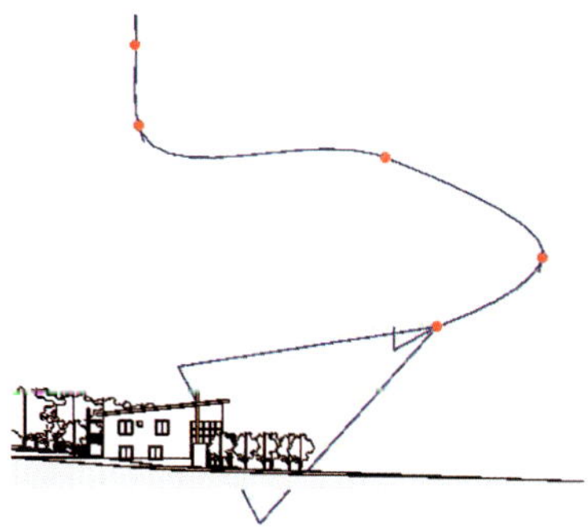

〈키 프레임 추가 이전〉

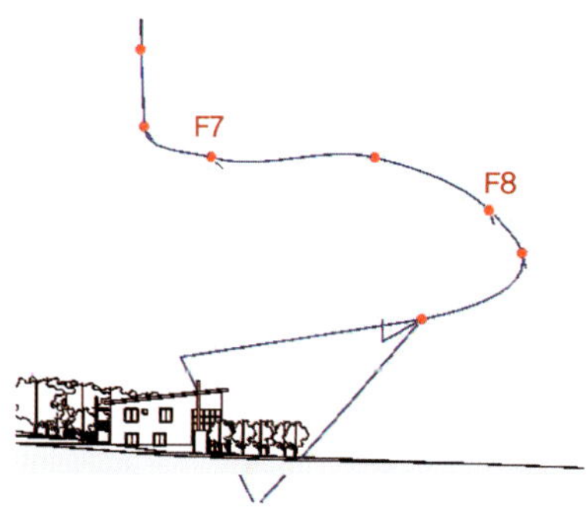

〈키 프레임 추가 이후〉

❸ 옵션막대의 컨트롤을 펼쳐 키 프레임 제거를 선택합니다.

❹ F3과 F5점을 제거합니다.

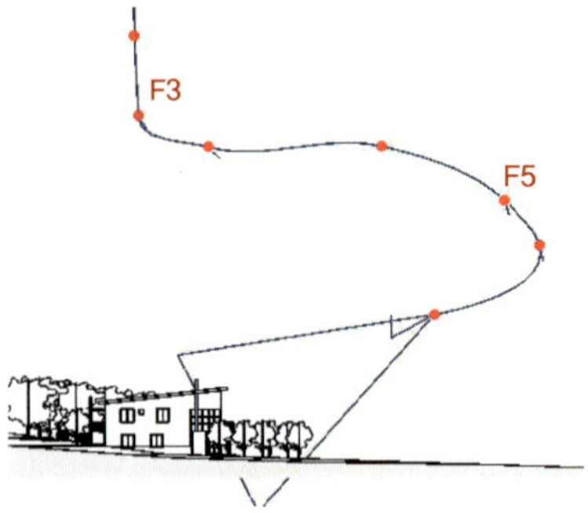

〈키프레임 제거 이전〉

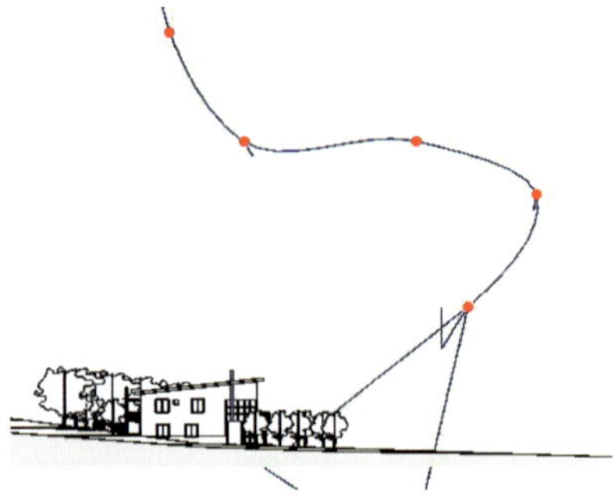

〈키 프레임 제거 이후〉

Step 04 카메라 키 프레임 편집

1. 키 프레임의 시계(field of view) 편집

❶ 옵션막대의 컨트롤을 펼쳐 활성 카메라를 클릭합니다.

❷ 입면도나 평면도에서 대상점을 끌어서 3D뷰 : 보행시선-하늘에서 접근하기 뷰에 적합한 장면을 얻도록 방향을 조정합니다.

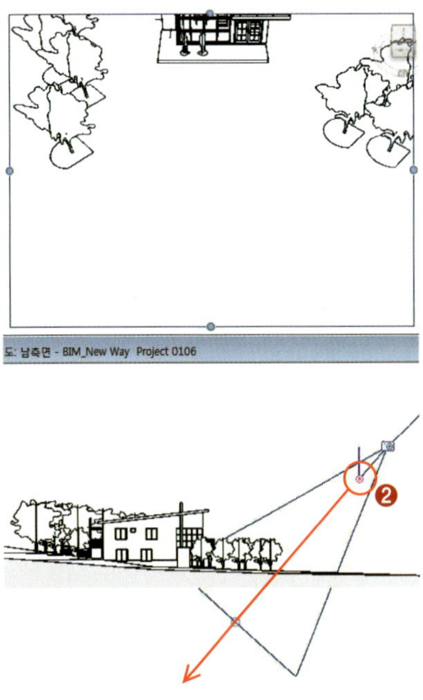

〈대상점 조정 이전〉

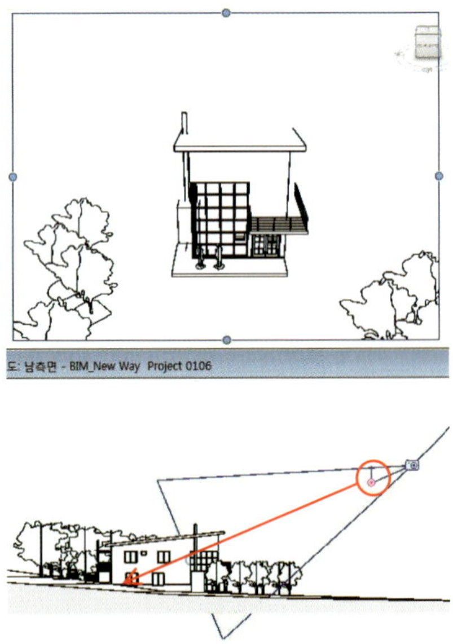

〈대상점 조정 이후〉

2. 카메라(1)의 시계범위

❶ 특성 팔레트에서 자르기 영역보기를 체크하면 3D뷰의 경계선이 생깁니다.

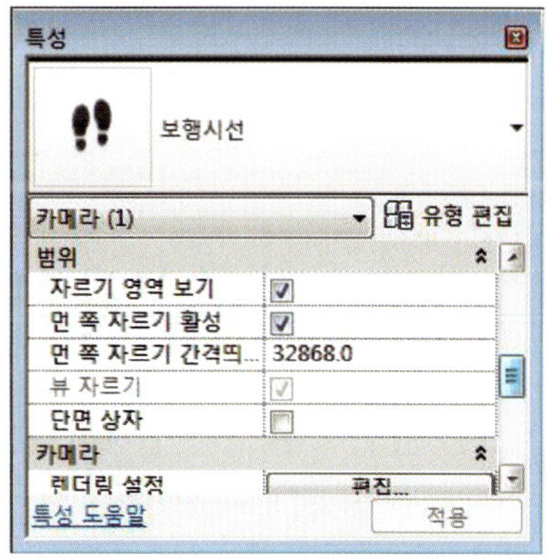

❷ 먼쪽 자르기 활성을 체크하면 시야 깊이를 조정할 수 있습니다.

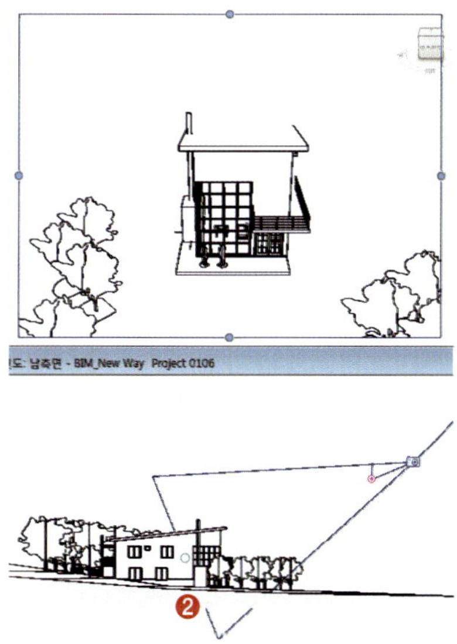

〈먼쪽 자르기 조정 이후〉

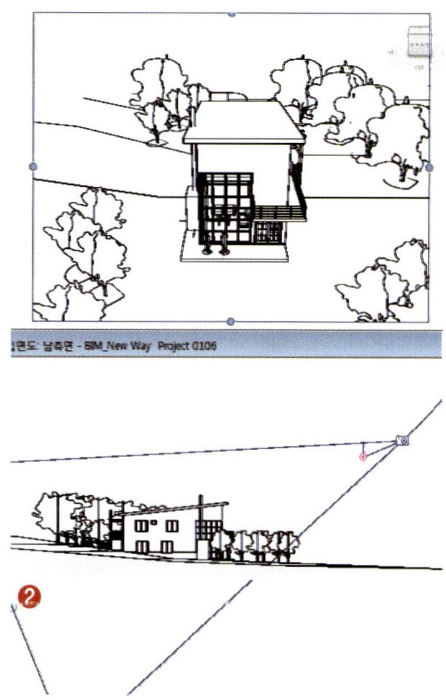

〈먼쪽 자르기 조정 이전〉

❸ 먼쪽 자르기 활성을 체크하지 않으면 무한한 뷰가 나타납니다.

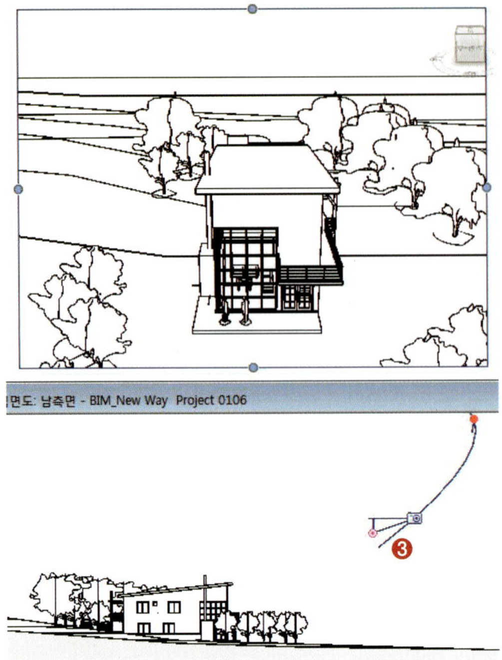

3. 키 프레임 이동과 재생

❶ F6 키 프레임의 조정을 마치면, 키 프레임 재생도구의 이전 키 프레임 버튼을 클릭합니다.

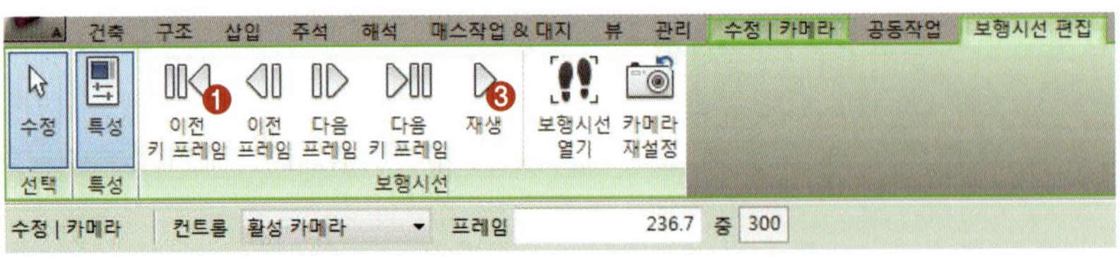

❷ 바뀐 키 프레임(F5)에서 대상점의 방향을 끌어서 3D뷰 : 보행시선의 화면을 알맞게 조정합니다.

❸ 같은 방법으로 F1 키 프레임까지 편집을 마치면 3D뷰 : 보행시선 화면을 활성화시키고 재생버튼▷을 클릭합니다.

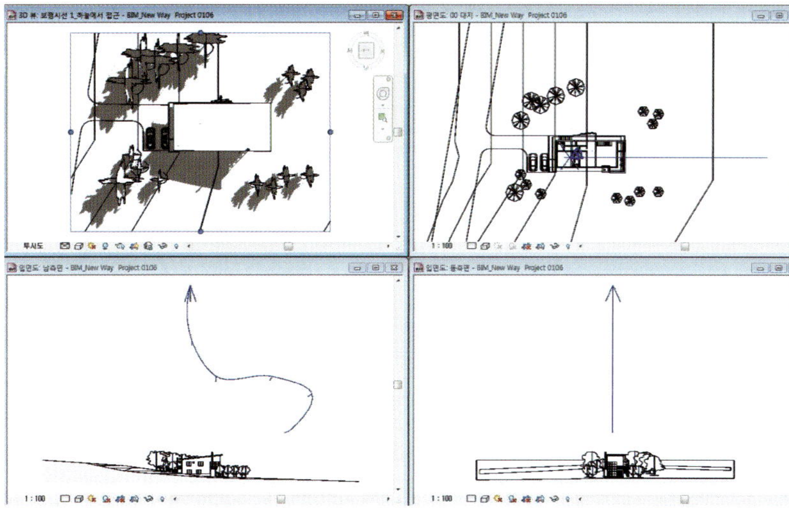

4. 프레임 수 편집

❶ 총 프레임 수는 300 프레임이 기본입니다. 옵션막대에서 300을 클릭하면 보행시선 프레임 대화상자가 나타납니다.

❷ 보행시선 프레임 대화상자 편집

- 총 프레임(T)을 500으로 변경합니다.
- 속도통일(U)의 체크를 해지하고, 가속기를 1, 2, 3, 4, 5, 6으로 변경합니다.

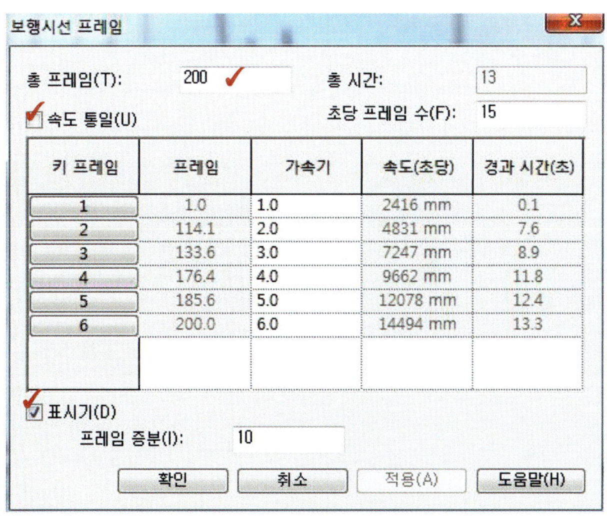

보행시선 프레임

총 프레임(T): 200　　총 시간: 13

속도 통일(U)　　초당 프레임 수(F): 15

키 프레임	프레임	가속기	속도(초당)	경과 시간(초)
1	1.0	1.0	2416 mm	0.1
2	114.1	2.0	4831 mm	7.6
3	133.6	3.0	7247 mm	8.9
4	176.4	4.0	9662 mm	11.8
5	185.6	5.0	12078 mm	12.4
6	200.0	6.0	14494 mm	13.3

표시기(D)

프레임 증분(I): 10

확인　취소　적용(A)　도움말(H)

- 프레임 증분(I)을 10으로 설정합니다.

Step 05 보행시선 재생과 저장

1. 보행시선 재생

❶ 프로젝트 탐색기의 3D뷰 : 보행시선-하늘에서 접근을 클릭합니다.

❷ 키 프레임 재생도구 ➔ 재생버튼▷을 클릭합니다.

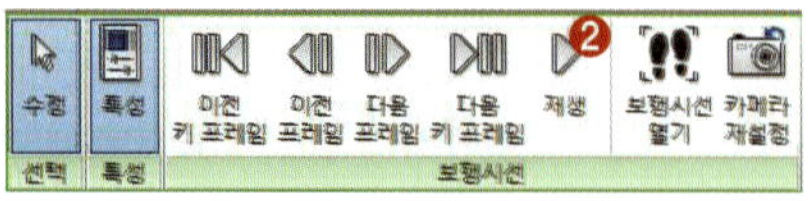

2. 보행시선 저장

❶ 애플리케이션 ➔ 내보내기 ➔ 동영상 및 이미지 ➔ 보행시선을 클릭합니다.

❷ 동영상의 길이/형식

• 자동설정을 유지합니다.

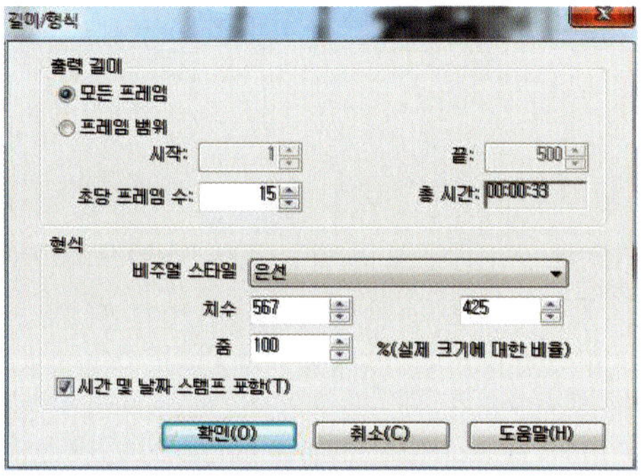

• 시간 및 날짜 스탬프 포함을 체크합니다.

❸ 보행시선을 내보낼 저장 위치를 선택합니다.

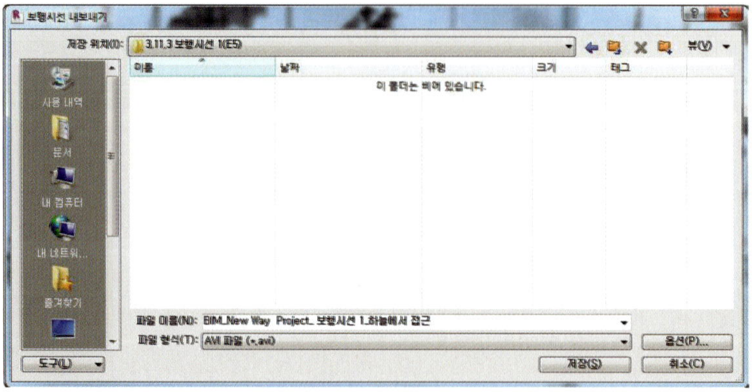

❹ 파일 이름은 BIM_New Way Project_보행시선 1_하늘에서 접근으로 합니다.

3. 비디오 압축 대화상자는 **전체 프레임(압축 안 함)**을 선택합니다.

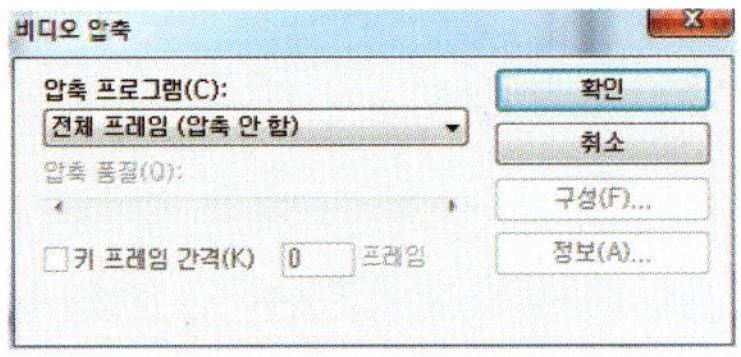

4. 화면 좌측 하단에 **동영상 저장과정**에 관련된 정보를 보이면서 동영상 추출이 진행됩니다.

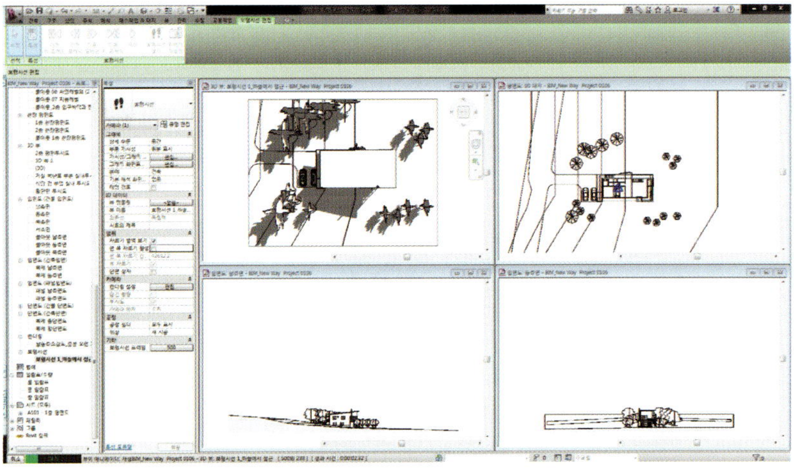

Step 06 저장된 동영상을 열어 확인합니다.

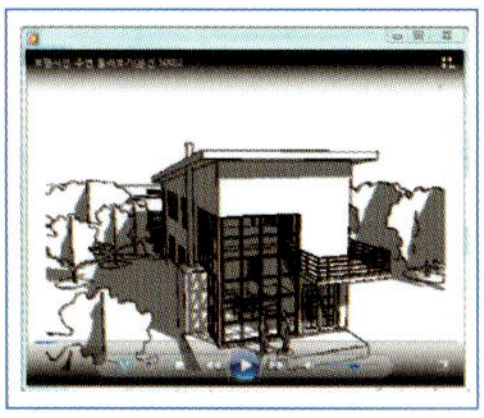

보행시선 2 작성목표

Hot Tip
뷰의 배치순서는 달라도 좋습니다. 뷰의 크기를 알맞게 조정하도록 합니다.

3.2 주변에서 둘러보는 보행시선 작성

Step 01 보행시선 작성준비

❶ 프로젝트 탐색기에서 평면도 분기의 07 지붕레벨을 활성화합니다.

❷ 뷰 탭 → 숨겨진 창 닫기를 클릭합니다.

❸ 프로젝트 탐색기 에서 동측면도와 남측면도를 차례로 엽니다.

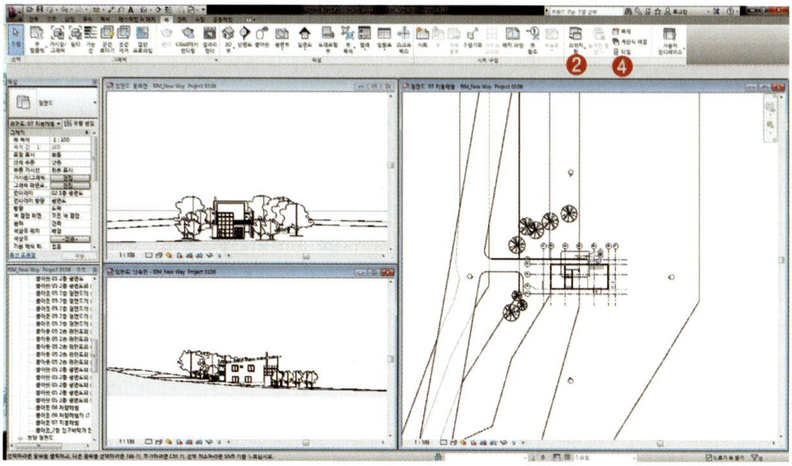

❹ 뷰 탭 → 타일(WT)배치를 클릭합니다.

Hot Tip
뷰 자르기와 자르기 영역보이기가 체크되어 있으면 영역을 벗어난 키 프레임 경로는 보이지 않습니다.

Hot Tip
경로를 편집할 때는 정확히 컨트롤 점을 끌어야 합니다. 빈 곳을 선택하면 "경로편집을 중단하겠습니까?"라는 대화상자가 나타날 때 "아니오"를 클릭합니다.

Step 02 보행시선 경로작성

1. 보행시선 경로작성

❶ 뷰 탭 → 3D뷰 → 보행시선을 클릭합니다.

❷ 07 지붕레벨의 창을 클릭해서 활성화합니다.

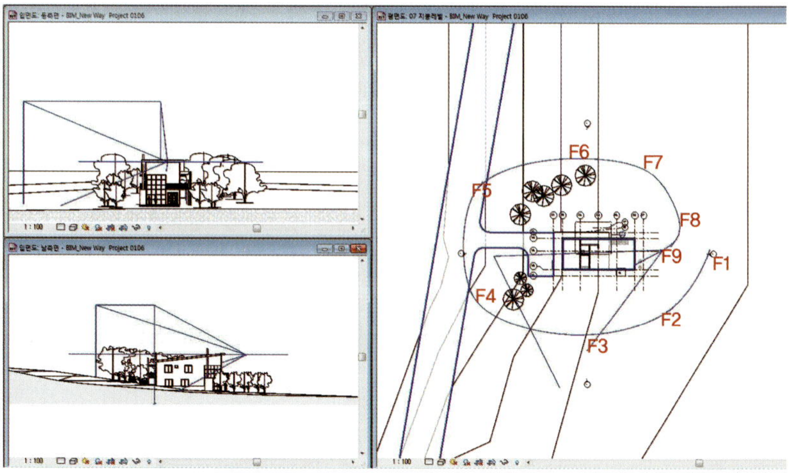

❸ 둘러보고 싶은 경로를 따라 F1에서 F9까지 적당히 키 프레임을 스케치 합니다.

❹ 스케치가 완료되면 명령을 마칩니다.

2. 보행시선 이름변경

❶ 프로젝트 탐색기에서 보행시선 분기의 보행시선 1을 클릭합니다.

❷ 마우스 우측버튼을 클릭하고, 이름을 보행시선 2_주변에서 둘러보기로 변경합니다.

Step 03 보행시선 경로편집

1. 보행경로 편집준비

❶ 프로젝트 탐색기에서 보행시선 분기의 보행시선 2_주변에서 둘러보기를 더블클릭하면 3D뷰 : 보행시선 2_주변에서 둘러보기가 활성화됩니다.

❷ 뷰 탭 ➜ 타일배치를 클릭하고, 뷰포트를 조절합니다.

❸ 프로젝트 탐색기에서 보행시선 분기의 보행시선 2_주변에서 둘러보기를 우측 마우스를 클릭하고, 카메라 표시(S)를 선택합니다.

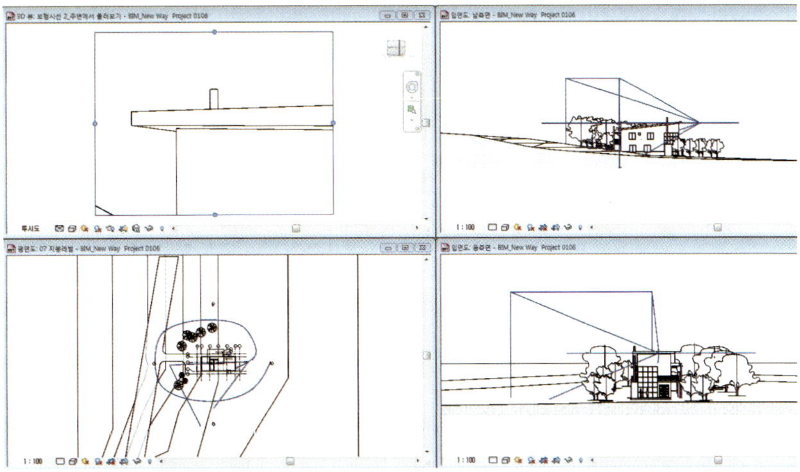

2. 보행시선 경로편집

❶ 수정 | 카메라 탭 ➜ 보행시선 편집을 클릭합니다.

❷ 보행시선 열기를 클릭하고, 평면도 뷰를 선택하면 옵션막대의 컨트롤이 활성화됩니다.

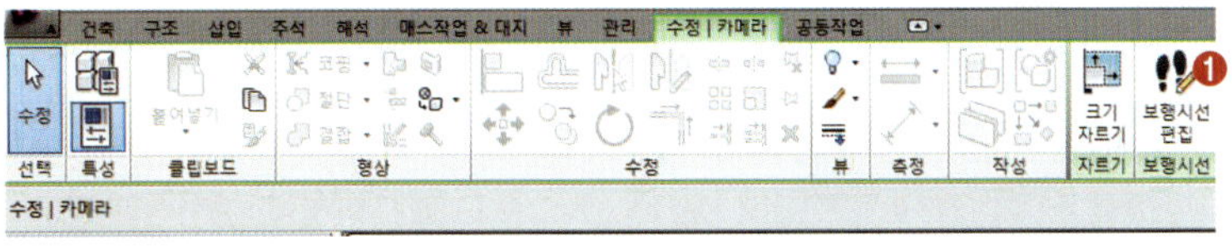

❸ 옵션막대의 컨트롤을 열고, 경로를 선택합니다.

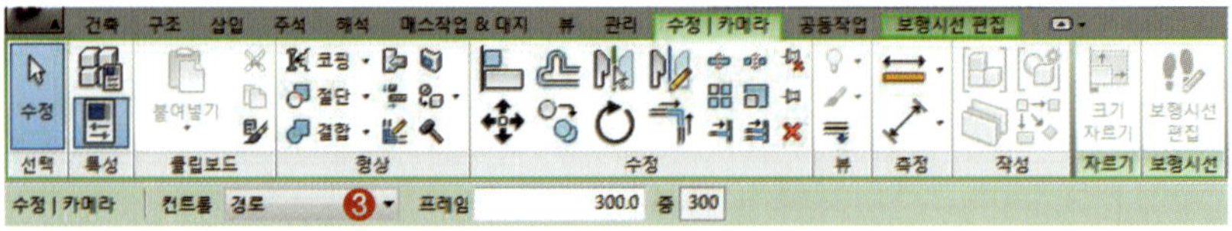

❹ 보행시선경로의 키 프레임의 조절점을 끌어서 원하는 위치로 편집합니다.

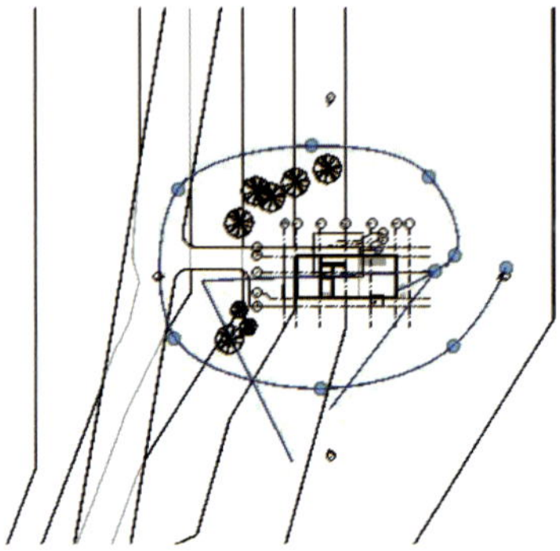

〈보행경로 편집 이전〉

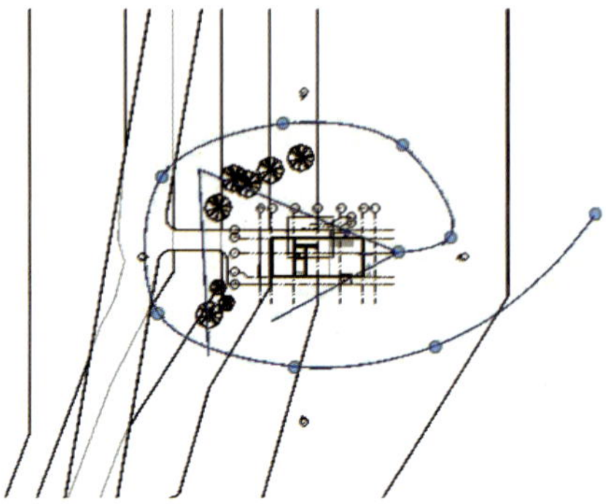

〈보행경로 편집 이후〉

3. 키 프레임 추가/제거

❶ 옵션막대의 컨트롤에서 키 프레임 추가를 선택하고, 추가할 위치를 클릭합니다.

❷ 옵션막대의 컨트롤에서 키 프레임 제거를 클릭하고, 제거할 점을 선택합니다.

Hot Tip
이 보행시선에서는 키 프레임의 추가/제거는 하지 않습니다.

Step 04 카메라 키 프레임 편집

1. 카메라 키 프레임의 시계편집

❶ 옵션막대에서 컨트롤을 펼쳐 활성 카메라를 클릭합니다.

❷ 입면도와 평면도에서 대상점을 끌어서 3D뷰 : 보행시선 2_주변에서 둘러보기 뷰에 적합한 장면을 얻도록 방향을 조정합니다.

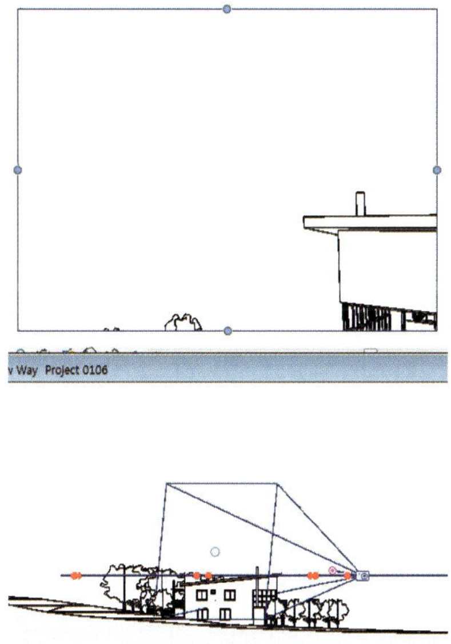

〈대상점 조정 이전〉

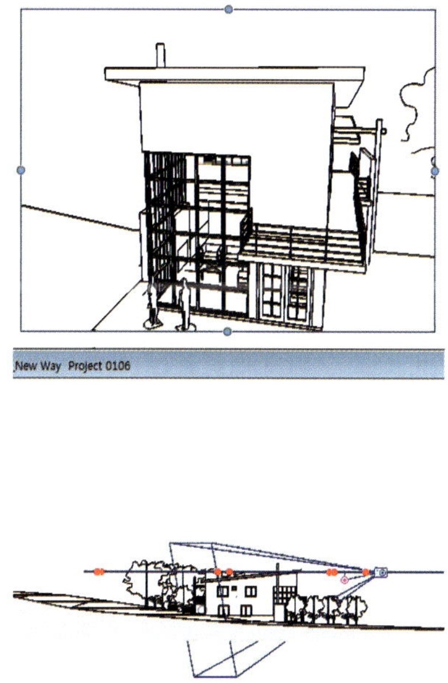

〈대상점 조정 이후〉

2. 카메라의 시계범위

❶ 카메라 특성 팔레트에서 범위의 먼쪽 자르기 활성을 선택하면 먼쪽 자르기 간격띄우기 치수만큼까지만 뷰에 나타납니다.

❷ 먼쪽 자르기 활성의 체크를 해지합니다.

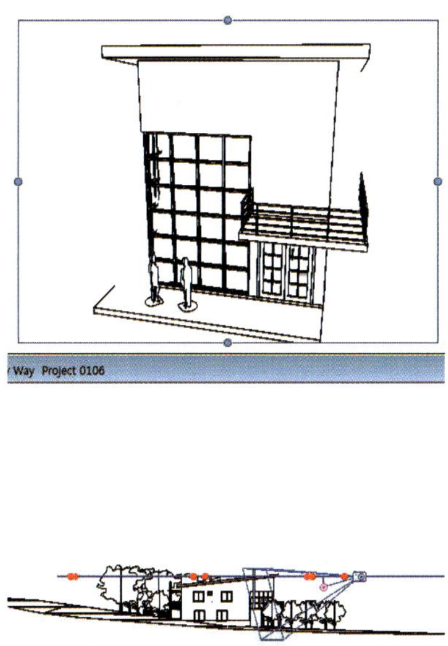

〈먼쪽 자르기 활성〉

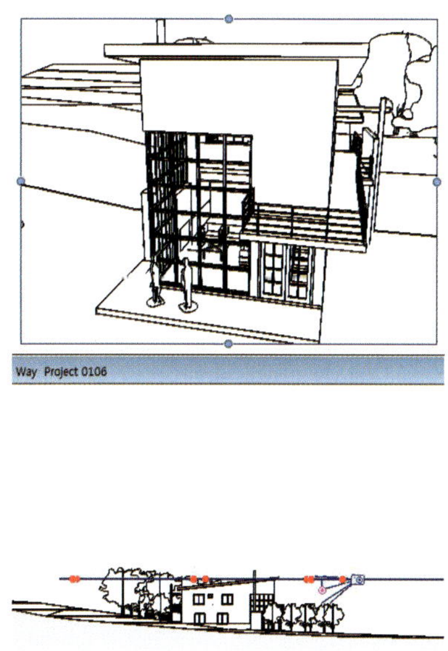

〈먼쪽 자르기 비활성〉

3. 키 프레임 이동과 재생

❶ F8 키 프레임의 대상점과 먼쪽 자르기에 대한 편집을 마치면, 키 프레임 재생도구의 이전 키 프레임 버튼을 클릭합니다.

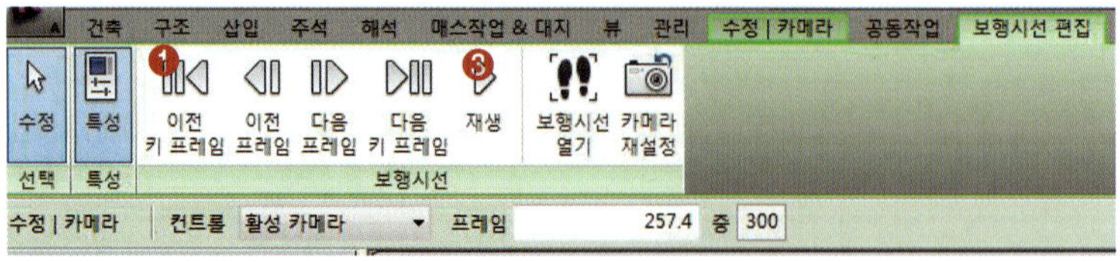

❷ 같은 방법으로 F1 키 프레임까지 차례로 편집합니다.

> **Hot Tip**
> 이 과정은 비교적 까다로운 과정이므로 반복수행하며, 익혀야 합니다.

❸ 작성된 보행시선을 재생하려면 3D뷰 : 보행시선 2를 활성화하고, 재생 버튼을 클릭합니다.

❹ 재생과정에서 수정사항이 있으면 재생이 끝난 뒤에 컨트롤에서 경로를 선택하고, 수정합니다.

4. 프레임 편집

❶ 총 프레임 수는 옵션막대의 300을 클릭하면 보행시선 프레임 대화상자가 열립니다.

❷ 총 프레임 수(T)를 500으로 변경합니다.

❸ 확인을 클릭하고 닫습니다.

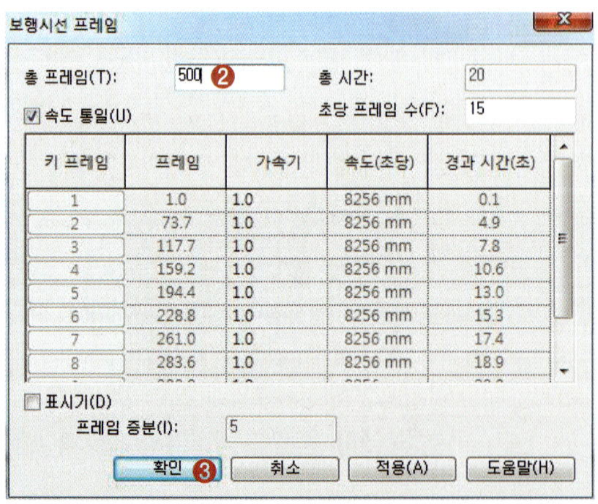

Step 05 보행시선 재생과 저장

1. 보행시선 재생

❶ 보행시선 편집을 클릭합니다.

❷ 키 프레임 재생도구의 재생버튼▷을 누릅니다.

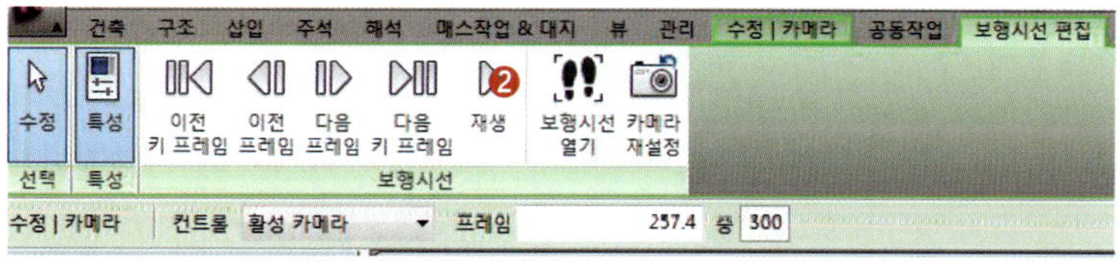

2. 보행시선 저장

❶ 애플리케이션 버튼 → 내보내기 → 동영상 및 이미지 → 보행시선을 클릭합니다.

❷ 동영상의 길이/형식 선택

- 동영상 길이는 모든 프레임을 체크합니다.
- 비주얼 스타일은 은선으로 합니다.
- 시간 및 날짜 스탬프 포함(T)을 체크합니다.

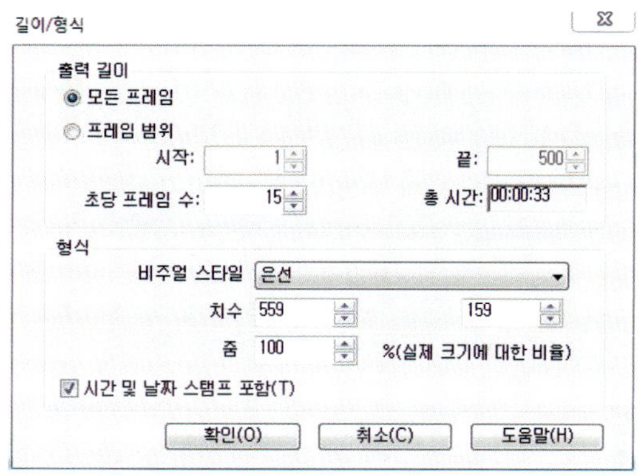

3. 보행시선의 저장 위치를 선택합니다.

4. 파일이름은 BIM_New Way Project_보행시선 2-주변 둘러보기로 기입합니다.

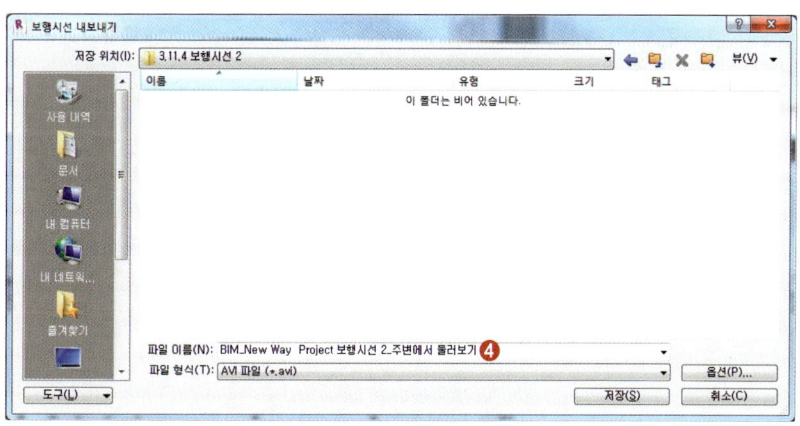

5. 비디오 압축 대화상자는 전체 프레임(압축 안 함)을 선택합니다.

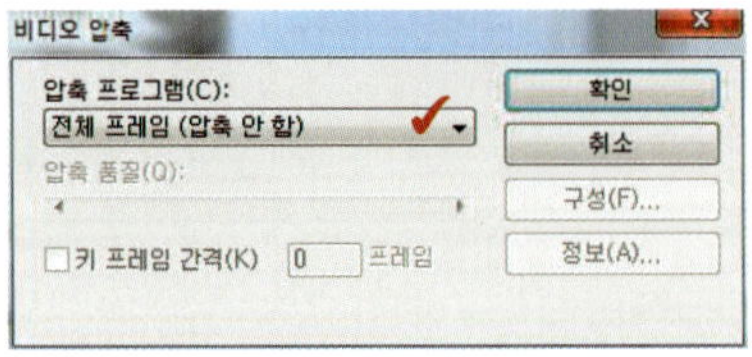

6. 화면 좌측 하단에 동영상 저장 과정에 관련된 정보를 나타내며, 동영상 추출이 진행됩니다.

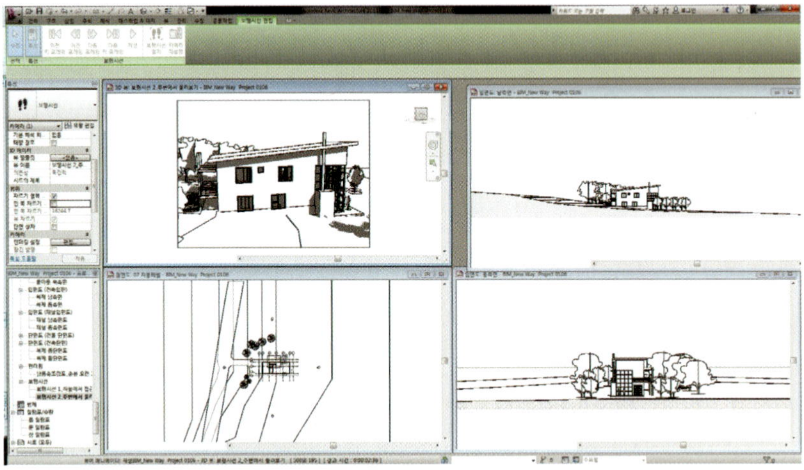

Step 06 저장된 동영상을 열어 확인합니다.

Chapter 12

프레젠테이션 도면 작성

BIM 모델링을 써서 설계스튜디오나 건축주에게 프레젠테이션할 때 시각적 호소력을 높일 수 있는 패널자료를 작성합니다. 주요 학습내용은 건축도면, 평면 투시도 및 단면투시도 등입니다.

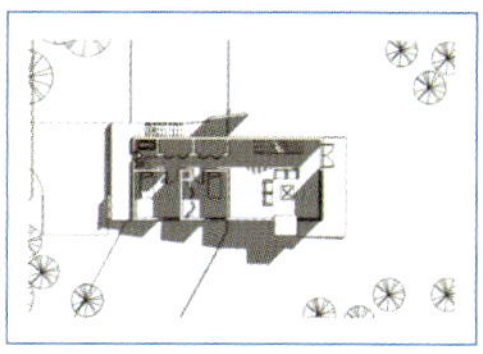

패널평면도 작성목표

12.1 패널용 평면도 작성

Step 01 패널평면도 작성준비

❶ 프로젝트 탐색기에서 평면도의 02 1층 평면도를 활성화합니다.

❷ 뷰 탭 → 뷰 복제를 클릭합니다.

❸ 프로젝트 탐색기에서 평면도의 05 2층 평면도를 활성화합니다.

❹ 마우스 우측버튼을 누르고 뷰 복제(V) → 복제(L)를 클릭합니다.

Step 02 패널평면뷰 유형 작성

❶ 프로젝트 탐색기에서 평면도의 복제 02 1층 평면도를 활성화합니다.

❷ 유형편집 → 복제를 눌러, 뷰 유형 이름은 패널평면도라고 입력합니다.

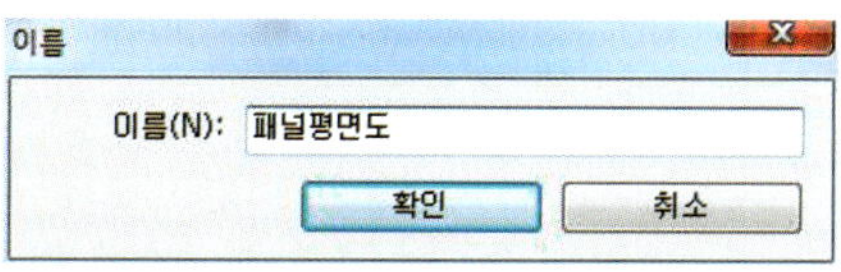

❸ 유형특성 대화상자에서 확인을 클릭합니다.

❹ 프로젝트 탐색기에 평면(패널평면도)라는 분기가 생성되고, 복제 02 1층 평면도가 나타납니다.

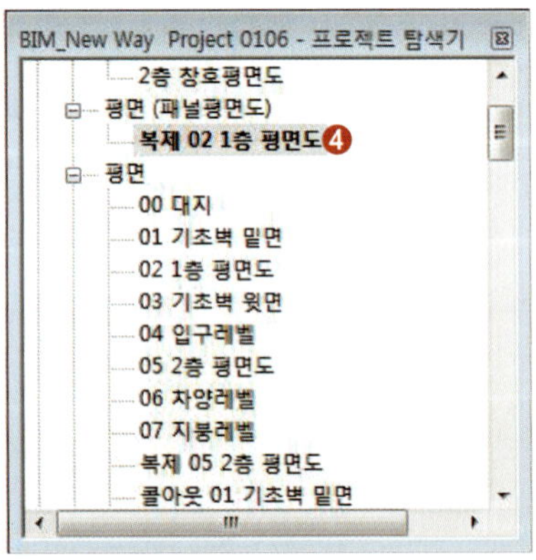

Step 03 패널평면뷰 작성

1. 패널평면도 이름 변경

❶ 패널평면도 분기의 복제 02 1층 평면도를 선택하고, 마우스 우측버튼을 클릭합니다.

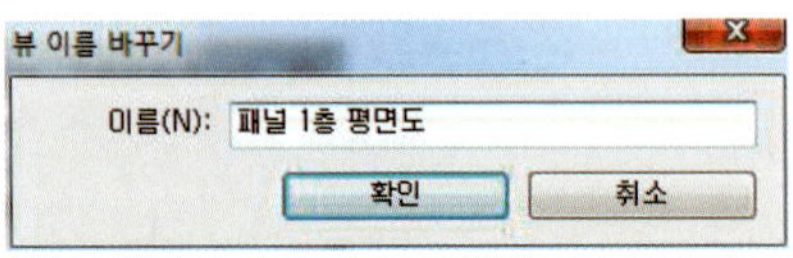

❷ 뷰 이름을 패널 1층 평면도로 변경합니다.

2. 패널 평면도 추가

❶ 프로젝트 탐색기에서 평면도 분기의 복제 05 2층 평면도를 선택합니다.

❷ 유형편집을 열고, 유형특성 대화상자에서 유형(T)을 클릭합니다.

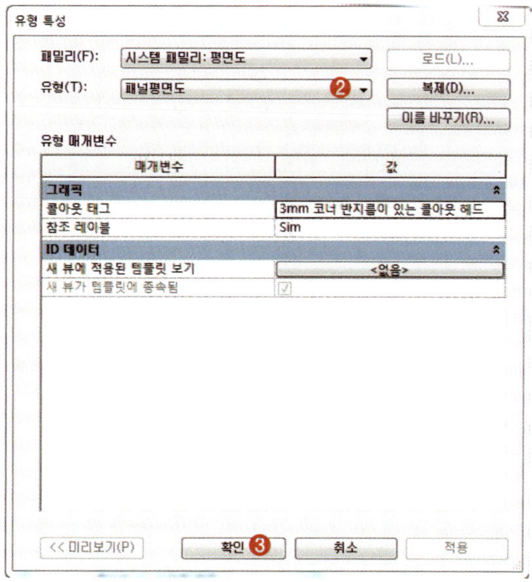

❸ 패널평면도를 선택하고, 확인을 클릭하면 평면도 분기에서 패널평면도 분기로 이동합니다.

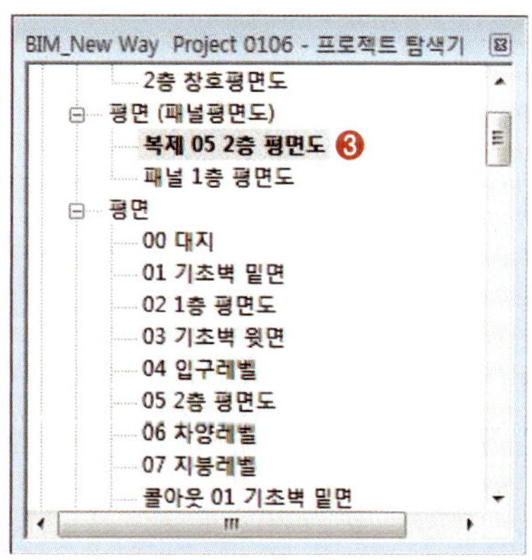

❹ 프로젝트 탐색기에서 패널평면도 분기의 복제 05 2층 평면도를 선택해서 이름을 패널 2층 평면도로 변경합니다.

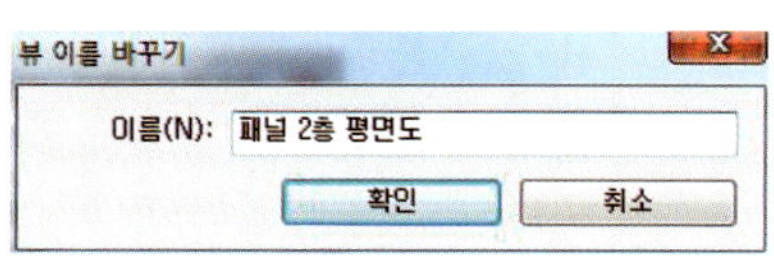

Step 04 패널평면도의 가시성/그래픽 재지정

1. 패널 1층 평면도의 가시성/그래픽 재지정

❶ 특성 팔레트에서 가시성/그래픽 재지정의 편집을 클릭합니다.

❷ 모델 카테고리에서 패널평면도에 필요한 항목(가구, 가구시스템, 계단, 기둥, 난간, 룸, 문, 바닥, 벽, 배관설비, 선, 수목, 지형, 창, 커튼월 멀리언, 커튼월 패널, 케이스워크, 특수시설물 등)을 체크합니다.

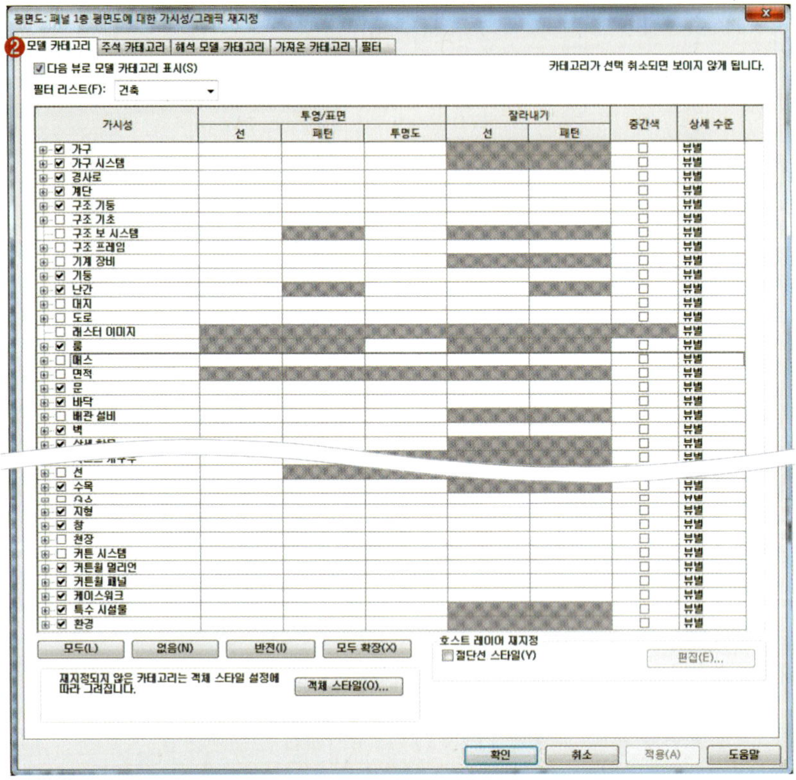

❸ 주석 카테고리에서 패널평면도의 필요한 항목(룸 태그, 면적태그, 뷰 제목, 색상 채우기 범례, 등)을 체크합니다.

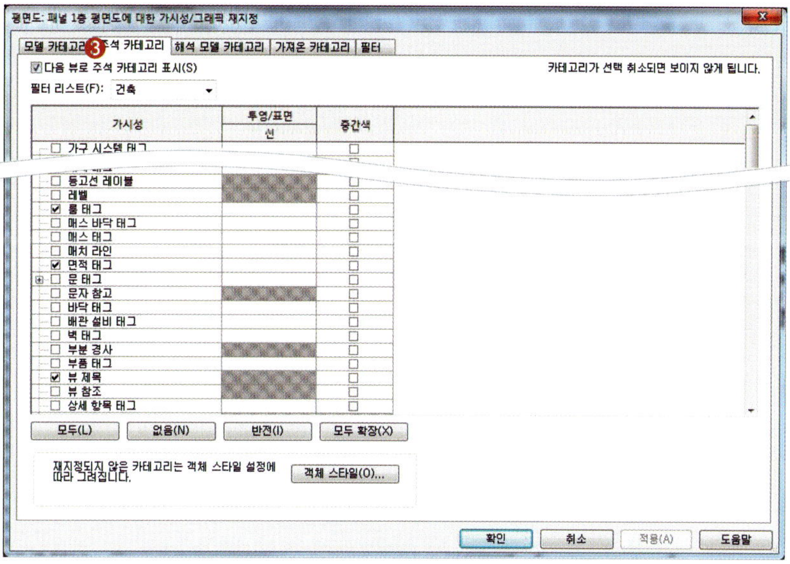

❹ 패널 1층 평면도에서 지정된 가시성/그래픽이 아래와 같이 지정되었습니다.

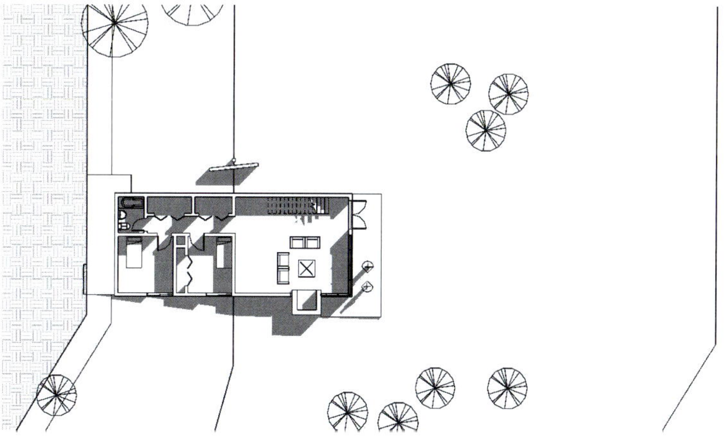

2. 패널 2층 평면도의 가시성/그래픽 재지정

❶ 프로젝트 탐색기에서 평면(패널평면도)의 패널 2층 평면도를 활성화합니다.

❷ 특성 팔레트의 ID 데이터에서 뷰 템플릿을 클릭합니다.

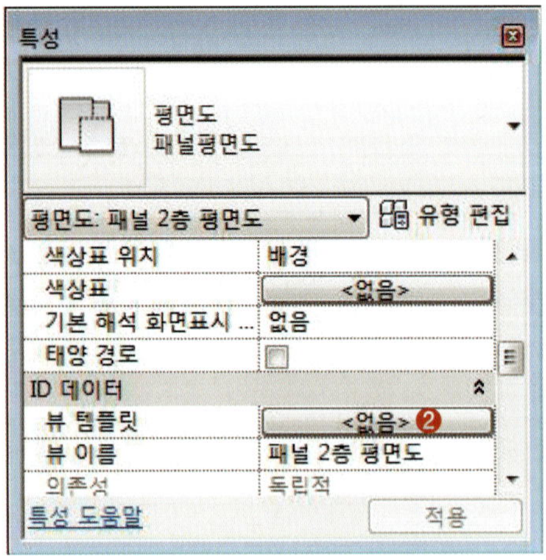

❸ 뷰 템플릿 적용 대화상자에서 뷰 표시를 클릭하고, 패널 1층 평면도를 선택합니다.

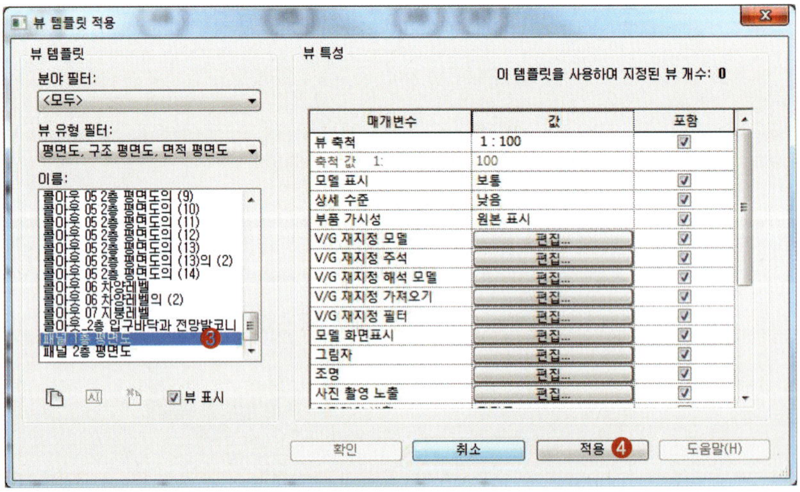

Hot Tip

2층 평면도에 나타나지 않는 모델요소는 추가로 가시성 그래픽 재설정에서 설정합니다.

❹ 적용을 클릭하고, 대화상자를 닫습니다.

❺ 1층 평면도에서 표시 되지만 2층 평면도에는 표시되지 않는 수목, 지형, 환경을 가리기 위해 그래픽/가시성 재지정에서 체크를 해지합니다.

❻ 2층 평면도의 그래픽/가시성이 다음과 같이 지정되었습니다.

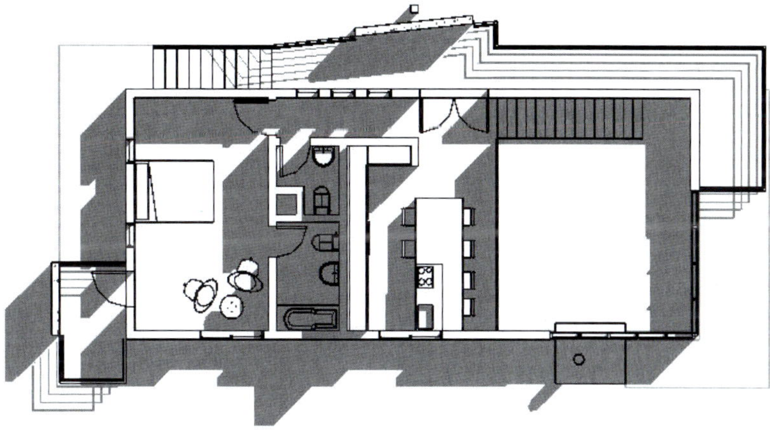

Step 05 룸 이름과 범례 작성

1. 1층 평면도의 룸(room) 작성

❶ 건축 탭 → 룸을 클릭합니다.

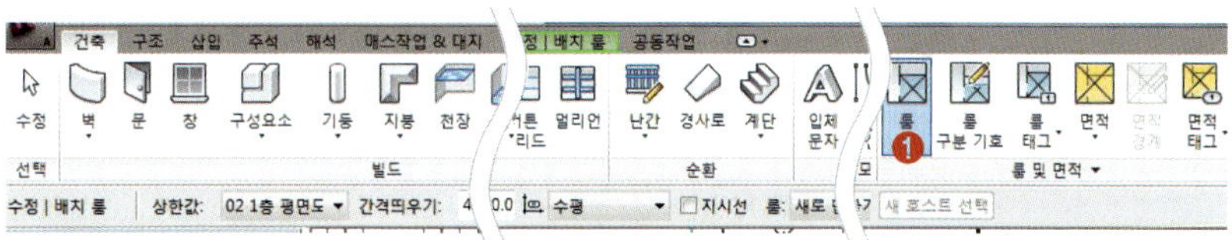

❷ 커서를 각 실로 가져가서 자동으로 룸 경계선이 탐색될 때, 알맞은 태그 위치에서 클릭하면 룸이 작성됩니다.

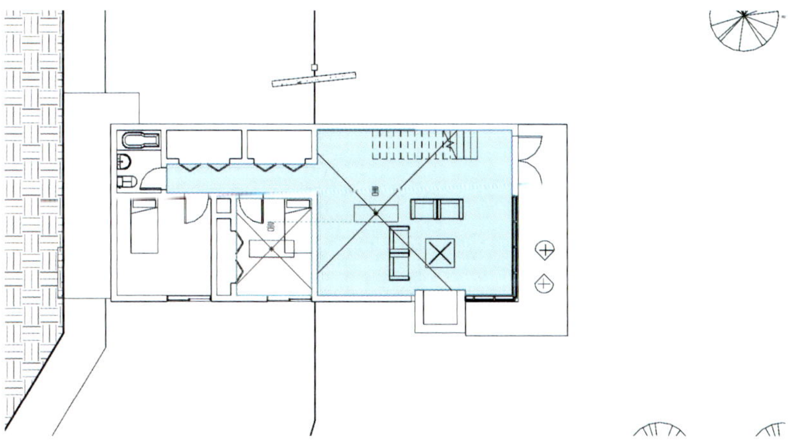

❸ 거실부터 침실 1, 침실 2, 욕실, 세탁실, 보일러실의 룸을 작성합니다.

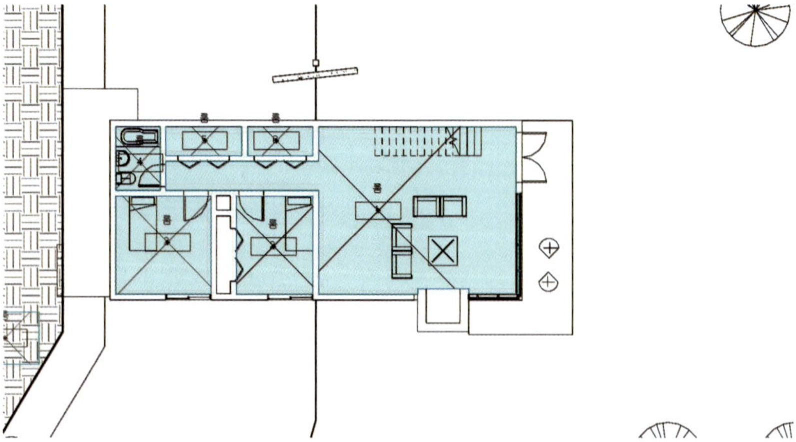

❹ 각 실의 이름을 변경합니다.

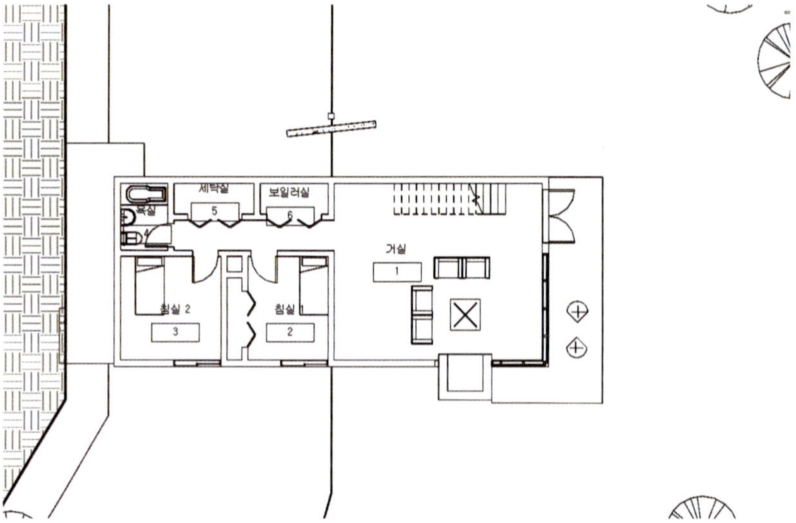

2. 2층 평면도의 룸(room) 작성

❶ 프로젝트 탐색기에서 평면(패널평면도)의 패널 2층 평면도를 활성화합니다.

❷ 식당 겸 부엌, 부부침실, 욕실, 화장실 순으로 룸을 작성합니다.

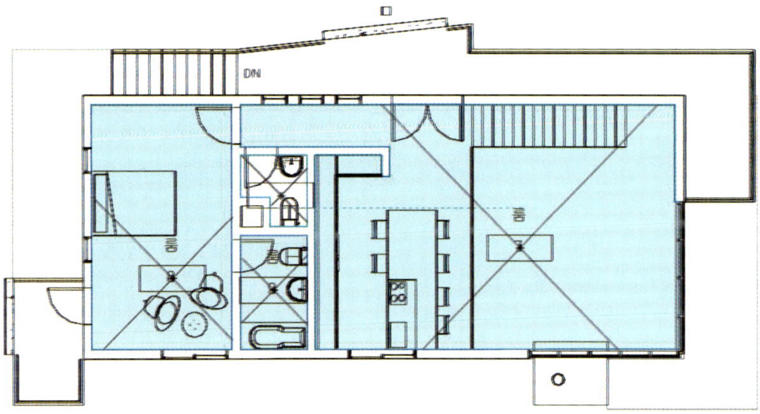

❸ 룸 이름을 변경합니다.

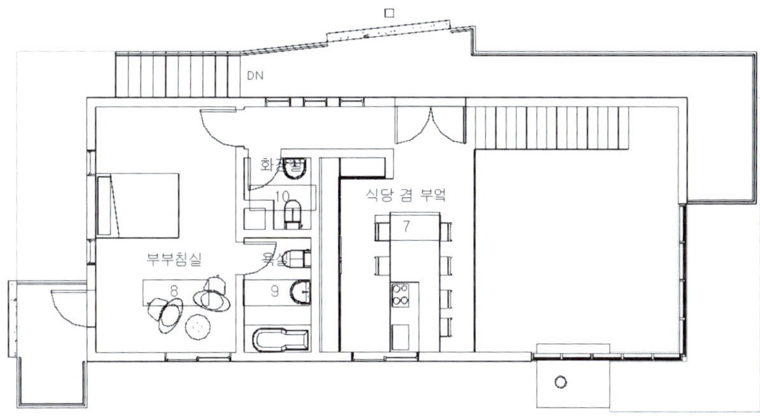

Step 06 룸 경계 편집

❶ 2층 평면도의 식당 겸 부엌의 룸 경계선이 거실 상부의 보이드(void) 부분까지 포함하고 있습니다.

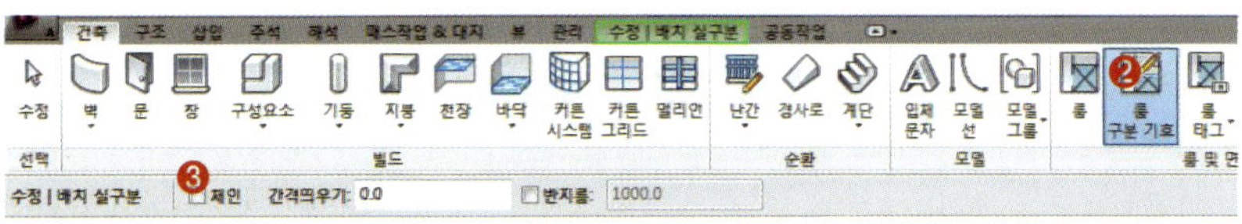

❷ 건축 탭 → 룸 구분기호를 클릭합니다.

❸ 체인을 해지 합니다.

❹ P1에서 P2 사이를 2층 바닥경계선을 따라 룸 구분기호를 스케치합니다.

Hot Tip
룸 구분을 하려면 룸 태그가 룸이 형성되는 곳에 위치해야 합니다.

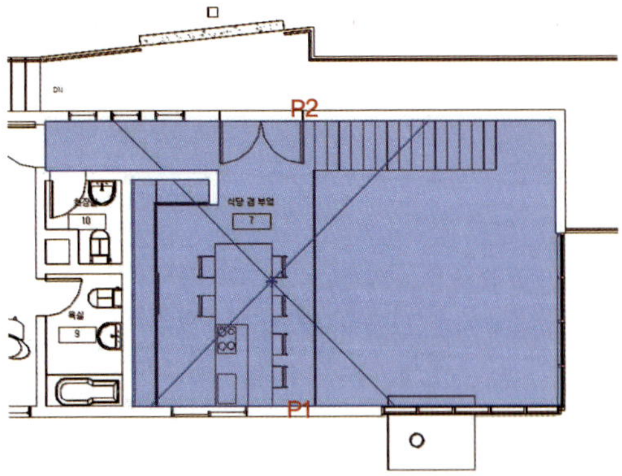

〈룸 경계 수정 이전〉

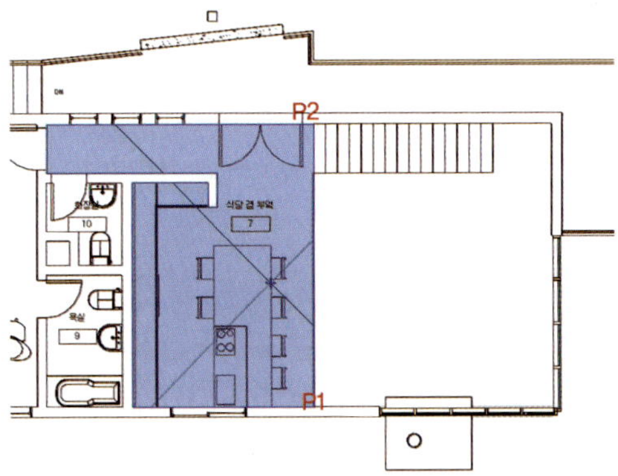

〈룸 경계 수정 이후〉

Step 07 색상 채우기 범례 작성

1. 프로젝트 탐색기에서 패널평면도의 패널 1층 평면도를 활성화합니다.
2. 주석 탭 → 색상 채우기 범례를 클릭합니다.
3. "□ 뷰에 지정된 색상표 없음"이 나타나면 작업영역의 빈 곳을 클릭합니다.

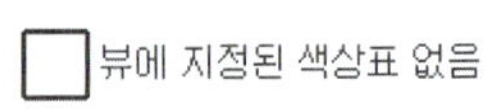

4. 유형 및 색상표 선택창 설정

❶ 공간유형(S)은 룸을 체크합니다.

❷ 색상표(C)를 열어, 이름을 선택합니다.

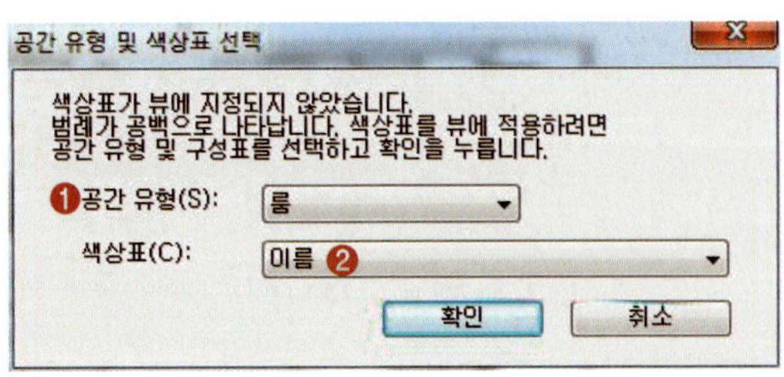

5. 룸 범례 배치

❶ 패널 1층 평면도의 룸 범례

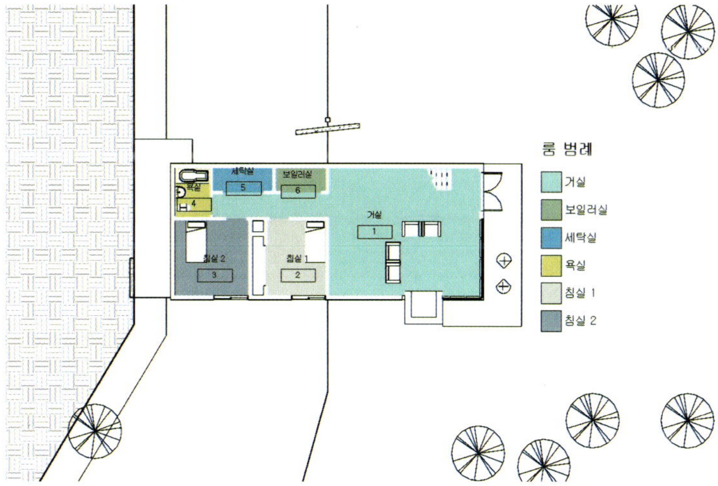

❷ 패널 2층 평면도의 룸 범례

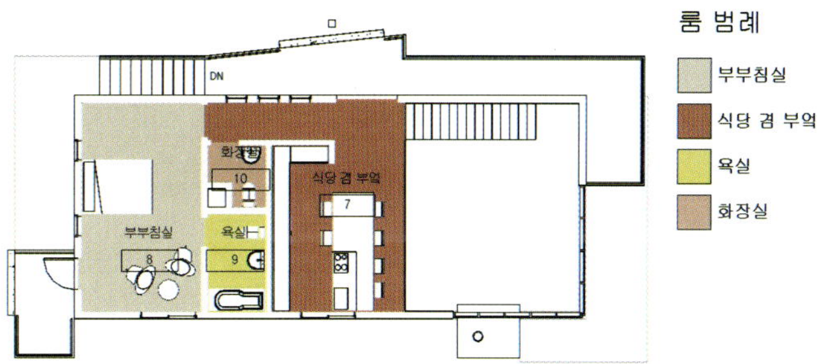

Step 08 패널평면도 가시성 편집

Hot Tip

패널스타일은 설계자의 의도가 효과적으로 전달되도록 독창적으로 결정합니다.

❶ 뷰 조절막대에서 그림자 켜기를 켜면 입체감을 줄 수 있습니다.

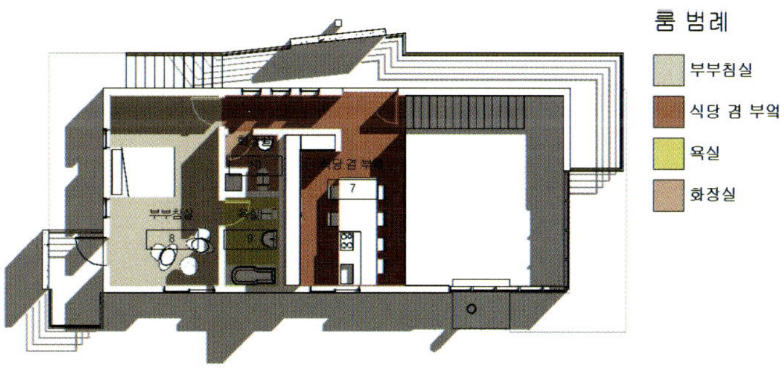

❷ 모델 카테고리에서 룸을 닫고, 주석 카테고리에서 룸 색상 채우기 범례를 닫으면 공간감을 보다 명확히 나타낼 수 있습니다.

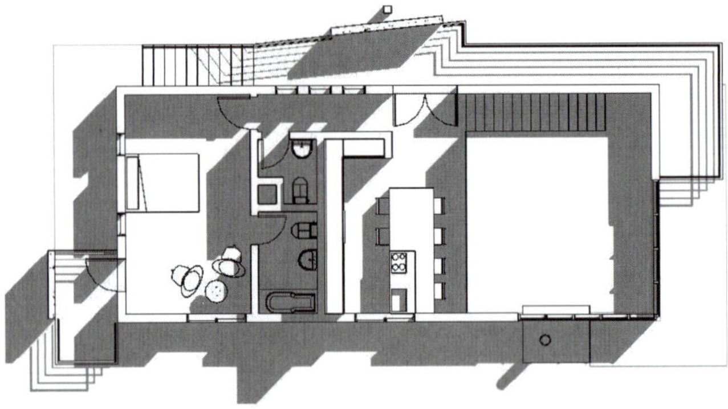

❸ 모델 카테고리에서 가구와 위생도기까지 닫으면 더욱 순수한 공간감을 표현할 수 있습니다.

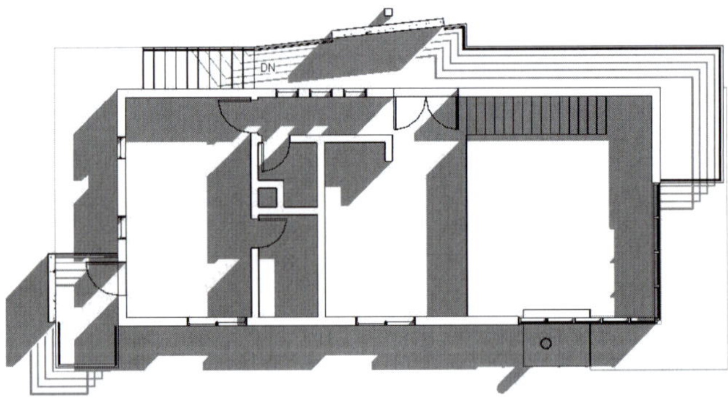

패널용 입면도 작성 목표

12.2 패널용 입면도 작성

Step 01 패널입면도 작성준비

❶ 프로젝트 탐색기에서 입면도의 남측면을 활성화합니다.

❷ 뷰 탭 → 뷰 복제를 클릭합니다.

❸ 프로젝트 탐색기의 입면도(건물입면도)의 동측면을 활성화합니다.

❹ 마우스 우측버튼을 눌러 뷰 복제(V) → 복제(L)를 클릭합니다.

Step 02 패널입면뷰 유형 작성

❶ 프로젝트 탐색기에서 입면도의 복제 남측면을 클릭합니다.

❷ 유형편집 → 복제를 눌러, 뷰 유형 이름을 패널입면도라고 입력합니다.

❸ 유형특성 대화상자를 확인하고 닫습니다.

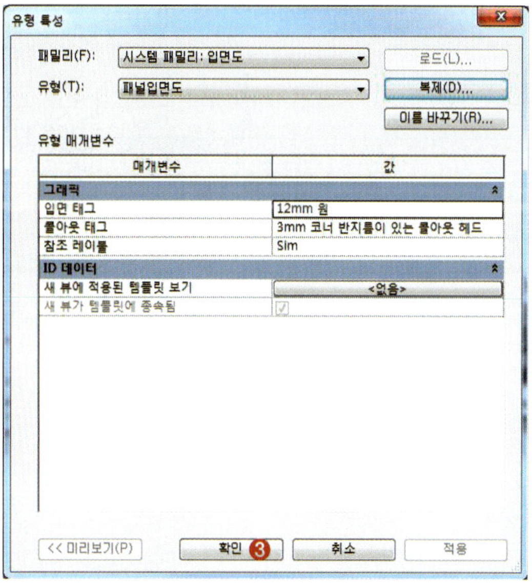

❹ 프로젝트 탐색기에는 입면도(패널작성) 분기가 생성되고, 복제 남측면이 나타납니다.

Step 03 패널입면뷰 작성

1. 패널입면도 이름 변경

❶ 프로젝트 탐색기에서 입면도(패널 작성)의 복제 남측면을 선택하고, 마우스 우측버튼을 클릭합니다.

❷ 뷰 이름은 패널 남측면도로 변경합니다.

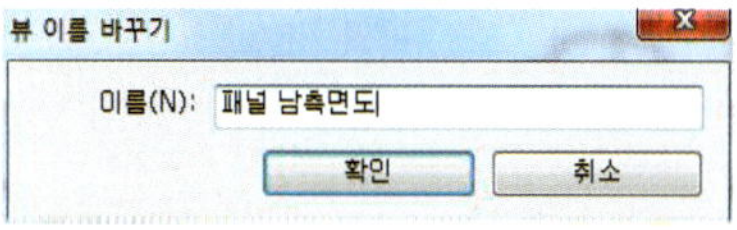

2. 패널입면도 추가

❶ 프로젝트 탐색기에서 입면도(패널 작성)의 복제 동측면을 선택하고, 마우스 우측버튼을 클릭합니다.

❷ 유형편집을 열고, 유형특성 대화상자의 유형(T)을 클릭합니다.

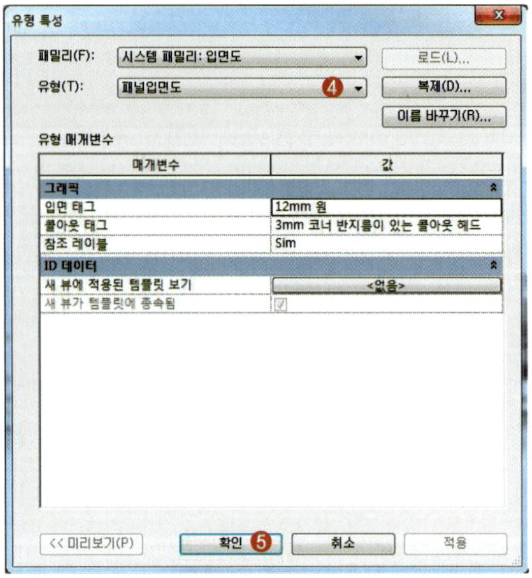

❸ 패널입면도를 선택하고, 확인을 클릭합니다.

❹ 프로젝트 탐색기에서 입면도(패널 작성)에 있는 복제 동측면을 선택해서 이름을 패널 동측면도로 변경합니다.

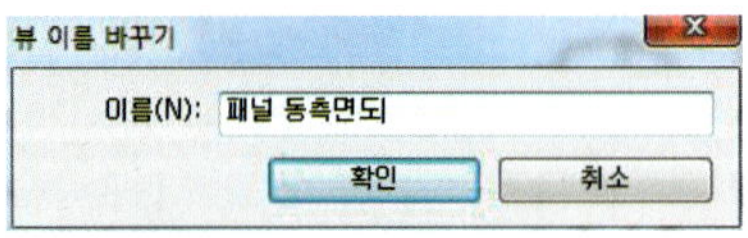

Step 04 패널입면도 가시성/그래픽 재지정

1. 패널 남측면도의 가시성/그래픽 재지정

❶ 특성 팔레트에서 가시성/그래픽 재지정의 편집을 클릭합니다.

❷ 모델 카테고리에서 패널입면도에 필요한 항목(계단, 구조 기둥, 구조프레임, 기둥, 난간, 대지, 도로, 문, 바닥, 벽, 수목, 지붕, 지형, 창, 커튼월 멀리언, 커튼월 패널과 환경 등)을 체크합니다.

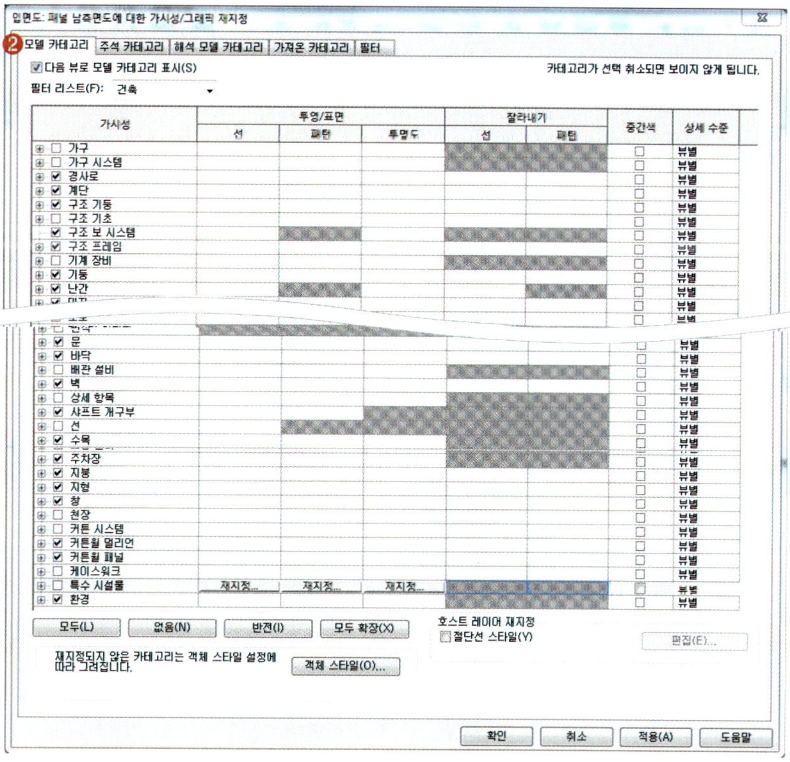

❸ 주석 카테고리의 모든 항목을 선택 해지합니다.

2. 패널 남측면도의 그래픽 화면 표시옵션 설정

❶ 특성 팔레트의 그래픽 화면표시 설정에서 사실적을 클릭합니다.

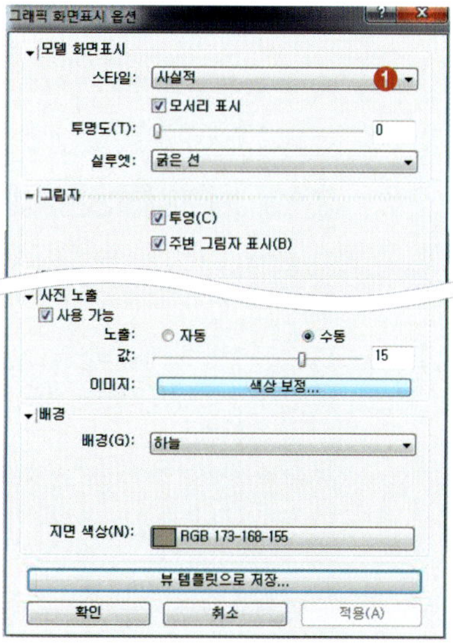

❷ 모델화면표시, 그림자, 조명, 노출 및 배경에 이르기까지 광범위한 조정이 가능합니다.

❸ 그래픽 화면표시 옵션의 뷰 템플릿으로 저장하기를 클릭합니다.

❹ 새 뷰 템플릿 이름(N)을 패널 남측면도-그래픽 화면표시 옵션이라고 합니다.

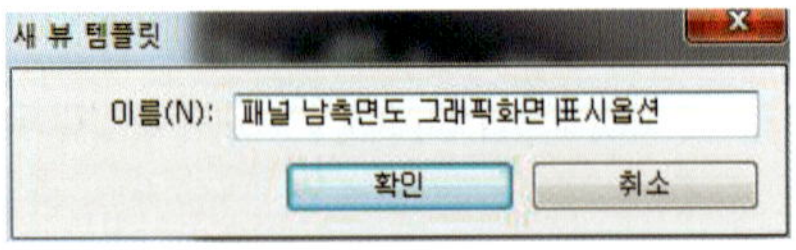

3. 가시성/그래픽을 재지정하고, 화면표시 옵션을 조정하면 몽환적 분위기가 연출될 수 있습니다.

4. 패널 동측면도의 가시성/그래픽 재지정

❶ 프로젝트 탐색기에서 패널입면도의 패널 동측면도를 활성화합니다.

❷ 특성 팔레트의 ID 데이터를 열고, 뷰 표시 ➜ 패널 남측면도 그래픽화면표시 옵션을 클릭합니다.

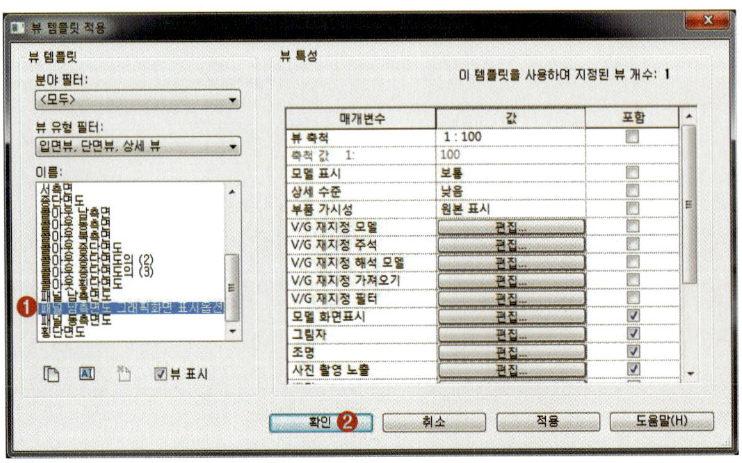

❸ 패널 남측면도 설정과 같은 그래픽을 생성할 수 있습니다.

Step 05 뷰 범위 설정

❶ 특성 팔레트의 범위에서 자르기 영역 보기를 체크합니다.

❷ 영역보기 조절점을 끌어서 뷰 범위를 조정합니다.

❸ 특성 팔레트의 범위에서 뷰 자르기를 체크하면 조정한 영역만 남습니다.

❹ 뷰 조절막대에서 그림자 켜기/끄기를 조정해서 공간적 양감을 제어할 수 있습니다.

❺ 뷰 조절막대에서 뷰 자르기 켜고/끌 수 있습니다.

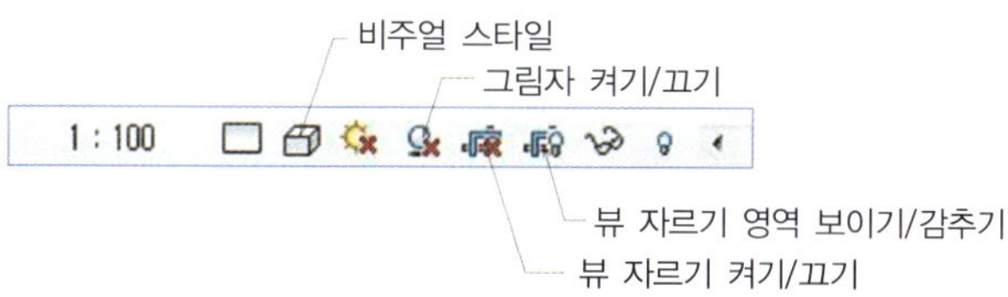

❻ 뷰 조절막대에서 자르기 영역 보기/감추기를 제어할 수 있습니다.

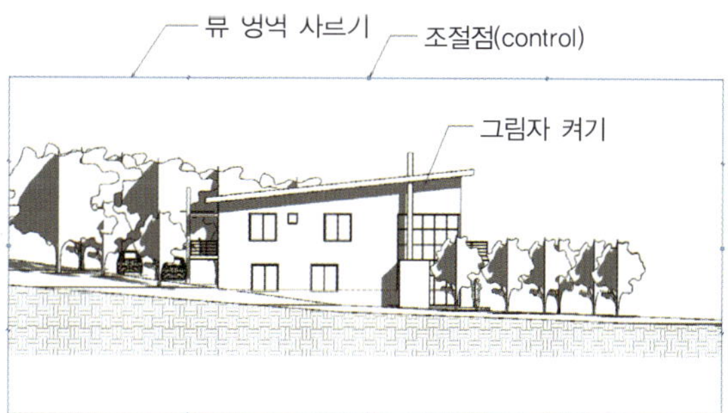

12.3 프레젠테이션 패널 작성

건축설계 프레젠테이션의 목적은 건축가가 건축주에게 자신의 설계 의도나 목적을 명확히 표현 · 전달 · 설득하는 것이며, 이는 학생들이 설계과제를 발표할 때도 동일하게 적용됩니다. 그 표현매체로써 패널작업은 광범위하게 쓰이고 있습니다. 앞서 작성한 성과물을 활용해서 프레젠테이션 패널을 작성합니다. 주요내용은 패널배치계획, 뷰포트 배치하기, 수정하기, 문자기입, 출력하기 등입니다.

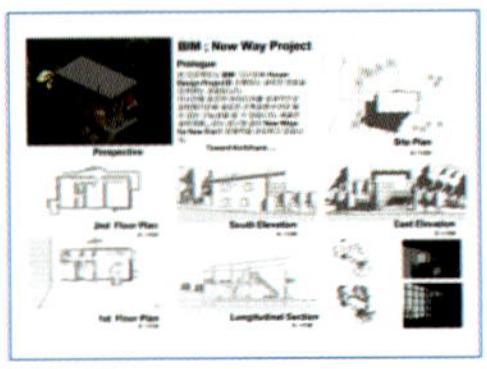

패널 작성목표

Step 01 패널구성계획

1. 시트 작성

❶ 뷰 탭 ➜ 시트 ➜ '없음'을 클릭합니다.

❷ 시트 이름은 프레젠테이션 패널로 변경합니다.

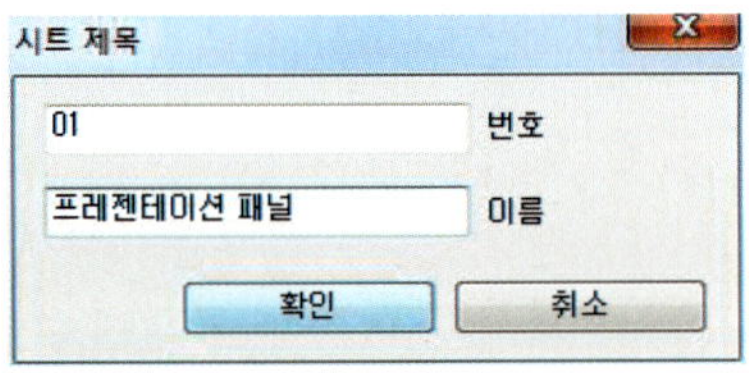

2. 패널구성계획

❶ 패널 크기는 900×600을 선택합니다.

❷ 작성 방법은 주석 탭 ➜ 상세선 ➜ 직사각형 도구로 그립니다.

❸ 패널구성 경계선은 테두리에서 10㎜씩 띄웁니다.

❹ 패널구성영역은 가로 세로 3등분으로 구획선을 그립니다.

Step 02 패널 구성요소 작성

❶ 프로젝트 탐색기에서 패널구성에 필요한 도면요소를 계획한 위치에 끌어다 놓습니다.

❷ 이미지로 작성된 요소는 삽입 탭 → 이미지 가져오기 → 저장 위치에서 가져옵니다.

Step 03 구성요소편집

1. 뷰포트 제목선 감추기

❶ 뷰포트를 클릭합니다.

❷ 유형탐색기를 열고 뷰포트 제목 없음을 선택합니다. 도면명칭을 감추면 패널특성에 맞게 도면명칭을 작성할 수 있습니다.

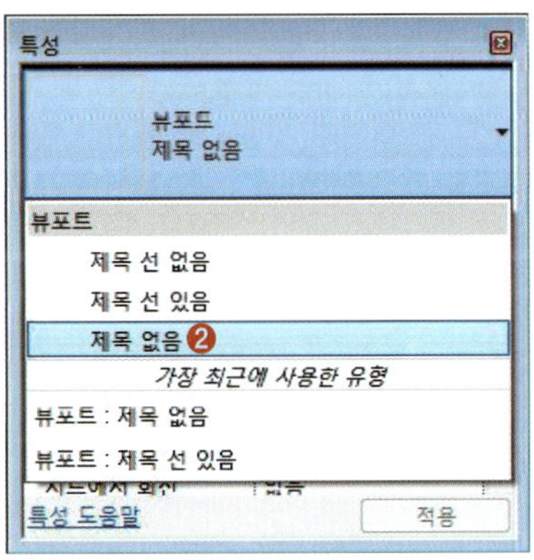

2. 뷰포트 편집

❶ 편집할 뷰포트를 선택합니다.

❷ 마우스 우측버튼을 클릭하고, 뷰 활성화(A)를 클릭합니다.

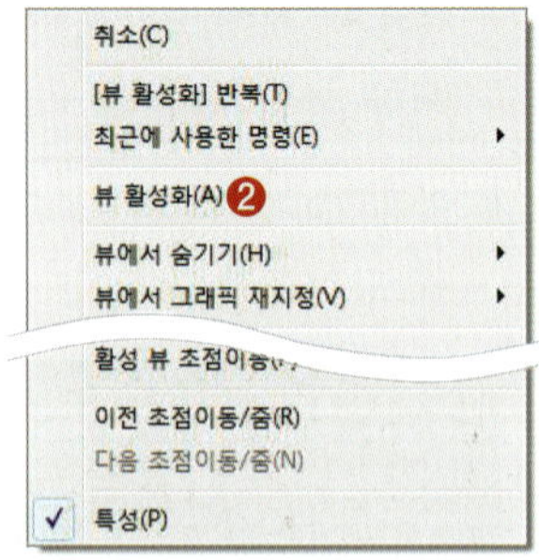

❸ 특성 팔레트의 범위에서 뷰 영역 자르기를 체크합니다.

❹ 특성 팔레트 자르기 영역보이기를 체크합니다.

❺ 자르기 영역의 경계선의 조절점을 끌어서 크기를 조절합니다.

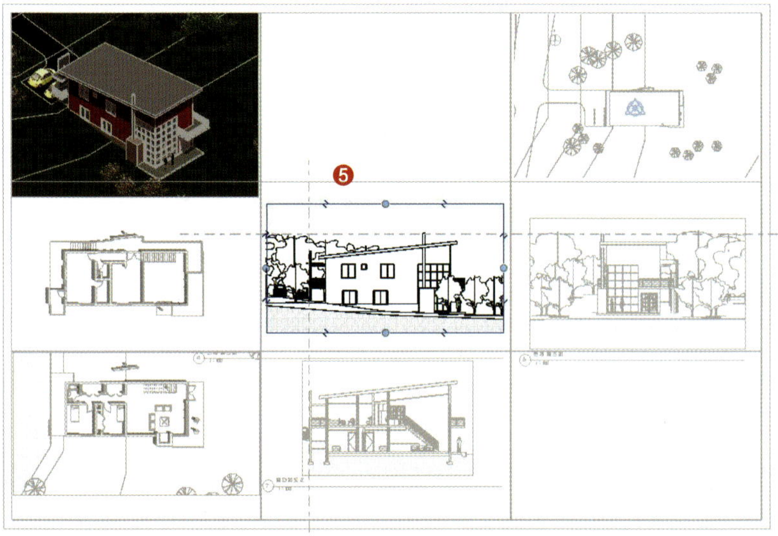

❻ 크기 조절을 마치면 자르기 영역보이기의 체크를 해지합니다.

❼ 마우스 우측버튼을 클릭하고, 뷰 비활성화(D)를 클릭합니다.

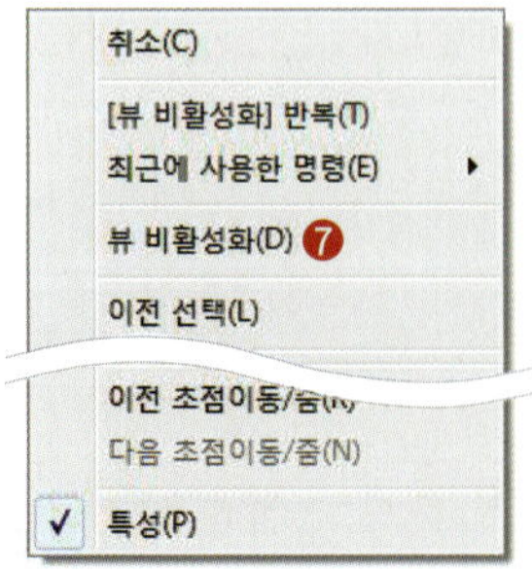

3. 이미지 삽입 및 편집

❶ 저장된 이미지를 삽입할 경우에는 삽입 탭 ➜ 이미지 가져오기 를 클릭하고, 필요한 이미지를 로드합니다.

❷ 이미지를 클릭하고, 조절점을 끌어서 알맞은 크기로 조정합니다.

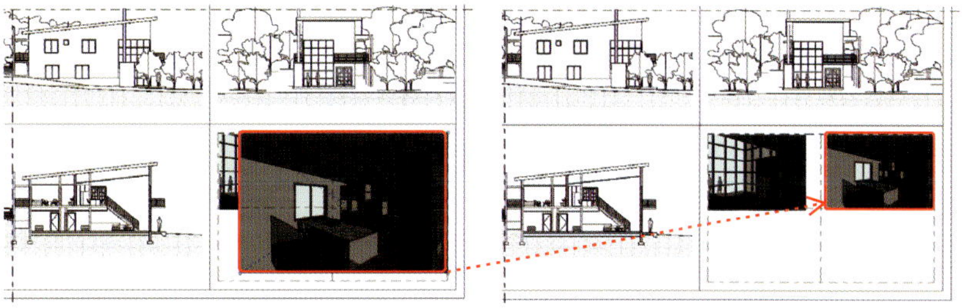

〈삽입 이미지 수정 이전〉 〈삽입 이미지 수정 이후〉

❸ 조정된 이미지는 그룹으로 묶어두면 수정작업과 관리가 수월합니다.

Step 04 뷰포트 상호정렬

❶ 뷰포트의 정확한 위치 정렬은 상세선을 이용한 기준선을 작성하고, 조절합니다.

❷ 평면과 입면의 중요한 구성요소의 위치는 정렬합니다.

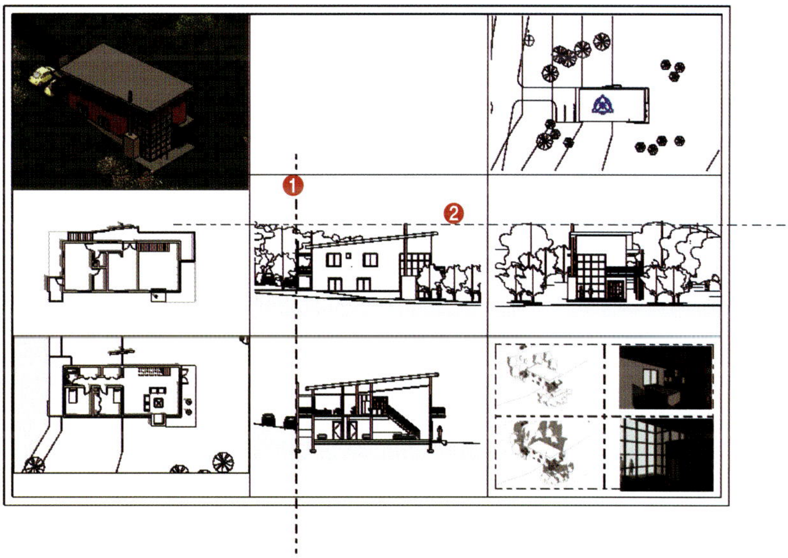

Step 05 설계개요 및 도면문자 기입

❶ 주석 탭 ➜ 문자 A를 클릭합니다.

❷ 유형편집 ➜ 복제를 선택하고, 문자 패밀리 유형을 작성합니다.

❸ 도면문자 패밀리 유형은 3~4개 정도로 설정하고, 문자가 강조되지 않도록 적용합니다.

❹ 문자의 위치도 서로 정렬되게 합니다.

Hot Tip

패널작업이 완료되면 참고용 버림선은 모두 삭제하거나 뷰에서 숨깁니다.

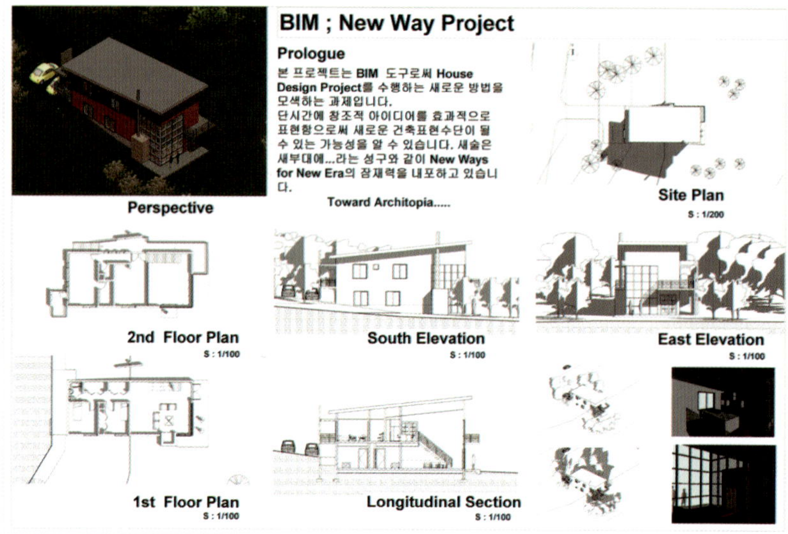

Step 06 이미지 파일로 저장

1. 애플리케이션 → 내보내기 → 이미지 및 동영상 → 이미지를 클릭합니다.
2. 이미지 내보내기 창 설정

❶ 저장 위치를 선택하고, 이름은 BIM_New Way Project 프레젠테이션 패널로 기입합니다.

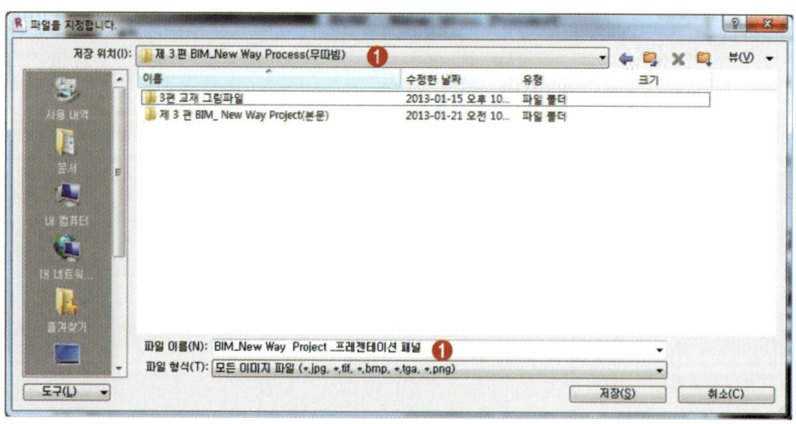

❷ 내보내기 범위는 현재창(W)을 선택합니다.

❸ 이미지 크기는 줌(Z)에서 100%로 설정합니다.

❹ 형식의 이미지 품질(A)은 JPEG(무손실)을 클릭합니다.

❺ 레스터 이미지 품질(Q)는 300dpi로 설정합니다.

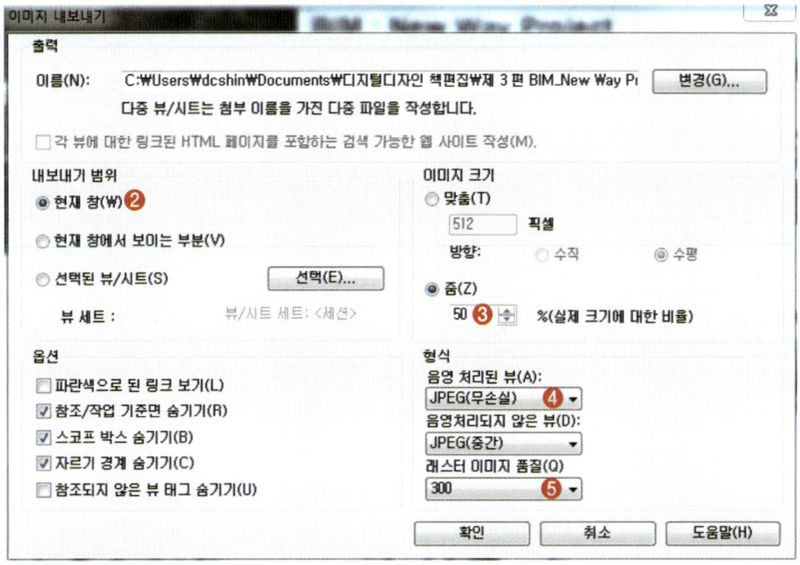

3. 저장 위치에서 파일을 확인합니다.

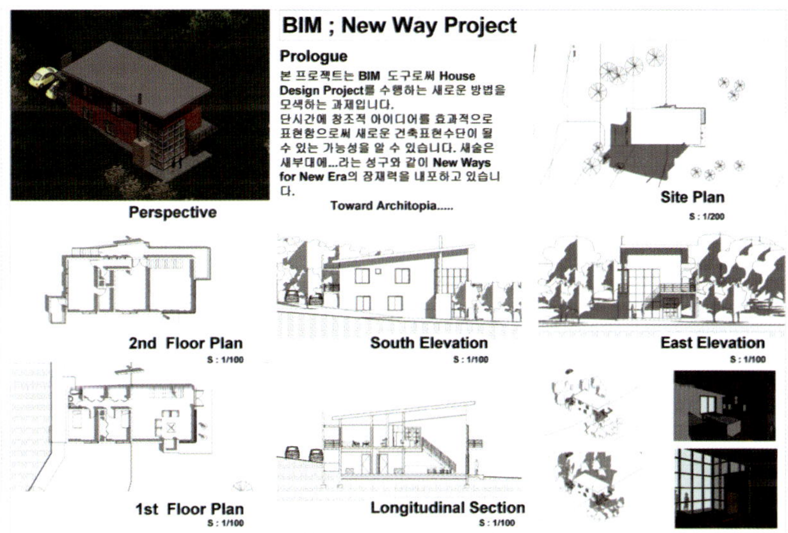

SECTION

4

가려운 데 긁어주기

건축설계를 하기 위해서는 도구의 사용법과 건축적 지식을 갖춰야 하지만, 초심자에게는 이 두 가지가 모두 부담일 수밖에 없습니다. '시작이 반이다' 또는 '천리길도 한 걸음부터'라는 격언이 있듯이 Revit 2013으로 모델링을 시작하였다면 절반의 성공을 거두었다고 생각합니다. 오토데스크사가 제공하는 레빗 2013 매뉴얼을 펼쳐보면 수 천 페이지에 달합니다. 여기서는 기본적으로 필요하다고 생각되는 10가지를 정리합니다. 자세한 것은 매뉴얼을 참조하면 더욱 발전시킬 수 있을 것입니다.

SECTION | DIGITAL DESIGN

4 가려운 데 긁어주기

Chapter 01
템플릿(Template File)

1.1 개념

프로젝트의 유형이나 수행집단에 따라 표준화된 작업기준을 갖도록 기본적으로 공유해야 할 사항을 미리 설정해둔 모본(template)파일입니다.

1.2 템플릿 파일 작성

Step 01 템플릿 작성 방법

1. 응용프로그램 버튼 → 새로 만들기 → 프로젝트 를 클릭합니다.
2. 새 프로젝트 창에서 템플릿 파일에서 시작 방법을 선택합니다.

❶ 새로운 프로젝트의 템플릿을 작성하려면 템플릿 파일▾을 열고 〈없음〉을 클릭합니다.

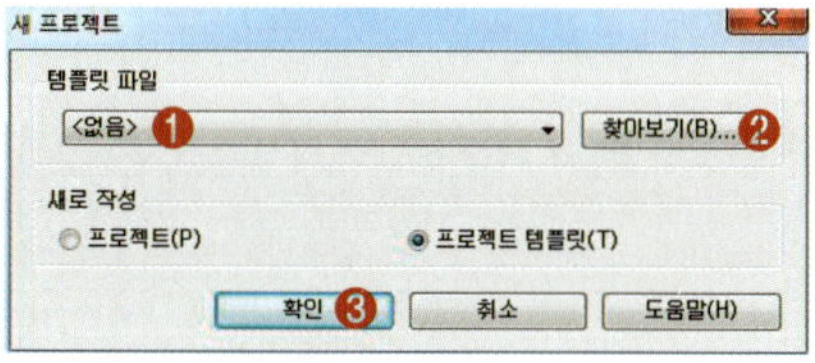

❷ 기존 프로젝트 파일을 바탕으로 템플릿을 작성하려면, 찾아보기(B)를 선택합니다.

3. 새로 작성에서 프로젝트 템플릿(T)을 선택하고 확인을 클릭합니다.

Step 02 측정시스템 선택

❶ 〈없음〉을 선택한 경우는 측정시스템을 묻는 대화상자가 나타납니다.
❷ 우리나라의 프로젝트는 미터법을 클릭합니다.

Hot Tip
기존 프로젝트를 바탕으로 템플릿을 작성하면, 설정시간과 노력을 줄일 수 있습니다.

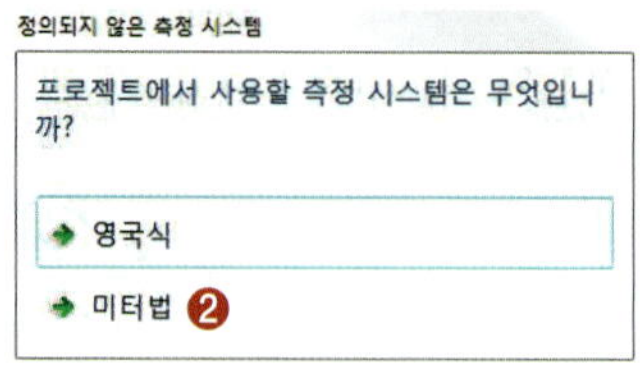

Step 03 프로젝트 필요항목 설정

❶ 프로젝트 정보

❷ 프로젝트 설정

❸ 뷰 템플릿

❹ 패밀리

❺ 프로젝트 뷰

❻ 가시성/그래픽 설정

❼ 인쇄설정

❽ 프로젝트 및 공유 매개변수 등을 설정합니다.

Step 04 템플릿 파일 저장

❶ 응용프로그램 버튼 → 다른 이름으로 저장 → 템플릿을 클릭합니다.

❷ 저장 위치를 선택합니다.

❸ 저장을 클릭합니다.

1.3 주요 정보 설정

Step 01 프로젝트 정보 설정

❶ 관리 탭 → 프로젝트 정보를 클릭합니다.

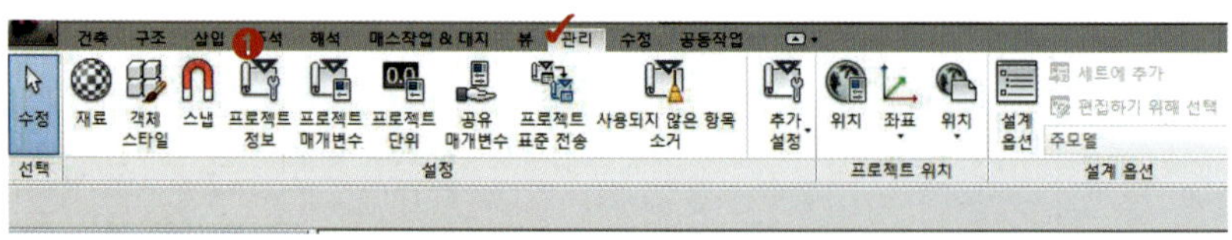

❷ 프로젝트 이름, 프로젝트 번호, 클라이언트 이름 등과 같은 정보가 포함됩니다.

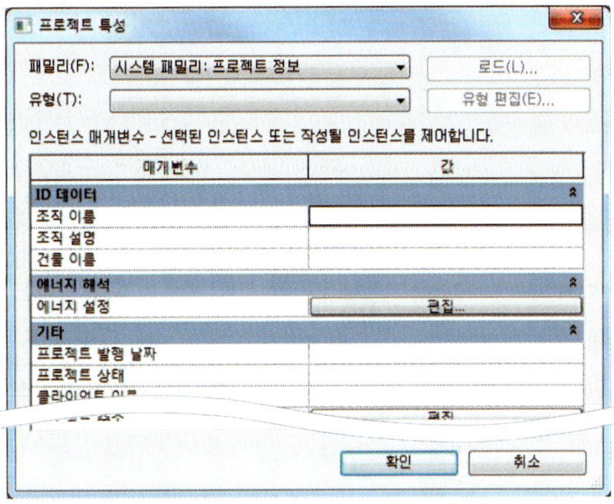

Step 02 프로젝트 지원항목 설정

❶ 프로젝트에 적용되는 단위는 관리 탭 → 프로젝트 단위를 클릭합니다.

❷ 프로젝트 단위 창에서 단위별 형식을 선택합니다.

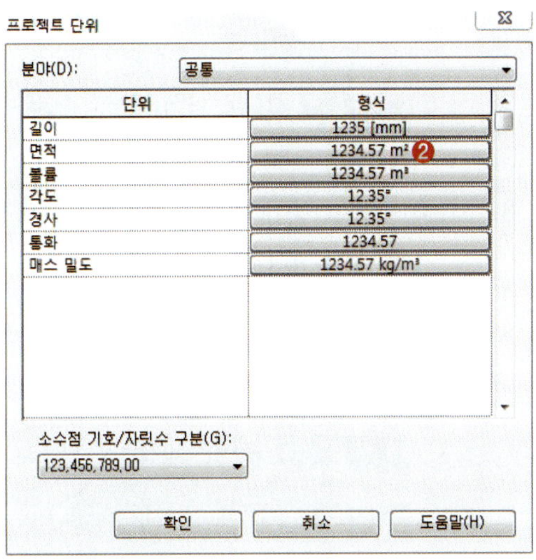

❸ 단위를 설정합니다.

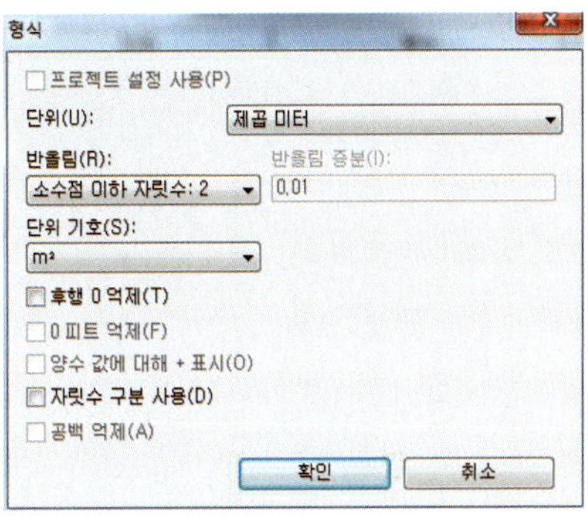

❹ 그밖에도 구성요소 및 선의 선 스타일, 재료의 채우기 패턴, 모델 뷰의 스냅 등을 정의할 수 있습니다.

Step 03 뷰 템플릿 설정

❶ 뷰 템플릿은 뷰 축척, 분야, 상세 수준 및 가시성 설정과 같은 뷰 특성의 집합입니다.

❷ 표준화된 뷰 템플릿을 사용하면 국가나 회사에서 업무의 일관성을 유지할 수 있습니다.

Step 04 패밀리 선택

❶ 필요한 패밀리를 로드합니다.

❷ 사용자 패밀리도 로드하여 공유할 수 있습니다.

Step 05 프로젝트 뷰 설정

❶ 뷰 유형을 설정할 수 있습니다.

❷ 레벨이나 그리드를 미리 설정할 수 있습니다.

❸ 일람표, 범례, 시트 등을 미리 정의합니다.

Step 06 가시성/그래픽 설정

❶ 모델 카테고리와 주석카테고리의 구성항목을 설정합니다.

❷ 가시성/그래픽은 필요에 따라 각 뷰별로 재설정할 수 있습니다.

Step 07 인쇄설정은 프린터를 지정하거나 인쇄형식을 미리 설정합니다.

Step 08 프로젝트 및 공유 매개변수를 미리 정의하고 설정합니다.

1.4 템플릿 항목 추가

Step 01 응용프로그램 버튼 → 옵션을 클릭합니다.

Step 02 템플릿 파일 추가

❶ 옵션 대화상자에서 파일 위치를 선택합니다.

❷ 추가 버튼을 클릭합니다.

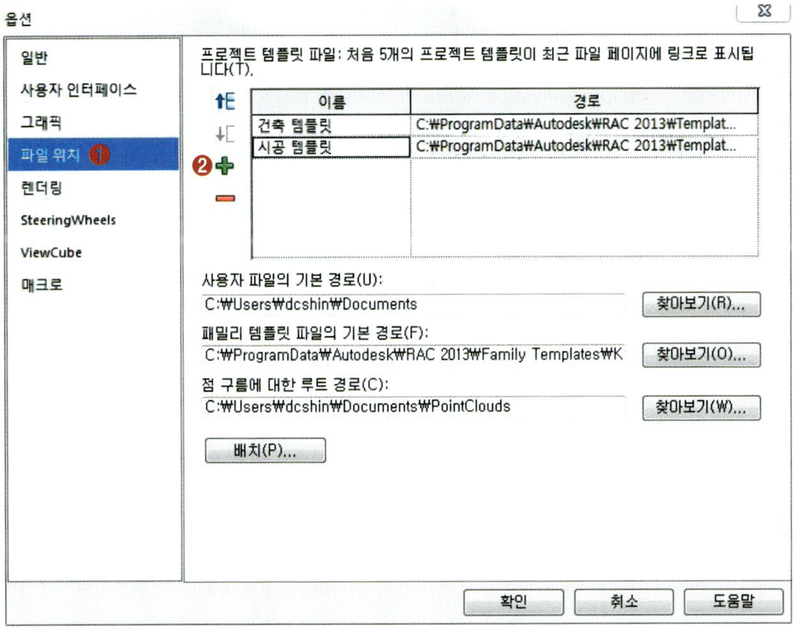

❸ 저장 위치에서 템플릿 파일을 선택하고, 열기(O)를 클릭합니다.

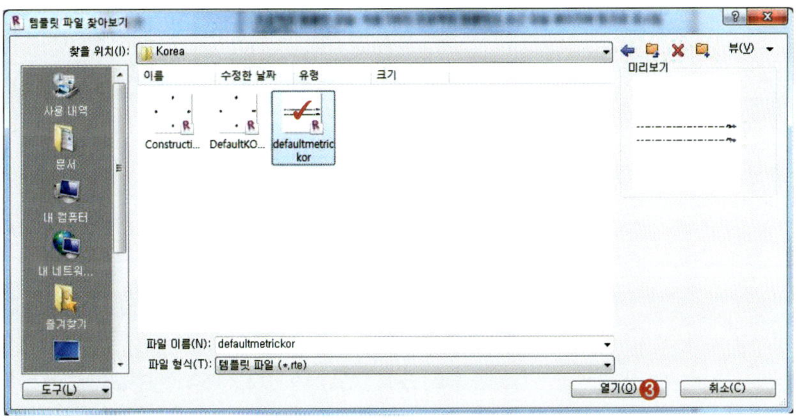

④ 이동키 를 눌러서 위쪽으로 올립니다.

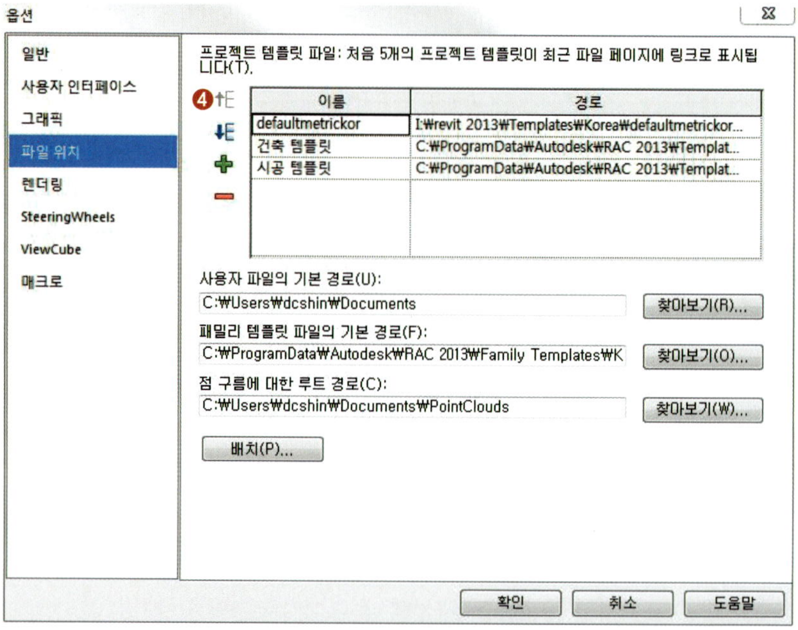

Step 03 확인을 클릭하면 템플릿 파일이 추가됩니다.

Step 04 추가결과 확인

❶ 응용프로그램 버튼 → 새로 만들기 → 프로젝트 를 클릭합니다.

❷ 템플릿 파일에 추가한 템플릿 파일이 자동으로 나타납니다.

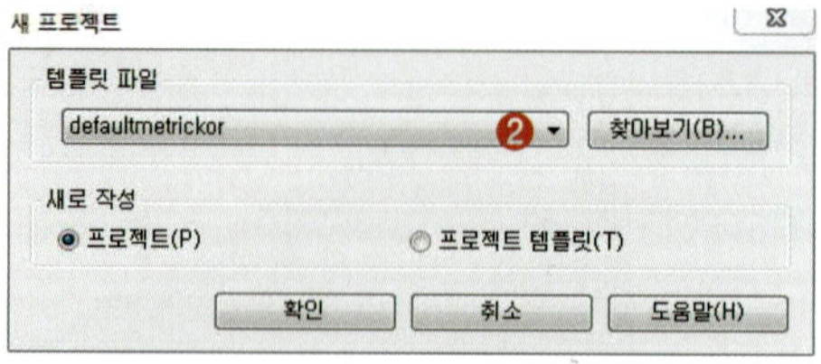

Chapter 02

구성요소 편집

2.1 개념

모델링 과정에 작성하는 모든 구성요소의 위치나 형태를 변경하는 것을 편집이라고 합니다. 구성요소의 선택 방법과 수정 방법을 중심으로 살펴봅니다.

2.2 구성요소 선택 방법

다양한 구성요소 선택 방법이 있습니다. 목적에 따라 알맞은 선택 방법을 활용하면 효율적으로 모델링을 진행할 수 있습니다.

2.1 객체선택

가장 간단한 방법으로 마우스 좌측버튼으로 선택하려는 객체를 클릭(click)하는 방법입니다.

2.2 다중선택

2개 이상의 객체를 선택할 때는 컨트롤 키를 누른 채, 좌측 마우스 버튼으로 선택(Ctrl+)하는 방법입니다. 소수의 객체를 선택할 때 효과적입니다. 만약 다중선택 과정에서 선택을 해지하려는 객체는 Shift 키와 마우스 좌측버튼으로 클릭(Shift+)합니다.

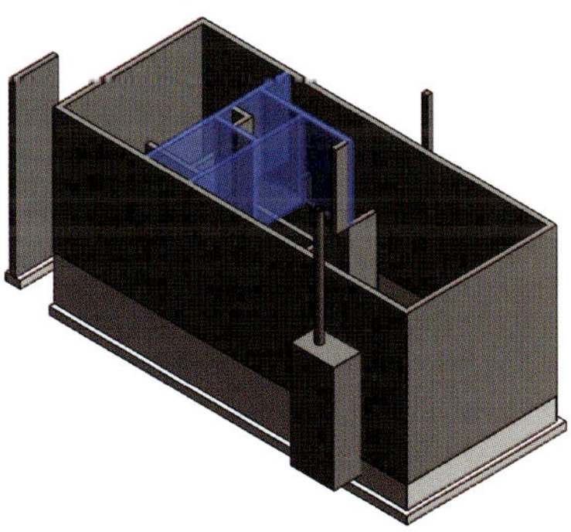

〈다중선택 추가(Ctrl+)〉

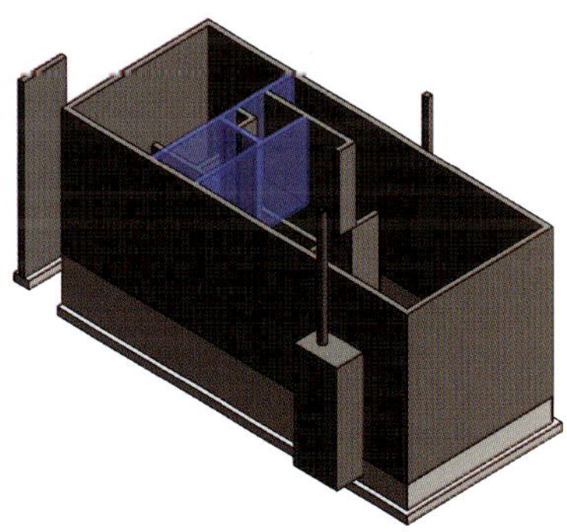

〈다중선택 제외(Shift+)〉

2.3 카테고리별 선택

선택할 카테고리의 객체 한 개를 선택하고, 마우스 우측버튼을 클릭합니다. 모든 인스턴스(Instance) 선택(A) ➜ 뷰에서 나타난 요소(V) 또는 전체 프로젝트(E)를 클릭합니다.

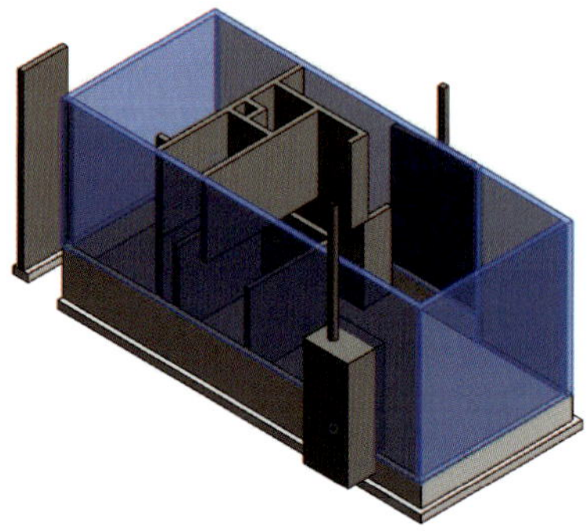

〈외벽을 카테고리별 선택한 사례〉

2.4 필터(Filter) 선택

다양한 카테고리 가운데 원하는 카테고리를 모두 선택하는 방법입니다. 다량의 객체를 선택할 때 매우 편리한 도구입니다.

Step 01 걸침선택(Cross selection) 또는 포함선택(Window selction)으로 임의의 객체를 모두 선택합니다.

Hot Tip
소수의 카테고리를 선택할 경우는 모두 선택 안 함(N)을 클릭하고, 원하는 카테고리를 선택하는 것이 좋습니다.

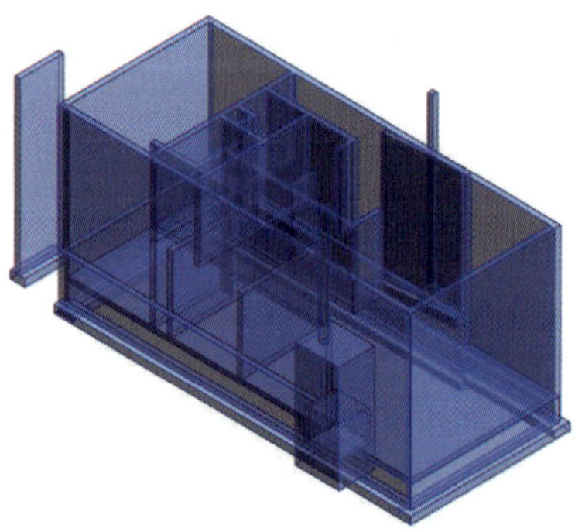

Step 02 선택 도구상자에서 필터(Filter)를 선택합니다.

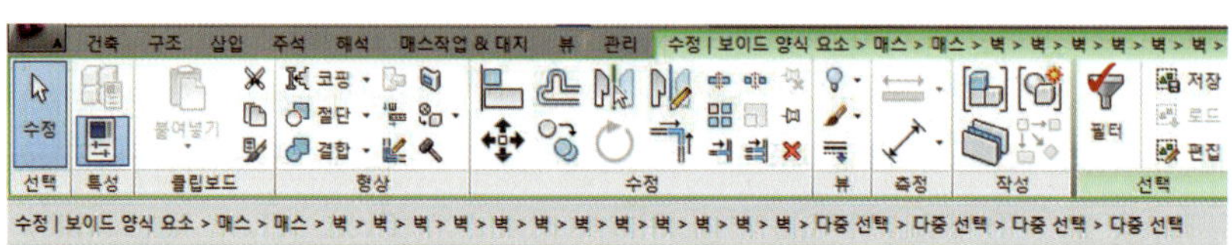

Step 03 필터 대화상자에서 선택할 카테고리를 체크합니다.

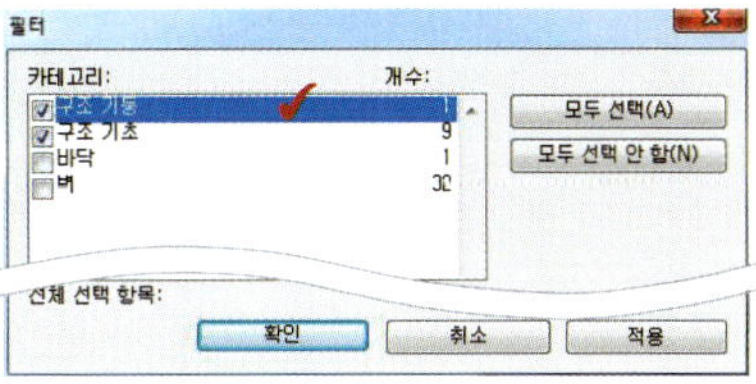

Step 04 선택한 카테고리를 확인할 수 있습니다.

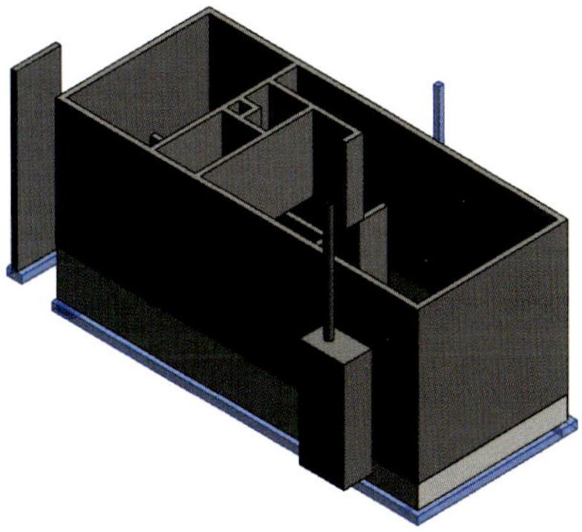

2.5 중첩된 요소 중에서 원하는 요소 선택

복수의 객체나 요소가 겹쳐 있을 때, 원하는 요소를 찾아 선택하는 방법입니다. 여러 요소가 중첩된 위에 커서를 두고, 탭키(Tab key)를 누르면 교대로 선택된 요소가 강조됩니다. 이때 상태막대에 설명이 나타나므로 원하는 요소가 강조될 때 선택합니다.

Hot Tip
Shift+Tab을 누르면 역순으로 선택됩니다.

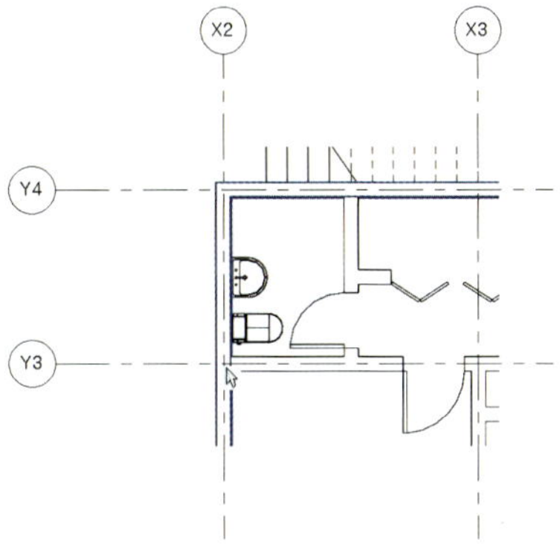

〈탭키로 외벽 체인이 선택된 경우〉

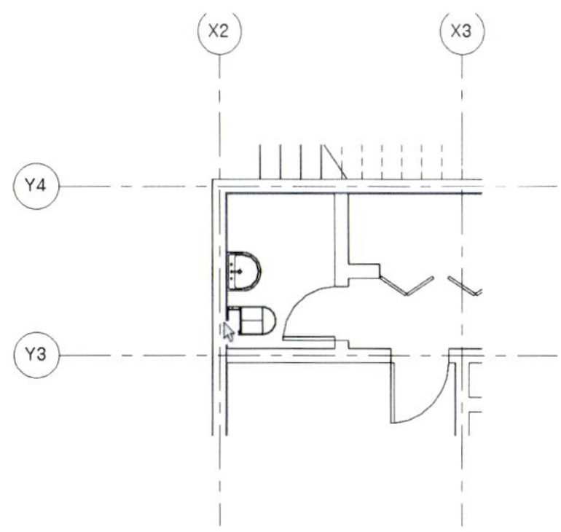

〈탭키로 바닥이 선택된 경우〉

2.3 수정 편집 도구

3.1 정렬(Align)

객체를 기준객체에 맞게 정렬하는 명령입니다.

Step 01 수정 도구상자에서 정렬 을 클릭합니다.

Step 02 정렬 위치를 선택합니다.

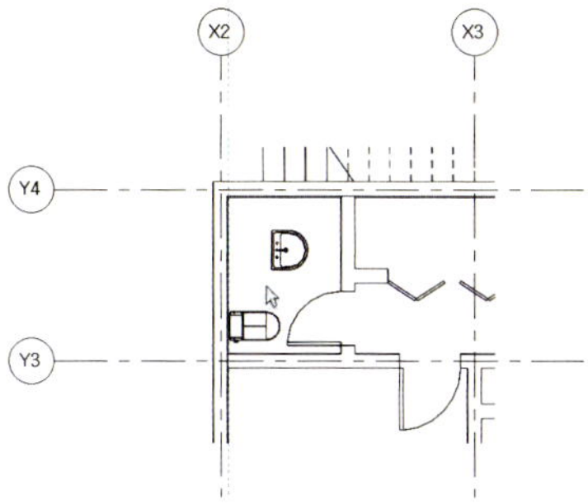

〈세면기의 외벽 정렬 이전〉

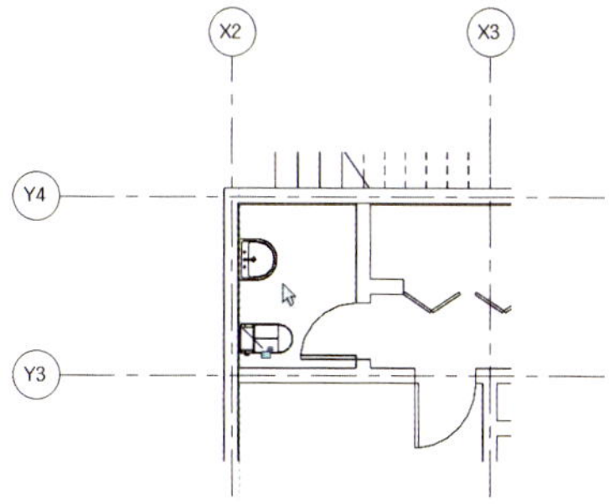

〈세면기의 외벽 정렬 이후〉

> **Hot Tip**
> 이전 선택했던 요소를 다시 선택하려면 Ctrl+좌측화살표를 누릅니다.

Step 03 정렬할 객체 부위를 클릭합니다.

3.2 간격띄우기(Offset)

객체나 레벨 또는 그리드 등의 기준이 되는 객체가 있을 때 기준 객체와 나란하게 객체를 작성할 때 매우 편리합니다.

Step 01 수정도구상자에서 간격띄우기(OF)를 클릭합니다.

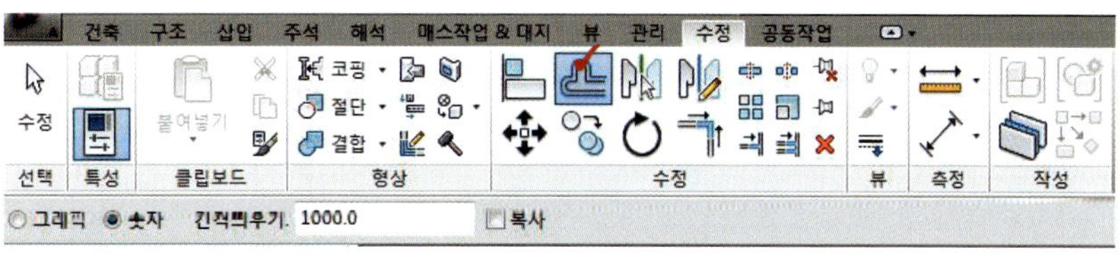

Step 02 간격띄우기 조건 설정

❶ 옵션막대에서 그래픽이나 숫자를 선택합니다.

❷ 숫자를 선택할 때는 간격띄우기 값을 입력합니다.

❸ 복사를 체크하지 않으면 원본객체가 삭제됩니다.

Step 03 간격띄우기 작성

1. 그래픽으로 간격띄우기

❶ 간격을 띄울 객체를 선택합니다.

❷ 간격 띄우기 기준점을 클릭합니다.

❸ 마우스를 끌거나 임시치수를 입력합니다.

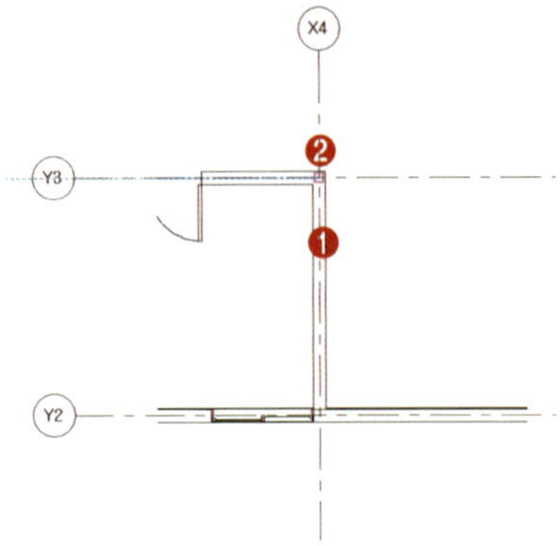

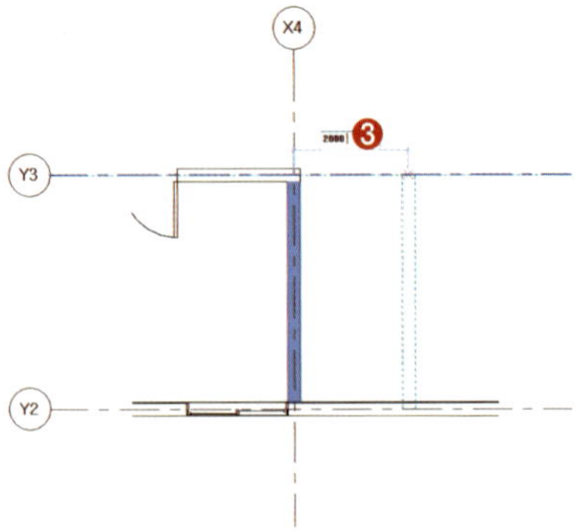

2. 숫자로 간격띄우기

❶ 간격띄우기 값을 입력합니다.

❷ 간격 띄울 객체를 위로 커서를 가져가서 참조선이 나타나는 방향을 조정합니다.

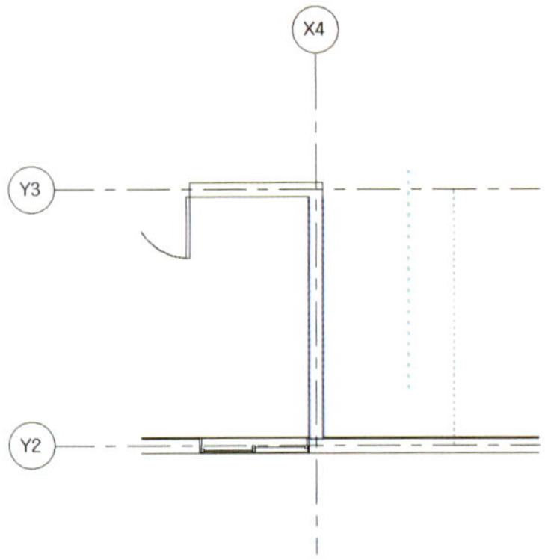

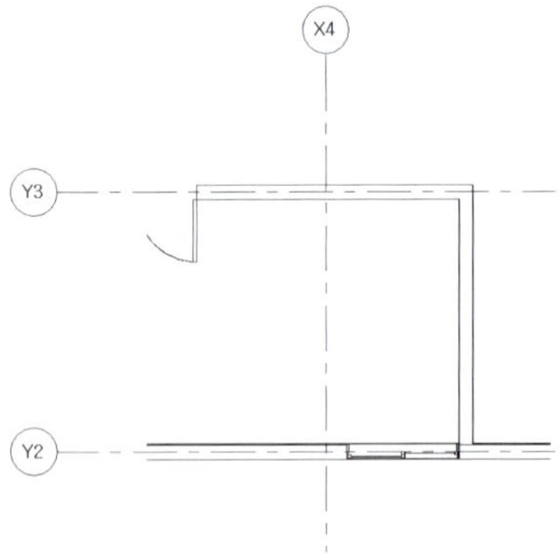

❸ 원하는 방향일 때 클릭합니다.

3.3 복사(Copy)

복사는 한 개 이상의 요소를 복사해서 사본을 만드는 작업입니다. 동일한 뷰에서 사본을 만들 때 적용합니다. 다른 뷰에 사본을 만들려면 클립보드에 복사하여 붙여넣기를 사용합니다.

Step 01 복사 명령 선택

❶ 수정도구상자의 복사 도구를 선택하거나

❷ 단축키 CO 또는 CP를 입력합니다.

Hot Tip

Step 01과 **03**은 반대로 접근할 수 있습니다. 복사요소를 먼저 선택하고 복사명령을 선택할 수 있습니다.

Step 02 옵션막대에서 다중을 체크하면 반복해서 사본을 만듭니다.

Step 03 복사 요소 선택

❶ 복사할 요소를 클릭합니다.

❷ RMC하고 선택 완료를 클릭하거나 엔터키를 입력합니다.

Step 04 복사 기준 위치 선택

❶ 복사 기준이 될 위치를 클릭합니다.

❷ 복사기준 위치는 임의로 선택할 수 있습니다.

Step 05 복사 대상 위치 선택

❶ 사본을 복사할 위치로 커서를 이동하고, 마우스 좌측버튼을 클릭하거나

❷ 임시치수를 변경하고, 엔터를 입력합니다.

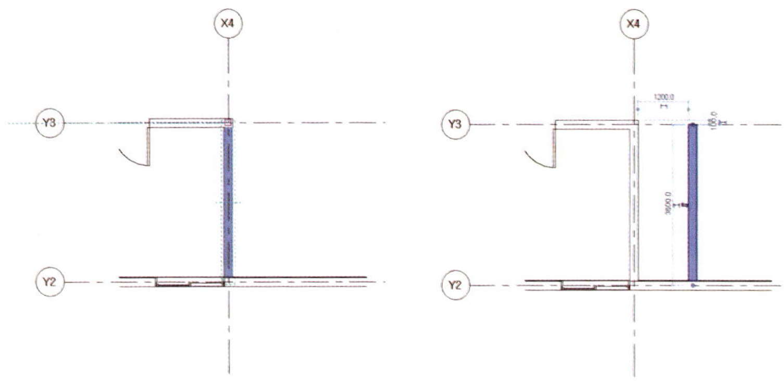

Hot Tip
종료 명령은 Esc나 취소를 클릭하거나 RMC를 클릭하고 취소를 선택합니다.

❸ 다중복사를 체크했을 경우에 복사명령을 종료해야 합니다.

3.4 클립보드 복사

Step 01 복사요소의 클립보드 저장

❶ 복사할 요소를 선택합니다.

❷ 클립보드에 저장 을 클릭합니다.

Step 02 클립보드에서 붙여넣기

1. 클립보드에서 붙여넣기 를 선택합니다.

2. 선택한 레벨에 정렬

❶ 레벨 선택 대화상자가 나타납니다.

❷ 복사할 레벨 이름을 선택합니다.

Hot Tip
다중선택방법은 가려운 데 긁어주기 4.2.2 다중선택(p.278)을 적용합니다.

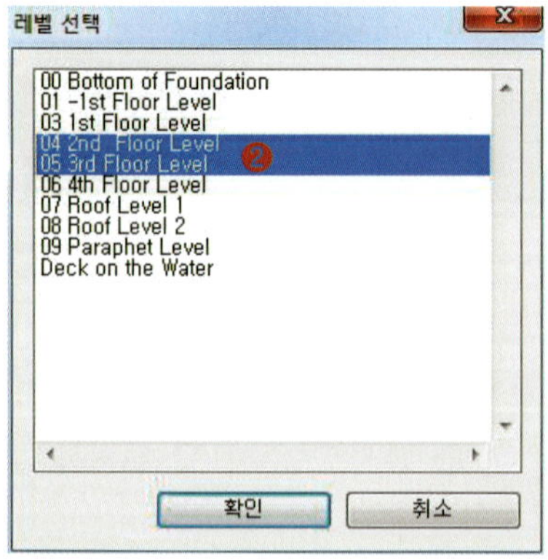

❸ 레벨선택 대화상자의 확인을 클릭하면 선택한 레벨에 바닥판이 작성됩니다.

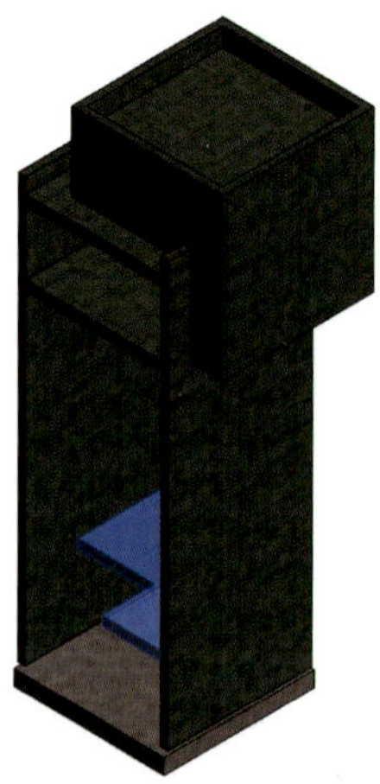
〈편집 완료된 1층 바닥〉

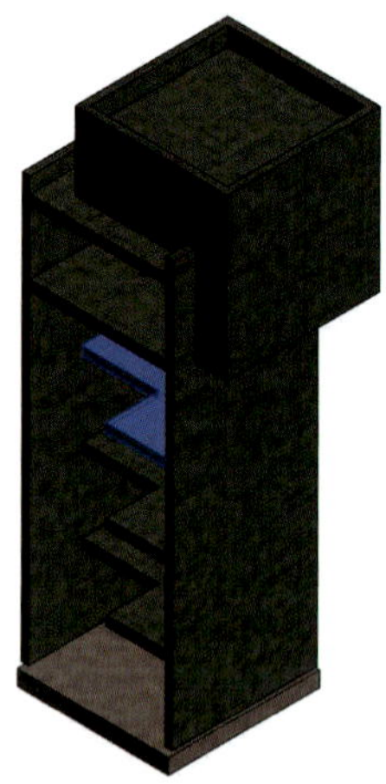
〈다중 복사된 2, 3층 바닥〉

3. 선택한 레벨에 정렬

❶ 입면도나 단면도에서 레벨이 표현되는 곳에서 적용됩니다.

3.5 이동(Move)

한 개 이상의 모델링 요소를 선택해서 위치를 이동하는 도구입니다. 간단히 끌어서 이동하는 방법과 이동 도구를 써서 이동하는 방법이 있습니다.

Step 01 이동 명령 선택

❶ 수정도구상자의 이동 도구를 선택하거나

❷ 단축키 MV를 입력합니다.

Step 02 선택사항

❶ 옵션막대에서 구속을 클릭하면 요소와 수직 또는 동일선상으로 진행하는 벡터를 따라 요소의 이동을 제한합니다.

❷ 분리를 클릭하면 이동 이전의 선택사항이나 다른 요소 사이의 연관을 끊습니다.

Step 03 이동 요소 선택

❶ 이동할 요소를 클릭합니다.

❷ RMC하고 선택 완료를 클릭하거나 엔터키를 입력합니다.

Step 04 이동 기준 위치 선택

❶ 이동 기준이 될 위치를 클릭합니다.

❷ 이동기준 위치는 임의로 선택할 수 있습니다.

Step 05 이동 대상 위치 선택

❶ 요소를 이동할 위치로 커서를 이동하고 마우스 좌측버튼을 클릭하거나

❷ 임시치수를 변경합니다.

Hot Tip

요소의 이동을 방지하려면 요소를 선택하고, 핀을 선택하거나 단축키 PN을 입력합니다.

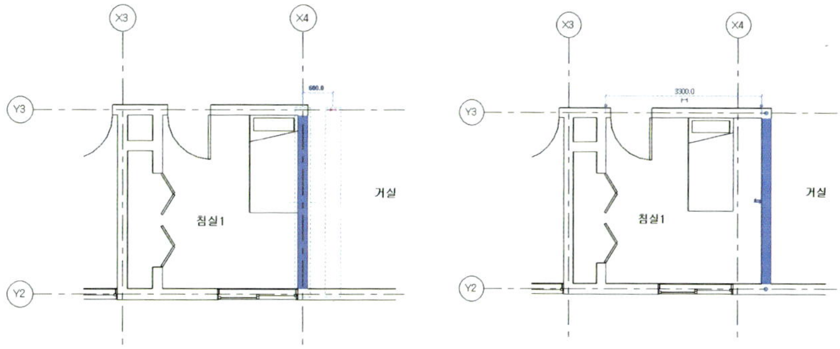

3.6 회전(Rotate)

객체요소의 방향을 회전축을 중심으로 회전하는 명령입니다. 평면도, 3D 뷰에서는 작업 기준면에 직각인 축으로 회전하고, 그 밖에는 뷰에 직각방향의 축을 중심으로 회전합니다.

Step 01 회전 명령 선택

❶ 수정 | 〈요소〉 탭에서 회전 도구를 선택하거나

❷ 단축키로 RO를 입력합니다.

Step 02 회전축 조절점(Control) 위치 조정

❶ 조절점을 끌어서 새 위치로 이동하여 그 점을 회전축으로 합니다.

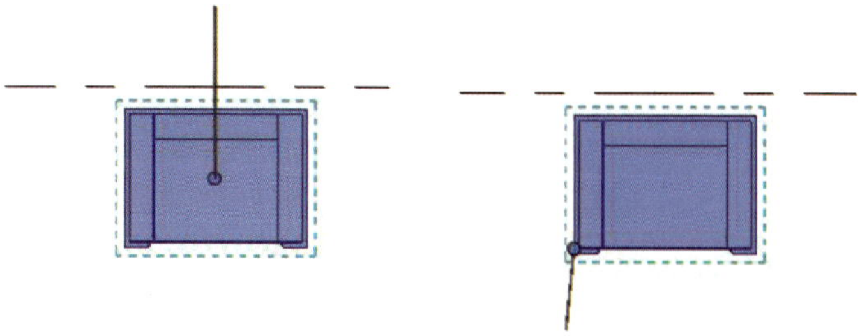

❷ 회전 컨트롤을 이동하는 방법은 새로운 위치에 커서를 위치시키고, 스페이스바를 치거나

❸ 조절점 위에 커서를 두고 클릭한 뒤에 새로운 위치에서 클릭합니다.

❹ 단축키 R3을 입력하고, 새로운 중심축 위치를 클릭함으로써 선택합니다.

> **Hot Tip**
> 대칭복사의 명령선택과 객체 요소 선택의 순서는 바뀔 수 있습니다.

Step 03 요소 회전

❶ 회전 조절점에서 뻗어 나온 회전기준선(Ray)이 회전시작 위치에 왔을 때 클릭합니다.

❷ 회전 기준선을 움직이면 회전각이 나타납니다. 적당한 각도에서 선택하거나 회전각을 입력할 수 있습니다.

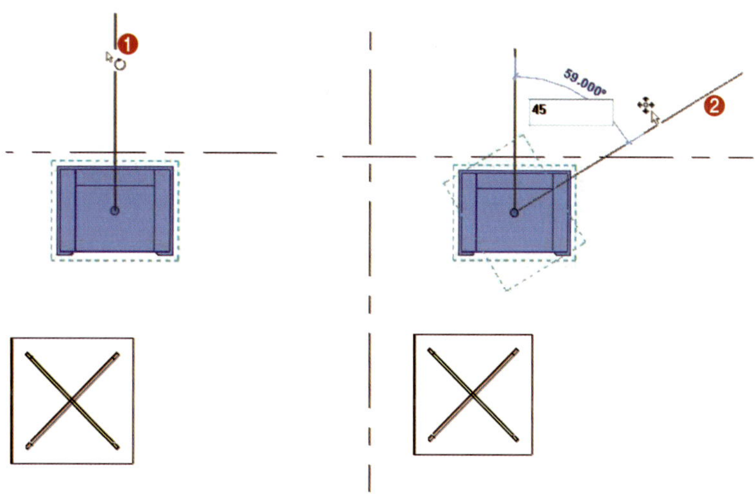

3.7 대칭복사(Mirror)

대칭복사도구는 대칭축을 써서 객체를 대칭으로 작성합니다. 기존의 축을

선택하거나 임시로 대칭축을 스케치할 수 있습니다. 대칭복사는 원본은 없어지고 대칭객체만 작성되거나 원본은 유지한 채 대칭사본을 복사하기도 합니다.

Step 01 대칭 명령 선택

❶ 수정 탭 ➜ 대칭－축(또는 대칭－축 그리기)을 선택하거나

❷ 단축키 MM(또는 DM)을 입력합니다.

Step 02 선택 사항 설정

❶ 옵션막대에서 복사를 체크하면, 원본과 사본이 작성됩니다.

❷ 복사를 체크해지하면 원본은 삭제되고, 사본만 작성됩니다.

❸ 원본 삭제에 대한 대화상자가 나타나면 확인(O)을 선택합니다.

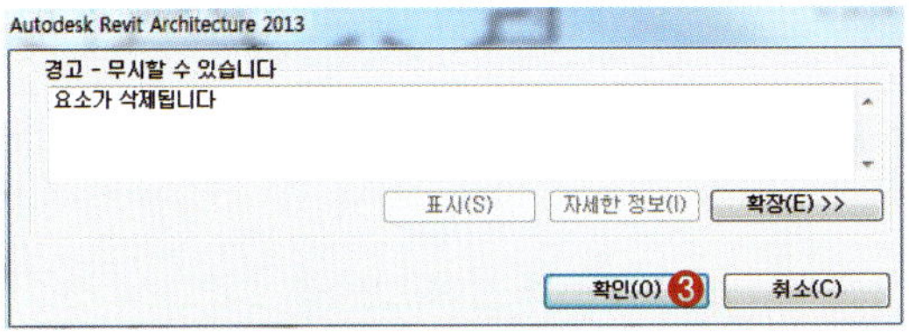

Step 03 대칭 복사 작성

❶ 대칭 복사할 객체요소를 선택합니다.

❷ RMC하여 선택 완료를 클릭하거나 Enter 또는 Space bar를 칩니다.

❸ 대칭축을 선택(또는 작성)합니다.

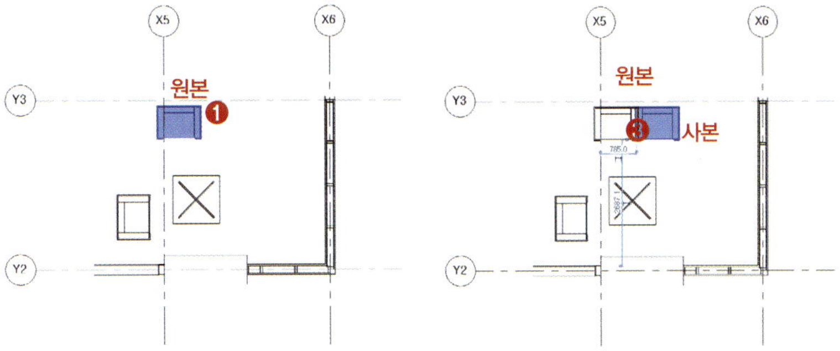

〈옵션막대의 복사가 체크된 경우〉

❹ 대칭복사 결과를 확인합니다.

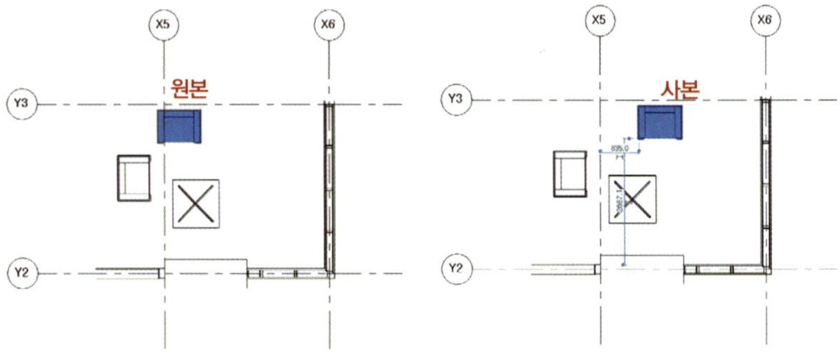

〈옵션막대의 복사가 체크 해지된 경우〉

❺ 선택된 항목의 사본을 만들지 않고 선택된 항목을 이동하려면 옵션막대에서 복사의 체크를 해지합니다.

❻ 대칭축으로 사용할 선을 선택하거나 그립니다. 커서가 스냅할 수 있는 선 또는 참조평면만 선택할 수 있습니다. 빈 공간을 중심으로 요소를 대칭할 수 없습니다.

3.8 요소절단(Slice)

객체요소를 절단하여 분할하는 도구입니다. 요소의 중간을 삭제하거나 코너로 자르기/연장 등의 작업을 수행하기 전에 수행합니다.

Step 01 요소절단 명령

❶ 수정 탭의 요소절단 을 선택하거나

❷ 단축키 SL을 입력합니다.

Step 02 객체요소 절단

❶ 절단할 객체요소의 임의의 위치를 클릭합니다.

❷ 절단 이후에는 절단표시가 나타납니다.

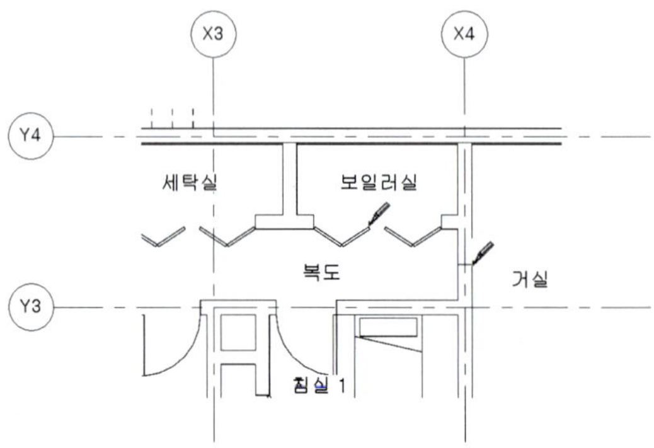

3.9 배열(Array)

선택한 객체요소를 일렬로 배치하는 도구입니다. 2개 이상의 객체를 일정한 규칙으로 작성할 때 적당합니다. 배열 종류는 간격과 배열형태에 따라 나누어집니다.

Step 01 배열 명령 선택

❶ 수정 탭의 도구상자에서 배열 을 클릭하거나

❷ 단축키 AR을 입력합니다.

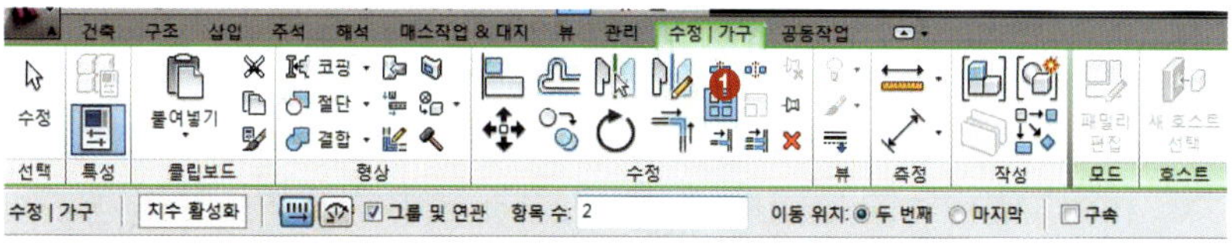

Step 02 선택 사항 설정

1. 형태에 따라 선형(또는 방사형)배열을 선택합니다.
2. 그룹 및 연관을 체크하면 작성모델의 그룹을 만듭니다.
3. 항목수는 원본객체를 포함하여 배열할 개수입니다.
4. 이동위치 설정

❶ 두 번째는 원본과 두 번째 사본 사이의 간격을 지정하고, 항목수에 따라 전체길이가 달라집니다.

❷ 마지막은 원본과 마지막 사본 사이의 전체길이에 균등한 간격으로 항목이 배열됩니다.

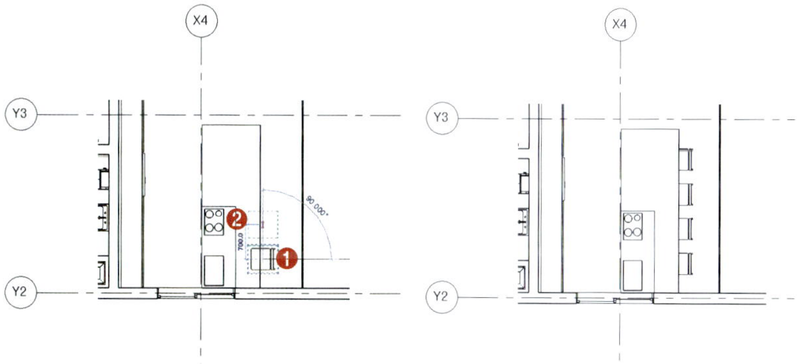

〈둘째 사본까지 간격 700, 항목수 4개일 때 배열작성〉

5. 구속조건을 체크하면, 배열 객체가 원본요소와 수직 또는 동일한 선상으로 진행하는 벡터에 따르도록 제한됩니다.

Step 03 배열작성

❶ 원본 객체를 선택하고, RMC하여 선택 완료를 클릭하거나

❷ 원본 객체를 선택하고, 엔터키나 스페이스바를 칩니다.

❸ 원본 객체의 기준점을 클릭하고, 두 번째 사본을 끌면서 거리를 결정하거나 임시치수를 입력합니다.

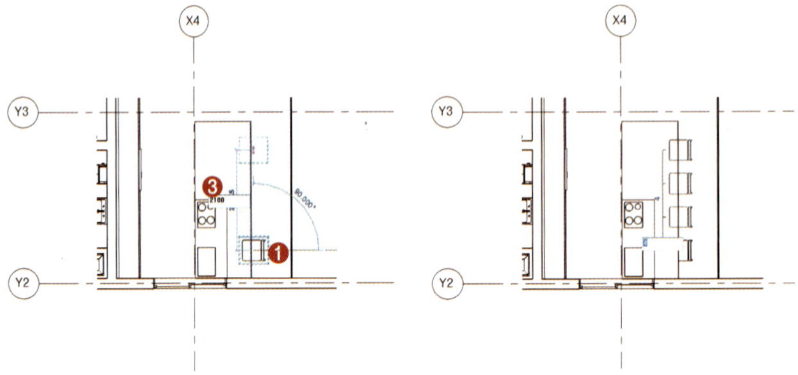

〈마지막까지 거리 2100, 항목수 4개일 때 배열작성〉

3.10 축척(Scale)

선택된 객체요소의 크기를 조정하는 도구입니다. 모델링 요소의 크기를 조정하거나 삽입한 그림파일의 축척을 모델링 축척과 맞추는데 편리합니다. 크기를 조정하는 방법은 조절점을 끌어서 조절하거나 축척도구로 조정하는 방법이 있습니다.

Step 01 축척 명령은 수정 | 〈요소〉 탭에서 축척도구를 클릭합니다.

Step 02 선택사항 설정

❶ 그래픽 또는 숫자를 선택합니다.

❷ 숫자를 선택하면 축척이 활성화됩니다.

Step 03 축척 조정

1. 그래픽 축척 조정

❶ 원본 객체를 선택하고, RMC하여 선택 완료를 클릭하거나

❷ 엔터키나 스페이스바를 칩니다.

❸ 첫 번째 클릭으로 축척 원점(P1)을 선택합니다.

❹ 두 번째 클릭으로 축척 벡터(P2)를 정의합니다.

❺ 세 번째 축척의 대상점(P3)을 클릭합니다.

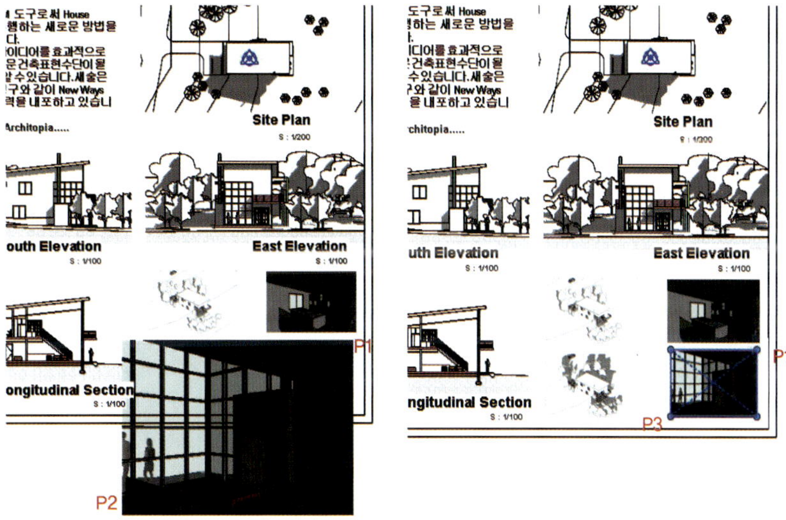

〈그래픽 옵션으로 삽입그림 파일의 축척 사례〉

2. 숫자로 축척 조정

❶ 조정할 원본 객체를 선택합니다.

❷ 수정 | 〈요소〉 탭에서 축척을 선택합니다.

❸ 옵션막대에서 숫자를 체크하고, 축척을 변경합니다.

❹ 축척의 원점을 클릭합니다.

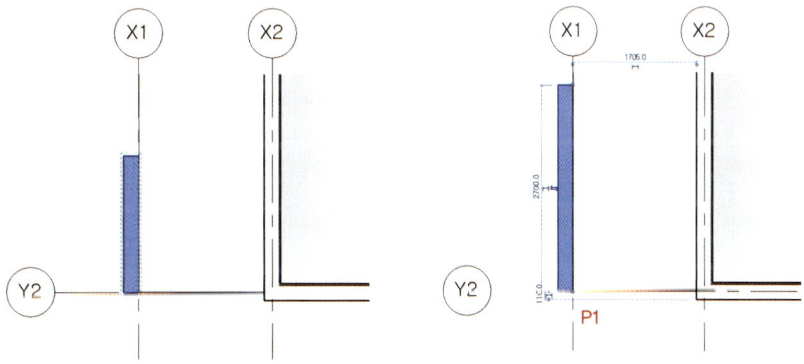

〈숫자 옵션으로 가벽을 축척 1.5배로 작성한 사례〉

3.11 요소 자르기(Trim)와 연장(Extend)

모서리 부분의 여분의 객체요소를 자르거나 연장해서 정리하는 도구입니다. 프로파일이나 선형 객체의 모서리를 처리하는 데 빈번하게 사용됩니다.

3.11.1 코너로 자르기/연장

Step 01 정리 도구 선택

> **Hot Tip**
> 다중요소 자르기/연장은 많은 객체를 처리하는 데 유용하며, 수정방법은 단일요소와 동일합니다.

❶ 자르거나 연장해서 모서리를 만들려면 코너로 자르기/연장을 선택하거나 TR을 입력합니다.

❷ 단일요소를 기준객체의 경계까지 자르거나 연장하려면 단일요소 자르기/연장하기를 선택합니다.

❸ 2개 이상의 다중요소를 기준객체의 경계까지 자르거나 연장하려면 다중요소 자르기/연장하기를 선택합니다.

Step 02 코너로 자르기/연장하기(Trim)

❶ 모서리를 정리할 부분 P1의 복도 내벽을 선택합니다.

❷ 거실과 보일러실 사이의 남겨야 할 벽을 선택합니다.

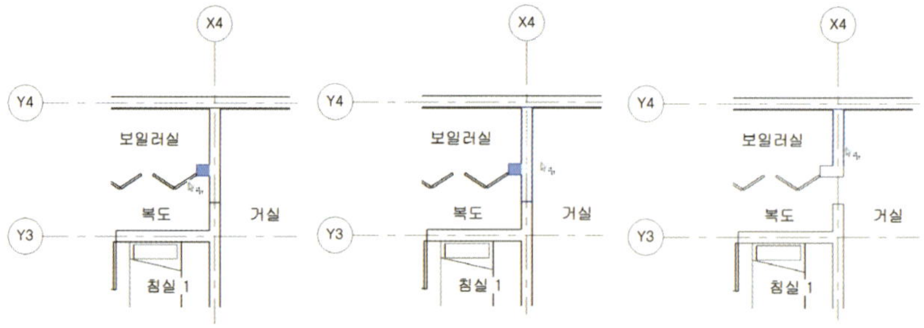

〈보일러실 벽 선택〉 〈거실벽에 커서를 가져가면 절단결과를 점선으로 표현〉 〈모서리 정리〉

3.11.2 단일요소 자르기/연장하기

Step 01 정리 도구 선택

❶ 단일요소를 기준객체의 경계까지 자르거나 연장하려면 단일요소 자르기/연장하기를 선택합니다.

Step 02 단일요소 연장하기

❶ W2 벽이 연장될 기준선 W1의 가장자리를 선택합니다.

❷ 단일요소를 연장할 W2 벽을 선택합니다.

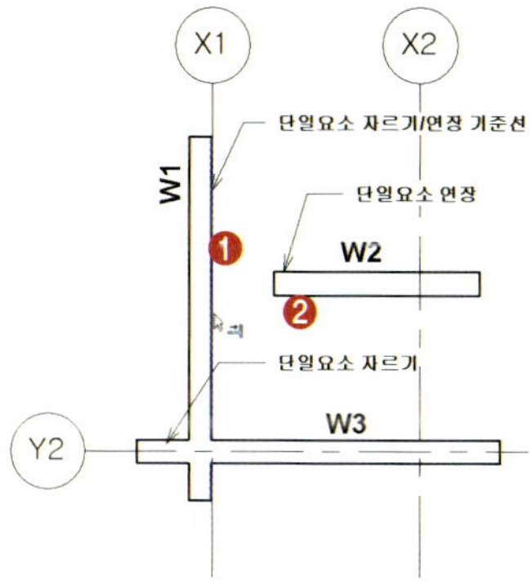

〈연장 기준선 선택〉

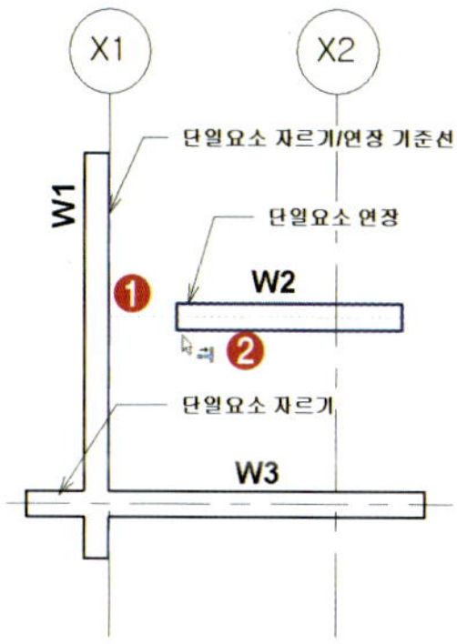

〈연장될 흔적 나타남〉

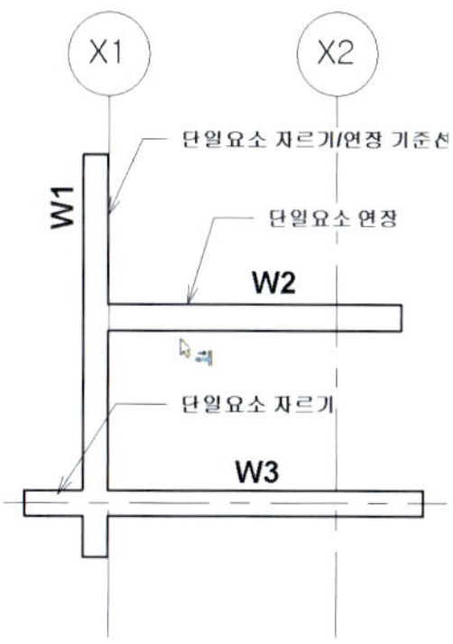

〈연장된 결과〉

Step 03 단일요소 자르기

❶ W3 벽이 절단될 기준선 W1의 가장자리를 선택합니다.

❷ 단일요소를 절단할 W2 벽의 남길 부분을 선택합니다.

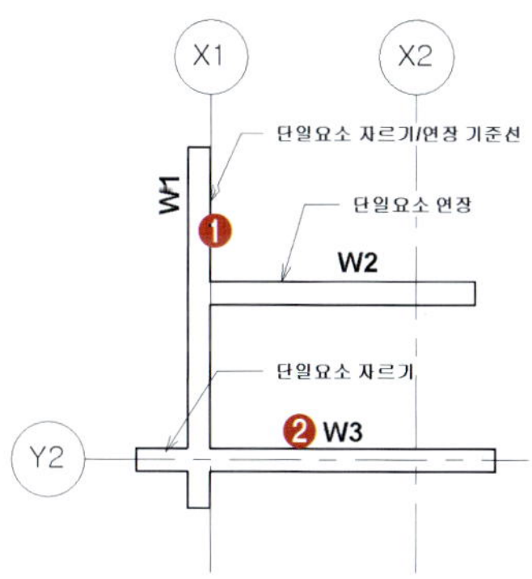

〈절단 기준선 선택〉

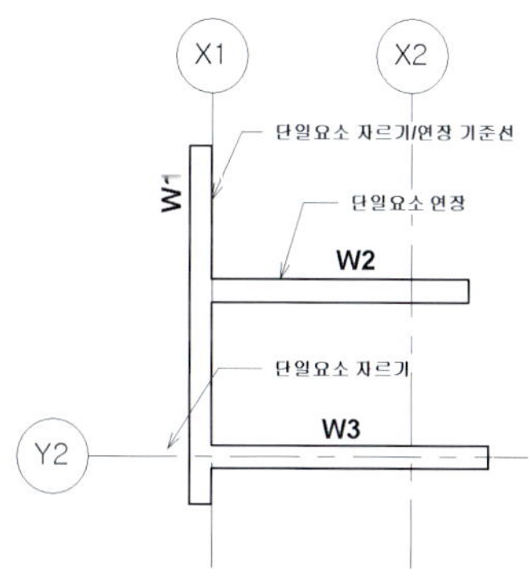

〈절단된 결과〉

Chapter 03
뷰(View)

3.1 개념

뷰(View)는 화면상에 보이는 객체의 모습을 통틀어 부르는 명칭이며, 2D 뷰와 3D뷰로 나누어집니다.

3.2 2D뷰

2D뷰는 공간을 구성하는 객체요소를 작성 기준면과 평행하게 수평으로 잘라서 직각방향으로 보는 상태를 2차원의 투상도로 표현합니다. 2D뷰의 종류는 평면뷰, 입면뷰, 단면뷰 및 상세뷰(Call-out view) 등이 있습니다.

3.3 평면뷰

평면뷰는 새 프로젝트를 구성하는 기본적 뷰로써 대부분의 프로젝트는 한 개 이상의 평면도를 포함합니다. 평면뷰는 새로운 레벨(Level)을 추가할 때 자동적으로 작성됩니다.

Step 01 평면뷰 작성 방법

❶ 건축 또는 구조 탭 → 레벨(LL)을 클릭합니다.

❷ 선 그리기(선 선택)를 선택합니다.

Step 02 선택사항 설정

❶ 옵션막대에서 평면뷰 만들기의 체크를 유지합니다.

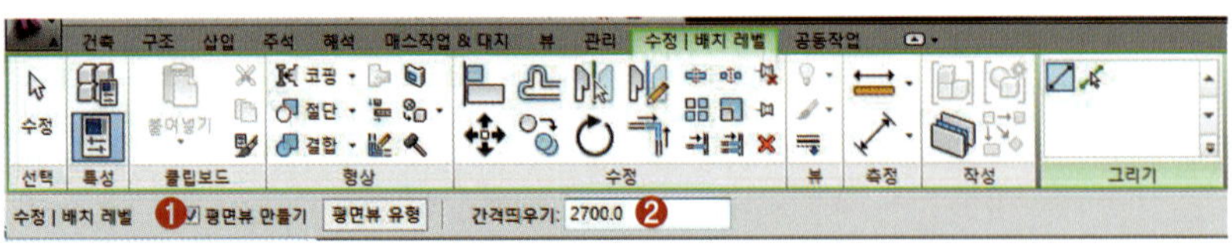

❷ 간격띄우기의 치수를 입력하면 레벨 높이가 설정됩니다.

Step 03 평면뷰 작성

❶ 선 ⁄ 그리기 또는 선 선택 으로 레벨 2을 기준으로 레벨 3을 작성합니다.

❷ 평면뷰 만들기가 체크된 경우는 프로젝트 탐색기의 평면뷰와 천장평면도 분기에 레벨 3이 작성됩니다.

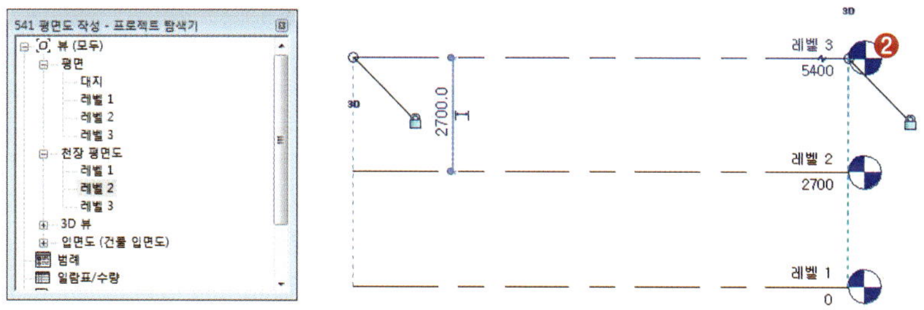

❸ 평면뷰 만들기를 체크하지 않으면, 프로젝트 탐색기의 평면뷰와 천장평면도 분기에 레벨 3이 작성되지 않고, 레벨 기호도 검은색으로 작성됩니다.

Step 04 평면뷰 없는 레벨의 평면뷰 작성

❶ 평면뷰 만들기를 체크하지 않았거나 배열로 다수의 레벨을 작성한 경우에 평면뷰를 만들 수 있습니다.

❷ 뷰 탭 → 평면뷰 를 펼치고, 평면도 를 클릭합니다.

❸ 새 평면도 대화상자에서 레벨 3을 선택하고, 확인합니다.

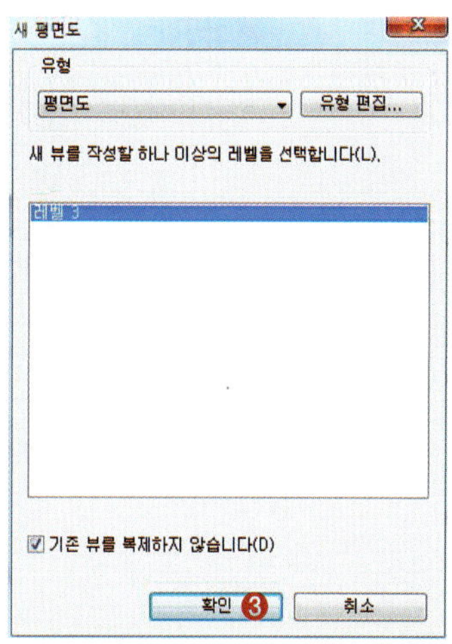

3.4 입면뷰

입면뷰는 공간을 구성하는 모델링 요소의 외관을 2차원의 투상도로 보여줍니다. 일반적으로 방위에 따라 작성하지만 부분적인 입면구성을 보여주기 위해 부분입면도를 작성하기도 합니다.

Step 01 작성 방법 선택

❶ 프로젝트 탐색기의 평면도 분기에서 평면도를 엽니다.

❷ 뷰 탭 ➜ 입면도 ➜ 입면도를 클릭합니다.

Step 02 선택사항 설정

❶ 그리드에 부착을 선택하면 입면기호가 그리드에 정렬합니다.

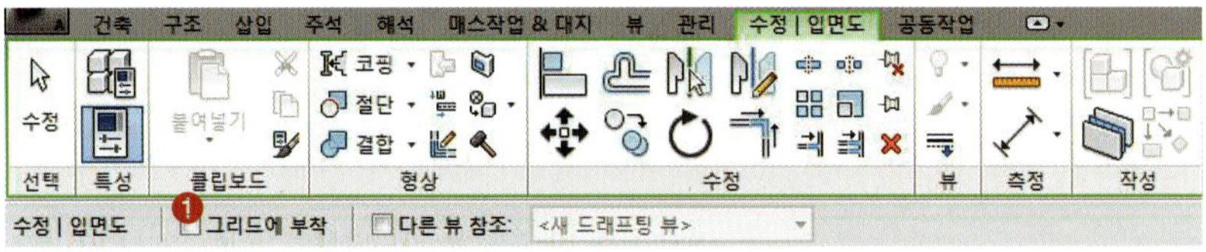

❷ 직선 그리드에만 부착됩니다.

❸ 유형편집 ➜ 유형(T)에서 유형을 선택하거나 복제하여 새로운 유형을 작성합니다.

Step 03 입면도 작성

❶ 입면기호 작성 위치의 벽에 커서를 가져가서 입면기호 가 스냅할 때 배치합니다.

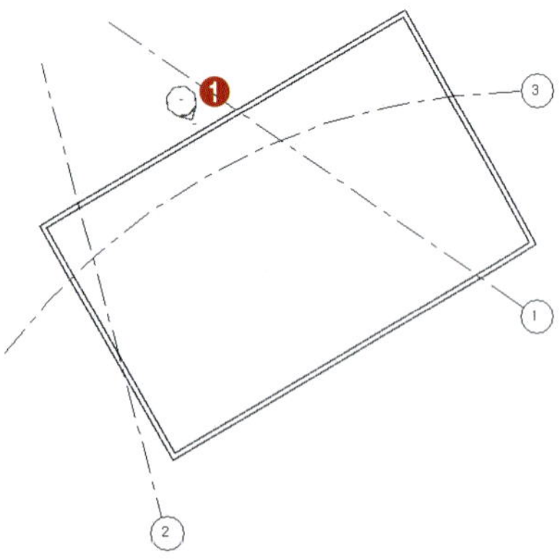

② 그리드에 부착을 체크하였을 경우에는 그리드에 직각으로 기호가 나타날 때 클릭해서 입면기호를 배치합니다.

③ 다른 방향의 입면뷰를 작성하려면 입면기호의 원을 클릭한 다음 원하는 방향의 체크박스 □ 를 선택합니다.

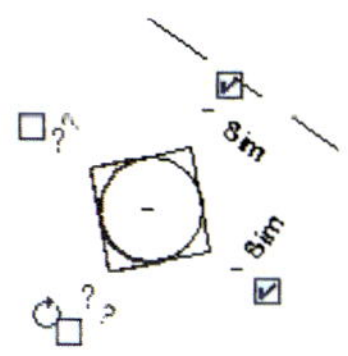

Step 04 뷰 범위 조정

① 입면도 기호의 화살표를 클릭하여 자르기 기준면을 조정합니다.

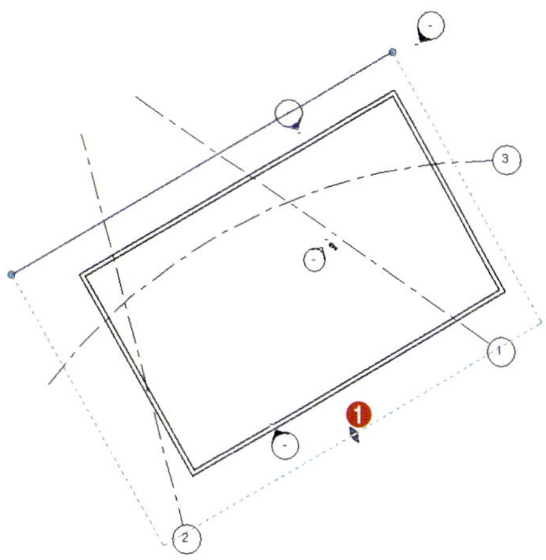

3.5 단면뷰

단면뷰는 모델을 절단하여 절단방향의 수직으로 표현합니다. 평면, 입면, 단면 및 상세뷰에서 단면뷰를 작성할 수 있습니다.

Step 01 작성 방법 선택

① 프로젝트 탐색기의 평면도 분기에서 평면도를 엽니다.

② 뷰 탭 → 단면도를 클릭합니다.

Step 02 단면도 작성

① 모델이나 패밀리 등의 단면도 작성 위치를 지나는 단면절단기호를 작성합니다.

❷ 단면절단기호의 머리 ▶ 를 클릭하면 단면도가 열립니다.

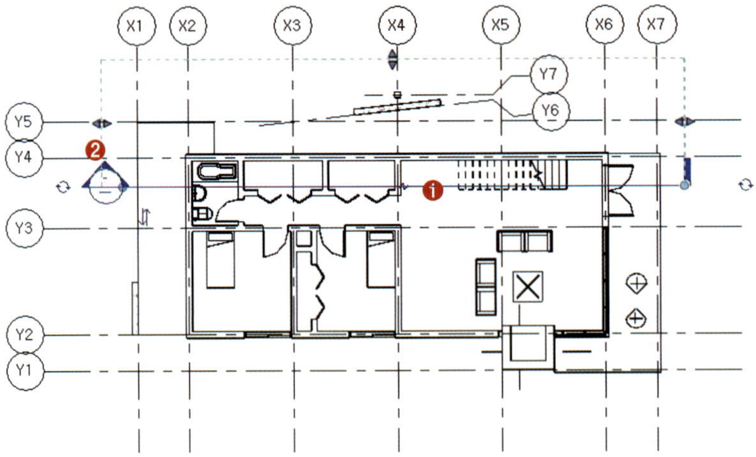

〈단면절단기호 작성〉

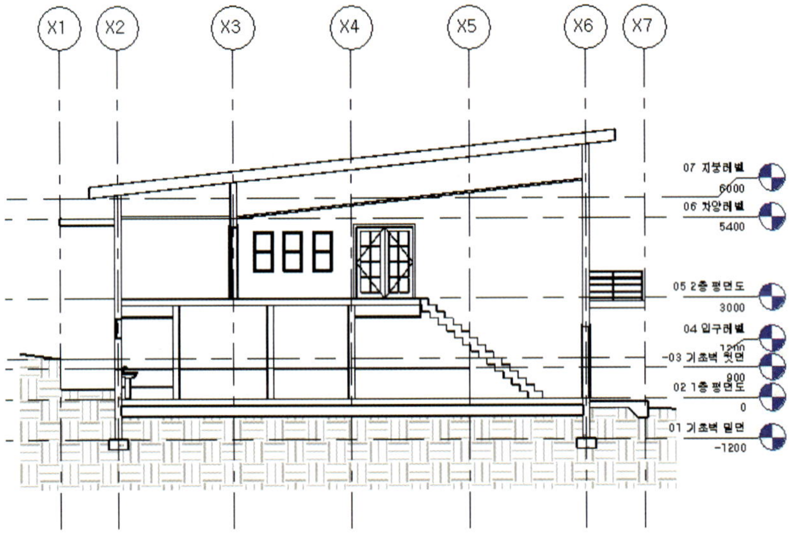

〈단면뷰 작성결과〉

Step 03 단면뷰 방향전환

❶ 뷰 방향 반전기호 ⇆ 를 클릭하면 단면도 작성방향이 바뀝니다.

❷ 단면도머리 전환기호를 클릭하면 머리와 꼬리모양이 순환합니다.

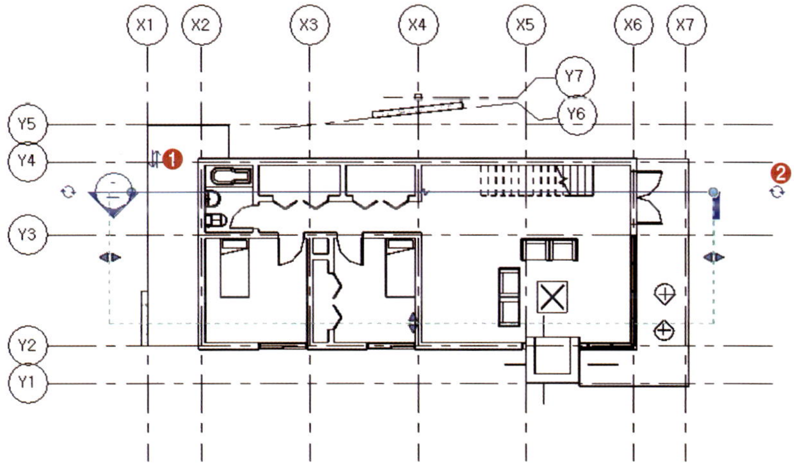

〈단면뷰 방향 반전〉

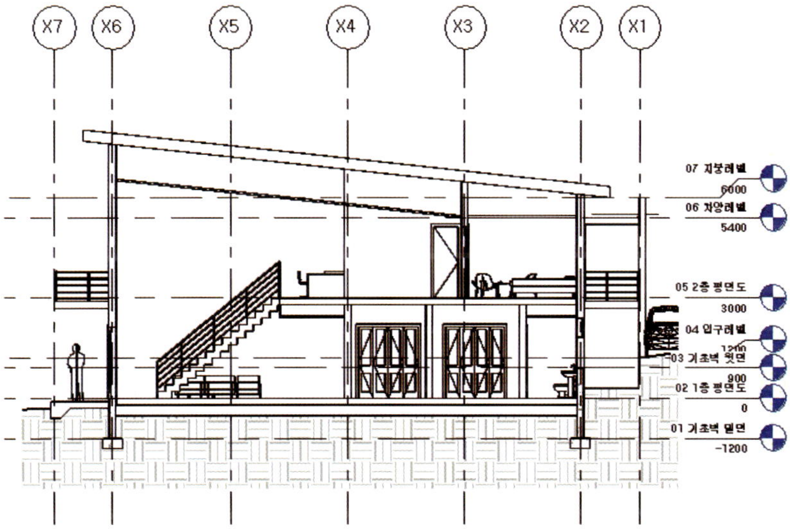

〈반전된 단면뷰〉

❸ 뷰 깊이 조절기호 ⇕ 를 아래로 끌면 단면뷰에 보이지 않던 입면뷰가 나타납니다.

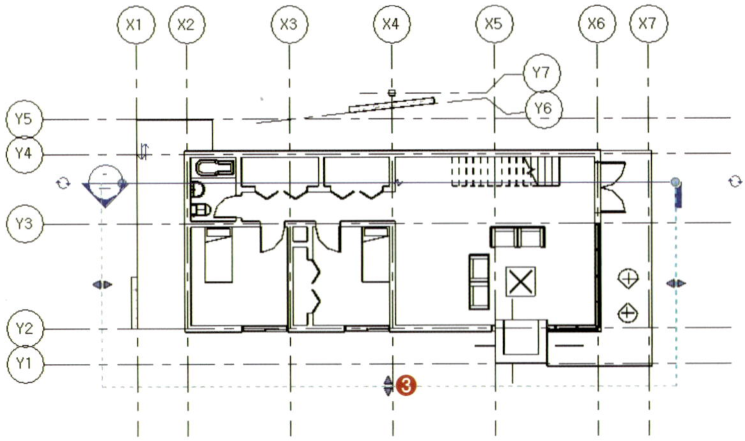

〈뷰 깊이 조절기호 끌기〉

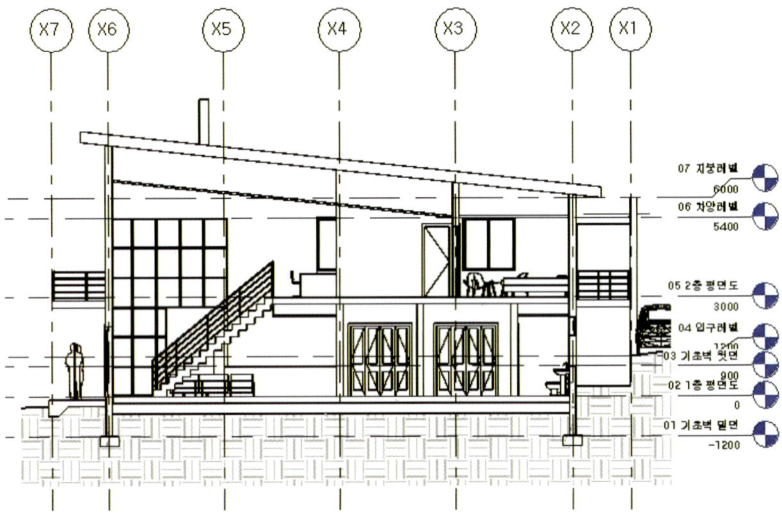

〈깊이가 조절된 단면 뷰〉

Step 04 단면뷰 분할

❶ 하나의 단면도에서 단면절단 위치를 달리하려면 수정 | 뷰 탭의 세그먼트 분할 을 클릭합니다.

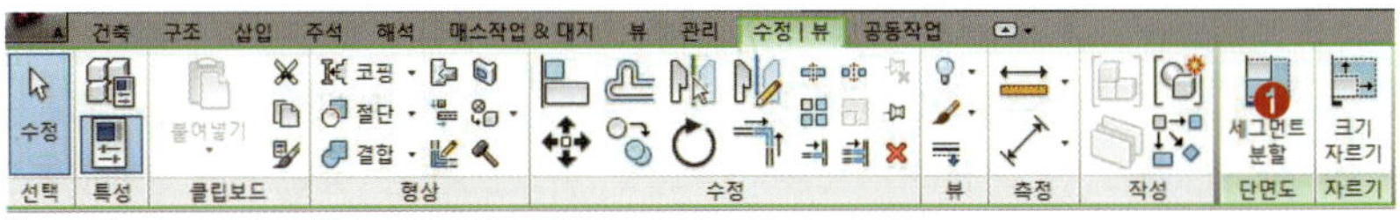

❷ 단면절단표시기호의 중간을 분할합니다.

❸ 분할된 세그먼트의 조절점◂▸ 을 끌어 새로운 절단 위치로 이동합니다.

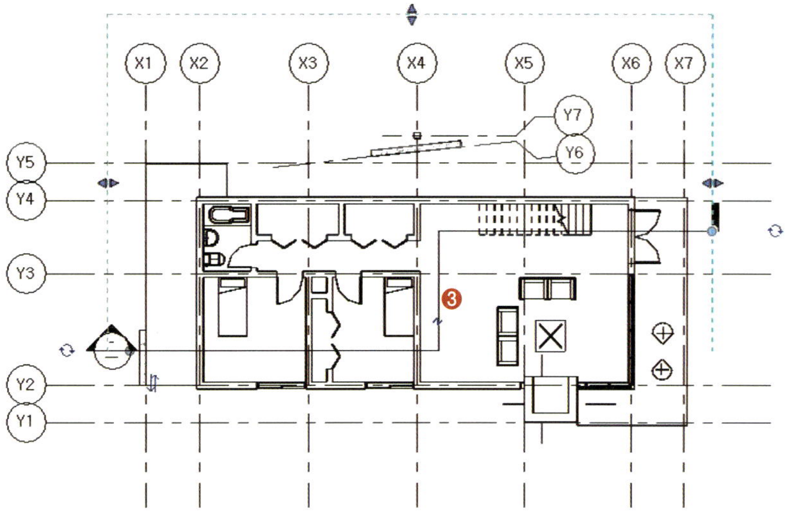

〈단면뷰 세그먼트 분할〉

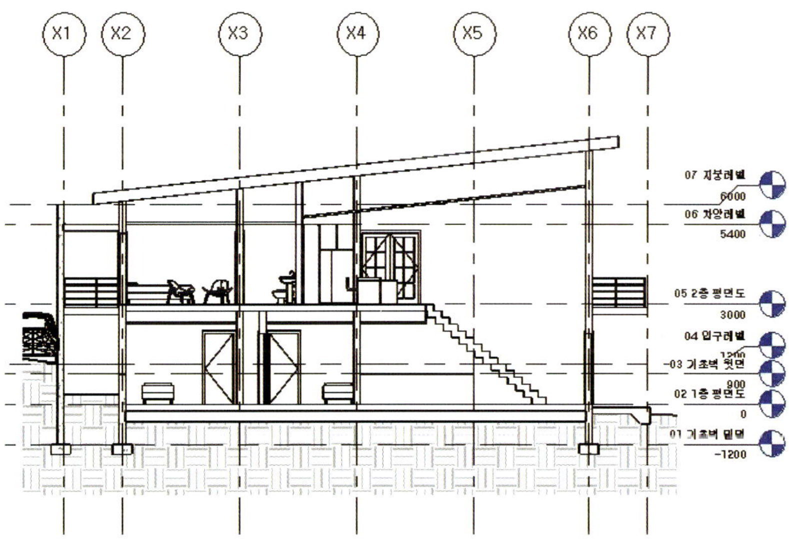

〈세그먼트 분할 작성된 단면뷰〉

3.6 3D뷰

3D뷰는 모델링이나 패밀리 구성요소가 3차원의 입체로 표현되는 것으로서 투시도뷰와 직교 3D뷰(Isometric)가 있습니다.

Step 01 3D뷰의 작성 방법

❶ 3D뷰는 평면도, 입면도, 단면도 등에서 작성할 수 있습니다.

❷ 뷰 탭 → 3D뷰 → 카메라뷰 를 클릭합니다.

Hot Tip

평면, 입면, 단면뷰 등의 단일 뷰에서 3D뷰를 작성할 수 있지만, 타일배치로 3D뷰를 작성하면 뷰 조정이 자유롭습니다.

❸ 평면도, 입면도(또는 단면도)를 열고 타일배치(WT)를 입력합니다.

Step 02 선택사항 설정

❶ 옵션막대에서 투시도를 체크☑하면 투시도 형태의 3D뷰가 작성됩니다.

❷ 체크하지 않으면 직교 3D뷰가 작성됩니다.

Step 03 3D뷰 작성

❶ 평면도의 도면영역에서 한 번 클릭해서 뷰포트를 활성화합니다.

❷ 카메라 위치(P1)를 클릭해서 배치하고, 카메라 시계의 대상점(P2)을 선택하여 클릭합니다.

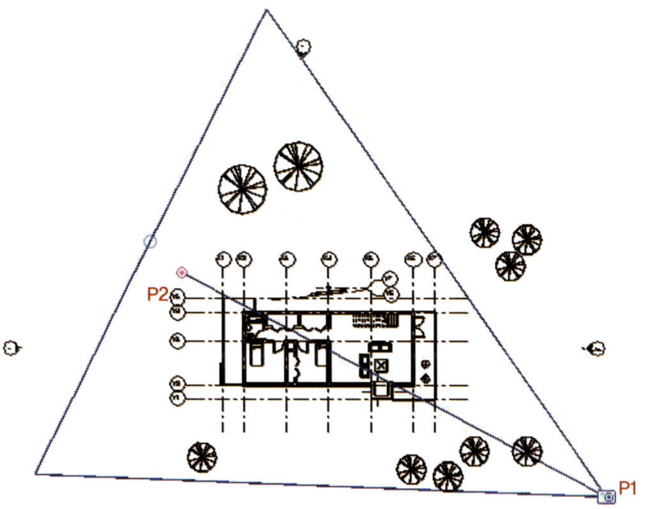

❸ 새로운 3D뷰가 작성됩니다.

Step 04 3D뷰의 수정

❶ WT(타일배치)를 입력하고 뷰를 타일배치합니다.

❷ 각 뷰포트를 선택하고 단축키 ZF(줌 확장)를 입력합니다.

❸ 3D뷰 창의 투시도 프레임을 선택하면, 카메라(P1)와 대상점(P2), 먼 곳 자르기 영역점(P3)이 나타납니다.

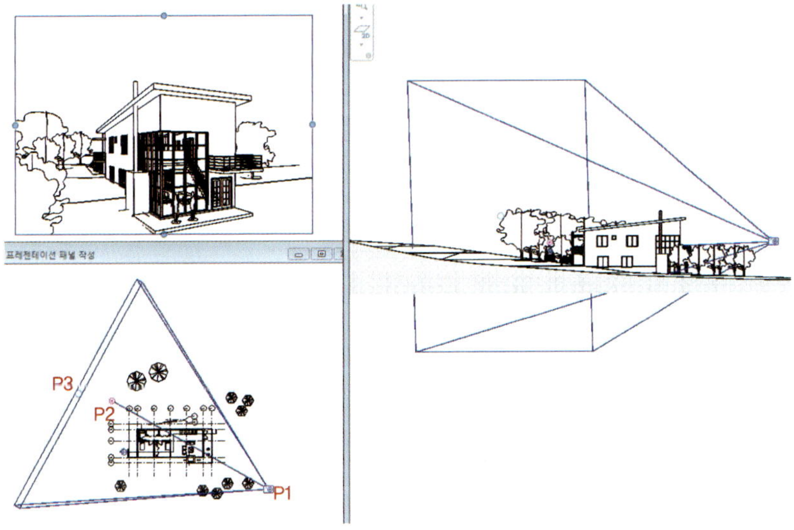

❹ 평면과 입면도(단면도)를 번갈아 조정해서 뷰를 조정합니다.

Step 05 3D뷰 이름변경

❶ 프로젝트 탐색기의 3D 분기에서 자동적으로 주어진 3D뷰 1을 클릭합니다.

❷ 마우스 우측버튼을 클릭하고, 이름 바꾸기(R)를 클릭하고, 남서쪽 앙시도라고 입력합니다.

3.7 뷰 범위

뷰 범위는 모델링 객체요소가 평면뷰에 표현되는 범위로써 가시범위라고도 합니다. 모델링 객체의 가시성과 화면표시를 제어하는 일련의 수평 기준면이 정의되어 있습니다. 평면뷰를 바닥레벨에서 일정높이에서 수평으로 절단하는 절단기준면과 객체요소를 표현하는 상하의 경계를 나타내는 상단과 하단 자르기 기준면이 있습니다.

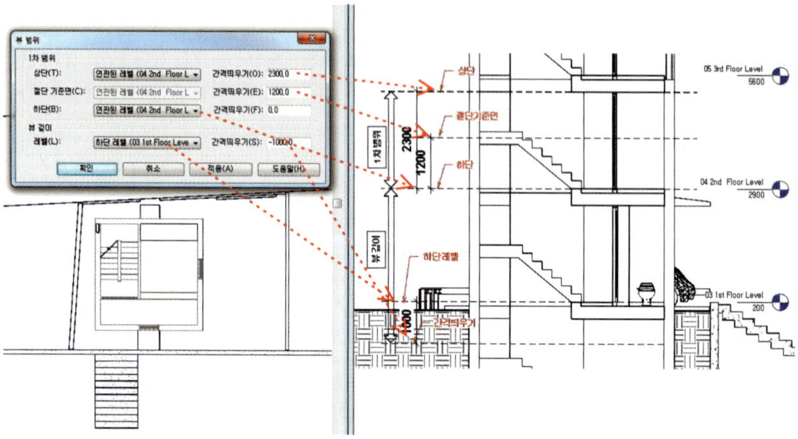

〈2nd Floor Level의 설정된 뷰 범위와 단면도에서 상관관계〉

■ 상단 수평 기준면

평면뷰에서 객체요소를 표현하는 상한선으로써 레벨과 레벨에서부터 높이(간격띄우기)로 정의합니다. 모델링요소는 객체스타일에서 정의된 대로 표현됩니다.

■ 절단 기준면

평면뷰에서 절단높이의 기준이 되는 수평면으로 레벨에서부터 높이로 정의합니다. 절단 기준면과 교차하는 건축구성요소는 단면으로 표시되고, 아래 있는 것들은 입면으로 표현됩니다. 단면으로 표현되는 건축구성요소는 벽, 지붕, 천장, 바닥 및 계단이 있습니다. 그러나 구성요소는 절단하지 않습니다.

■ 하단 수평 기준면

평면뷰에 객체를 표현하는 하한선을 설정합니다.

■ 뷰 깊이

지정된 레벨에서 평면도 외부의 객체가 보이는 수직한계를 설정합니다. 뷰 깊이에서 설정한 깊이까지 투영된 객체요소가 보입니다.

3.8 뷰 유형

모델링과정에서 작성된 다량의 뷰를 관리·운영하려면 건축, 구조, 토목, 조경 등 분야별로 평면도, 입면도, 단면도, 3D뷰, 제도뷰, 상세도뷰, 범례 및 일람표 등을 체계적으로 구분하고, 정보를 합리적으로 관리해야 합니다. 이러한 뷰의 유형을 작성하는 과정입니다.

Step 01 뷰 유형 작성준비

❶ 뷰 유형을 작성할 뷰를 복제합니다.

❷ 뷰의 이름을 클릭합니다.

Step 02 뷰 유형 작성

❶ 유형편집 ➜ 복제를 클릭합니다.

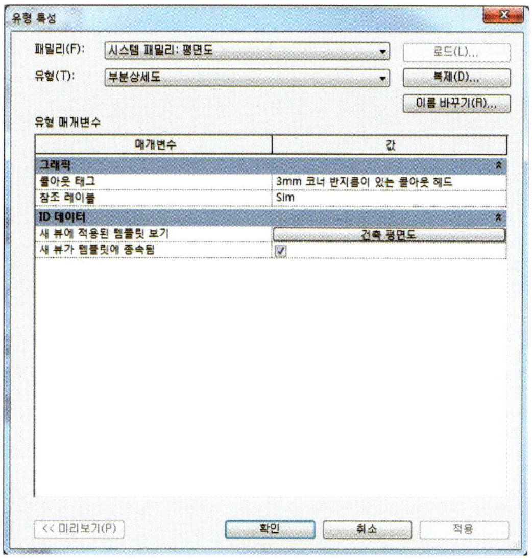

❷ 새로운 뷰 유형 이름을 입력하고 확인합니다.

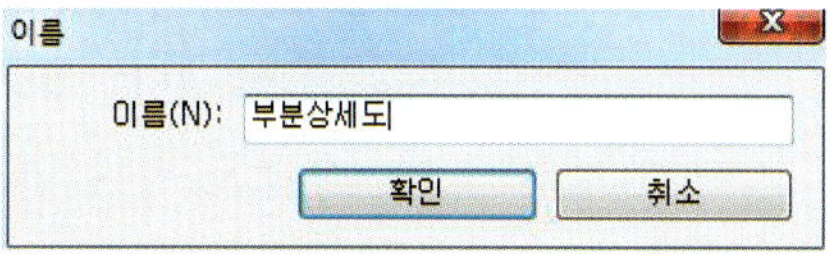

Step 03 뷰 이름 변경과 매개변수 편집

❶ 프로젝트 탐색기에서 복제된 뷰 이름을 변경합니다.

❷ 특성 팔레트에서 유형에 적합한 그래픽/가시성을 설정합니다.

❸ 기타 필요한 매개변수를 설정합니다.

Chapter 04
단축키 설정

4.1 개념

도구사용 명령이나 인터페이스를 빠르게 접근할 수 있도록 문자로 축약 정의한 것이 단축키(Shortcuts)입니다. 응용프로그램의 그래픽 인터페이스에 익숙해지면 마우스를 클릭하는 오른손 부하가 많아집니다. 따라서 사용빈도가 많은 작성명령은 적절히 왼손을 사용하여 줄일 수 있습니다. 키보드로 입력하면 모델 작성속도와 효율을 높일 수 있고, 오른손의 부하도 줄일 수 있습니다.

4.2 단축키 추가 방법

Step 01 추가 방법 선택

❶ 뷰 탭 → 사용자 인터페이스 → 키보드 단축키 를 클릭하거나

❷ 키보드 단축키로 바로가기 KS을 입력합니다.

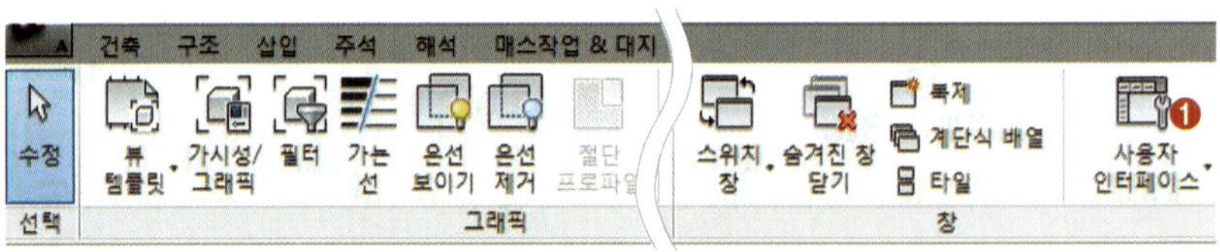

Step 02 키보드 단축키 검색

❶ 키보드 단축키 대화상자에서 명령어의 단축키를 검색합니다.

❷ 예를 들어, 외부에서 이미지를 가져오는 단축키를 만들려면 검색창에 이미지를 입력합니다.

❸ 이미지 가져오기는 바로가기(단축키)가 설정되지 않았습니다.

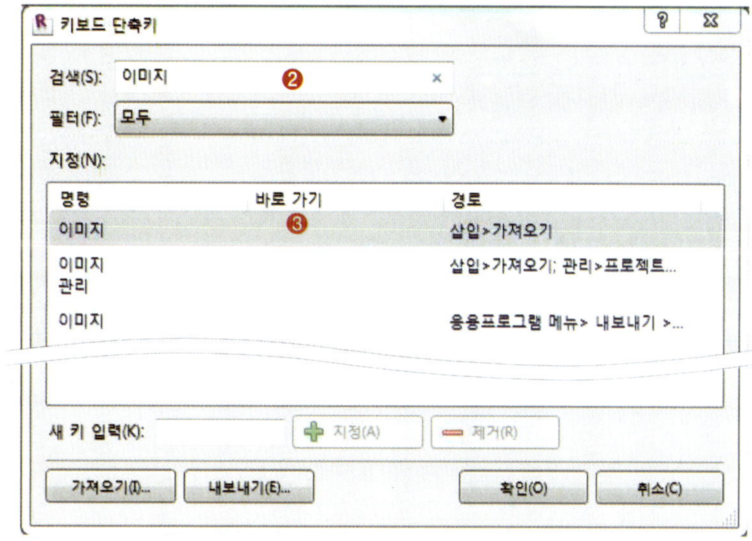

Step 03 단축키 설정

❶ 새 키 입력(K)창에 Ctrl+I를 입력합니다.

❷ 지정(A)✚을 클릭합니다.

❸ 바로가기에 Ctrl+I가 등록됩니다.

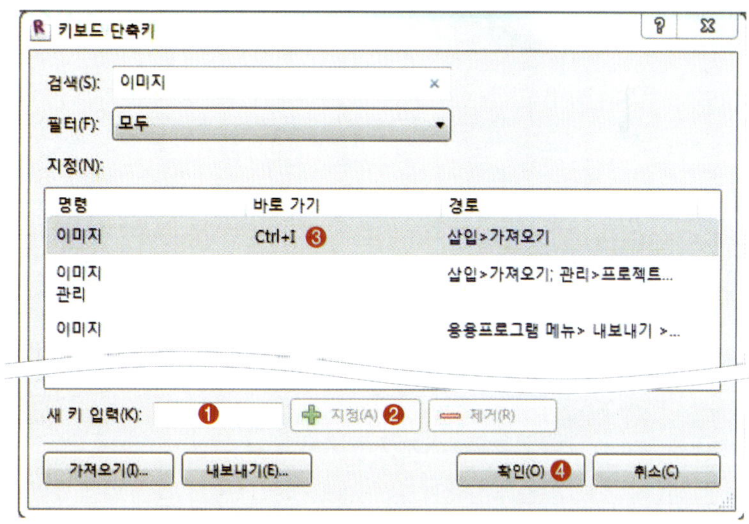

❹ 확인(O)을 클릭합니다.

Step 04 단축키 사용

❶ 이미지 삽입 바로가기 Ctrl+I를 입력합니다.

❷ 이미지 경로에서 이미지를 삽입합니다.

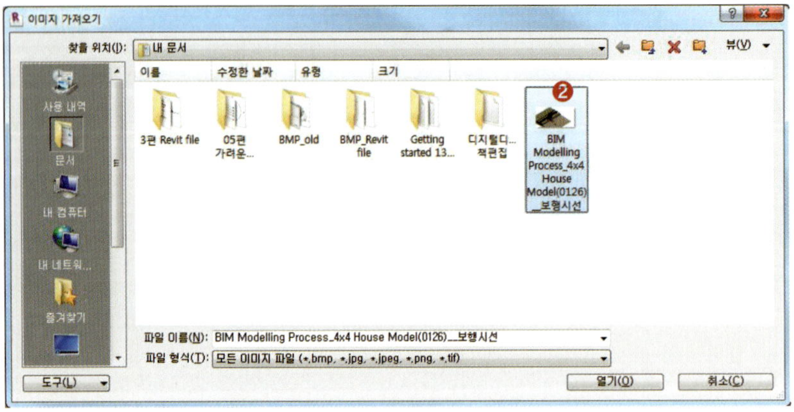

4.3 단축키 수정 방법

Step 01 단축키 수정 방법 선택

❶ 뷰 탭 → 사용자 인터페이스 → 키보드 단축키 를 클릭하거나

❷ 키보드 단축키로 바로가기 KS을 입력합니다.

Step 02 수정할 단축키 검색

❶ 키보드 단축키 대화상자에서 수정할 단축키를 검색합니다. 예를 들어, 앞에서 만들었던 외부에서 이미지를 가져오기 단축키를 검색창에 찾습니다.

❷ 키보드 단축키 대화상자의 필터(F)창을 펼치고, 삽입 탭을 클릭합니다.

❸ 검색(S)창에 이미지를 입력하면 바로가기 Ctrl+I가 검색됩니다.

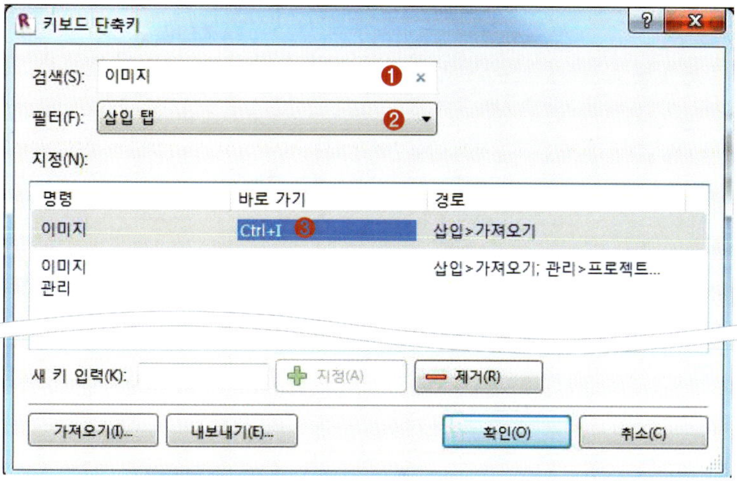

Step 03 단축키 변경

❶ Ctrl+I를 선택하고, 새 키 입력(K)창에 Ctrl+P를 입력합니다.

❷ 기존 단축키라는 대화상자가 나타납니다.

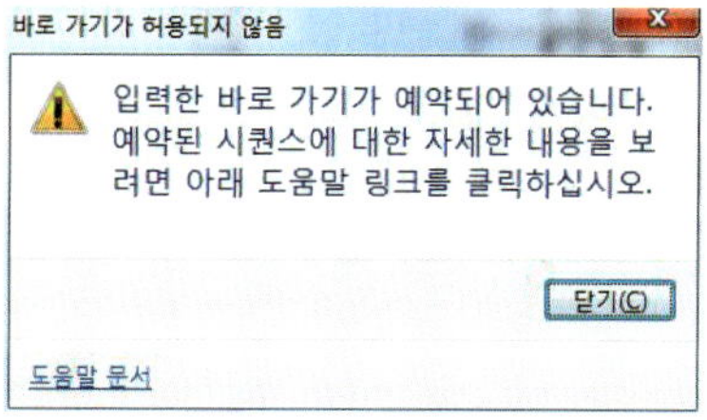

❸ 다른 이름 Shift+I를 입력하면, 경고가 나타나지 않습니다.

❹ 지정(A) ✚ 을 클릭하면 다른 바로가기가 등록됩니다.

❺ 확인(O)을 클릭합니다.

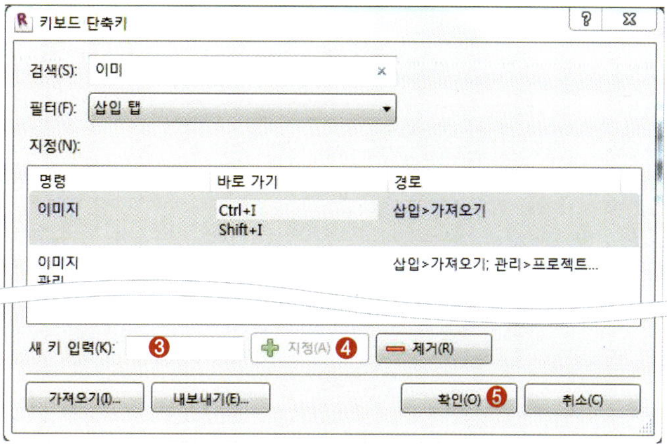

Step 04 단축키 사용

❶ 이미지 삽입 바로가기 Shift+I를 입력합니다.

❷ 이미지 경로에서 이미지를 삽입합니다.

4.4 단축키 제거 방법

Step 01 단축키 제거 방법 선택

❶ 뷰 탭 ➜ 사용자 인터페이스 ➜ 키보드 단축키 를 클릭하거나

❷ 키보드 단축키로 바로가기 KS을 입력합니다.

Step 02 제거할 단축키 검색

❶ 키보드 단축키 대화상자에서 삭제할 단축키를 검색합니다. 예를 들어, 앞에서 만들었던 외부에서 이미지를 가져오기 단축키를 검색창에 찾습니다.

❷ 키보드 단축키 대화상자의 필터(F)창을 펼치고, 삽입 탭을 클릭합니다.

❸ 검색(S)창에 이미지를 입력하면 바로가기 Ctrl+I와 Shift+I가 검색됩니다.

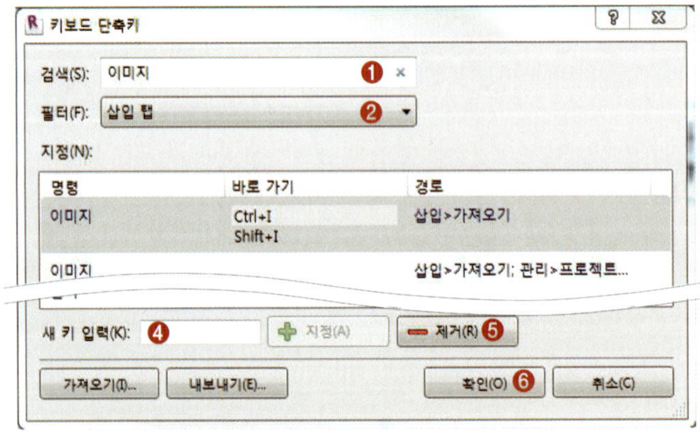

Step 03 단축키 삭제

❹ 위의 그림에서 삭제할 단축키 'Ctrl+I'를 선택합니다.

❺ 위의 그림에서 제거단추 를 클릭합니다.

❻ 위의 그림에서 제거되면 확인(O)을 선택합니다.

4.5 단축키 내보내기

Step 01 KS(키보드 단축키)를 입력합니다.

Step 02 내보내기(E) 단추를 클릭합니다.

Step 03 저장 위치를 선택하고, 이름을 입력합니다. 자동이름으로 저장합니다.

4.6 단축키 가져오기

Step 01 KS(키보드 단축키)를 입력합니다.

Step 02 가져오기(I) 단추를 클릭합니다.

Step 03 저장 위치에서 단축키 파일이름을 선택합니다.

Step 04 키보드 단축키 파일 가져오기 대화상자에 답합니다.

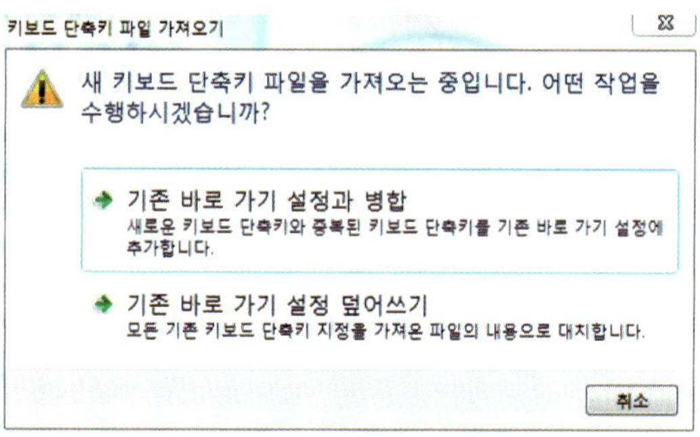

Chapter 05
뷰 큐브(View cube)

5.1 개념

뷰 큐브(View Cube)는 모델의 2D뷰와 3D뷰를 클릭이나 끌어서 쉽게 전환할 수 있도록 제공하는 인터페이스입니다. 26개의 표준화된 뷰와 함께 다양하게 접근하는 뷰를 접근하고 관리할 수 있는 편리한 도구입니다.

5.2 종류와 구성

뷰를 조절하는 도구는 뷰 큐브(View cube)와 탐색휠(Steering wheel)이 있습니다. 뷰 큐브는 2D뷰와 3D뷰를 쉽게 접근할 수 있도록 조절된 아이콘을 구성하고 있으며, 표준뷰와 더불어 방위뷰를 표시하는 나침판을 갖추고 있습니다. 스티어링 휠은 운전대모양으로 단순화시킨 아이콘으로 각 부채꼴에는 다양한 뷰 탐색기능을 포함하고 있습니다.

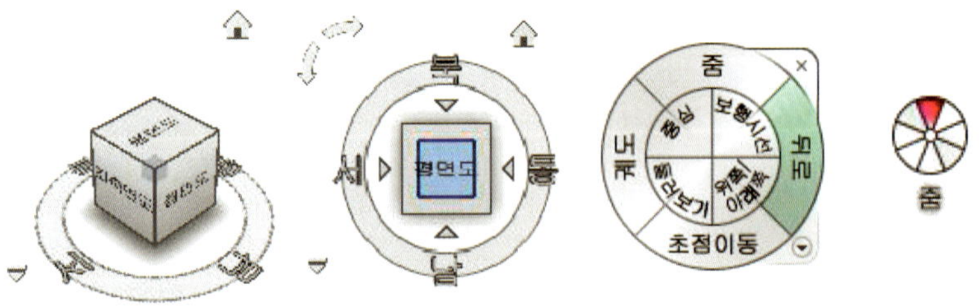

❶ 3D뷰 큐브 ❷ 2D뷰 큐브 ❸ 전체 탐색휠 ❹ 축약 탐색휠

5.3 뷰 큐브의 사용 방법

5.3.1 뷰 큐브 활성화

❶ 뷰 탭 → 사용자 인터페이스 를 클릭합니다.

❷ 뷰 큐브의 체크상자를 체크 ☑ 합니다.

5.3.2 선택사항 설정

❶ 뷰 큐브 위에 커서를 두고 마우스 우측버튼을 클릭하고, 옵션(O)을 선택합니다.

❷ 화면상 위치(P)를 열고 원하는 위치를 신택합니다.

❸ 필요한 선택사항을 설정하고, 확인을 클릭합니다.

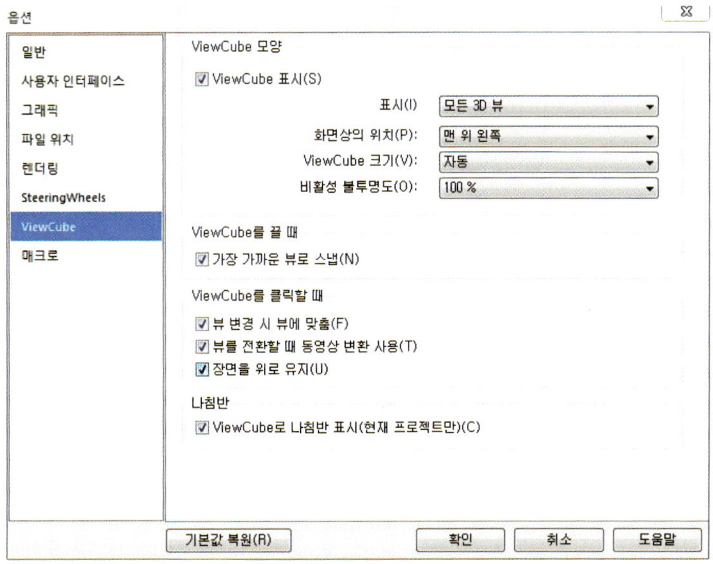

5.3.3 홈뷰(Home view) 설정

❶ 홈뷰는 모델링과정에서 가장 많이 사용하는 3D뷰로 지정합니다.

❷ 뷰큐브를 써서 적합한 홈뷰를 얻도록 뷰포트를 조정합니다.

❸ 상황에 맞는 메뉴를 마우스 우측(또는 좌측)버튼으로 클릭합니다.

❹ 현재 뷰를 홈으로 설정(T)을 클릭합니다.

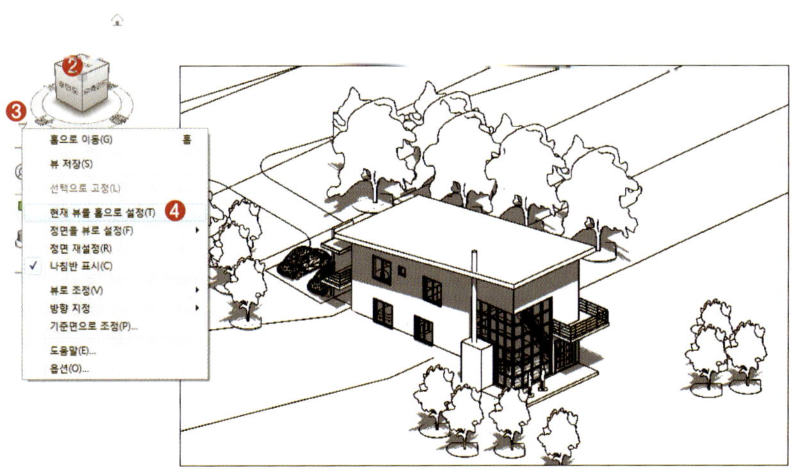

5.3.4 뷰 이름으로 정면 재설정

❶ 뷰 이름으로 건물의 정면을 재설정하는 과정입니다.

❷ BIM_New Way Project를 활성화합니다.

❸ 상황에 맞는 메뉴를 마우스 우측(또는 좌측)버튼으로 클릭합니다.

❹ 정면을 뷰로 설정(F)을 클릭합니다.

❺ [현재 뷰]에서 동측면을 선택합니다.

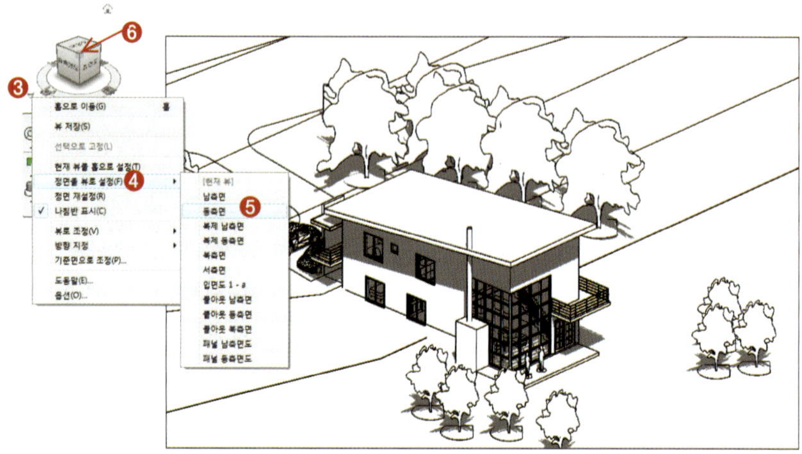

❻ 뷰 큐브의 남측면도가 좌측면도로 바뀌고, 동측면도가 정면으로 설정됩니다.

5.3.5 정면 재설정(R)

❶ BIM_New Way Project의 활성화를 유지합니다.

❷ 상황에 맞는 메뉴를 마우스 우측(또는 좌측)버튼으로 클릭합니다.

❸ 정면 재설정(R)을 클릭합니다.

❹ 뷰 큐브의 남측면도가 다시 정면도로 바뀝니다.

Hot Tip
정면 재설정(R)은 항상 남측면을 정면도로 설정합니다.

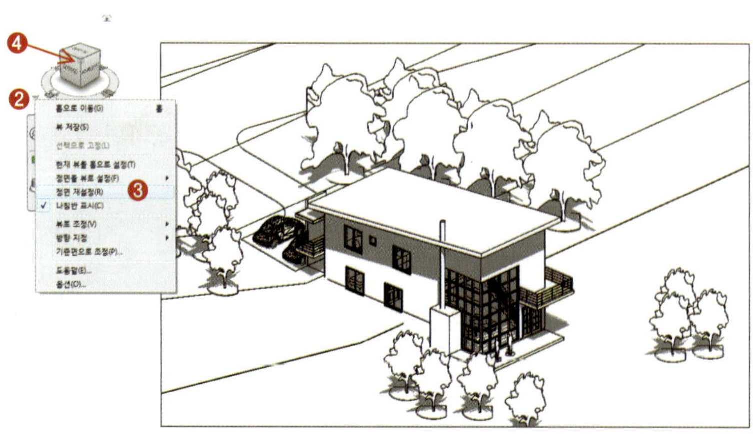

5.3.5 표준 2D뷰 탐색하기

❶ ⓐ홈뷰는 항상 홈으로 복귀합니다.

❷ ⓑ~ⓔ는 접한 평면(Top), 천장(Bottom), 정면(Front), 우측면(Right), 배면(Back) 및 좌측면(Left)의 표준 2D뷰를 탐색합니다.

❸ ⓕ~ⓖ는 2D뷰를 시계방향과 반시계방향으로 회전합니다.

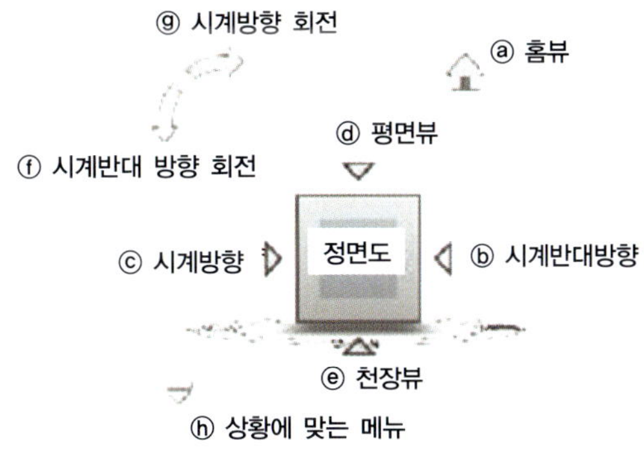

5.3.6 3D뷰 탐색하기

❶ 뷰 큐브의 꼭짓점을 선택하면, 남동쪽 조감도, 남서쪽 조감도와 같은 대각선 방향의 3D뷰를 탐색합니다.

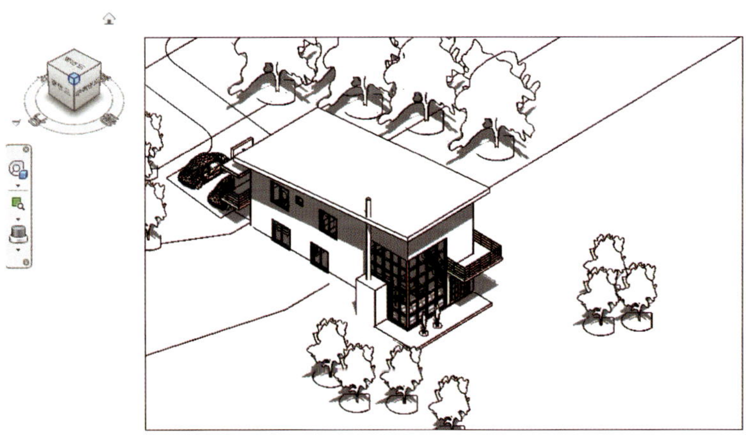

❷ 뷰 큐브의 윗면 모서리를 선택하면, 평면 뷰와 입면 뷰(또는 바닥 뷰와 입면 뷰)의 경계 뷰를 탐색합니다.

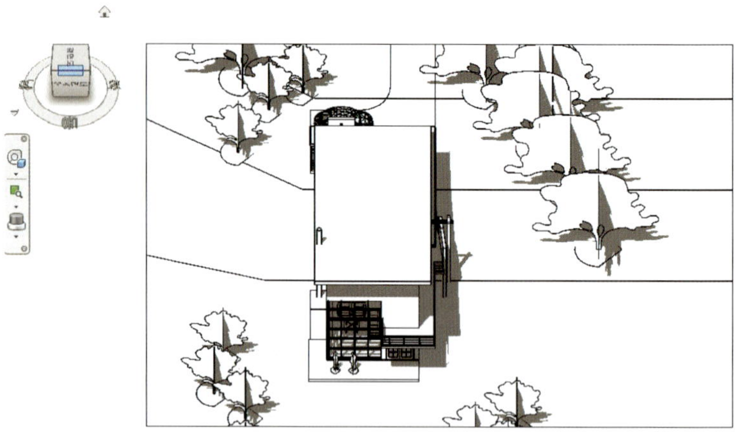

③ 뷰 큐브의 측면 모서리를 선택하면 남동측면, 남서측 등의 인접한 입면 뷰 사이의 경계 입면뷰를 탐색합니다.

④ 뷰 큐브의 나침반을 마우스 좌측버튼으로 끌면 피벗 아이콘이 나타나고, 다양한 3D뷰를 탐색합니다.

5.3.7 방위뷰 탐색

❶ 나침반은 자동으로 활성화됩니다. 활성화되어 있지 않는 경우에는 상황에 맞는 메뉴를 클릭하고, 나침반 표시(C)를 선택합니다.

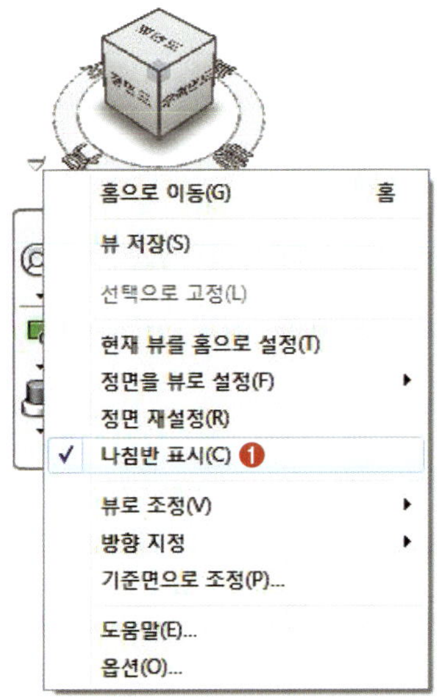

❷ 동측면도, 서측면도, 남측면도, 북측면도 등의 방위뷰를 탐색합니다. 나침판의 글자 '남'을 클릭하면 남측면도로 바뀝니다.

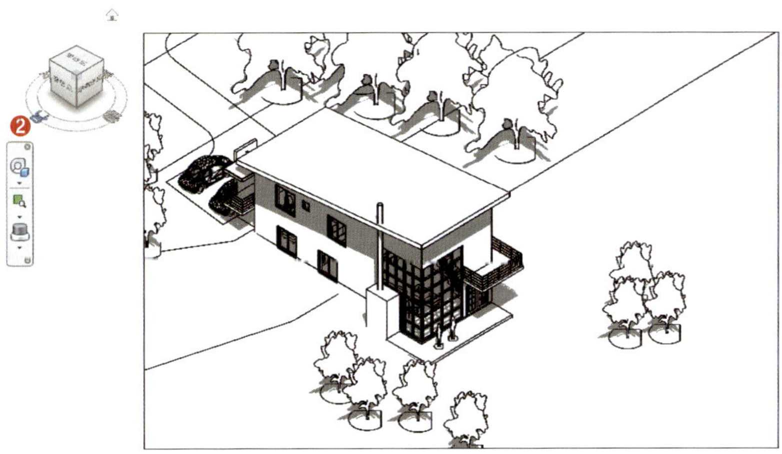

〈나침판의 '남' 자 선택〉

〈전환된 남측면도 뷰〉

Chapter 06

탐색휠(Steering wheel)

6.1 개념

모든 생성 뷰를 쉽게 탐색할 수 있도록 운전대 형식으로 만든 도구입니다. 운전자가 운전대로써 진행방향을 조정하듯이 탐색휠에 포함된 탐색기능으로 새로운 뷰를 만들거나 만들었던 뷰로 되돌아 갈 수 있습니다.

6.2 탐색휠의 종류

탐색휠의 종류는 아이콘 형상과 기능에 따라 크게 2종류로 나뉩니다. 아이콘 형상에 따른 종류는 표준형과 축소형이 있습니다. 표준형은 아이콘의 크기가 크고, 내포된 기능을 문자로 표시하여 초보자가 사용하기 쉬운 형상입니다. 축소형은 단순한 수레바퀴형상으로 부채꼴마다 기능을 배치한 숙련자를 위한 아이콘입니다.

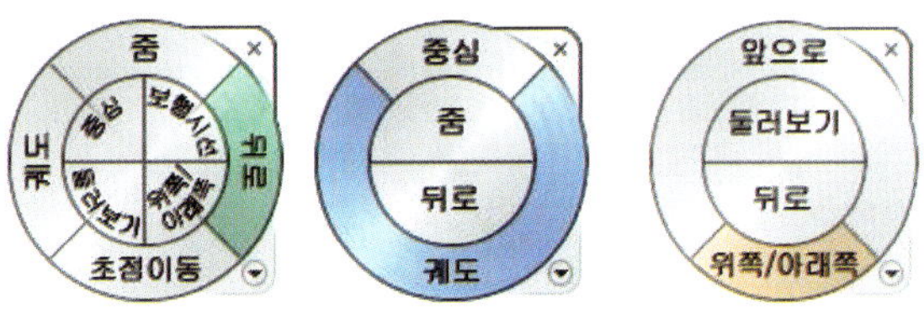

〈표준형 탐색휠〉

〈축소형 탐색휠〉

기능별 종류는 객체보기 휠과 빌딩 둘러보기 휠 및 두 가지를 통합한 전체 탐색휠이 있습니다.

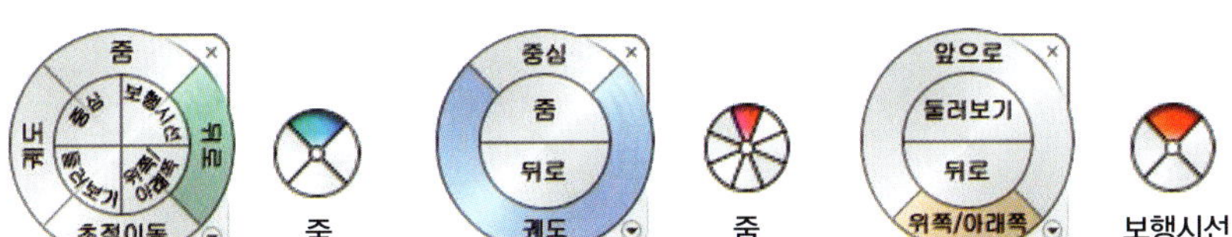

〈전체 탐색휠〉 〈객체보기 휠〉 〈빌딩 둘러보기 휠〉

6.3 탐색막대 설치와 제거

탐색휠은 자동으로 활성화되지 않습니다. 탐색막대를 배치하고, 적합한 탐색휠을 선택하거나 닫는 방법입니다.

6.3.1 탐색막대 설치 방법

❶ 뷰 탭 → 사용자 인터페이스를 클릭합니다.

❷ 탐색막대의 체크상자를 체크☑합니다.

6.3.2 탐색휠 선택사항 설정

❶ 애플리케이션 버튼 → 옵션을 클릭하고, SteeringWheels을 선택하거나

❷ 탐색휠 아이콘을 마우스 우측버튼을 클릭하고, 옵션(O)을 선택합니다.

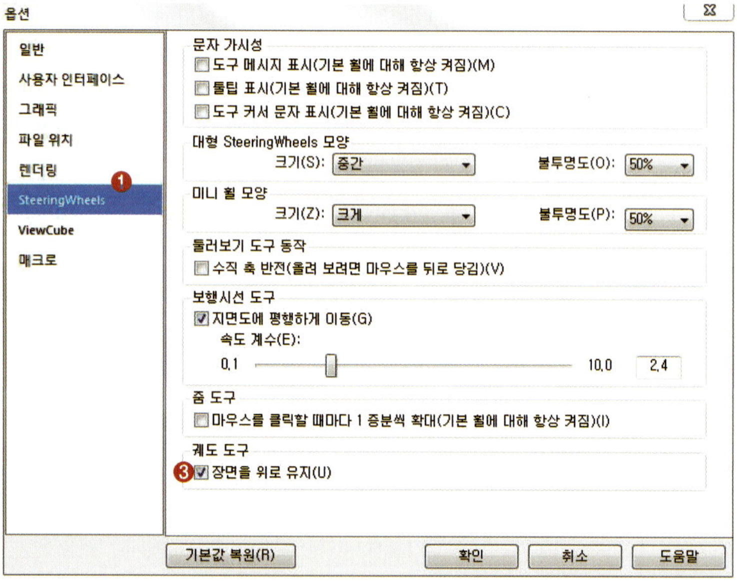

❸ 장면을 위로 유지(U)를 선택하면 모델 객체의 수직선은 항상 수직을 유지합니다.

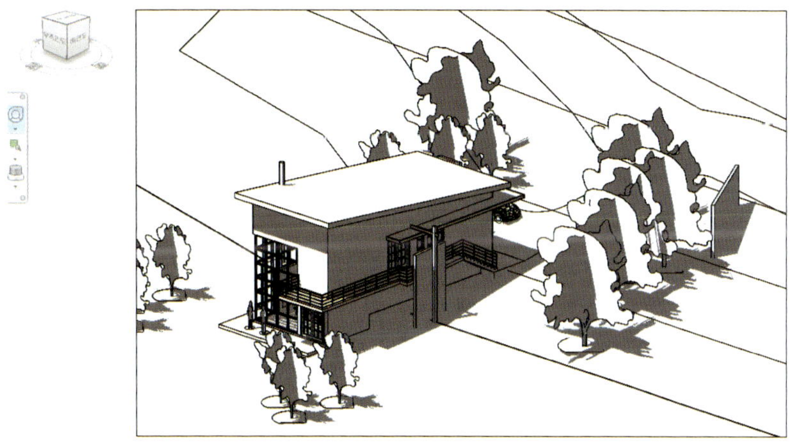

〈장면을 위로 유지(U)를 체크했을 때〉

❹ 확인(O)을 클릭합니다.

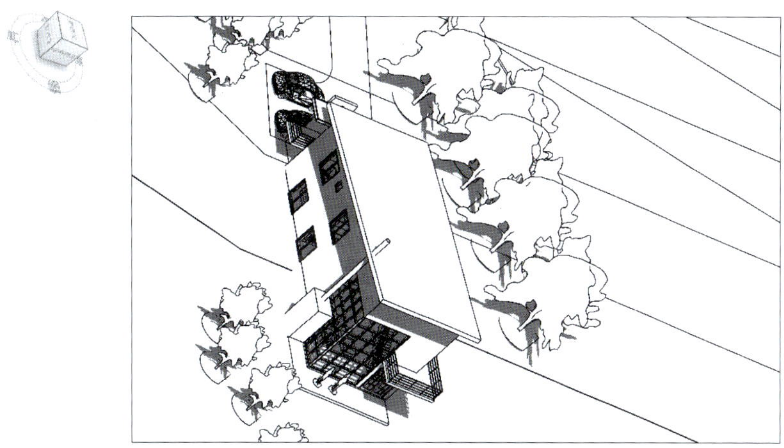

〈장면을 위로 유지(U)를 해지했을 때〉

6.3.3 탐색휠 선택 방법

❶ 탐색막대의 탐색휠 아이콘을 클릭하면 활성화됩니다.

❷ 탐색휠을 선택하려면 탐색막대의 탐색휠 아이콘 아래 있는 드롭다운▼을 열고 필요한 것을 선택합니다.

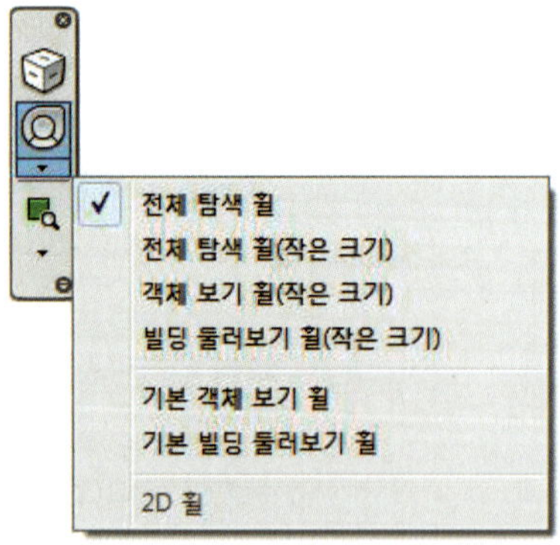

❸ 사용 중인 탐색휠을 다른 것으로 변경하려면, 마우스 우측버튼을 클릭하고, 새로운 탐색휠을 선택합니다.

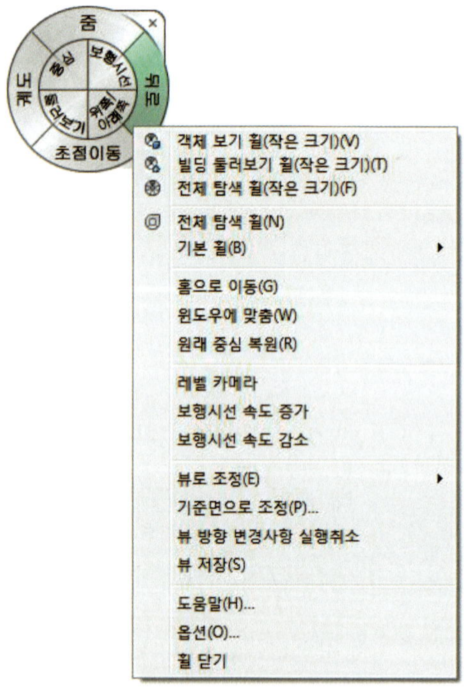

❹ 탐색휠 사용을 마치려면 아이콘 우측 상단의 X기호를 클릭하거나 마우스 우측버튼을 클릭하고, 휠 닫기를 선택합니다.

6.4 탐색휠의 기능과 사용 방법

Hot Tip

줌 아이콘을 한 번 클릭할 때마다 모델 뷰가 50% 씩 확대됩니다

객체 탐색휠의 기능은 줌, 궤도, 초점이동 및 궤도 등 4가지가 있고, 빌딩 둘러보기는 중심, 보행시선(앞으로), 위쪽/아래쪽 및 둘러보기와 같은 4가지 기능을 갖추고 있습니다.

6.4.1 줌(Zoom)

현재 뷰를 확대 · 축소하여 배율을 조정하는 기능입니다. 마우스 좌측버튼을 누른 채, 마우스를 밀거나 당기면 뷰의 크기가 조정됩니다. 마우스 휠을 굴리는 기능과 동일합니다.

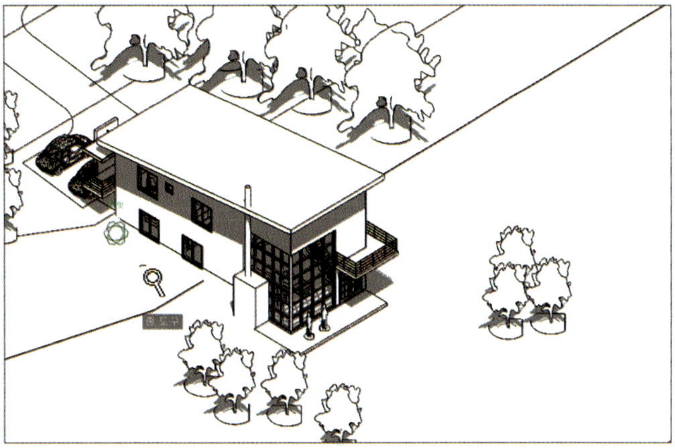

Hot Tip

피벗은 Ctrl+클릭하거나 끌기로 위치를 이동할 수 있습니다. 이 옵션은 전체 탐색휠(표준형 또는 축소형)과 축소형 객체보기 휠에서만 사용 가능합니다.

6.4.2 궤도(Orbit)

뷰의 크기와 중심을 유지하면서 모든 방향을 탐색하는 도구입니다. 뷰는 피벗(Pivot)을 중심으로 움직입니다. 궤도는 휠 마우스에서 Shift 키 + 마우스 휠을 굴리는 방식과 같지만 Shift 키를 누르지 않아 다소 편리합니다.

6.4.3 초점이동(Pan)

탐색휠의 초점이동을 누르면 이동 커서가 나타납니다. 마우스 좌측버튼을 누른 채, 원하는 방향으로 이동하면 뷰포트 크기는 유지하면서 뷰가 이동하는 도구입니다.

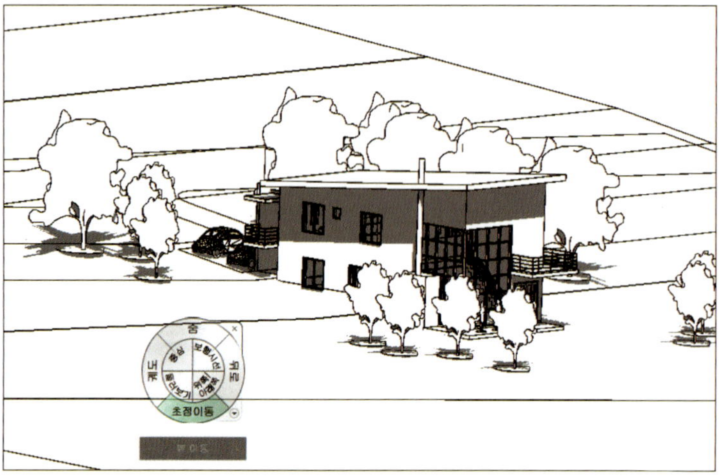

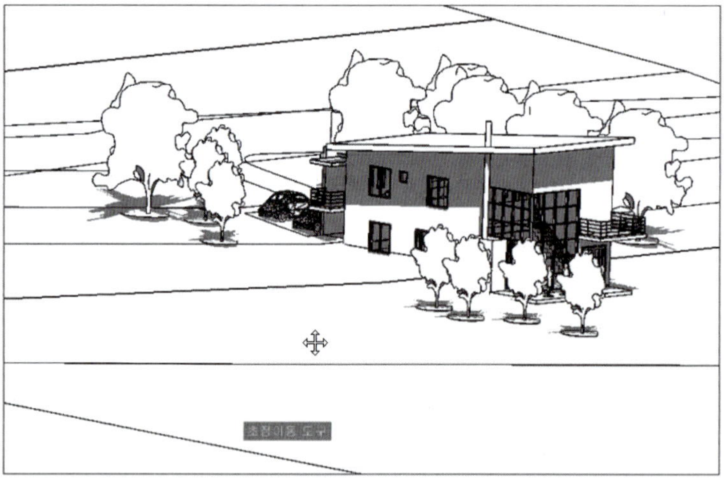

〈탐색휠의 초점이동을 눌러서, 이동커서가 나타나면 이동〉

6.4.4 뒤로(Rewind)

모델링 과정에서 생성된 뷰를 최근 뷰로부터 역으로 검색해서 복원하는 도구입니다. '뒤로'를 마우스 좌측버튼을 누른 채, 뷰를 탐색하고, 원하는 뷰에서를 마우스의 끌기를 마치면 해당 뷰가 복원됩니다.

Hot Tip
마우스를 끌어서 좌우로 이동하며 적당한 뷰를 탐색합니다. 주황색 상자로 싸인 뷰가 복구될 뷰가 됩니다.

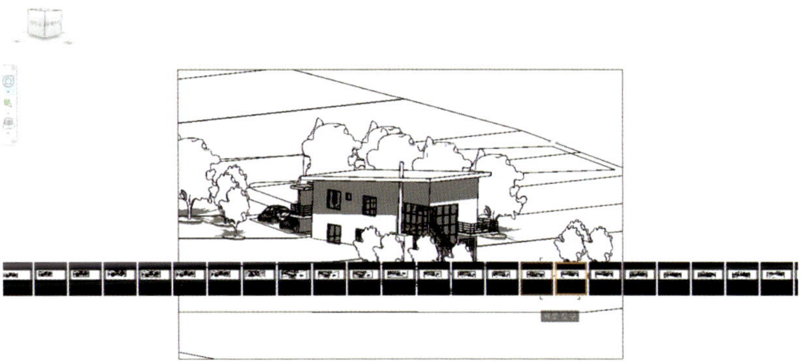

6.4.5 중심(Center)

뷰포트에서 화면의 중심에 맞추기를 원하는 곳에 탐색휠 아이콘을 두고 중심을 클릭하면, 그 위치가 뷰포트의 중심에 맞춰지는 도구입니다. 중심점은 궤도의 피벗(Pivot)이 됩니다.

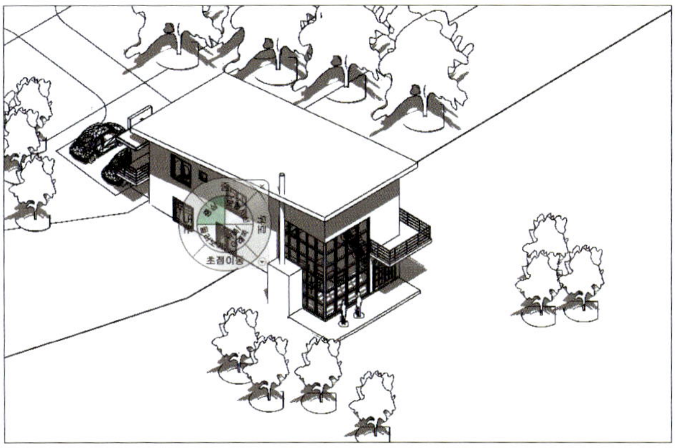

6.4.6 보행시선(Walk view)

보행시신은 모델을 보행하면서 보는 것같이 탐색할 수 있는 도구입니다. 보행시선은 보행시선 뷰에서 동작합니다. 탐색휠의 보행시선은 동영상을 제작하는 기능은 없으며, 뷰를 탐색하는 기능을 갖은 것으로 보입니다.

Step 01 프로젝트 탐색기에서 보행시선 분기에서 보행시선 뷰를 활성화합니다.

Step 02 탐색막대의 탐색휠에서 전체 탐색기의 표준형, 축소형을 열거나 빌딩 둘러보기 휠의 축소형을 엽니다.

Step 03 탐색휠에서 보행시선 부채꼴을 마우스 좌측버튼으로 누릅니다.

Step 04 청색 원 속에 흑점이 있는 보행시선 아이콘 이 나타나면 마우스 좌측버튼을 누른 채, 백색 방향키를 움직일 방향으로 끌면서 뷰를 탐색합니다.

Step 05 탐색 뷰 재설정

❶ 우측 마우스를 클릭하고, 옵션(O)을 클릭하고, 지면에 평행하게 이동(G)를 체크합니다.

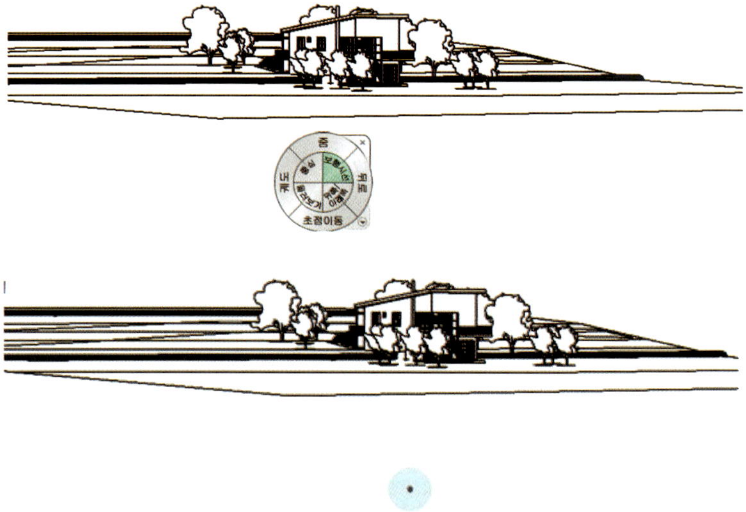

〈탐색휠의 보행시선을 누르면, 청색 아이콘과 방향키가 나타남〉

❷ Shift+ (클릭)으로 위쪽/ 아래쪽을 조정합니다.

❸ 전체 탐색휠에서는 여러 탐색기능으로 뷰를 조정합니다.

Step 06 '**Step 04**'의 과정으로 뷰를 탐색합니다.

6.4.7 둘러보기(Look)

둘러보기는 누르면 좌우를 가리키는 아이콘 이 나타납니다. 뷰의 크기를 유지한 채 고개를 좌우상하를 쳐다보는 것처럼 탐색하는 도구입니다.

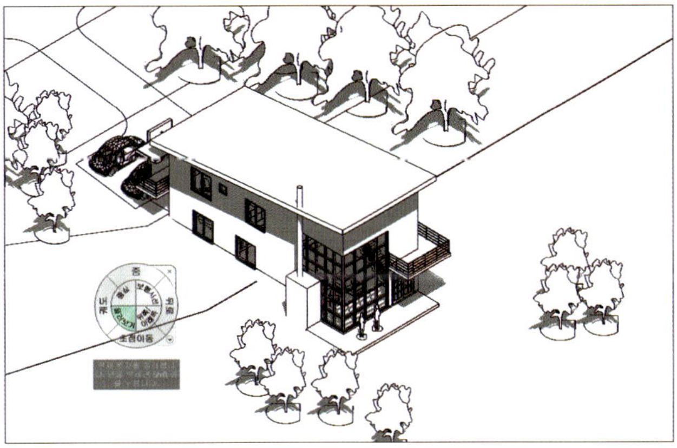

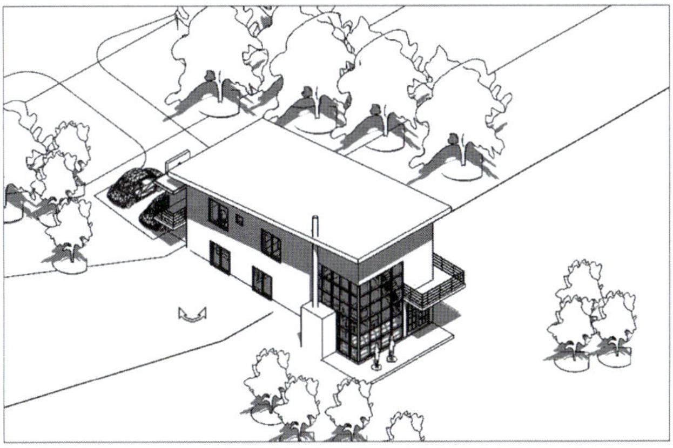

〈둘러보기를 눌러 좌우화살표가 나타날 때 좌우상하를 둘러볼 수 있음〉

6.4.8 위쪽/아래쪽(Up & down)

현재 모델 뷰의 크기는 유지하면서 좌우방향은 고정되고, 상하의 Z축 시점만 바뀌는 뷰 탐색 도구입니다.

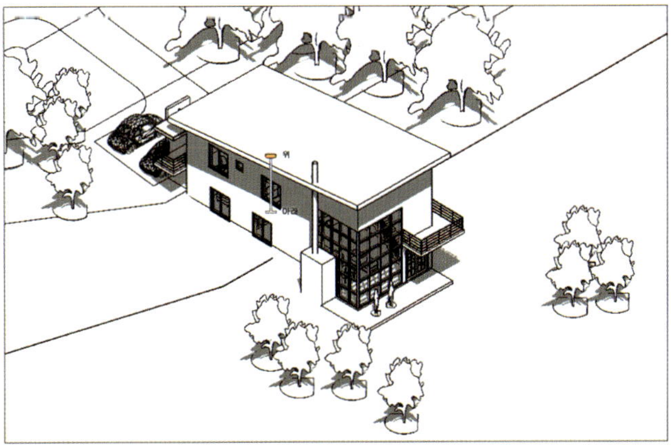

Chapter 07

뷰 조절막대(View Control Bar)

7.1 개념

뷰(View)에 나타나는 객체, 모델요소 및 주석의 표시형식이나 가시성 조정, 표시범위 조정 등을 조절하는 도구로 쉽게 접근할 수 있도록 모아둔 막대입니다.

7.2 축척(Scale)

축척은 뷰에 나타나는 모델요소나 주석요소의 크기를 제어합니다. 자동으로 1:100의 축척이 설정되어 있고, 다음과 같이 변경할 수 있습니다.

Step 01 프로젝트 탐색기에서 축척을 변경할 뷰를 활성화합니다.

Step 02 축척변경 방법 선택

❶ 특성 팔레트의 그래픽에서 뷰 축척을 클릭하거나

❷ 뷰 조절막대에서 현재 설정되어 있는 축척(자동설정은 1:100)을 클릭합니다.

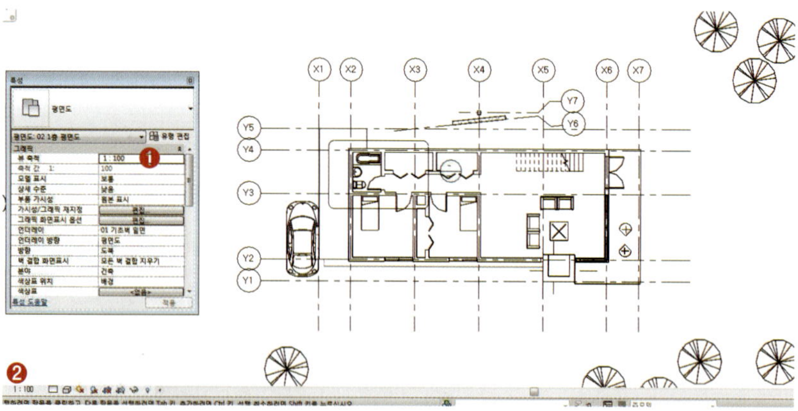

Step 03 설정된 축척에서 선택

❶ 기본적으로 설정되어 있는 축척의 유형 가운데서 선택합니다.

❷ 설정된 축척 가운데 원하는 축척을 선택합니다. 예를 들어 1:50을 클릭하고 모델을 확대해보면 주석의 크기가 자동으로 조정됩니다.

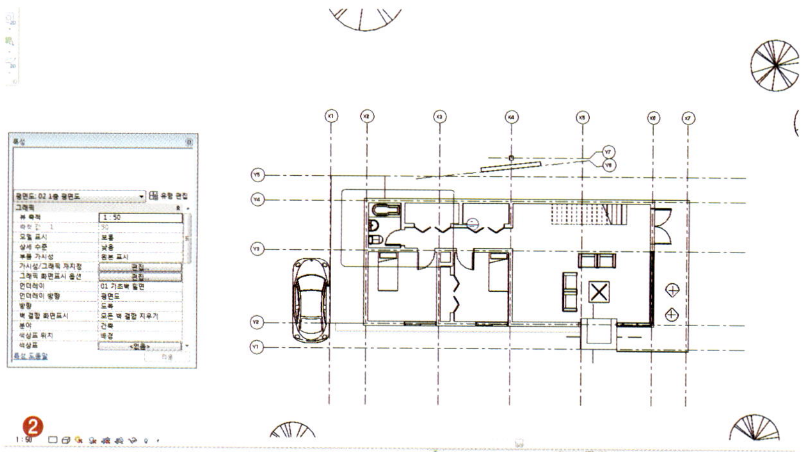

〈축척 1:50으로 변경했을 때 모델링과 주석〉

Step 04 사용자 축척 설정

❶ 뷰 조절막대의 현재축척(1:50)을 클릭하고, 사용자를 선택합니다.

❷ 사용자 축척 대화상자에서 비율을 30으로 변경합니다.

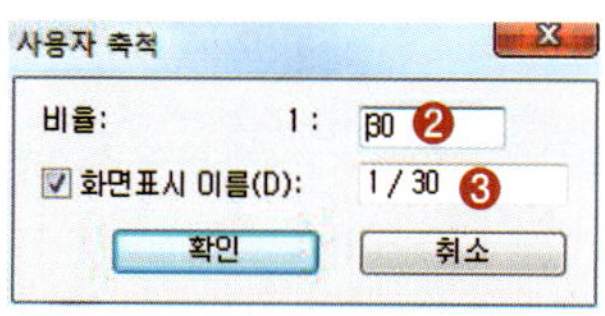

❸ 화면표시 이름(D)을 체크하고, 1/30을 입력합니다.

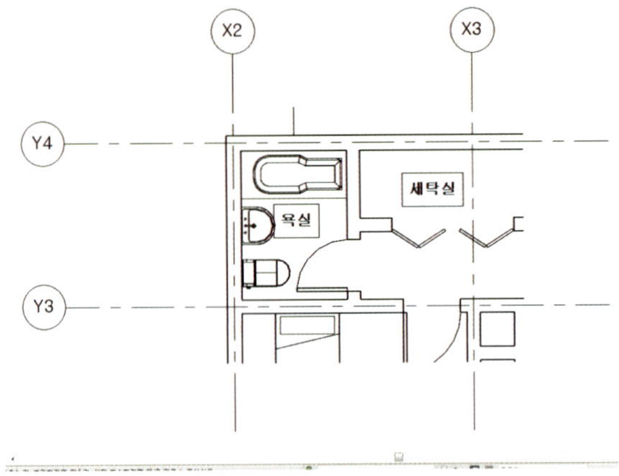

〈1:50의 부분 평면도〉

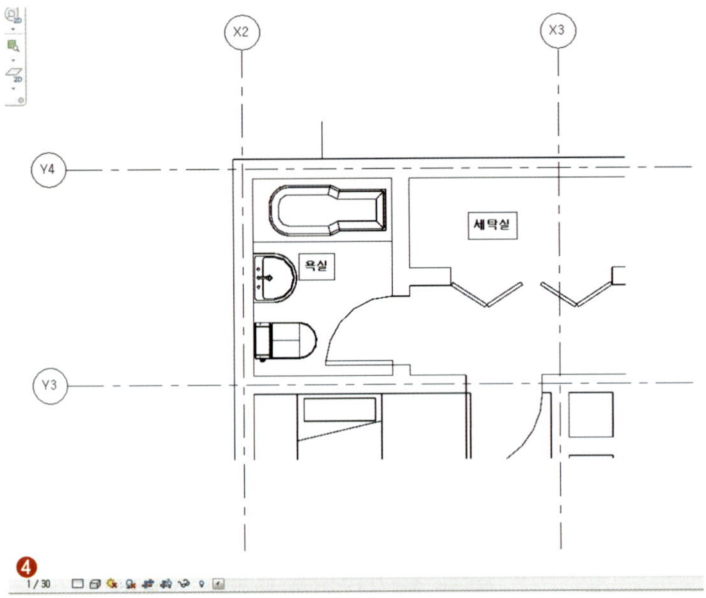

〈1:30의 부분 평면도〉

❹ 축척 이름이 1/30으로 표시됩니다.

7.3 상세수준

상세수준은 모델요소가 화면에 표시되는 정밀도를 낮음 · 중간 · 높음으로 나타냅니다. 다음 사례에서 상세수준에 따라 C-형강이 다르게 나타나는 것을 확인할 수 있습니다.

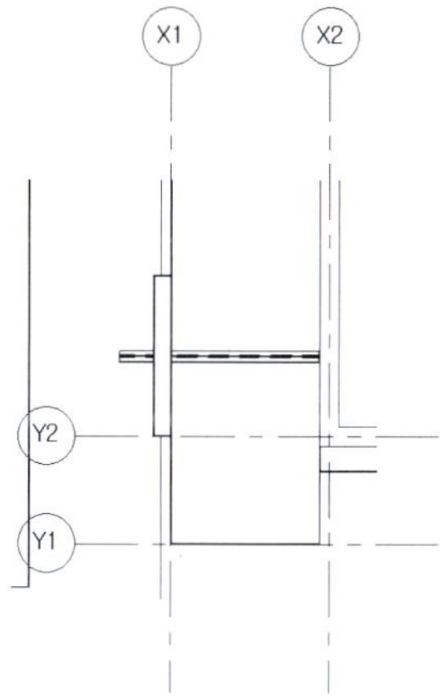

〈상세수준 낮음〉

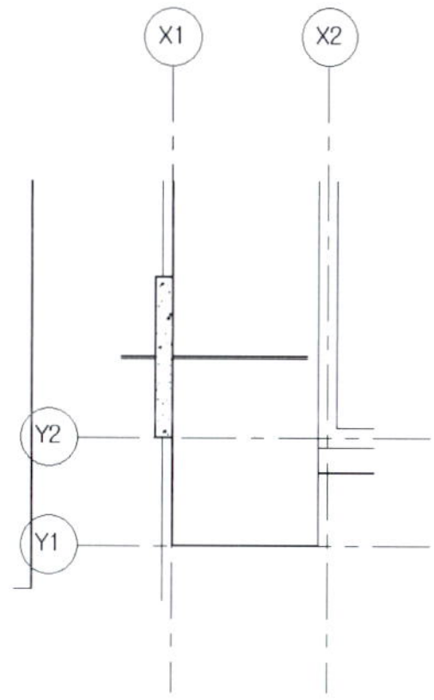

〈상세수준 중간〉

Step 01 상세수준 조정은 특성 팔레트의 그래픽 매개변수에서 상세수준을 선택하거나

Step 02 뷰 조절막대에서 상세수준을 클릭하고, 조정할 수 있습니다.

7.4 비주얼스타일(Visual style)

비주얼스타일은 뷰에 나타나는 모델요소의 시각적 표시유형입니다. 특성 팔레트의 그래픽 화면표시 옵션의 편집을 클릭하거나 뷰 조절막대를 클릭하여 조정할 수 있습니다.

7.4.1 와이어프레임(Wireframe)

뷰에서 모든 모델요소의 표면을 제외한 가장자리만 표현하는 방법입니다. 숨겨진 객체를 관리하는데 좋지만 복잡하고 이해하기 어렵습니다.

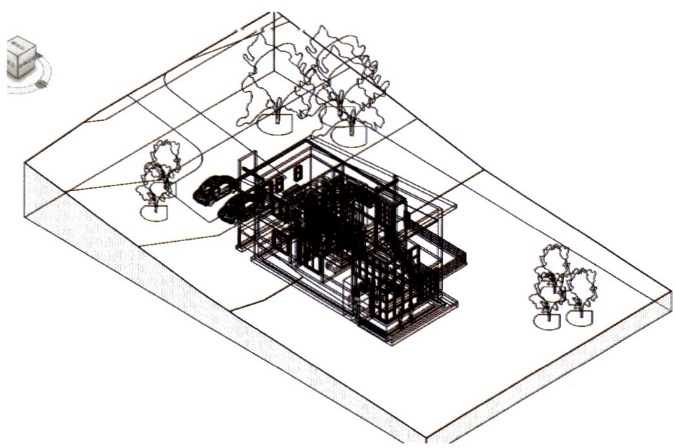

7.4.2 은선(Hidden line)

뷰에서 모든 모델요소의 표면으로 가려진 부분을 제외하고 면과 모서리로 표현합니다. 구성형태를 이해하는데 편리합니다.

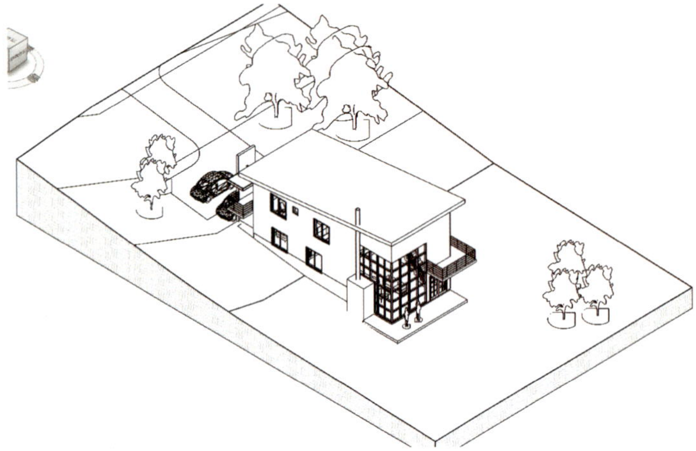

7.4.3 음영처리

뷰에서 모든 모델요소의 표면을 회색의 농담으로 표현합니다. 어느 정도 재료구성을 파악할 수 있습니다.

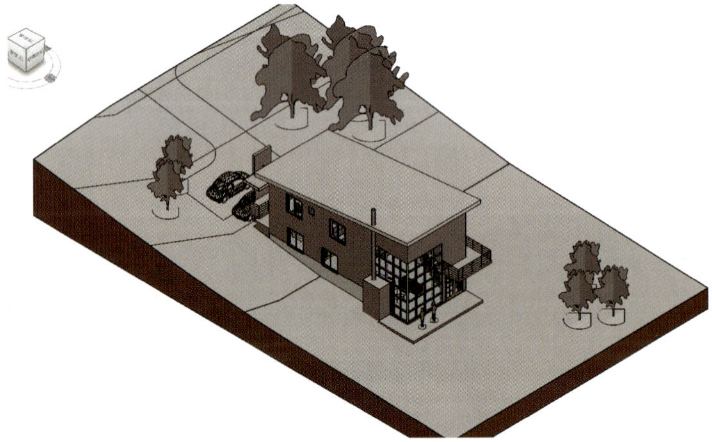

7.4.4 사실적

뷰에서 모든 모델링 요소의 사용재료를 사실적으로 표현합니다. 사용재료나 형태를 구체적으로 이해할 수 있습니다.

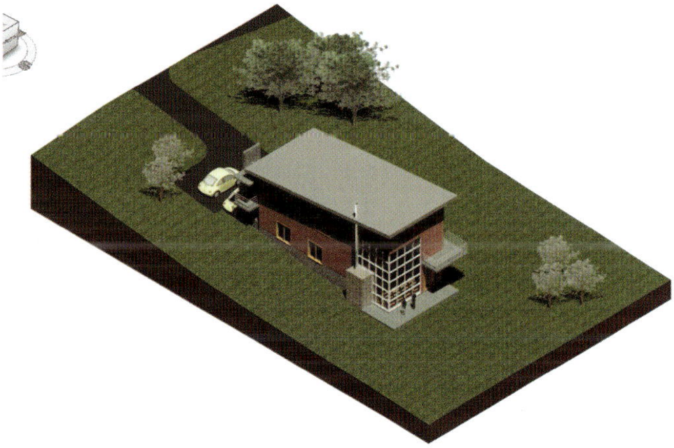

7.4.5 레이 트레이싱(Ray tracing)

뷰의 모델링 요소에서 사실적 표현에 빛의 영향을 계산한 실제적 이미지를 렌더링합니다.

7.5 태양경로 켜기와 끄기

일조분석에 필요한 태양의 경로를 표시거나 표시하지 않도록 제어하는 도구입니다.

Step 01 태양경로 켜기

❶ 특성 팔레트의 그래픽 매개변수의 태양경로를 체크하거나

❷ 뷰 조절막대를 클릭하고 태양경로 켜기☼를 선택합니다.

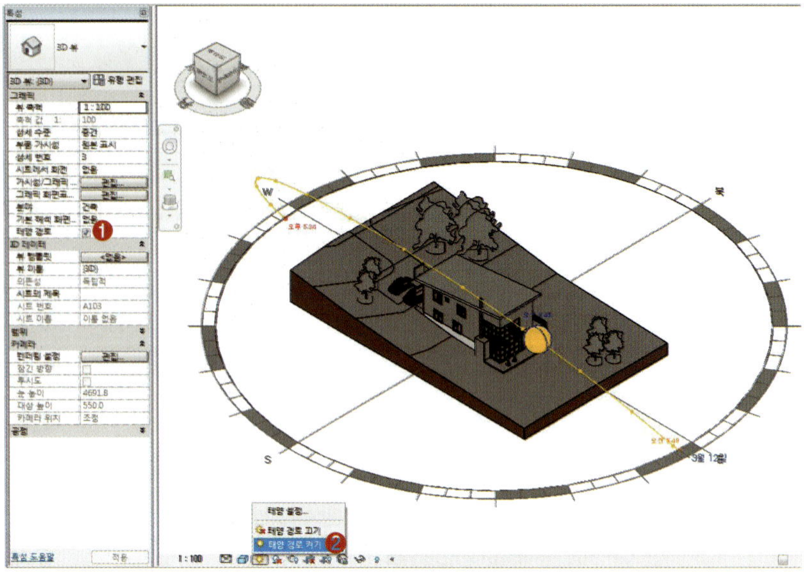

Step 02 태양설정 방법

❶ 태양설정은 태양경로를 클릭하고, 조절점을 끌어서 날짜를 조정합니다.

❷ 시각의 변경은 태양경로에서 태양를 끌어서 원하는 시각으로 이동합니다.

❸ 또는 태양설정을 선택하고, 태양설정 대화상자에서 대지의 위치, 날짜와 시각을 설정합니다.

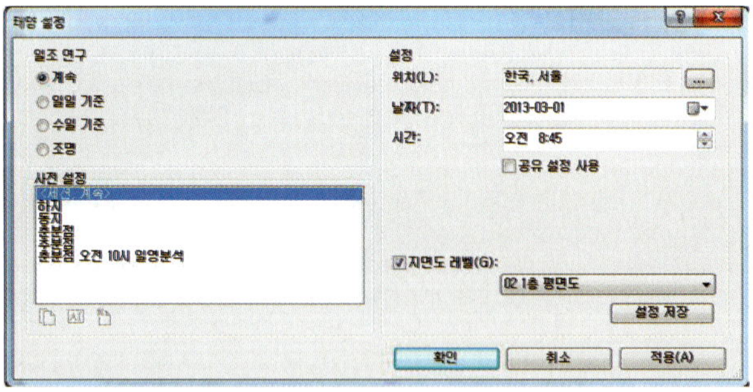

Step 03 태양경로 끄기

❶ 특성 팔레트의 그래픽에서 태양경로의 체크를 해지하거나

❷ 뷰 조절막대에서 태양경로 끄기 를 선택합니다.

7.6 그림자 켜기와 끄기

그림자를 표시하거나 표시하지 않는 도구입니다. 뷰 조절막대의 그림자 켜기 / 끄기 를 선택합니다.

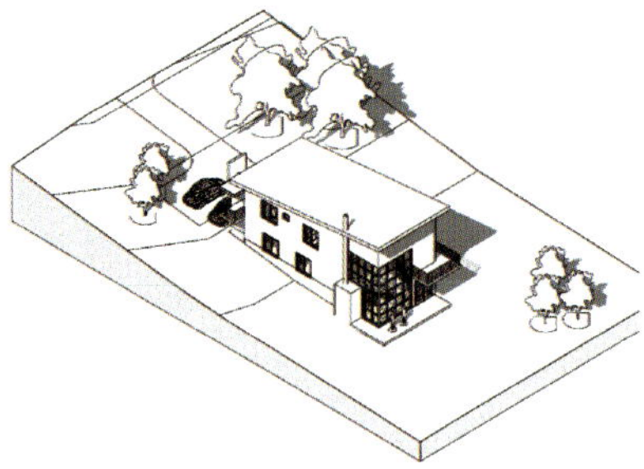

〈그림자를 켜기〉

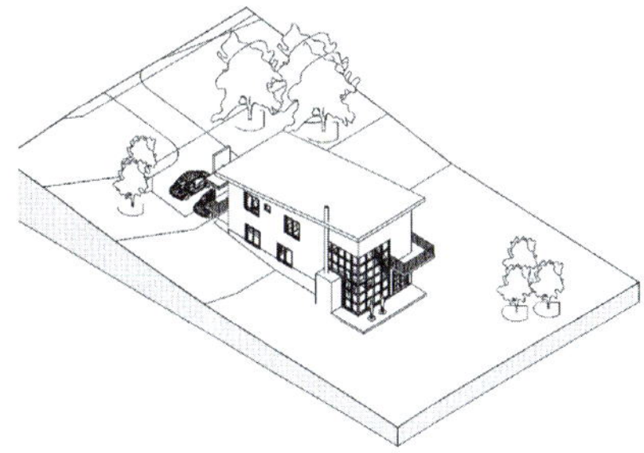

〈그림자 끄기〉

7.7 렌더링

3D뷰의 렌더링을 제어하는 도구입니다.

Step 01 렌더링 설정

❶ 프로젝트 탐색기에서 렌더링할 3D뷰를 활성화합니다.

❷ 특성 팔레트의 카메라에서 렌더링 설정의 편집을 클릭하거나

❸ 뷰 조절막대의 렌더링 대화상자 표시 를 클릭합니다.

Step 02 렌더링 대화상자에서 품질, 출력, 태양설정, 배경 등 각각의 적당한 옵션을 설정합니다.

Step 03 렌더를 클릭하고 렌더링합니다.

Step 04 렌더링을 저장합니다.

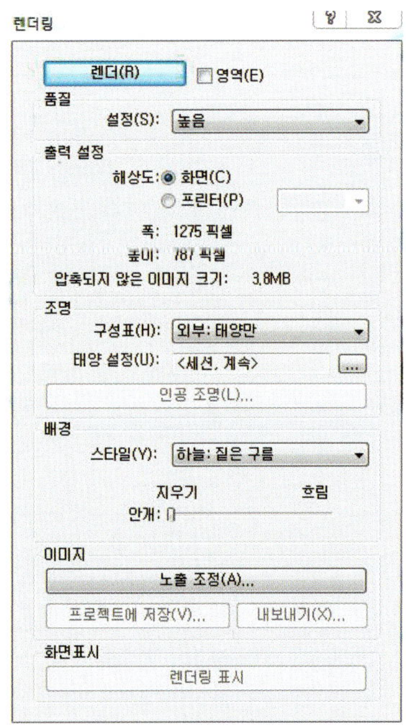

7.8 뷰 자르기

뷰에서 보이는 영역을 조정하는 도구입니다.

Step 01 자르기 방법선택

❶ 프로젝트 탐색기에서 자르기할 뷰를 활성화합니다.

❷ 특성 팔레트의 범위에서 뷰 자르기를 클릭하거나

❸ 뷰 조절막대에서 뷰 자르기 도구를 선택합니다.

Step 02 자르기 영역보이기

❶ 특성 팔레트에서 범위의 자르기 영역보이기를 체크하거나

❷ 뷰 조절막대의 자르기 영역보이기 도구를 선택합니다.

Step 03 자르기 영역 조정

❶ 자르기 영역의 경계선을 클릭합니다.

❷ 조절점을 끌어서 영역을 조정합니다.

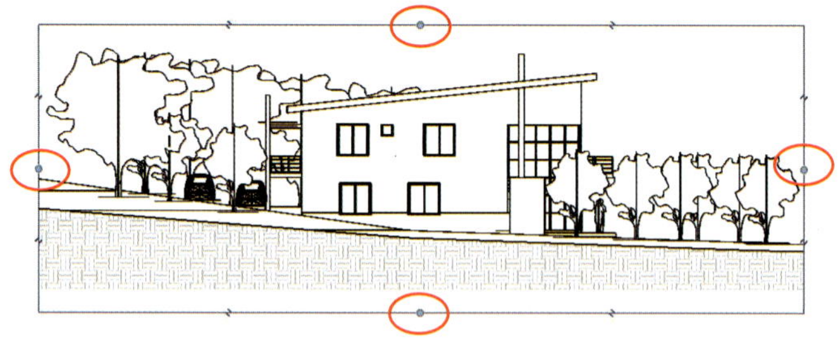

Step 04 자르기 영역 감추기

❶ 특성 팔레트의 범위에서 자르기 영역보기의 체크를 해지하거나

❷ 뷰 조절막대에서 자르기 영역 숨기기를 클릭합니다.

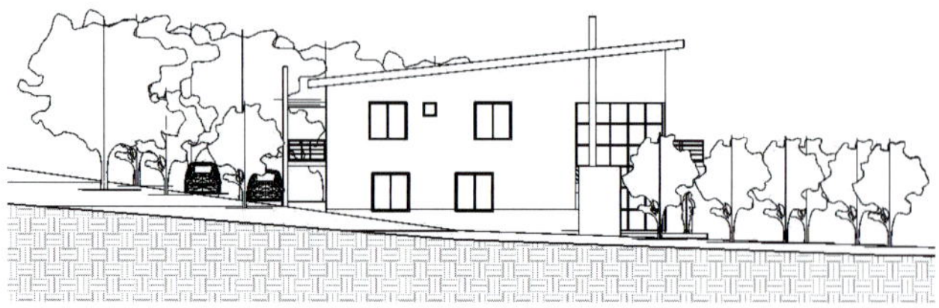

7.9 3D뷰 잠그기

3D뷰의 방향과 크기를 고정시켜 변경되지 않고 일정한 뷰를 얻을 수 있도록 제어하는 도구입니다.

Step 01 프로젝트 탐색기에서 {3D}뷰를 마우스 우측버튼으로 선택하고, 뷰를 복제합니다.

Step 02 복제{3D}뷰를 선택하고, 뷰 큐브로 적당한 뷰를 얻도록 조정합니다.

Step 03 3D뷰 잠그기

❶ 뷰 조절막대에서 잠금 해제된 3D뷰 를 클릭합니다.

❷ 방향 저장 및 뷰 잠금을 선택합니다.

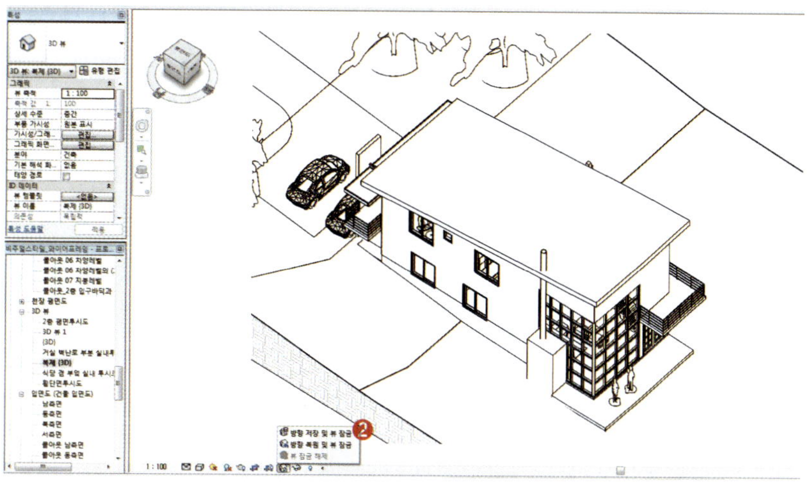

Hot Tip

3D뷰를 잠그면 뷰 큐브가 동작하지 않고 변경할 수 없습니다.

Step 04 3D뷰 잠금 해제

❶ 뷰 조절막대에서 잠긴 3D뷰 를 클릭합니다.

❷ 뷰 잠금 해제 를 선택합니다.

7.10 요소 및 카테고리 임시숨기기와 분리

뷰에서 모델링 요소나 카테고리별로 임시로 숨기거나 분리하는 도구입니다. 모델링 과정에서 복잡한 구성요소의 가시성을 조정해서 방해받지 않고 쉽게 작업할 수 있는 환경을 만들 수 있습니다.

7.10.1 요소 임시숨기기

Step 01 프로젝트 탐색기에서 3D뷰의 {3D}를 활성화합니다.

Step 02 숨길 객체를 선택합니다. 예제에서는 지붕을 선택합니다.

Step 03 요소 임시숨기기

❶ 뷰 조절막대의 임시숨기기/분리를 클릭합니다.

❷ 요소숨기기(H)를 선택합니다.

❸ 작업영역 가장자리에 하늘색 테두리가 생기고, 좌측 상단에 임시숨기기/분리가 표기됩니다.

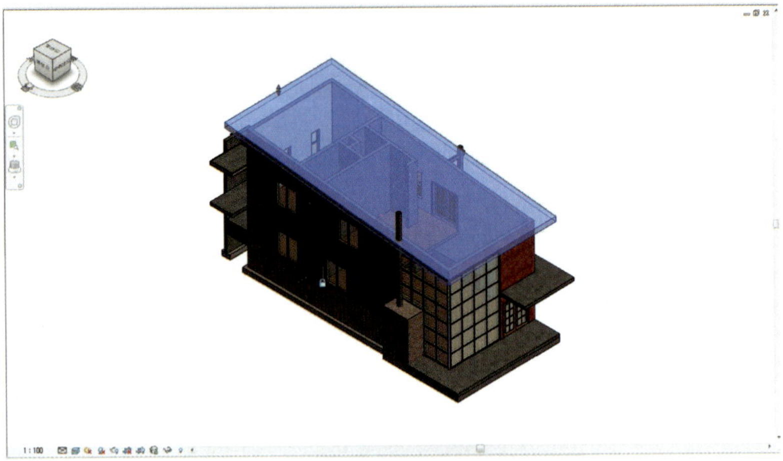

〈임시 숨길 객체 선택〉

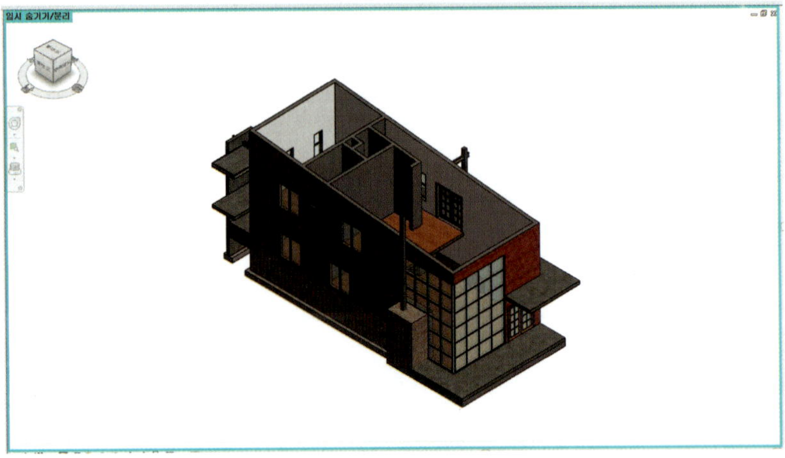

〈임시 숨김 결과〉

Step 04 요소 임시숨기기 재설정

❶ 뷰 조절막대의 임시숨기기/분리 를 클릭합니다.

❷ 임시 숨기기/분리 재설정(R)을 선택하면, 임시숨기기가 해제되어 숨겼던 요소가 나타납니다.

Hot Tip

뷰에서 숨기기 적용으로 숨겨진 요소는 "4.7.11 뷰에서 숨김 해제"하는 방법으로 되살릴 수 있습니다.

Step 05 뷰에서 숨기기 적용

❶ 뷰 조절막대의 임시숨기기/분리 를 클릭합니다.

❷ 뷰에서 숨기기/분리 적용(A)를 선택하면, 뷰에서 숨긴 상태로 이동합니다.

❸ 좌측 상단에 임시숨기기/분리 표기가 사라집니다.

7.10.2 요소 임시분리

Step 01 프로젝트 탐색기에서 3D뷰의 {3D}를 활성화합니다.

Step 02 분리할 객체를 선택합니다. 예제에서는 커튼월을 다중 선택합니다.

Step 03 요소 임시분리

❶ 뷰 조절막대의 임시숨기기/분리 를 클릭합니다.

❷ 요소분리(I)를 선택합니다.

❸ 작업영역 가장자리에 하늘색 테두리가 생기고, 좌측 상단에 임시숨기기/분리가 표기됩니다.

〈임시분리할 요소 다중선택〉

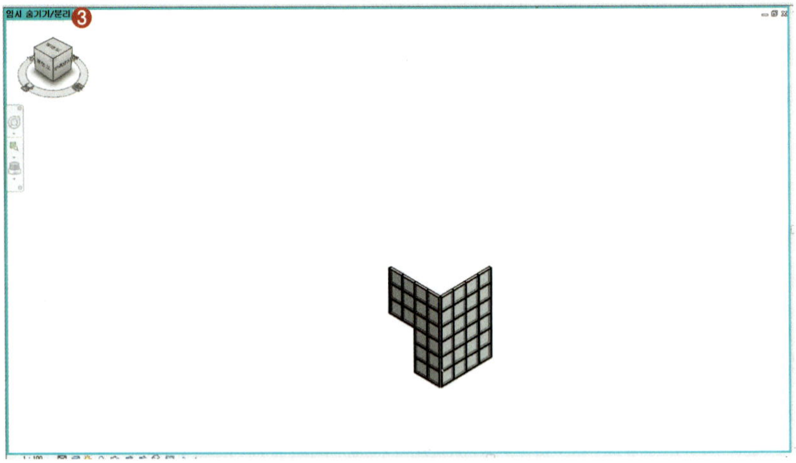

〈임시분리 결과〉

Step 04 요소 임시분리 재설정

❶ 뷰 조절막대의 임시숨기기/분리 를 클릭합니다.

❷ 임시숨기기/분리 재설정(R)을 선택하면 임시분리가 해제되어 숨겼던 요소가 나타납니다.

Step 05 뷰에서 분리 적용

Hot Tip

뷰에서 분리 적용으로 숨겨진 모든 요소는 "4.7.11 뷰에서 숨김 해제"하는 방법으로 되살릴 수 있습니다.

❶ 뷰 조절막대의 임시숨기기/분리 를 클릭합니다.

❷ 뷰에서 숨기기/분리 적용(A)을 선택하면 뷰에서 분리된 상태로 전환됩니다.

❸ 좌측 상단에 임시숨기기/분리가 표기가 사라집니다.

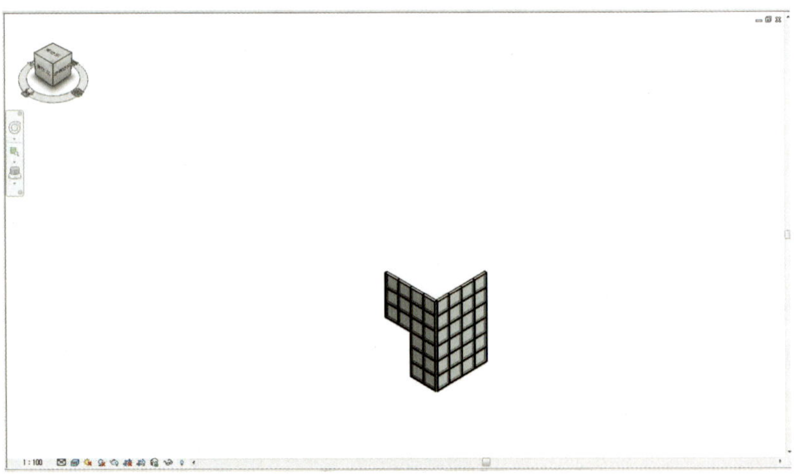

7.10.3 카테고리 임시숨기기

Step 01 프로젝트 탐색기에서 3D뷰의 {3D}를 활성화합니다.

Step 02 숨길 카테고리를 선택합니다. 예제에서는 지붕과 남측 외벽을 선택합니다.

Step 03 카테고리 임시숨기기

❶ 뷰 조절막대의 임시숨기기/분리 를 클릭합니다.

❷ 카테고리 숨기기를 선택합니다.

❸ 작업영역 가장자리에 하늘색 테두리가 생기고, 좌측 상단에 임시숨기기/분리가 표기됩니다.

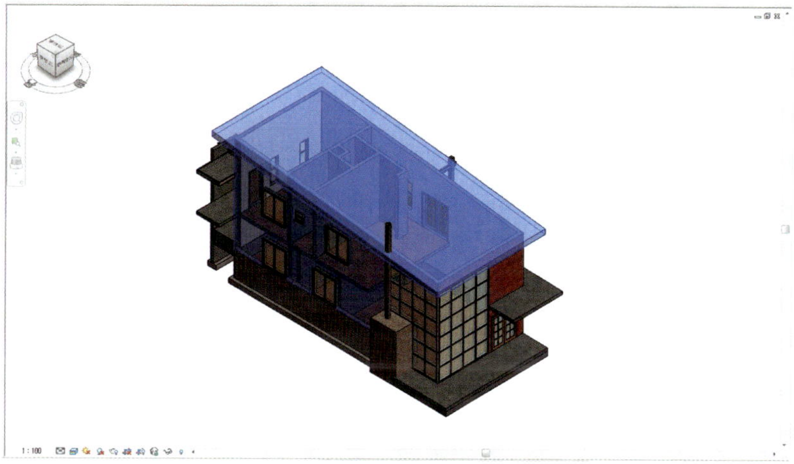

〈숨길 카테고리 선택〉

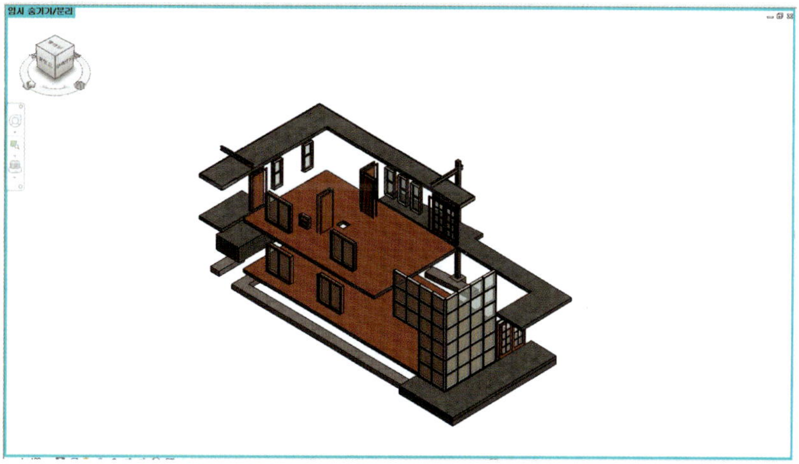

〈카테고리 숨기기 결과〉

Step 04 카테고리 임시숨기기 재설정

❶ 뷰 조절막대의 임시숨기기/분리 를 클릭합니다.

❷ 임시숨기기/분리 재설정(R)을 선택하면 임시숨기기가 해제되어 숨겼던 요소가 나타납니다.

Step 05 뷰에서 숨기기 적용

Hot Tip

뷰에서 숨기기 적용으로 숨겨진 카테고리는 "7.11 뷰에서 숨김 해제"하는 방법으로 되살릴 수 있습니다.

❶ 뷰 조절막대의 임시숨기기/분리 를 클릭합니다.

❷ 뷰에서 숨기기/분리 적용(A)을 선택하면 뷰에서 카테고리를 숨긴 상태로 전환됩니다.

❸ 좌측 상단에 임시숨기기/분리가 표기가 사라집니다.

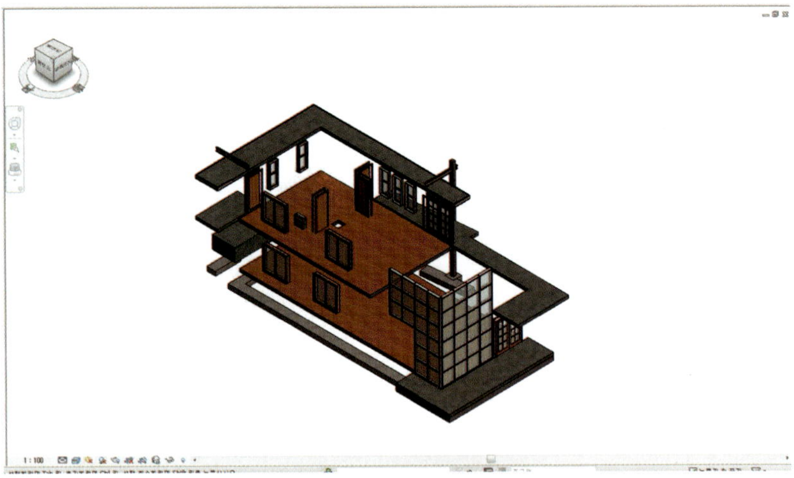

7.10.4 카테고리 임시분리

Step 01 프로젝트 탐색기에서 3D뷰의 {3D}를 활성화합니다.

Step 02 분리할 카테고리를 선택합니다. 예제에서는 문과 창을 다중 선택합니다.

Step 03 카테고리 임시분리

❶ 뷰 조절막대의 임시숨기기/분리 를 클릭합니다.

❷ 카테고리를 선택합니다.

❸ 작업영역 가장자리에 하늘색 테두리가 생기고, 좌측 상단에 임시숨기기/분리가 표기됩니다.

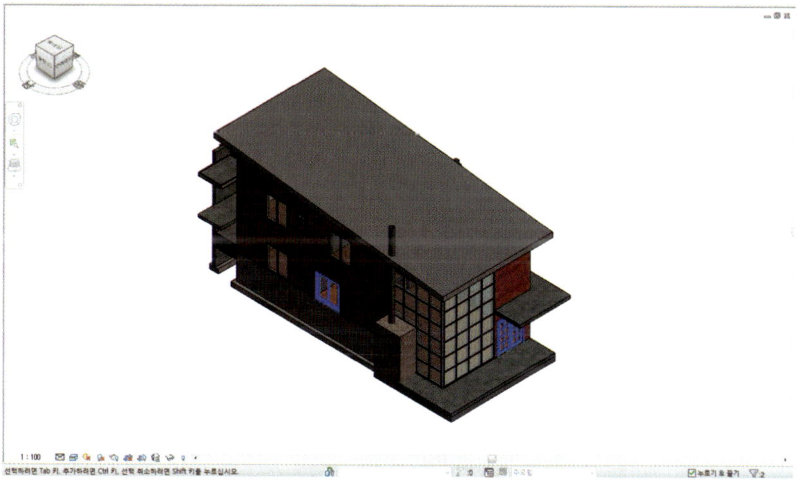

〈분리할 카테고리 문과 창 선택〉

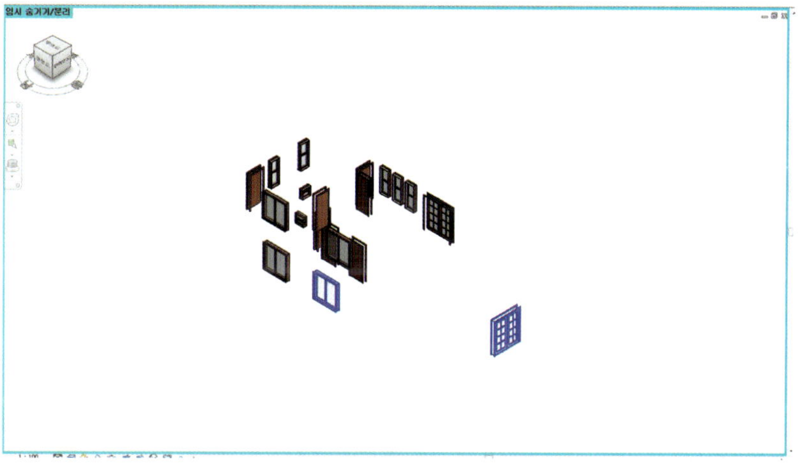

〈카테고리 분리 결과〉

Step 04 카테고리 임시분리 재설정

❶ 뷰 조절막대의 임시숨기기/분리 를 클릭합니다.

❷ 임시 숨기기/ 분리 재설정(R)을 선택하면 임시분리가 해제되어 숨겨졌던 모든 요소가 나타납니다.

Hot Tip

뷰에서 카테고리 분리 적용으로 숨겨진 모든 요소는 "7.11 뷰에서 숨김 해제"하는 방법으로 되살릴 수 있습니다.

Step 05 뷰에서 카테고리 분리 적용

❶ 뷰 조절막대의 임시숨기기/분리 를 클릭합니다.

❷ 뷰에서 숨기기/분리 적용(A)을 선택하면 뷰에서 카테고리가 분리된 상태로 전환됩니다.

❸ 좌측 상단에 임시숨기기/분리가 표기가 사라집니다.

7.11 숨겨진 요소 표시/표시 닫기

뷰에서 숨기기 또는 요소(도는 카테고리)의 임시숨기기/분리에서 뷰에서 숨기기/분리를 적용한 요소나 카테고리를 표시하거나 표시하지 않도록 조정하는 도구입니다.

Step 01 숨겨진 요소 표시

❶ 뷰 조절막대에서 숨겨진 요소표시를 클릭합니다.

❷ 작업영역 가장자리에 붉은색 테두리가 생기고 좌측 상단에 숨겨진 요소 표시가 표기됩니다.

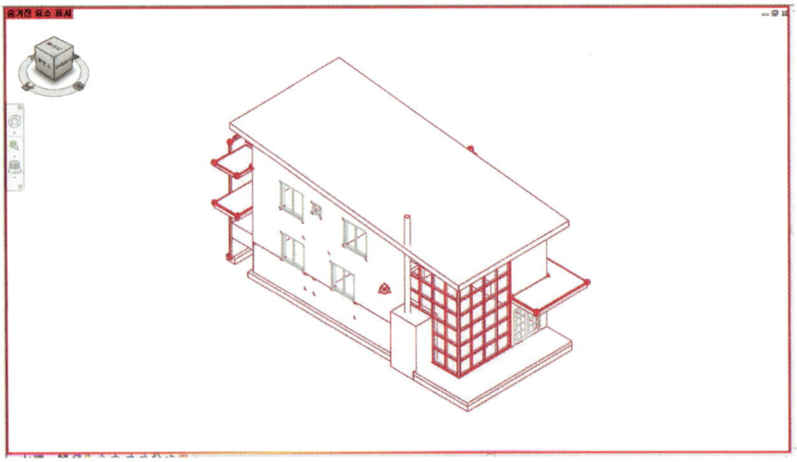

Step 02 뷰에서 숨김 해제

❶ 숨겨진 요소 표시 영역에서 숨김 해제할 요소나 카테고리를 선택합니다. 예제에서 지붕을 선택합니다.

❷ 마우스 우측버튼을 클릭하고 뷰에서 숨김 해제(U)를 선택합니다.

❸ 요소(E) 또는 카테고리(C)를 선택합니다.

Hot Tip
요소나 카테고리 선택 방법은 수정도구의 다양한 선택 방법을 사용할 수 있습니다.

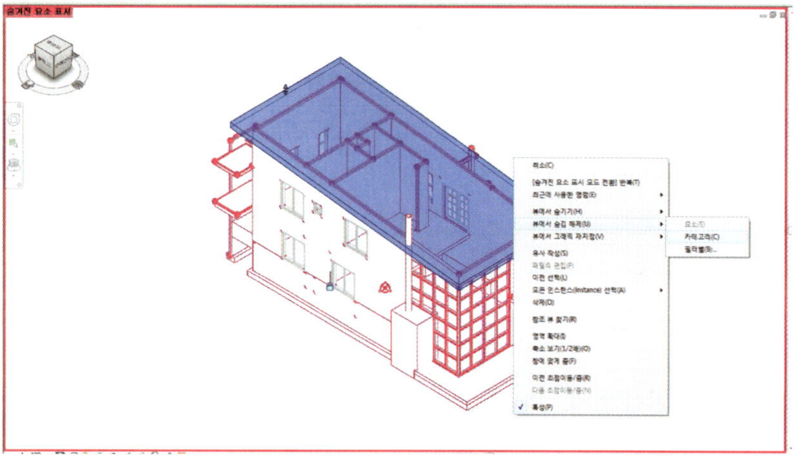

Step 03 요소나 카테고리가 뷰에서 숨김 해제되면 붉은색에서 회색으로 변경됩니다.

Step 04 숨겨진 요소 표시 닫기 를 선택하면 작업영역으로 돌아옵니다.

Chapter 08

3D뷰의 범위 조정

8.1 개념

단면상자를 사용하여 3D뷰의 범위를 조정하거나 조절점을 이동시며 평면투시도나 단면투시도를 작성합니다.

8.2 단면상자 사용 방법

Step 01 프로젝트 탐색기의 3D뷰 분기에서 {3D}를 활성화합니다.

Step 02 특성 팔레트에서 범위의 단면상자를 체크하고 적용을 클릭합니다.

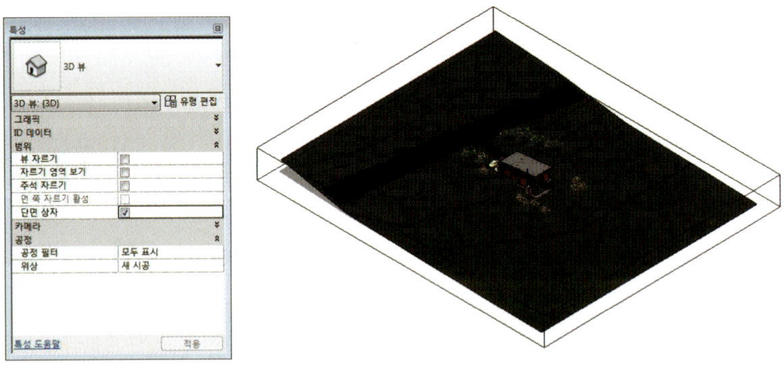

Step 03 작업영역에서 단면상자를 선택하면 6방향에 조절점◀▶(Control)이 나타납니다.

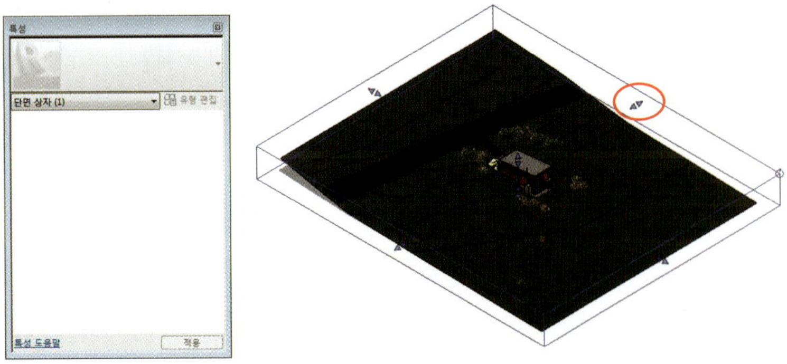

Step 04 절단 범위 조정

❶ 범위를 조정할 방향의 조절점 위에 커서를 가져갑니다.

❷ 조절점이 짙은 청색으로 변할 때(또는 말풍선(tool tip)이 나타날 때) 절단할 위치로 끌어다 놓습니다.

❸ 조절할 부분마다 동일한 방법으로 범위를 조정합니다.

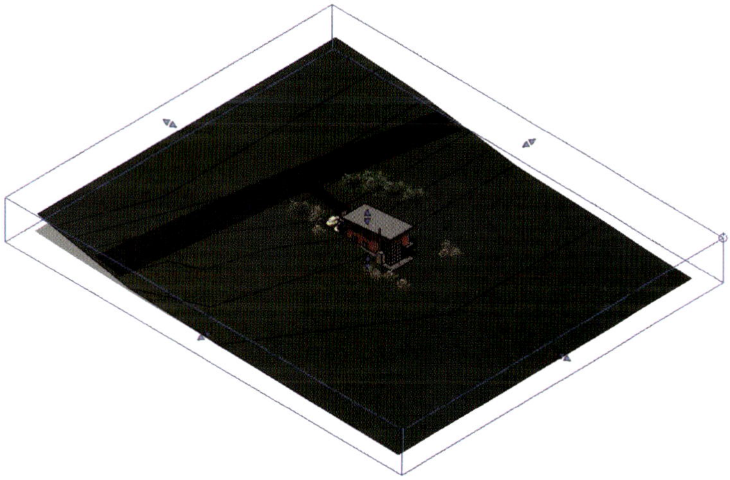

〈좌측 부분의 범위 수정 이전〉

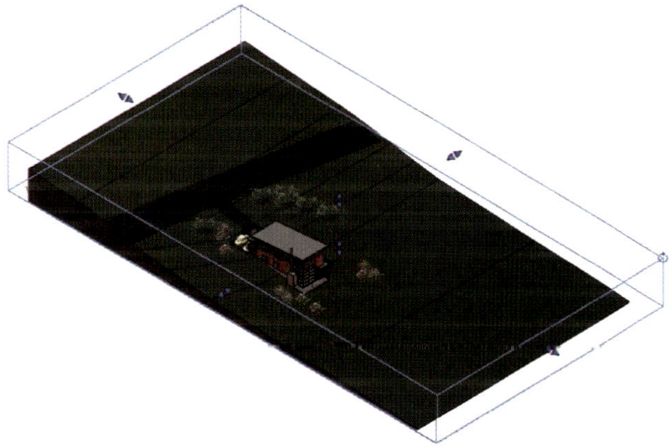

〈좌측 부분의 범위 수정 이후〉

Step 05 단면상자 숨기기

❶ 단면상자를 선택합니다.

❷ 마우스 우측버튼을 클릭하고, 뷰에서 숨기기(H) ➔ 요소별 숨기기(E)를 선택합니다.

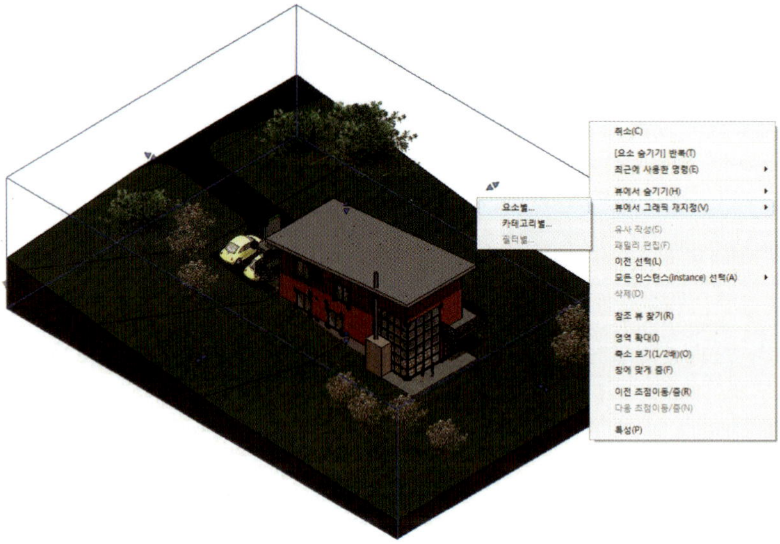

Step 06 숨겨진 단면상자의 뷰 변경

❶ 뷰 조절막대의 숨겨진 요소표시 를 클릭합니다.

❷ 단면상자를 선택합니다.

❸ '**Step 04**와' 같이 조절점을 끌어서 뷰를 조정합니다.

❹ 뷰 조절막대의 숨겨진 요소표시 닫기 를 선택합니다.

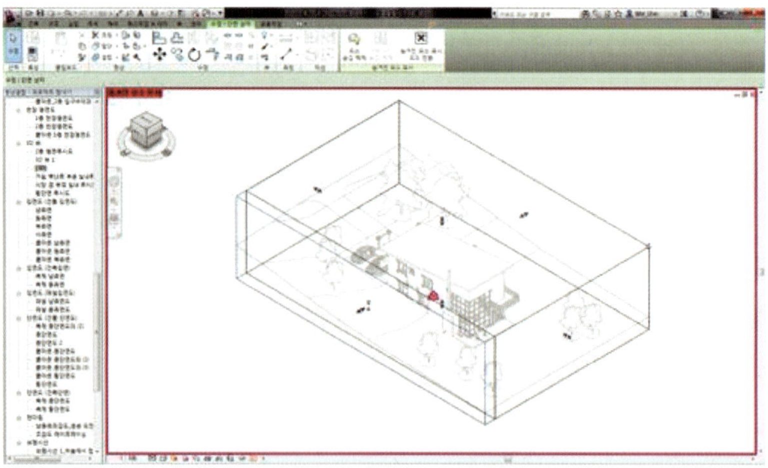

8.3 평면투시도 작성

Step 01 프로젝트 탐색기의 3D뷰 분기에서 {3D}를 선택합니다.

Step 02 {3D}뷰 복제

❶ 뷰 탭 → 뷰 복제를 클릭하거나

❷ 마우스 우측버튼을 클릭하고 뷰 복제(V) → 복제(L)을 선택합니다.

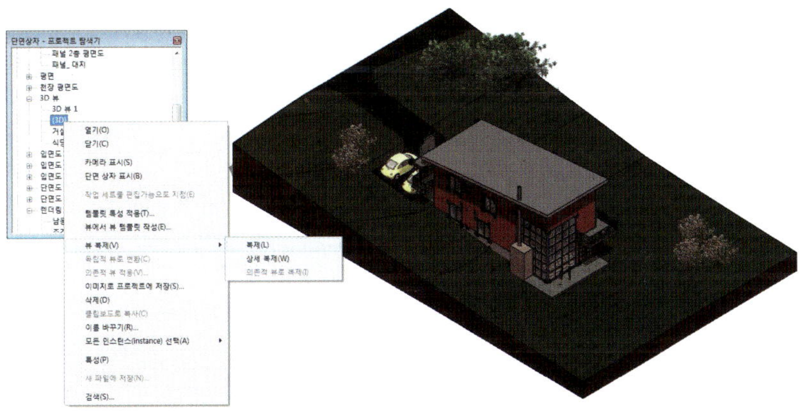

Step 03 뷰 이름 바꾸기

❶ 프로젝트 탐색기의 3D뷰 분기에서 복제{3D}를 선택합니다.

❷ 마우스 우측버튼을 클릭하고, 이름 바꾸기(R)를 선택합니다.

❸ 뷰 이름 대화상자에서 이름을 2층 평면투시도로 변경합니다.

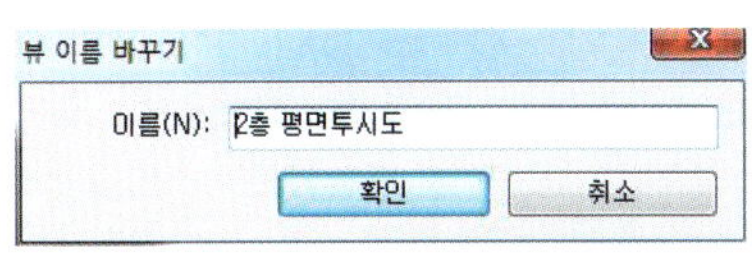

Step 04 단면상자의 뷰 범위 조정

❶ 뷰 조절막대의 숨겨진 요소보이기 를 클릭합니다.

❷ 단면상자를 선택합니다.

❸ 상부 조절점을 끌어서 2층 평면도 레벨 위의 1.2m 위치로 이동합니다.

❹ 뷰 조절막대의 숨겨진 요소보이기 를 클릭합니다.

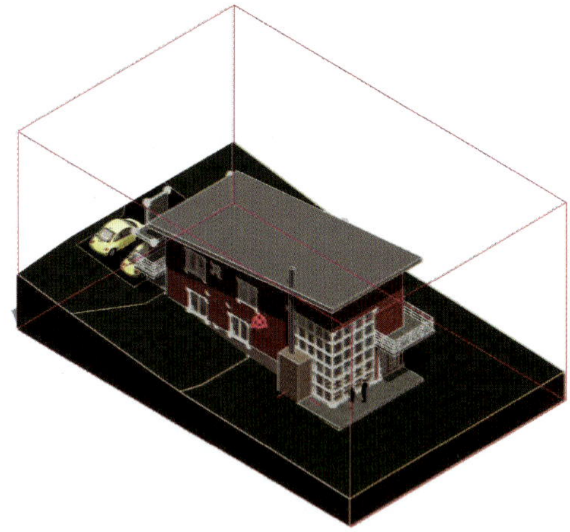

〈상부 조절점 조정 이전〉

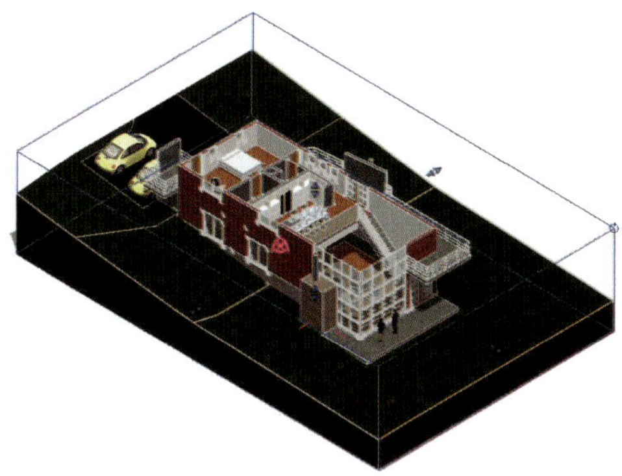

〈상부 조절점 조정 이후〉

8.4 횡단면투시도 작성

Step 01 프로젝트 탐색기의 3D뷰 분기에서 {3D}를 선택합니다.

Step 02 {3D}뷰 복제

❶ 뷰 탭 → 뷰 복제 를 클릭하거나

❷ 마우스 우측버튼을 클릭하고 뷰 복제(V) → 복제(L)을 선택합니다.

Step 03 뷰 이름 바꾸기

❶ 프로젝트 탐색기의 3D뷰 분기에서 복제{3D}를 선택합니다.

❷ 마우스 우측버튼을 클릭하고, 이름 바꾸기(R)를 선택합니다.

❸ 뷰 이름 대화상자에서 이름을 횡단면투시도로 변경합니다.

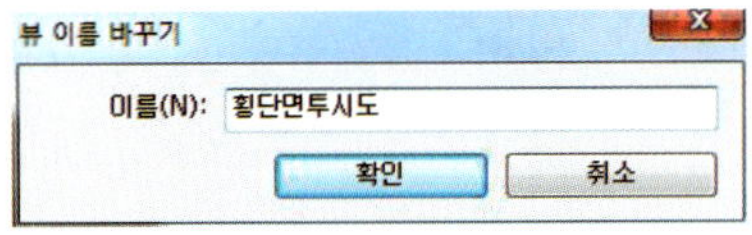

Step 04 단면상자의 뷰 범위 조정

❶ 뷰 조절막대의 숨겨진 요소보이기 를 클릭합니다.

❷ 뷰 큐브의 윗면 평면도를 클릭합니다.

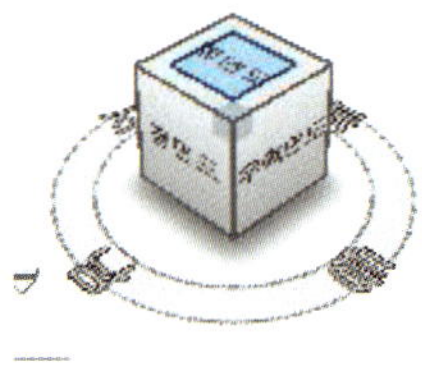

❸ 단면상자를 선택하고, 우측 조절점 을 끌어서 횡단면투시도 절단위치로 끌어서 이동합니다.

❹ 뷰 조절막대의 숨겨진 요소보이기 를 클릭합니다.

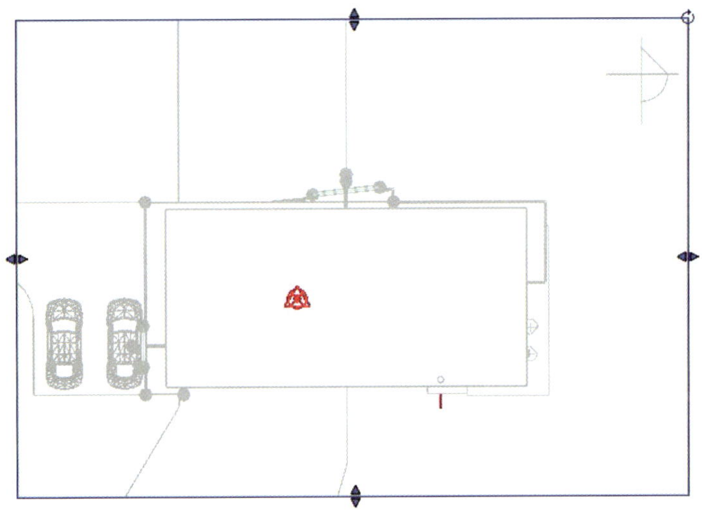

〈우측 조절점 조정 이전〉

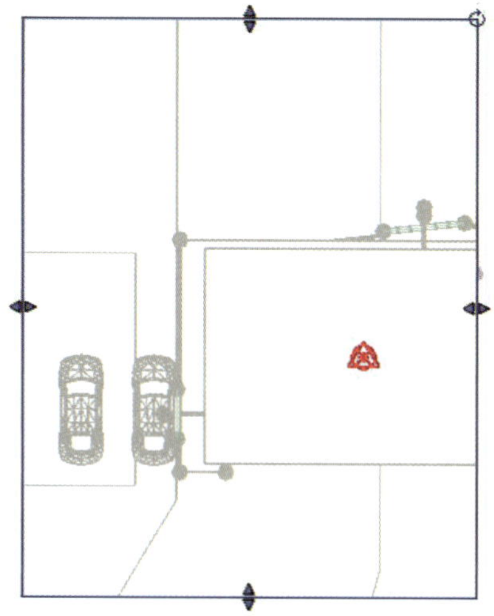

〈우측 조절점 조정 이후〉

Step 05 횡단면 투시도 확인

❶ 뷰 큐브에서 홈을 선택합니다.

❷ 횡단면 투시도를 확인합니다.

Chapter 09

그룹(Group)

9.1 개념

프로젝트나 패밀리에서 2개 이상의 객체요소를 묶어서 배치하거나 배열함으로써 효율적으로 작업하고 관리할 수 있는 것이 그룹입니다.

9.2 그룹 작성과 배치

Step 01 작성 요소 선택

❶ 프로젝트 탐색기의 평면도 분기에서 02 1층 평면도를 활성화합니다.

❷ 거실 부분을 확대하고, 응접소파 2개를 다중선택합니다.

Step 02 그룹 작성

❶ 수정 | 가구 탭 → 그룹작성을 선택합니다.

❷ 모델그룹작성 대화상자에서 이름을 거실소파그룹으로 기입합니다.

❸ 그룹편집기에서 열기를 체크 ✔ 합니다.

❹ 그룹편집 도구상자에서 완료✔를 선택합니다.

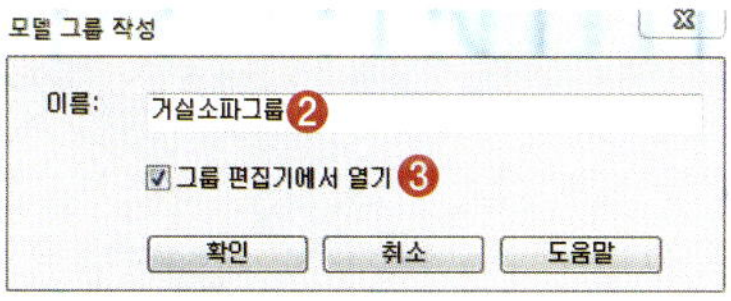

Step 03 그룹 작성 확인

❶ 프로젝트 탐색기에서 그룹 분기의 모델 카테고리를 펼칩니다.

❷ 모델 카테고리에 거실소파그룹이 나타납니다.

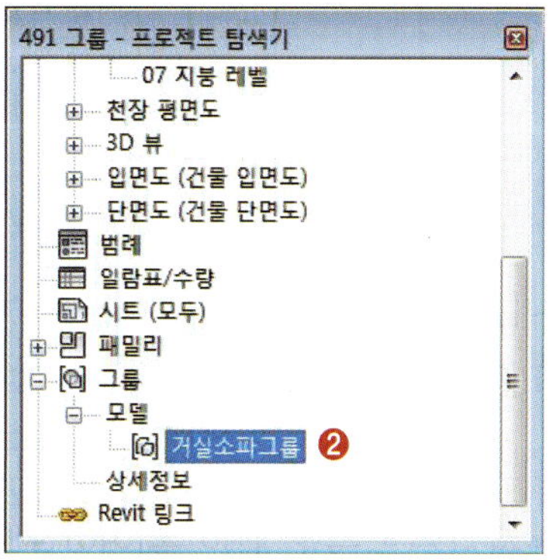

③ 소파를 선택하면 소파 2개가 그룹으로 묶여 있고, 원점 조절점 과 대칭축 조절점 이 나타납니다.

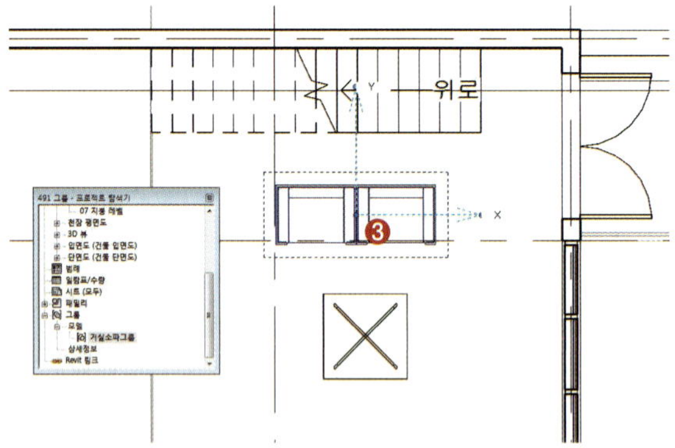

Step 04 그룹 배치

① 프로젝트 탐색기에서 그룹 분기의 모델 카테고리에서 거실소파그룹을 선택하고, 작업영역으로 끌어와 적당한 위치에 놓습니다.

② 수정 | 모델그룹 탭 → 회전 도구를 클릭합니다.

③ 회전 중심 조절점 을 기준으로 -90도 회전합니다.

④ 선택된 그룹을 상하좌우 이동키 로써 미세 이동시켜 적당한 위치에 배치합니다.

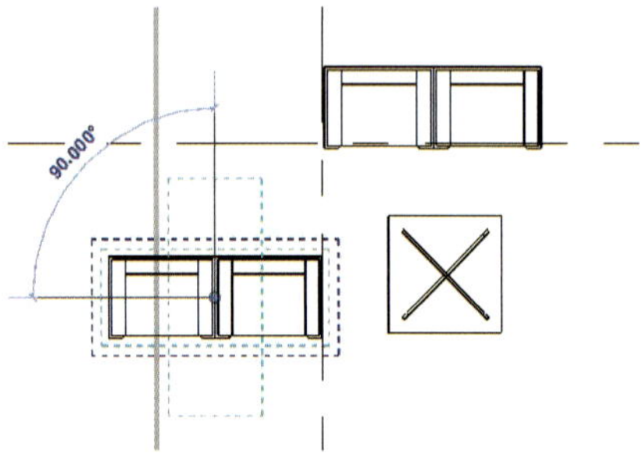

〈그룹 회전〉

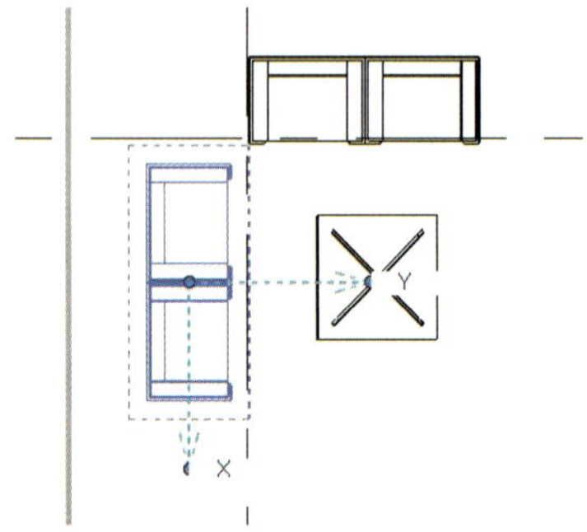

〈그룹 미세 이동〉

9.3 그룹 해체

Step 01 해체할 그룹을 선택합니다.

Step 02 수정 | 모델그룹의 해체 를 클릭합니다.

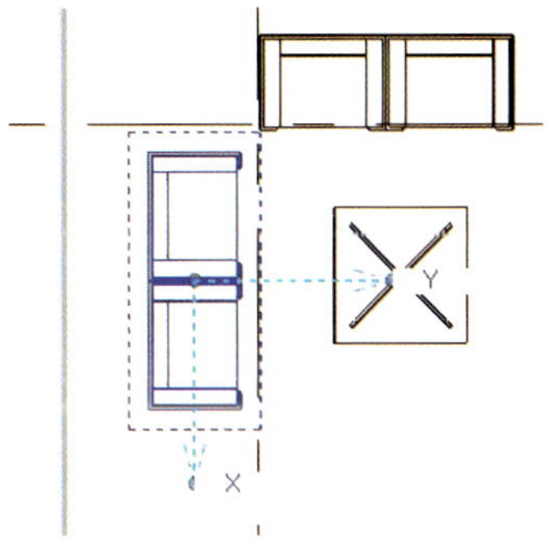

〈해체할 그룹 선택〉

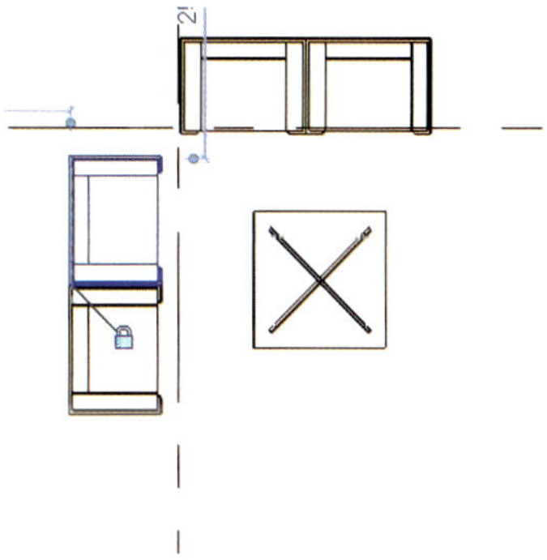

〈그룹 해체 이후〉

9.4 편집 요소 추가

Step 01 편집 대상 그룹을 선택합니다.

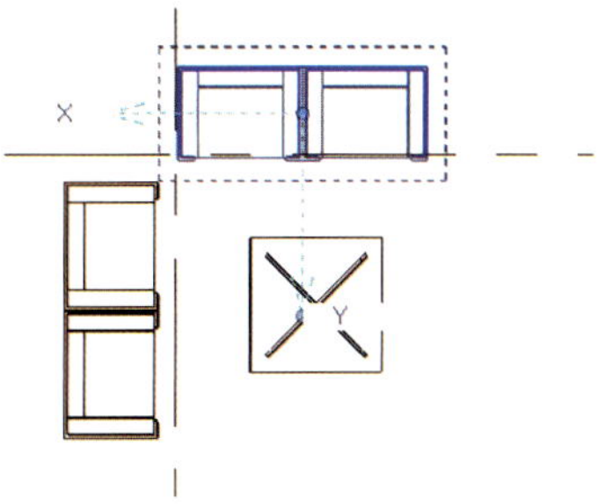

Step 02 수정 | 모델그룹의 편집을 클릭합니다.

Step 03 그룹 추가

❶ 그룹 편집 도구상자에서 추가를 선택합니다.

❷ 추가할 패밀리 객체요소 소파와 티 테이블을 차례로 선택합니다.

❸ 그룹 편집 완료✔를 클릭합니다.

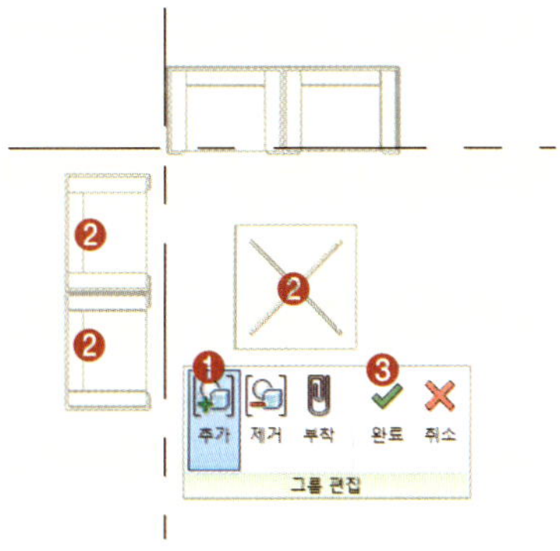

〈그룹 요소추가 과정〉

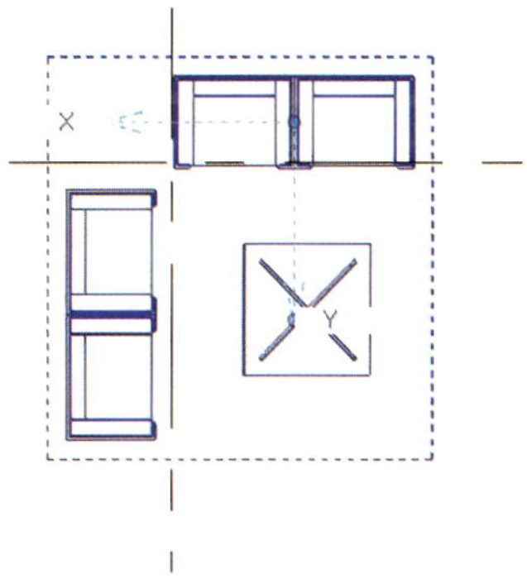

〈그룹 요소 추가 이후〉

9.5 편집 요소 제거

Step 01 편집 대상 그룹을 선택합니다.

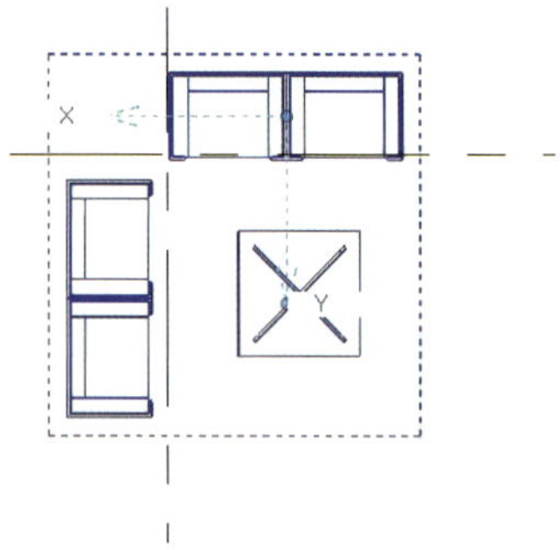

Step 02 수정 | 모델 그룹의 편집 을 클릭합니다.

Step 03 그룹 요소 제거

❶ 그룹편집도구상자에서 제거 를 선택합니다.

❷ 제거할 패밀리 객체요소로써 티 테이블을 선택합니다.

❸ 그룹편집 완료✔를 클릭합니다.

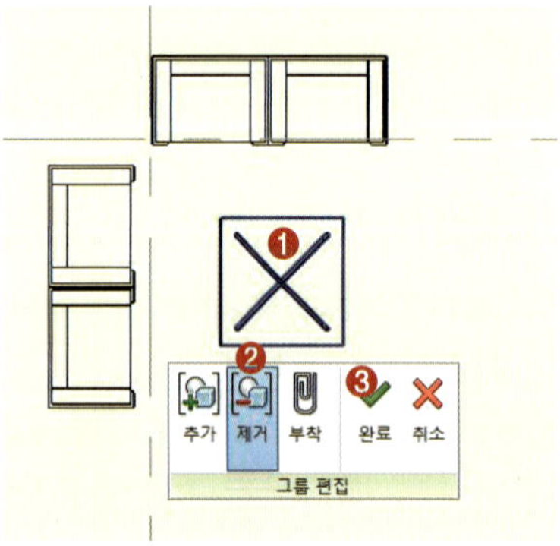

〈그룹 요소 제거 과정〉

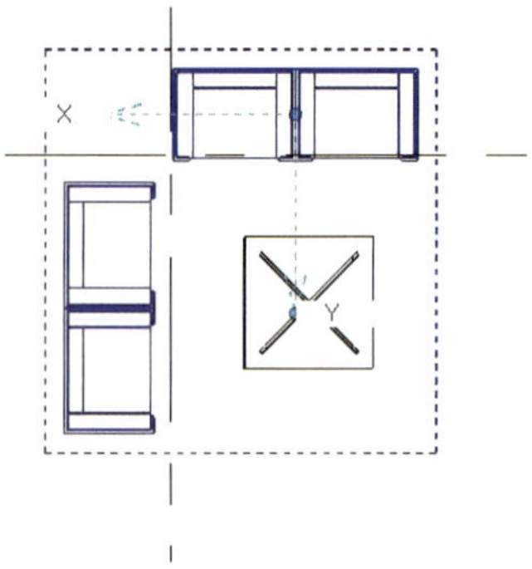

〈그룹 요소 제거 이후〉

Chapter 10

작업 기준면(Work Plane)

10.1 개념

레빗에서 각 뷰는 작업 기준면과 관련되어 있습니다. 작업 기준면은 모델 카테고리나 주석카테고리의 객체요소를 배치하는 기준면이 되고, 내부편집모델링의 프로파일을 작성하거나 특정 뷰에서 모델객체요소를 수정·편집하는 도구를 사용할 때 필요합니다. 작업 기준면은 평면뷰나 3D뷰 및 제도뷰나 패밀리 편집기의 뷰에서는 자동으로 설정되기도 하지만, 입면뷰 및 단면뷰 등에서는 작업 기준면을 설정해야 합니다.

작업 기준면은 뷰를 저장할 때 함께 저장되며, 필요한 경우에는 작업 기준면을 변경할 수 있습니다. 스케치작업을 할 때 작업 기준면의 격자에 스냅할 수 있지만 정렬하거나 치수를 기입할 수는 없습니다.

10.2 리본에 나타나는 작업 기준면

리본에서 모델링 도구 가운데 다음과 같은 부분에서 작업 기준면의 설정도구를 찾을 수 있습니다.

Hot Tip

지붕, 바닥 등 빌드도구나 계단, 경사로 등 순환도구에서도 작업 기준면을 설정이 나타납니다.

- 건축 탭 → 작업 기준면 패널(도구상자) → 설정

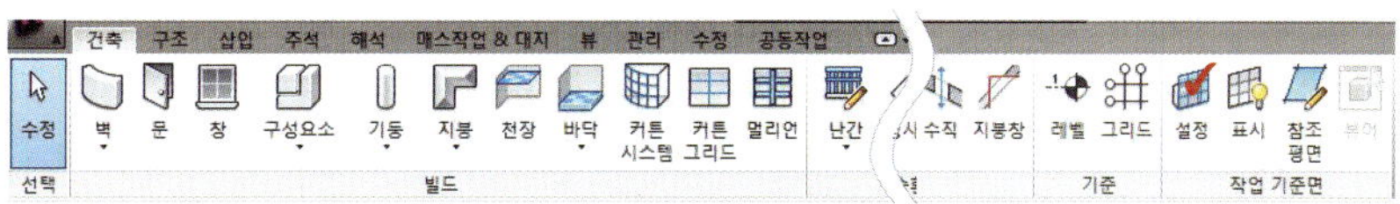

- 건축 탭 → 구성요소 → 내부편집 모델링 → (패밀리 카테고리와 이름) → 작성 탭 → 작업 기준면 패널 → 설정

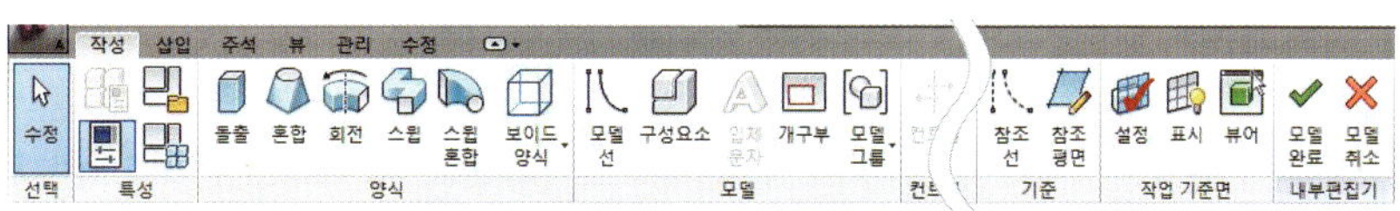

- 구조 탭 → 작업 기준면 패널(도구상자) → 설정

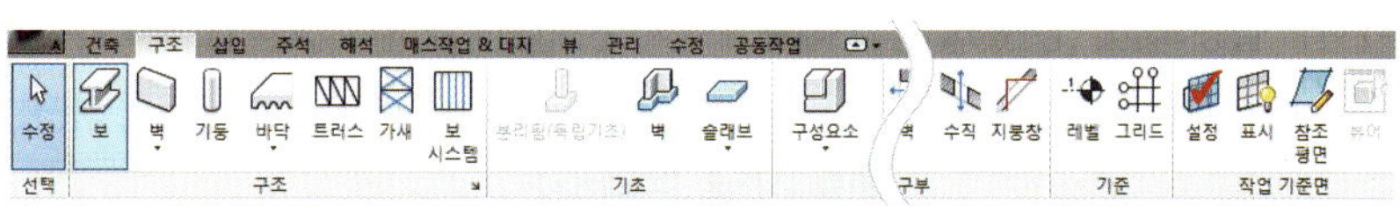

• 매스작업 및 대지 탭 ➜ 내부편집매스 ➜ (매스 이름 대화상자) ➜ 작업 기준면 패널(도구상자) ➜ 설정

• 매스작업 및 대지 탭 ➜ 지형면 ➜ 작업 기준면 패널(도구상자) ➜ 설정

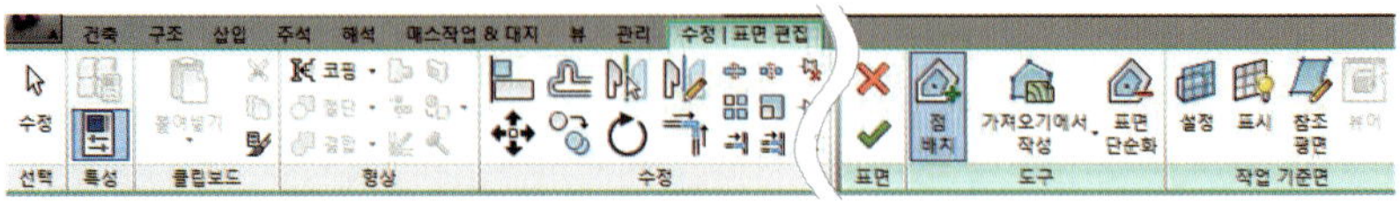

• 매스작업 및 대지 탭 ➜ 건물패드 ➜ 작업 기준면 패널(도구상자) ➜ 설정

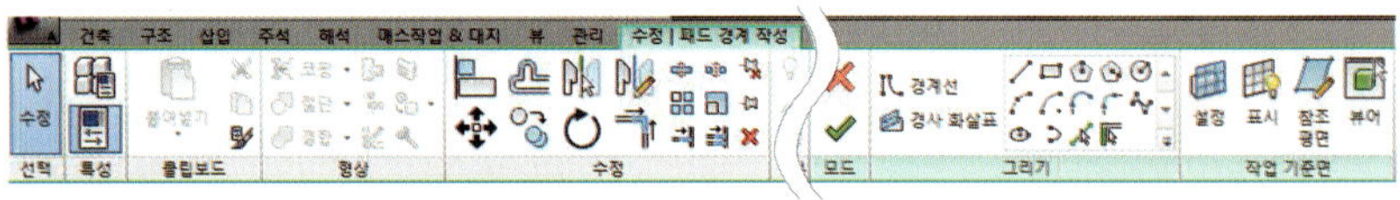

• 패밀리 편집기 ➜ 패밀리 카테고리별 템플릿 선택 ➜ 작성 탭 ➜ 작업 기준면 패널(도구상자) ➜ 설정

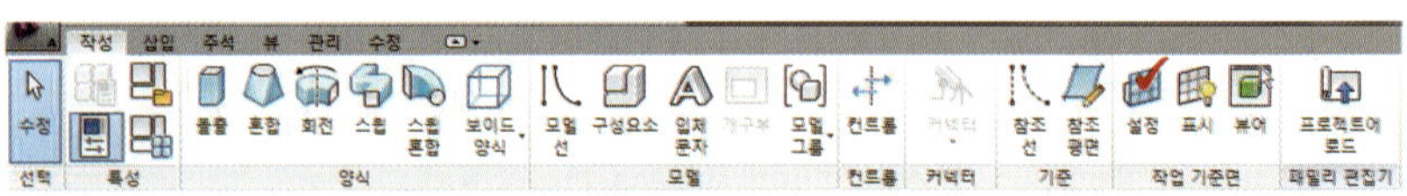

• 개념매스 편집기 ➜ 매스 템플릿 선택 ➜ 작성 탭 ➜ 작업 기준면 패널(도구상자) ➜ 설정

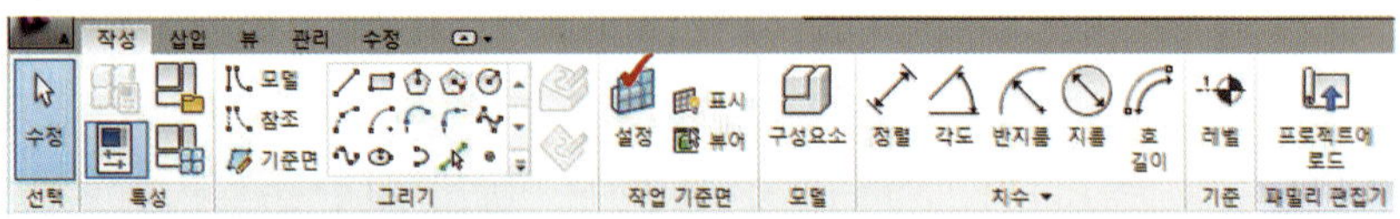

10.3 작업 기준면 설정

Step 01 리본의 작업 기준면 도구상자에서 설정을 클릭합니다.

Step 02 새 작업 기준면 지정

1. 이름으로 지정하는 방법

❶ 작업 기준면 대화상자의 새 작업 기준면 지정에서 이름(N)을 클릭하고, 펼칩니다.

❷ 펼쳐진 기준면 목록(list)에서 새 작업 기준면으로 사용할 이름을 선택합니다.

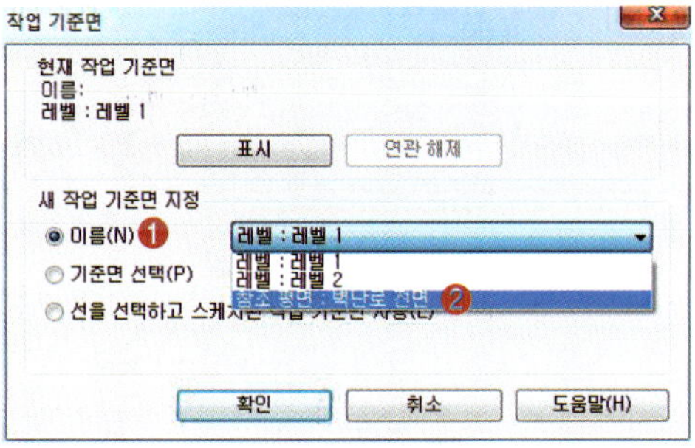

2. 기준면 선택하는 방법

❶ 작업 기준면 대화상자의 새 작업 기준면 지정에서 기준면 선택(P)을 클릭하고, 확인합니다.

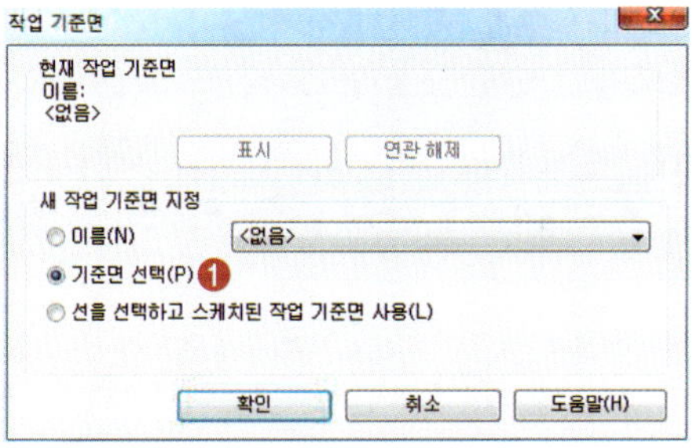

❷ 작업 기준면으로 지정할 모델 객체의 표면이나 그리드, 레벨, 참조평면 등으로 커서를 가져가서 강조되면 클릭합니다.

3. 선을 선택하고 스케치된 작업 기준면 사용(L)

❶ 선택된 선의 작업 기준면과 동일 평면상의 기준면을 작성 기준면으로 설정합니다.

Step 03 뷰로 이동 대화상자 설정

❶ 현재 뷰가 설정한 작업 기준면과 평행하지 않으면 뷰로 이동 대화상자가 나타납니다.

❷ 모델링할 프로파일의 스케치가 화면에 평행한 뷰를 선택합니다.

❸ 2D뷰 또는 3D뷰에서 선택할 수 있습니다.

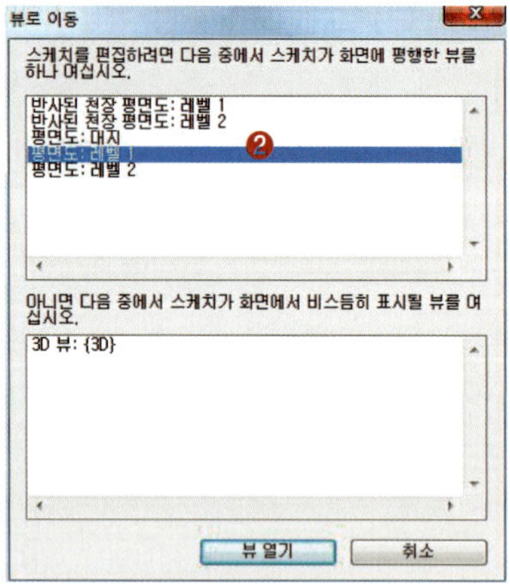

❹ 작업 기준면 패널에서 표시를 클릭하면 작업 기준면이 나타납니다.

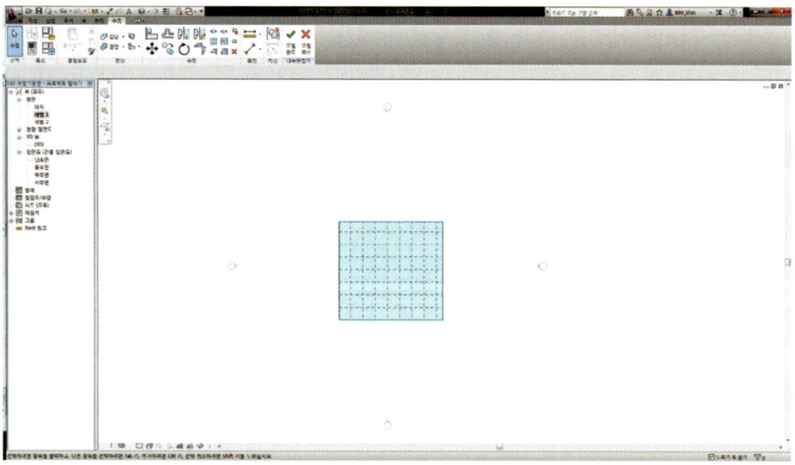

10.4 작업 기준면 작성

이미 작성된 객체나 주석요소를 사용하지 않고 새로운 참조평면을 작성하여 작업 기준면으로 설정하는 방법입니다.

Step 01 작업방법 선택

❶ 프로젝트 탐색기에서 평면 뷰를 활성화합니다.

❷ 건축 탭 → 매스작업 & 대지 탭 → 내부편집 매스를 선택합니다.

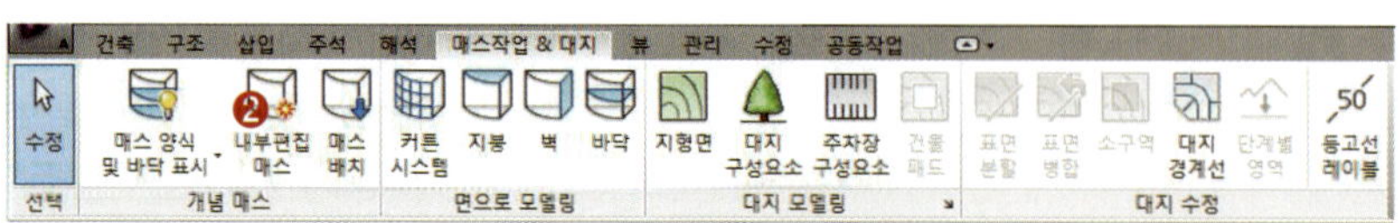

Hot Tip
프로젝트에서는 자동 이름을 카테고리나 요소에 맞게 변경해서 사용합니다.

❸ 매스 이름 대화상자에서 자동적으로 부여되는 이름 매스 1을 유지하고 확인합니다.

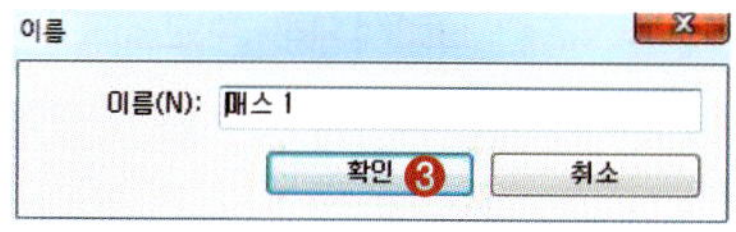

Step 02 작업 기준면 작성

❶ 그리기 도구상자에서 기준면을 선택합니다.

❷ 선 도구로 수평으로 참조평면을 그립니다.

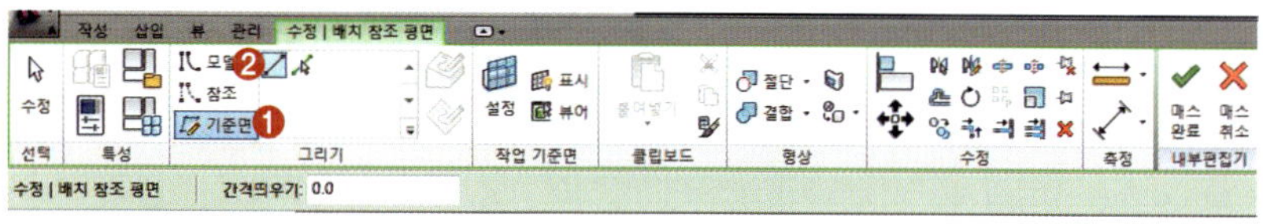

Hot Tip
참조평면은 ID 데이터 이름을 부여해야만 작업 기준면으로 설정할 수 있습니다.

❸ 작성된 참조편면을 선택하고, 특성 팔레트에서 ID 데이터 이름을 매스 전면으로 입력합니다.

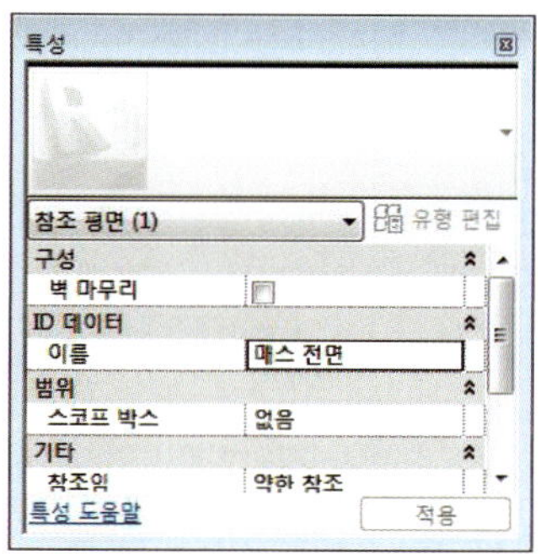

Hot Tip
Step 03부터는 10.3 작업 기준면의 설정과 같은 방법으로 진행합니다.

Step 03 작업 기준면 설정

❶ 작업 기준면 패널에서 설정을 클릭합니다.

❷ 작업 기준면 대화상자의 새 작업 기준면 지정에서 이름(N)을 펼칩니다.

❸ '**Step 02**'에서 작성한 참조평면 : 매스 전면을 선택합니다.

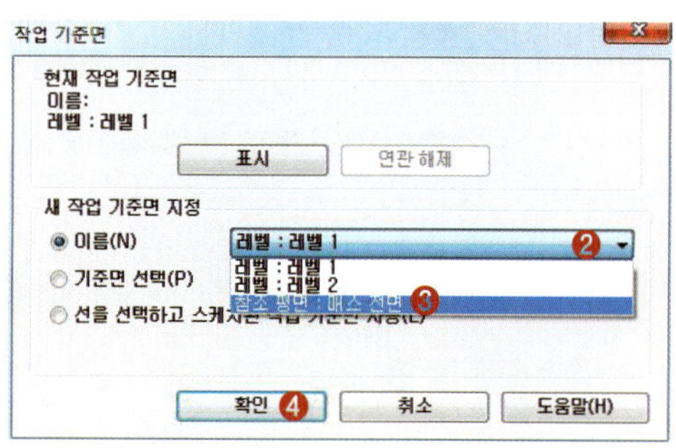

❹ 확인을 클릭합니다.

Step 04 뷰로 이동

❶ 프로파일을 작성할 뷰로 이동 대화상자에서 입면도 : 남측면을 선택합니다.

❷ 뷰 열기를 클릭하면 남측면이 열립니다.

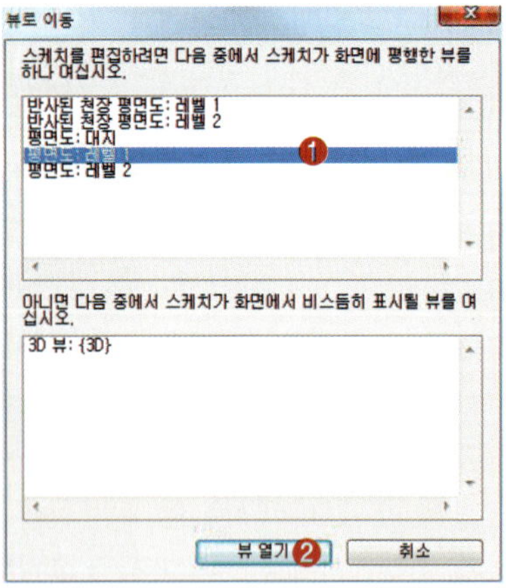

❸ 작업 기준면을 확인하려면 작업 기준면 패널에서 표시를 클릭합니다.

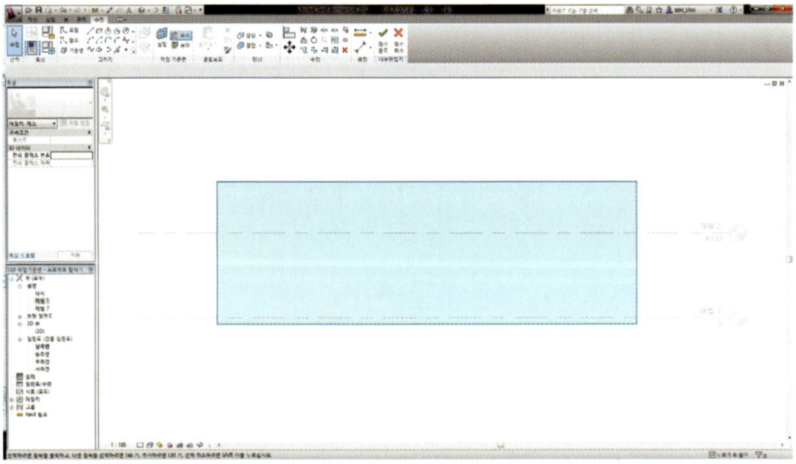

10.5 작업 기준면 변경

작업 기준면은 위치이동, 크기 조정 및 격자 간격이나 기울기를 바꿀 수 있습니다. 스케치가 격자선과 평행하게 작성되므로 경사가 있는 객체를 모델링할 때 편리하게 사용할 수 있습니다.

Step 01 작업 기준면 이동

❶ 이동방법은 작업 기준면의 가장자리를 선택하고, 원하는 위치로 끌어서 이동합니다.

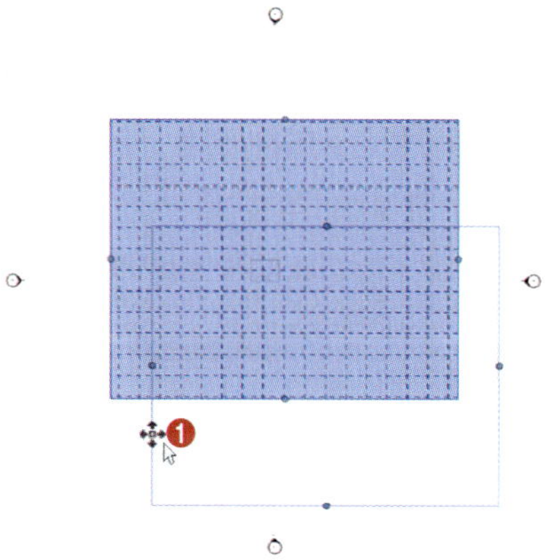

Hot Tip
작업 기준면의 자세한 이동방법은 4.0.0의 객체요소 이동을 참고할 수 있습니다.

❷ 수정 | 요소 탭 → 이동 도구를 선택하고 이동합니다.

Step 02 작업 기준면의 격자 회전

❶ 작업 기준면을 선택합니다.

❷ 수정 | 요소 탭 → 회전 도구를 클릭합니다.

❸ 필요하면 회전 중심 조절점의 위치를 끌어서 이동합니다.

❹ 회전 시작점(P1)을 클릭하고, 회전 종료점(P2)에서 클릭합니다.

Hot Tip
작업 기준면의 자세한 회전방법은 4.0.0의 객체요소 회전을 참고할 수 있습니다.

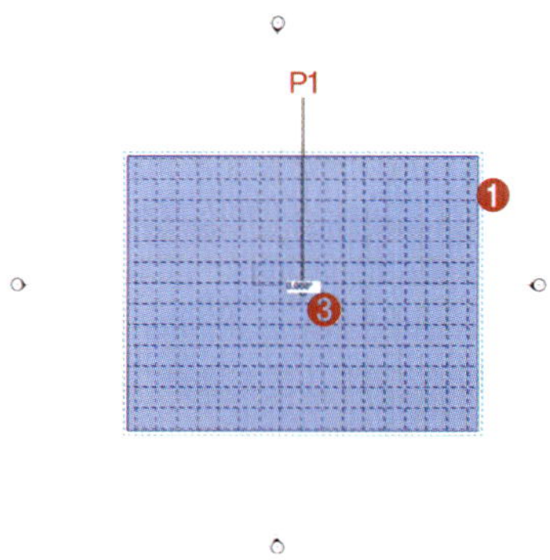

〈회전 시작점〉

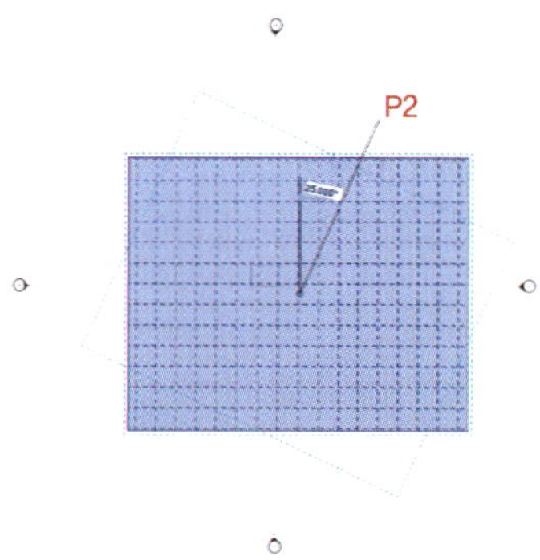

〈회전 종료점〉

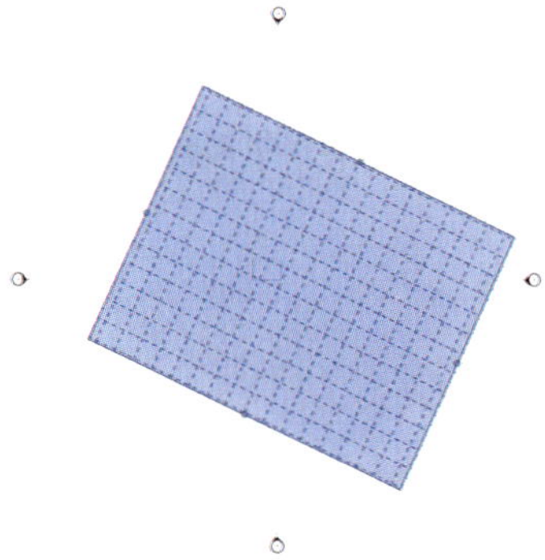
〈회전 결과〉

Step 03 격자 간격 수정

❶ 작업 기준면을 선택합니다.

❷ 옵션막대의 작업 기준면 그리드 간격을 열어 값을 변경하거나

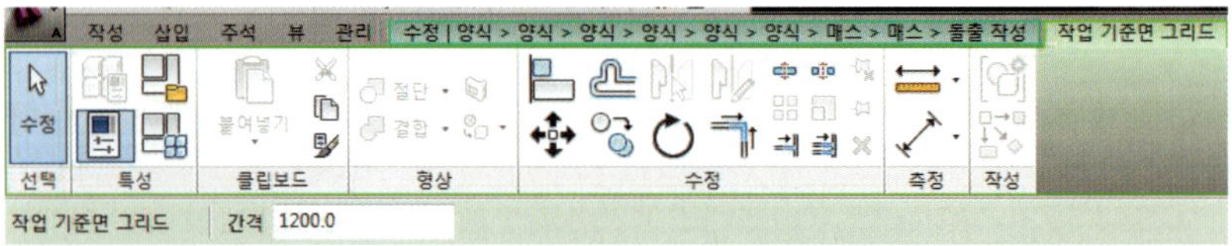

❸ 특성 팔레트의 작업 기준면 그리드 간격에서 치수를 변경합니다.

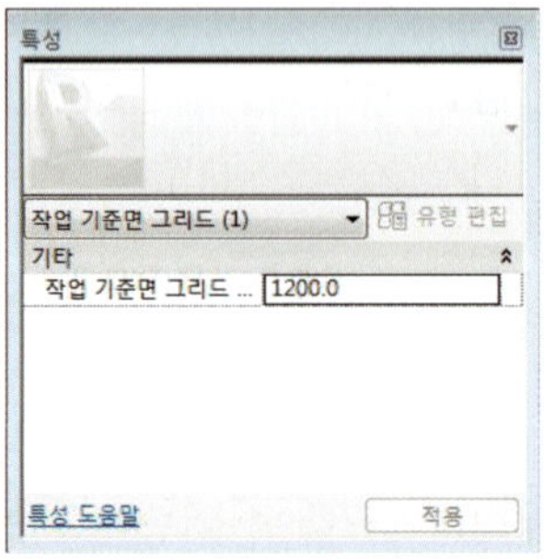

Step 04 작업 기준면의 크기 변경

❶ 작업 기준면을 선택합니다.

❷ 사방에 나타나는 조절점●을 끌어서 기준면의 크기를 조정합니다.

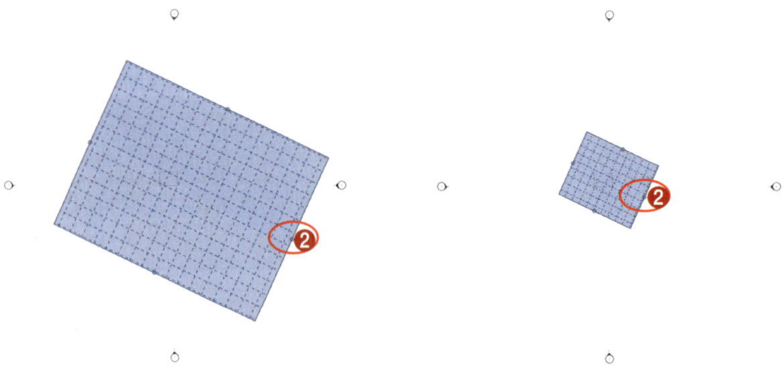

맺는 말

이르기를 '아는 것과 가르치는 것이 다르다'라는 말이 있습니다. 손쉽게 BIM에 다가갈 수 있기를 원했는데, 희망을 채우지 못한 아쉬움이 여전히 남습니다. 더욱 안타깝게 생각하는 점은 새로운 시도로 기획한 동영상 강의를 3편만 제공해 드리게 된 것입니다. 4편은 앞으로 보완하도록 노력하겠습니다.

시작이 반이라는 말이 있지 않습니까? 여러분은 모두 성공하셨습니다. BIM을 시작하셨기 때문에.... 한 알의 겨자씨가 자라면 많은 새들의 보금자리가 되고, 한여름에 쉴 수 있는 그늘을 제공한다고 합니다. 여러분의 꿈과 열정이 모자람을 채우고도 남을 것이라 믿어봅니다.

'건축, BIM에게 길을 묻다'의 기본편은 Revit Architecture를 사용하는 방법을 익히도록 기획하고 썼습니다. 이 책에서 다루지 못한 부분을 '건축, BIM에게 길을 묻다'의 '건축가를 위한 BIM'편에서는 Building Modelling Process를 개념에서 프레젠테이션에 이르기까지의 디자인 프로세스를 정리하려고 기획하고 있습니다. 다시 말해서 BIM 도구의 창조적 활용방법을 살필 수 있는 기회가 될 것입니다.

여러분께서 더욱 사랑해주시고 격려해 주셔서 더불어 아키토피아(Architopia)를 이루는 작은 디딤돌이 될 수 있기를 진심으로 바랍니다.

건축, BIM에게 길을 묻다

2013년 3월 20일 1판 1쇄 인쇄
2013년 3월 25일 1판 1쇄 발행

저 자 신 동 철
발행인 강 해 작
발행처 기 문 당
주 소 서울시 성동구 무학봉 28길 4-1
(왕십리동 966-22)
전 화 02)2295-6171(代)~5
팩 스 02)2296-8188
출판등록 1976. 10. 7(1976-2)
홈페이지 http://기문당
http://www.kimoondang.com
I S B N 978-89-6225-486-0 13000

인하 후 정가 7,000원